·高职高专土建类专业系列规划教材·

朱永祥　罗　琳　主　编
胡　敏　章文弋　梁成燕　副主编

房屋建筑构造

合肥工业大学出版社

责任编辑 陈淮民
特约编辑 周　晨
封面设计 王　立

图书在版编目(CIP)数据

房屋建筑构造/朱永祥主编．—合肥：合肥工业大学出版社，2009.12(2014.1重印)
(高职高专土建类专业系列规划教材)
ISBN 978-7-81093-993-5

Ⅰ．房…　Ⅱ．朱…　Ⅲ．建筑构造—高等学校：技术学校—教材　Ⅳ．TU22

中国版本图书馆CIP数据核字(2009)第105985号

房屋建筑构造

主　编　朱永祥　罗　琳　　　副主编　胡　敏　章文弋　梁成燕

出　版	合肥工业大学出版社	版　次	2010年9月第1版
地　址	合肥市屯溪路193号	印　次	2014年1月第4次印刷
邮　编	230009	开　本	787毫米×1092毫米　1/16
电　话	总　编　室：0551-62903038	印　张	20.25
	市场营销部：0551-62903198	字　数	418千字
网　址	www.hfutpress.com.cn	印　刷	合肥星光印务有限责任公司
E-mail	hfutpress@163.com	发　行	全国新华书店

主编信箱　zhyxiang@126.com　　责编信箱/热线　Chenhm30@163.com　13905512551

ISBN 978-7-81093-993-5　　定价：36.60元

参编学校名单（以汉语拼音为序）

安 徽

安徽电大城市建设学院
安徽建工技师学院
安徽交通职业技术学院
安徽涉外经济职业学院
安徽水利水电职业技术学院
安徽万博科技职业学院
安徽新华学院
安徽职业技术学院
安庆职业技术学院
亳州职业技术学院
巢湖职业技术学院
滁州职业技术学院
阜阳职业技术学院
合肥滨湖职业技术学院
合肥共达职业技术学院
合肥经济技术职业学院
淮北职业技术学院
淮南职业技术学院
六安职业技术学院
宿州职业技术学院
铜陵职业技术学院
芜湖职业技术学院
宣城职业技术学院

江 西

江西工程职业学院
江西环境工程职业学院
江西建设职业技术学院
江西交通职业技术学院
江西蓝天职业技术学院
江西理工大学南昌校区
江西现代职业技术学院
九江职业技术学院
南昌理工学院

总 序

高等职业教育是我国高等教育的重要组成部分。作为大众化高等教育的一种重要类型，高职教育应注重工程能力培养，加强实践技能训练，提高学生工程意识，培养为地方经济服务的生产、建设、管理、服务一线的应用型技术人才。随着我国国民经济的持续发展和科学技术的不断进步，国家把发展和改革职业教育作为建设面向21世纪教育和培训体系的重要组成部分，高等职业教育的地位和作用日益被人们所认识和重视。

建筑业是我国国民经济五大物质生产行业之一，正在逐步成为带动整个经济增长和结构升级的支柱产业。我国国民经济建设已进入健康、高速的发展时期，今后一个时期土木工程设施建设仍是国家投资的主要方向，房屋建筑、道路桥梁、市政工程等土木工程设施正在以前所未有的速度建设。因而，国家对建筑业人才的需求亦是与日俱增。建筑业人才的需求可分为三个层次：第一层次是高级研究人才；第二层次是高级设计、施工管理人才；第三层次是生产一线应用型技术人才。土建类高职教育的根本任务是培养应用型技术人才，满足土木工程职业岗位的需求。

但是，由于土建类高职教育培养目标的特殊性，目前国内适合于土建类高等职业技术教育的教材较为缺乏，大部分高职院校教学所用教材多为直接使用本、专科的同类教材，内容缺乏针对性，无法适应高职教育的需要。教材是体现教学内容的知识载体，是实现教学目标的基本工具，也是深化教学改革、提高教学质量的重要保证。从高等职业技术教育的培养目标和教学需求来看，土建类高职教材建设已是摆在我们面前的一项刻不容缓的任务。

为适应高等职业教育不断发展的需要，推动我省高职高专土建类专业教学改革和持续发展，合肥工业大学出版社在充分调研的基础上，联合安徽省18多所和江西省6所高职高专及本科院校，共同编写出版一套“高职高专土建类专业系列规划教材”，并努力在课程体系、教材内容、编写结构等方面将这套教材打造成具有高职特色的系列教材。

本套系列教材的编写体现以学生为本，紧密结合高职教育的规律和特点，涵盖建筑工程技术、建筑工程管理、工程造价、工程监理、建筑装饰技术等土建类常见的专业，并突出以下特色：

1. 根据土木工程专业职业岗位群的要求，确定了土建类应用型人才所需共性知识、专业技能和职业能力。教材内容安排坚持“理论知识够用为度、专业技能实用为本、实践训练应用为主”的原则，不强调理论的系统性与科学性，而注重面向土建行业基层、贴近地方经济建设、适应市场发展需求；在理论知识与实践内容的选取上，实践训练与案例分析的设计上，以及编排方式和书籍结构的形式上，教材都尽力去体现职教教材强化技能培训、满足职业岗位需要的特点。

2. 为了让学生更好地掌握书中知识要点，每章开端都有一个“导学”，分成“内容要点”和“知识链接”两部分。“内容要点”是将本章的主要内容以及知识要点逐条列举出来，让学生搞得清楚、弄得明白，更好地把握知识重点。“知识链接”以大土木专业视野，交代各专业方向课程内容之间的横向联系程度，厘清每门课程的选修课与后续课内容之间的纵向衔接关系。

3. 为了注重理论知识的实际应用，提高学生的职业技能和动手本领，使理论基础与实践技能有机地结合起来，每本教材各章节都分成“理论知识”和“实践训练”两大部分。“理论知识”部分列有“想一想、问一问、算一算”内容，帮助学生掌握本专业领域内必需的基础理论；“实践训练”部分列有“试一试、做一做、练一练”内容，着力培养学生的实践能力和分析处理问题的能力，体现土木工程专业高职教育特点，培养具有必需的理论知识和较强的实践能力的应用型人才。

4. 教材编写注意将学历教育规定的基础理论、专业知识与职业岗位群对应的国家职业标准中的职业道德、基础知识和工作技能融为一体，将职业资格标准融入课程教学之中。为了方便学生应对在校时和毕业后的各种职业技能资质考试与考核，获取技术等级证书或职业资格证书，教材编写注重加强试题、考题的实战练习，把考题融入教材中、试题跟着正文走，着力引导学生能够带着问题学，便于学生日后从容应对各类职业技能资质考试，为实现职业技能培训与教学过程相融通、职业技能鉴定与课程考核相融通、职业资格证书与学历证书相融通的“双证融通”职业教育模式奠定基础。

我希望这套系列教材的出版，能对土建类高职高专教育的发展和教学质量的提高及人才的培养产生积极作用，为我国经济建设和社会发展作出应有的贡献。

柳炳康

2009年1月

前　言

本书依据全国高等院校土建类专业教学目标、人才培养方案和本课程教学大纲的要求而编写，所编内容以“理论够用为度，重在实践能力、动手能力的培养”，面向施工生产第一线的技能型应用人才，可作为高等职业院校建筑工程技术、工程监理、工程造价等土建类专业的教材，也可作为土建类其他层次职业教育相关专业培训教材和土建工程技术人员参考书。

本课程具有较强的理论性和实践性，涉及的范围很广，发展速度较快，地区性强。因此，在编写时注重理论联系实际，力求简明扼要，重点突出，结合工程实例，做了深入浅出的说明，同时适当地编入了建筑构造方面的新技术、新材料和新工艺。

本书内容包括绪论、民用建筑构造概述、地基与基础构造、墙体构造、楼地面构造、楼梯和电梯构造、门窗构造、屋顶、变形缝、建筑设计概述、工业建筑。

全书采用了国家最新颁布的规范、规程和技术标准。为了便于读者掌握本书所叙述的基本理论和基本技能，每章开端增加了“内容要点”、“知识链接”，在正文中增加了“实践训练”。

本书由朱永祥、罗琳担任主编，由朱永祥对全书进行统稿。参编人员有朱永祥、罗琳、胡敏、章文弋、梁成燕、江小丽、陈陆龙、张立、韦盛泉、陆飞虎。参编学院包括滁州职业技术学院、江西现代职业技术学院、六安职业技术学院、安徽交通职业技术学院、安徽建工技师学院、淮南职业技术学院等。

本书在编写过程中参考了书后所列的参考文献中的部分内容，在此向其作者致以衷心的感谢。同时，对本书付出辛勤劳动的编辑表示深切谢意。

由于编写时间紧迫，加之编者水平有限，书中疏漏和不妥之处在所难免，恳请读者批评指正。

编　者

2010 年 6 月

目　录

绪 论

有人类历史便有建筑，建筑总是伴随着人类共存。从建筑的起源发展到建筑文化，经历了千万年的变迁。有许多著名的格言可以帮助我们加深对建筑的认识，如："建筑是石头的史书"；"建筑是一切艺术之母"；"建筑是凝固的音乐"；"建筑是住人的机器"；"建筑是城市经济制度和社会制度的自传"；"建筑是城市的重要标志"等。在今天的信息时代，则以"语言"、"符号"来剖析建筑的构成，用以建筑业专业技术人员的交流和沟通。

一、房屋建筑构造的基本概念

建筑从广义上讲，既表示建筑工程的建造过程，又表示这种活动的成果——建筑物。建筑也是一个统称，既包括建筑物又包括构筑物。凡供人们在其内部进行生产、生活或其他活动的房屋或场所叫做建筑物，如学校、医院、办公楼、住宅等；而人们不能直接在其内部进行生产、生活的工程设施叫做构筑物，如水塔、蓄水池、烟囱、贮油罐等。

房屋建筑构造是研究房屋建筑构造原理和方法的学科，主要任务是根据建筑物的使用功能、建筑技术和建筑形象的要求，提供结构合理、技术先进的构造方案。

我国的建筑方针是全面贯彻实施"适用、安全、经济、美观"。这个方针又是评价建筑优劣的基本准则。

二、建筑构造的历史与发展

（一）中外建筑构造简述

1. 中国古代建筑构造的概况

秦汉：万里长城，南北朝的寺观、塔楼。

唐宋：赵州桥。宋代制定设计模数和工料定额，此间是成熟阶段。

明清：北京故宫、天坛。此阶段是将建筑推向技术上和艺术上的新高潮。

中国古建筑特点：

（1）外形特征：屋顶——大出檐，屋身——柱承重、台基，细部——工艺美术，色彩——黄、红、白、青。

（2）结构特征：木构架是房屋的骨架。

（3）布局特征：四合院式是群体建筑中轴对称。

（4）园林：人工山水为主题。

（5）其他建筑：民居、寺庙。

［做一做］

请列表比较中外建筑构造的异同点。

2. **外国建筑构造概况**

(1)奴隶社会:石头建筑。

典型建筑:古埃及金字塔、古希腊(雅典卫城、帕提农神庙)——古典建筑风格;古罗马(大斗兽场)——现代体育场的雏形。

(2)封建社会

特点:装饰精致华丽。典型建筑:宫殿、教堂、修道院、城池。

(3)文艺复兴时期

特点:柱式、拱顶、券廊。典型建筑:罗马圣彼得大教堂

(4)资本主义(19 世纪始)

建筑:工厂、车站、银行、商店。材料:钢筋混凝土、钢材、玻璃。典型建筑:巴黎圣母院。

(二)建筑的新思想

1. **建筑新特点**

(1)智能化建筑:计算机——全球信息联网;自动控制设备——中央空调;自动监控设施(报警、灭火)。

(2)新概念:建筑学是创造人类生活环境的综合艺术和科学。

(3)城市布局新设想。

(4)工业化建造体系。

2. **我国现代建筑指导原则和注重点**

(1)采用先进技术。

(2)保护和改善生态环境。

(3)适应并促进新的生活方式。

(4)创造和发展多样建筑文化。

(5)注意提高综合效益。

(6)注重历史文脉、增强文化内涵。

三、本课程的基本要求

《房屋建筑构造》是土建类专业的一门主干专业课,是综合性科学,是承前启后的一门课,是为非建筑学专业的学生讲授建筑学方面的基本知识和技能。这门课程对土建类专业的学生要求是:

(1)初步了解一般民用和单层工业厂房建筑设计的基本原理和方法,掌握建筑的一般构造作法和构造详图的绘制方法,能识读一般的工业与民用建筑施工图,并能按照设计意图绘制建筑施工图;

(2)建立完整的房屋构造概念,以利于后续专业课的学习。

四、本课程的特点和内容

本课程的内容分为三个层次:一是必须理解和记忆的基本原理和数据、基本构造作法;二是一般性掌握的资料性内容,今后工作中要学会使用;三是加以了

解的扩大知识面的延展性内容，将来工作中进一步学习。这里应主要掌握的是第一层次，其次是二、三层次。

该课程的特点是内容涉及面广，内容复杂，概念较多，专业性、实践性强。书中各章内容自成系统，同时又相互联系。

房屋建筑构造是一门实用性很强的技术专业课，学习时应注意以下几点：

(1)从具体构造和设计方案入手，牢固掌握房屋各组成部分的常用构造做法和设计方案；

(2)要注意了解各构造做法和设计方案的产生和发展，加深对常用典型构造做法和标准图集以及设计方案的理解；

(3)多参观已建成或正在施工的建筑，多参与现场实际施工操作，在实践中验证理论，充实和记忆理论；

(4)重视绘图技能的训练。通过作业和课程设计，不断提高自己绘制和识读施工图的能力；

(5)经常查阅相关资料，丰富自己的专业知识，了解房屋建筑学的发展态势。

五、本课程的学习方法

1. 运用对比的方法进行学习

建筑功能千差万别，相同类型建筑也有不同的要求，尤其是我国地域辽阔、幅员广大，气候相差较大，南北方同类建筑有很大不同。另外随着科学的发展、技术的进步，新的建筑材料、建筑技术不断涌现，建筑也在不断发展。基于上述原因，面对复杂多样的设计手法和构造做法，就要学会运用对比的方法加以区别，找出它们的共性和各自的特性、主要优缺点和适用范围。

2. 注意理论联系实践

本课程实践性很强，所以大纲中规定了一定内容的认识实习。为了学好本课程，同学们要通过实习，有针对性地进行观察，得到感性认识，请教技术人员，通过实践使得对所学知识印象更加深刻，应用更加灵活，提高学习兴趣，取得现场实践经验，把基本知识和技能掌握得坚固扎实。

本章思考与实训

1. 什么是建筑物？什么是构筑物？
2. 在学习房屋建筑构造时应注意什么？
3. 本课程的特点及学习方法有哪些？

第一章　民用建筑构造概述

【内容要点】

1. 民用建筑构造的组成及分类；
2. 建筑构造的影响因素及要求；
3. 建筑保温、防热及节能基本知识。

【知识链接】

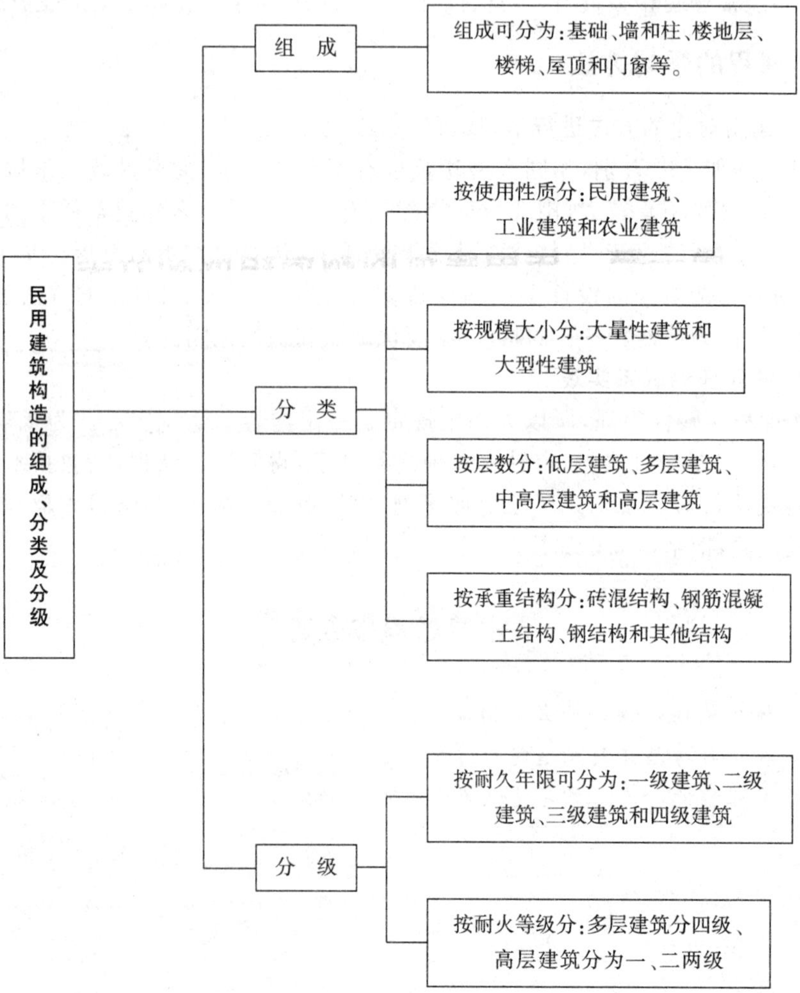

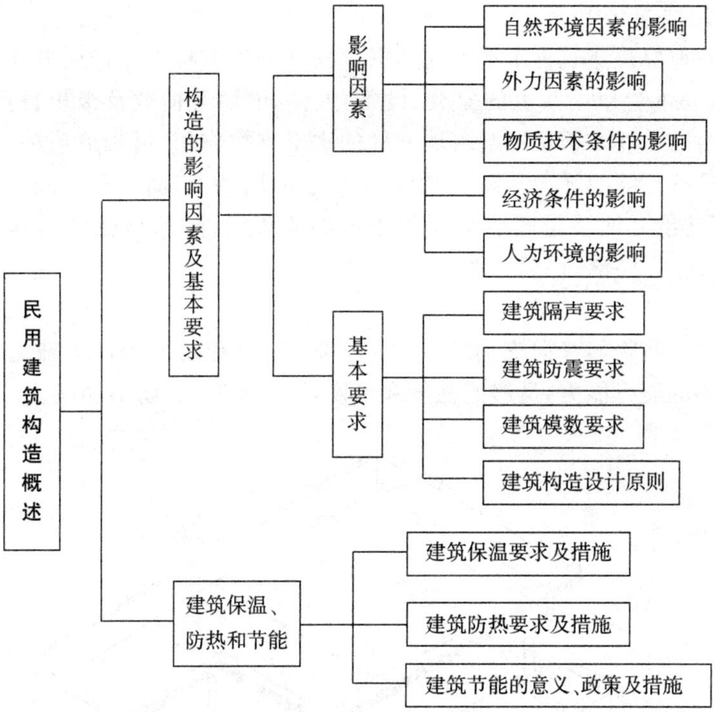

第一节　民用建筑的构造组成和分类

一、民用建筑的构造组成

一般民用建筑是由基础、墙和柱、楼地层、楼梯、屋顶和门窗等基本部分组成（如图 1-1）。这些部分处于不同部位发挥各自的作用。其中有的起承重作用，承受建筑物全部或部分荷载，确保建筑物的安全；有的起围护作用，保证建筑物的使用和耐久年限；有的则起承重和围护双重作用，具体如下：

1. 基础

基础是建筑物最下部的承重构件，它承受建筑物的全部荷载，并将荷载传给地基。基础必须具有足够的强度和稳定性，同时应能抵御土层中各种有害因素的作用。

2. 墙和柱

墙是建筑物的竖向围护构件，在多数情况下也为承重构件，承受屋顶、楼层、楼梯等构件传来的荷载，并将这些荷载传给基础。外墙分隔建筑物内外空间，抵御自然界各种因素对建筑物的侵袭；内墙分隔建筑内部空间，避免各空间之间的相互干扰。根据墙所处的位置和所起的作用，分别要求它具有足够的强度、稳定性以及保温、防热、节能、隔声、防潮、防水、防火等功能。为扩大空间，提高空间的灵活性，也为了结构的需要，有时以柱代墙，起承重作用。

[问一问]

1. 基础在建筑物中的位置及其作用是什么？

2. 生活中不同的墙体应有哪些要求？

3. 楼层和地层各指什么？应满足哪些要求？

4. 屋顶在建筑物中的位置及其所起的作用？

3. 楼地层

楼层和地层是建筑物水平方向的围护构件和承重构件。楼层分隔建筑物的上下空间，并承受作用其上的家具、设备、人体、隔墙等荷载及楼板自重，并将这些荷载传给墙和柱。楼层还起着墙和柱的水平支撑作用，增加墙或柱的稳定性。楼层必须具有足够的强度和刚度，根据上下空间的特点，尚应具有隔声、防水、保温、防热等功能。地层是底层房间与土壤的隔离构件，除承受作用其上的荷载外，应具有防水、防潮、保温等功能。

4. 楼梯

楼梯是建筑物的竖向交通构件，供人和物上下楼层和疏散人流之用。楼梯应具有足够的通行能力，足够的强度和刚度，并具有防火、防滑功能。

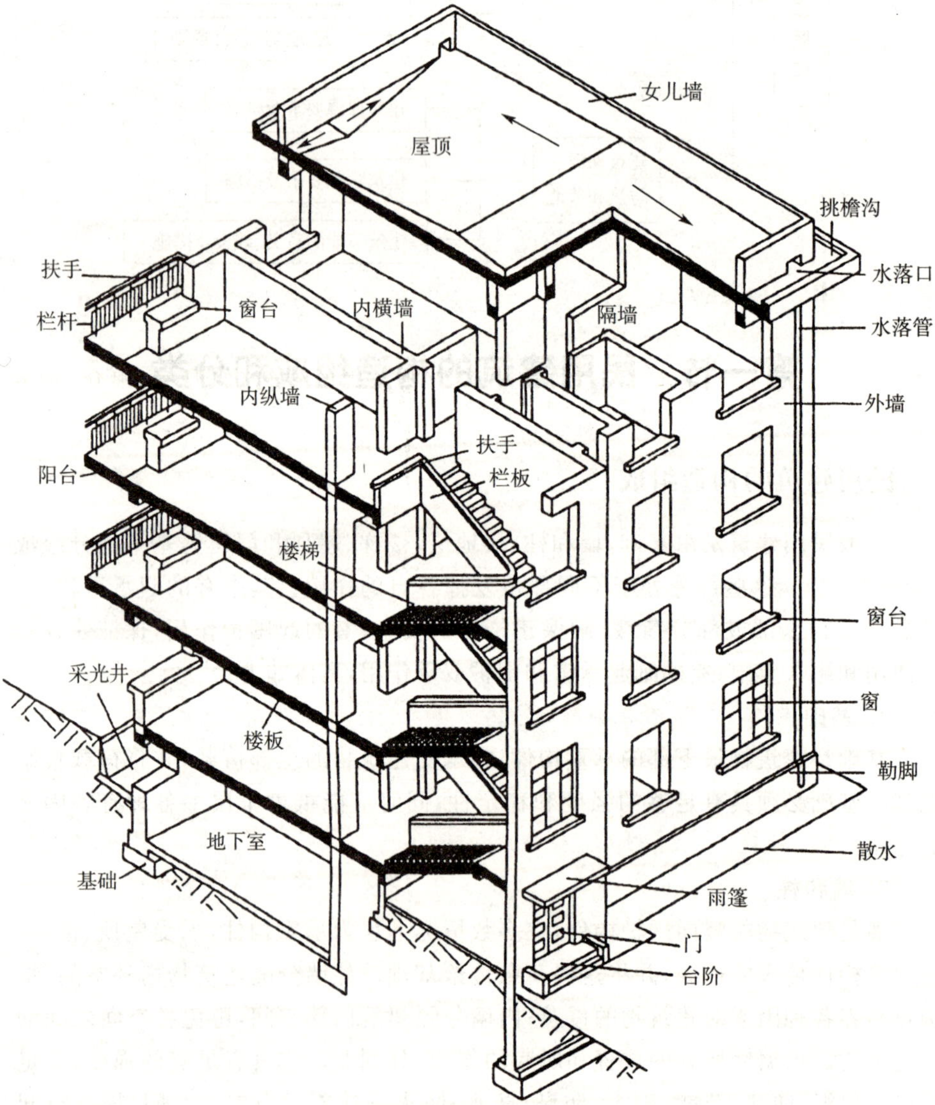

图 1－1　房屋的构造组成

5. **屋顶**

屋顶是建筑物最上部分的围护构件和承重构件。它抵御各种自然因素对顶层房间的侵袭，同时承受作用其上的全部荷载，并将这些荷载传给墙或柱。屋顶应具有足够的强度、刚度以及防火、保温、防热、节能等功能。

6. **门窗**

门的主要功能是交通出入、分隔和联系内部与外部或室内空间，有的兼起通风和采光作用。窗的主要功能是采光和通风，并起到空间之间视觉联系作用。门和窗都属于围护构件，根据建筑物所处环境的不同，门和窗应具有保温、防热、节能、隔声、防风沙等功能。

一幢建筑物除上述基本组成外，根据使用要求还有一些其他的组成，如阳台、雨篷、台阶、烟道等等。

[想一想]

建筑物的基本组成有哪些？各有什么作用？一幢建筑物除基本组成外还有哪些？

二、建筑的分类和分级

（一）建筑的分类

1. **按照建筑使用性质分类**

建筑物按照建筑使用性质通常分为民用建筑、工业建筑和农业建筑。

（1）民用建筑包括居住性建筑（如公寓、宿舍、住宅等）和公共性建筑（如办公楼、教学楼、剧院、图书馆等）。

（2）工业建筑是为生产服务的各类建筑，如工业厂房、锅炉房、配电站等。

（3）农业建筑为供农业、畜牧业生产和加工用的建筑，如温室、粮仓、饲养厂等。

2. **按照民用建筑规模大小分类**

民用建筑可分为大量性建筑和大型性建筑。

（1）大量性建筑是指量大面广，与人民生活、生产密切相关的建筑，如住宅、学校等。

（2）大型性建筑是指规模大、耗资多的建筑，如体育馆、车站、航空港等。

3. **按照民用建筑的层数分类**

（1）低层建筑：一般指 3 层及 3 层以下的建筑。

（2）多层建筑：一般指 4～6 层的建筑。

（3）中高层建筑：一般指 7～9 层的建筑。

（4）高层建筑：一般指 10 层及 10 层以上的建筑以及建筑总高度超过 24 米的公共建筑。

4. **按照承重结构的材料分类**

（1）砖混结构建筑：指用砖砌筑墙体、钢筋混凝土作楼板和屋顶的建筑。

（2）钢筋混凝土结构建筑：指用钢筋混凝土作柱、梁、板承重的建筑。

（3）钢结构建筑：是指用钢柱、钢梁承重的建筑。

（4）其他建筑：如木结构建筑、土建筑等。

[想一想]

1. 生活中常见的结构类型是什么？

2. 我们身边的建筑物属于哪种级别？试举例说明。

(二)建筑的分级

1. **按照耐久年限分**

以主体结构确定的建筑耐久年限分为下列四级：

(1)一级建筑:耐久年限为100年以上,适用于重要的建筑和高层建筑。

(2)二级建筑:耐久年限为50～100年,适用于一般性建筑。

(3)三级建筑:耐久年限为25～50年,适用于次要建筑。

(4)四级建筑:耐久年限为15年以下,适用于临时性建筑。

[谈一谈]

请同学们讨论,用生活中的实例来说明构件燃烧性能的应用。

2. **按照耐火等级分类**

多层建筑的耐火等级分为四级;高层建筑的耐火等级分为一、二两级。建筑物的耐火等级是按照组成建筑物构件的燃烧性能和耐火极限来确定的。

构件的耐火极限是指对任一建筑构件从受火到起火的作用时起,到失去支持能力或完整性被破坏或失去隔火作用时为止的这段时间,用小时来表示。

构件的燃烧性能可分为三类,即非燃烧体、难燃烧体、燃烧体。

【实践训练】

课目:民用建筑基本组成的认识实习

(一)实习目的

认识实习是《建筑构造》课的一个重要教学环节。通过对建筑物基本组成的认识实习,可使学生对全书的内容有基本性认识,达到从感性认识到理解认识,开阔视野,为以后学习打下良好基础。

(二)实习要求

(1)严格遵守实习纪律,缺勤累计超过三分之一者不予评定实习成绩。

(2)严格遵守实习单位的规章制度、安全管理规定,尊重现场工作人员,处处体现当代大学生的良好素质。认真听讲,做好实习记录、思考实习中遇到的问题,按时完成实习作业,从实践中求知。

(3)注意安全,严防事故发生。

(4)实习结束后,认真写好实习报告。

(三)实习内容

1. **基础部分**

人工地基、天然地基、基础的构造、类型,常采用基础的材料,构造特点及如何选用。

2. **墙体部分**

圈梁与构造柱的施工方法及构造要求,了解砖的类型、砖的强度等级,砂浆的类型及强度等级,墙段的尺寸,墙的组砌方式,散水的做法,勒脚的做法,烟道、通风道、垃圾道的设置方法。墙身变形缝的构造,墙面装修的类型,以及各自的优缺点。

3. **楼板及地面**

① 现浇钢筋混凝土楼板与预制钢筋混凝土楼板的区别，现浇楼板的类型和选用的办法，预制钢筋混凝土的类型，板与墙或板与梁搭接处的细部构造，楼板在变形缝处的细部构造。

② 地面的组成，所采用的材料和类型，你所在地区常采用地面材料的构造做法。

4. **窗与门**

窗台的构造，窗的组成和类型，窗(平开)的细部构造。门按扇的构造形式分有几种，并了解一般门(平开)、钢门(平开)的构造特点。

5. **楼梯**

楼梯的平面形式，组成部分，以及各钢筋混凝土楼梯的组成和细部构造，了解住宅中楼梯段的宽度，楼梯的坡度以及净空高度，在一般性的公共建筑中楼梯常采用的踏步尺寸。

6. **屋顶**

屋顶的类型、平屋顶、坡屋顶的构造组成、平屋顶的构造，以及屋面排水设计、平屋顶卷材防水处的细部构造。

第二节　影响建筑构造的因素和建筑构造的基本要求

一、影响建筑构造的因素

建筑物处于自然环境和人为环境之中，受到各种自然因素和人为因素的作用。为提高建筑物的使用质量和耐久年限，在建筑构造设计时必须充分考虑各种因素的影响，尽量利用其有利因素，避免或减轻不利因素的影响，提高建筑物的抵御能力，根据影响程度来采取相应的构造方案和措施。影响建筑构造的因素大致可分为以下几个方面。

[想一想]

1. 自然环境将给建筑物的设计及使用造成哪些影响?

2. 外力对建筑物的作用有哪些?

3. 物质技术条件对建筑构造有哪些影响?

4. 建筑构造设计为什么要考虑经济条件?

1. **自然环境的影响**

建筑物处于不同的地理环境，各地自然条件有很大差异。我国幅员辽阔，南北东西气候差别悬殊，建筑构造设计必须与各地的气候特点相适应，具有明显的地方性。大气温度、太阳热辐射以及风雨冰雪等均为影响建筑物使用质量和建筑物寿命的重要因素。对自然环境的影响估计不足，设计不当，就会造成渗水、漏水、冷风渗透、室内过热、过冷、构件开裂、甚至建筑物倒塌等后果。为防止和减轻自然因素对建筑物的危害，保证正常使用和耐久，在构造设计时必须掌握建筑物所在地区的自然条件，明确影响性质和程度，对建筑物各部位采取相应的措施，如防潮、防水、防震、防冻、防热、保温等。

在建筑构造设计时也应充分利用自然环境的有利因素，如利用风力通风降温、降湿。

2. 外力的影响

外力的大小和作用方式决定了结构的形式、构件的用料、形状和尺寸，而构件的选材、形状和尺寸与建筑物构造设计有着密切的关系，是构造设计的依据。风力对高层建筑构造的影响不可忽视，地震对建筑会产生严重破坏，必须采取措施确保建筑的安全和正常使用。

3. 物质技术条件的影响

[谈一谈]

请大家讨论，在建筑构造方面如何防止各因素的不利影响。又该怎样利用各因素的有利影响。

建筑材料、结构、设备和施工技术等物质技术条件是构成建筑的基本要素之一，建筑构造受它们的影响和制约。随着建筑事业的发展，新材料、新结构、新设备以及新的施工方法不断出现，建筑构造要解决的问题越来越多，也越来越复杂。建筑工业化的发展也要求构造技术要与之相适应。

4. 经济条件的影响

建筑构造设计是建筑设计中不可分割的一部分，也必须考虑经济效益。在确保工程质量的前提下，既要降低建造过程中的材料、能源和劳动力消耗，以降低造价，又要有利于降低使用过程中的维护和管理费用。同时，在设计过程中要根据建筑物的不同等级和质量标准，在材料选择和构造方式上给予区别对待。

5. 人为环境的影响

人类的生产和生活等活动也对建筑物产生影响，如机械振动、化学腐蚀、噪声、生活生产用水、用火以及各种辐射等都构成对建筑物的威胁。因此，在建筑构造设计时，必须针对性地采取相应的防范措施，如隔声、隔振、防腐、防水、防火等，以保证建筑物的正常使用。

二、建筑构造的基本要求

(一)建筑隔声

1. 噪声的危害与传播

噪声一般是指一切对人们生活、工作、学习和生产有妨碍的声音，随着社会和经济的发展，各种机电设备、运输工具大量增加，功率越来越大，转速越来越高，噪声生源的数量和强度都大大增加，噪声已经成为一种公害。强烈或持续不断的噪声轻则影响休息、学习和工作，对生理、心理和工作效率不利，重则引起听力损害，甚至引发多种疾病。

[想一想]

1. 噪声的危害有哪些？
2. 哪些是有效控制噪声的途径？

控制噪声必须采取综合治理措施，包括消除和减少噪声生源、减低生源的强度和必要的吸声与隔声措施。围护构件的隔声是噪声控制的重要内容。

声音从室外传至室内，或从一个房间传至另一个房间主要通过以下途径：

(1)通过围护构件的缝隙传声；

(2)通过围护构件的振动传声；

(3)直接打击或冲撞构件的结构传声。

前两种声音是在空气中发生并传播的，称为空气传声，后一种是通过围护构件本身来传播物体撞击或机械振动所引起的声音，称为撞击传声或固体传声。虽然声音最终都是通过空气传入人耳，但是这两种噪声的传播特性和传播方式不同，所以采取的隔声措施也就不同。

2. 围护构件隔声途径

(1)对空气传声的隔绝

根据空气传声的特点，围护构件的隔声可以采取以下措施：

① 增加构件重量

从声波激发构件振动的原理知道，构件越轻越易引起振动；越重则不易振动。所以，构件的重量越大，隔声能力越高，设计时可以选择面密度大的材料。

② 采用带空气层的双层构件

利用空气的弹性变形具有减振作用提高构件的隔声能力。但是，应尽量避免和减少构件中出现“声桥”。

③ 采用多层组合构件

多层组合构件是利用声波在不同介质分界面上产生反射、吸收的原理来达到隔声的目的。它可以大大减轻构件的重量，从而减轻整个建筑的结构自重。

(2)对撞击声的隔绝

由于一般建筑材料对撞击声的衰减很小，撞击声常常被传到很远的地方，它的隔绝方法与空气的隔绝有很大区别。厚重坚实的材料可以有效地隔绝空气传声，但隔绝撞击声的效果却很差。相反，多孔材料如毡、毯、软木、岩棉等隔绝空气声的效果不大，但隔绝撞击声的传透却较为有效。改善构件隔绝撞击声的能力可以从以下几个方面着手：

① 设置弹性面层

即在构件面层上铺设富有弹性的材料，如地毡、地毯、软木板等。构件表面接受撞击时，由于表面的弹性变形，减弱了撞击能量。

② 设置弹性夹层

在面层和结构层或两结构层之间设置一层弹性材料，如刨花板、岩棉、泡沫塑料等，将面层和结构层或两结构层完全隔开，切断了撞击的传递路线，在构造处理上应尽量避免声桥的产生。

③ 采用带空气层的双层结构

这里利用隔绝空气声的办法来降低撞击声，是利用空气弹性变形具有减振作用的原理来提高隔绝撞击声的能力。

[问一问]

如何有效削弱各种噪声的影响？

(二)建筑防震

1. 地震与地震波

地壳内部存在大量的能量，地壳中的岩层在这些能量所产生的巨大作用力下发生变形、弯曲、褶皱。当最脆弱部分的岩层承受不了这种作用力时，岩层就开始断裂、错动。这种运动传至地面，就表现为地震。

地下岩层断裂和错动的地方称为震源，震源正上方地面称为震中。岩层断裂错动，突然释放大量并以波的形式向四周传播，这种波就是地震波。地震波在传播中使岩层的每一质点发生往复运动，使地面分别发生上下颠簸和左右摇晃，造成建筑破坏，人员伤亡。由于阻尼作用，地震波作用由震中向远处逐渐减弱，

[想一想]

1. 地震与地震波是如何形成的？

2. 震级与烈度有何区别？

以至消失。

2. 地震震级与地震烈度

地震的强烈程度称为震级，一般称里氏震级，它取决于一次地震释放能量的大小。地震烈度是指某一地区地面和建筑遭受地震影响的强烈程度。它不仅与震级有关，且与震源的深度、距震中的距离、场地土质类型等因素有关。一次地震只有一个震级，但却有不同的烈度区。我国地震烈度表中将烈度分为12度。7度时，一般建筑物多数有轻微损坏7～9度时，大多数损坏至破坏，少数倾倒；10度时，则多数倾倒。过去我国一直以7度作为抗震设防的起点，但近数十年来，很多位于烈度为6度的地区发生了较大的地震，甚至特大地震。因此，现行建筑抗震规范规定以6度作为设防起点，6～9度地区的建筑物要进行抗震设计。

3. 建筑防震设计要点

[想一想]
如何有效提高建筑物的抗震能力?

建筑物防震设计的基本要求是减轻建筑物在地震时的破坏、避免人员伤亡、减少经济损失。其一般目标是当建筑物遭到本地区规定的烈度的地震时，允许建筑物部分出现一定的损坏，经一般修复和稍加修复后能继续使用，而当遭到极少发生的高于本地区烈度的罕遇地震时，不致倒塌和发生危及生命的严重破坏，即贯彻"小震不坏、大震不倒"的原则。在建筑设计时一般遵循下列要点：

(1)宜选择对建筑物防震有利的建筑场地；

(2)建筑体型和立面处理力求均匀。建筑体型宜规则、对称；建筑立面宜避免高低错落、突然变化；

(3)建筑平面布置力求规整。如因使用和美观要求将平面布置成不规则时，应用防震缝将建筑物分隔成若干结构单元，使每个单元体型规则、平面规整、结构体系单一；

(4)加强结构的整体刚度。从抗震要求出发，合理选择结构类型、合理布置墙和柱、加强构件和构件连接的整体性、增设圈梁和构造柱等；

(5)处理好细部构造。楼梯、女儿墙、挑檐、阳台、雨篷、装饰贴面等细部构造应予以足够的注意，不可忽视。

(三)建筑模数

为了使建筑制品、建筑构配件及其组合件实现工业化大规模生产，使不同材料、不同形式和不同制造方法的建筑构配件、组合件符合模数并具有较大的通用性和互换性，我国颁布了《建筑统一模数制》并通过修订、补充，更名为现行的《建筑模数协调统一标准》，作为设计、施工、构件制作、科研的尺寸依据。建筑模数协调统一标准包括以下几点：

1. 建筑模数

建筑模数是选定的标准尺寸单位，作为建筑物、建筑构配件、建筑制品以及有关设备相互之间协调的基础。

2. 基本模数

我国现行的《建筑模数协调统一标准》规定基本模数的数值为100mm，用M表示，即1M＝100mm。

3. 扩大模数

扩大模数是指基本模数的整数倍即为扩大模数，扩大模数的基数应符合下列规定：

（1）水平扩大模数基数为 3M、6M、12M、15M、30M、60M，相应的尺寸分别为 300mm、600mm、1200mm、1500mm、3000mm、6000mm；

（2）竖向扩大模数的基数为 3M 和 6M，相应的尺寸分别为 300mm 和 600mm。

4. 分模数

整数除基本模数的数值即为分模数。分模数的基数为 1M/10、1M/5、1M/2，相应尺寸为 10mm、20mm、50mm。

5. 模数系列

以基本模数、扩大模数、分模数为基础扩展形成不同模数尺寸系列称为模数系列，见表 1－1。

[想一想]

1. 扩大模数有何应用？
2. 分模数如何应用？

表 1－1 模数系列 （单位：mm）

基本模数	扩大模数						分模数		
1M	3M	6M	12M	15M	30M	60M	1M/10	1M/5	1M/2
100	300	600	1200	1500	3000	6000	10	20	50
100	300						10		
200	600	600					20	20	
300	900						30		
400	1200	1200	1200				40	40	
500	1500			1500			50		50
600	1800	1800					60	60	
700	2100						70		
800	2400	2400	2400				80	80	
900	2700						90		
1000	3000	3000		3000	3000		100	100	100
1100	3300						110		
1200	3600	3600	3600				120	120	
1300	3900						130		
1400	4200	4200					140	140	
1500	4500			4500			150		150
1600	4800	4800	4800	6000	6000	6000	160	160	
1700	5100						170		
1800	5400	5400					180	180	
1900	5700						190		

（续表）

基本模数	扩大模数						分模数		
2000	6000	6000	6000				200	200	200
2100	6300							220	
2200	6600	6600						240	
2300	6900								250
2400	7200	7200	7200					260	
2500	7500			7500				280	
2600		7800						300	300
2700			8400					320	
2800		9000		9000	9000			340	
2900		9600	9600					360	350
3000				10500				380	400
3100			10800					400	450
3200			12000	12000	12000	12000			500
3300					15000				550
3400					18000	18000			600
3500					21000				650
3600					24000	24000			700
					27000				750
					30000	30000			800
					33000				850
					36000	36000			900
									950
									1000

[想一想]

各模数如何应用于建筑物的构造尺寸？

6. 模数系列的幅度和适用范围

(1)水平基本模数为1M。1M系列按100mm晋级，其幅度为1M～20M，主要用于门窗洞口和构配件断面尺寸。

(2)竖向基本模数为1M，主要用于建筑物的层高、门窗洞口、构配件等尺寸。

(3)水平扩大模数主要用于建筑物的开间或柱距、进深或跨度、构配件尺寸或门窗洞口尺寸。

(4)竖向扩大模数主要用于建筑物的高度、层高、门窗洞口尺寸。

(5)分模数系列主要用于缝隙、构造节点、构配件断面尺寸。

7. 三种尺寸、定位轴线的确定

(1)三种尺寸

在建筑物建造过程中，建筑构配件的制作不可避免存在误差，在安装时又避免不了位置误差，因此，实际的工程建设有三种尺寸，分别是标志尺寸、构造尺寸、实际尺寸。

① 标志尺寸

标志尺寸是根据建筑模数的规定的建筑尺寸，主要用于表示跨度、开间和层高等构件界限之间的距离。标志尺寸不考虑构件的接缝大小以及制造、安装过程产生的误差，它是选择建筑、结构方案的依据。

[想一想]

三种尺寸在实际应用中有何区别?

② 构造尺寸

构造尺寸即生产尺寸，是建筑构配件、建筑制品等量化生产的依据，是设计构件或施工详图标注的尺寸，必须考虑构件之间链接所需要的缝隙尺寸，即：

构造尺寸＋缝隙尺寸＝标志尺寸

③ 实际尺寸

实际尺寸就是竣工尺寸，是建筑物、建筑制品和构配件完成后的实际尺寸。实际尺寸与标志尺寸的差值应符合偏差的规定。

(2)定位轴线的确定

在实际工程设计中，方案设计图和主体施工设计图纸标注采用标志尺寸，施工详图采用构造尺寸，因此，在轴线定位时应遵守以下原则：

① 要有利于标准构件的选用、构造节点的简化和便于施工。

② 凡是主要承重构件的位置，都应以轴线定位并编号。非承重的隔墙以及其他次要的承重构件，一般不编轴线号。凡需确定位置的建筑局部构件，应注明其与附近轴线的尺寸关系，定位轴线之间的尺寸要和构件的标志尺寸一致，且应符合建筑模数的要求。

③ 定位轴线的具体位置，应沿屋面板的接缝处、屋架的端部外侧设置，或与屋架的侧面中心线重合。

(四)建筑构造的设计原则

影响建筑构造的因素有许多，构造设计要同时考虑这些问题，有时错综复杂的矛盾交织在一起，设计者只有根据以下原则，分清主次和轻重，权衡利弊而求得妥善处理。

1. 坚固实用

即在构造方案上首先应该考虑坚固实用，保证房屋的整体刚度安全可靠，经久耐用。

[想一想]

如何理解建筑构造设计的原则?

2. 技术先进

建筑构造设计应从材料、结构、施工三方面引入先进技术，但是必须注意因地制宜，不能脱离实际。

3. 经济合理

建筑构造设计处处都应考虑经济合理，在选用材料上应就地取材，注意节约钢材、水泥和木材三大材料，并在保证质量的前提下尽可能降低工程造价。

4. 美观大方

建筑构造设计是初步设计的继续和深入，建筑要做到美观大方，构造设计是非常重要的一环。

【实践训练】

课目：建筑隔声材料实验

（一）目的

（1）为了合理使用隔声材料和提高建筑物噪声控制效果。

（2）了解工程中常见的隔声材料。

（二）要求

（1）遵守实验室各项规章制度；

（2）需到施工现场的实验要遵守现场的各项规定，并注意安全；

（3）按要求完成规定的各项任务；

（4）认真写好实验小结。

（三）主要内容、方法和步骤

（1）实验过程中将隔声材料和吸声材料堆放在一起，每组学生应能够准确地从中分出隔声材料和吸声材料；

（2）将隔声材料用于实物，并在实验过程中人为产生噪声验证其效果；

（3）寻求最佳噪声控制效果；

（4）做好实验记录，并汇总实验报告。

第三节　建筑保温、防热和节能

一、建筑保温

保温是建筑设计十分重要的内容之一，寒冷地区各类建筑和非寒冷地区有空调要求的建筑，如宾馆、实验室、医疗用房等都要求考虑保温措施。

［想一想］

1. 如何理解建筑保温与隔热在不同地域的应用？

2. 如何合理地选择保温材料？

建筑构造设计是保证建筑物保温质量和合理使用投资的重要环节。合理的设计不仅能保证建筑的使用质量和耐久性，而且能节约能源、降低采暖、空调设备的投资和使用时的维持费用。

在寒冷的季节里，热量是通过建筑物外围护构件——墙体、屋顶、门窗等由室内高温一侧向室外低温一侧传递，造成热量损失，室内变冷。热量在传递过程中将遇到阻力，这种阻力称为热阻，热阻越大，通过围护构件传出的热量越少，说明围护构件的保温性能越好；反之，热阻越小，保温性能就越差，热量损失就越多。

因此有保温要求的围护构件必须提高其热阻，通常采取下列措施可以提高热阻。

1. 增加厚度

单一材料围护构件热阻与其厚度成正比，增加厚度可提高热阻即提高抵抗热流通过的能力。如双面抹灰 240mm 厚砖墙的传热阻大约为 0.55m^2·k/W（平方米·开/瓦特），而 490mm 双面抹灰砖墙的热阻约为 0.91m^2·k/W。但是增加厚度势必增加围护构件的自重，材料的消耗量也增多，且减少了建筑的有效面积。

2. 合理选材

在建筑工程中，一般将导热系数小于 0.3W/m·K 的材料称为保温材料。导热系数的大小说明材料传递热量的能力。选择容重轻、导热系数小的材料，如加气混凝土、浮石混凝土、膨胀陶粒、膨胀珍珠岩等为骨料的轻质料混凝土以及岩棉、玻璃棉和泡沫塑料等可以提高围护构件的热阻。其中轻质料混凝土具有一定的强度，可做成单一材料保温构件。这种构件构造简单、施工方便。也可采用组合保温构件提高热阻，它是将不同性能的材料加以组合，各层材料发挥各自不同的功能。通常用岩棉、玻璃棉、膨胀珍珠岩泡沫塑料等容重轻、导热系数小的材料起保温作用，而用强度高、耐久性好的材料，如砖、混凝土等作承重和护面层。

3. 防潮防水

冬季由于外围护构件两侧存在温度差，室内高温一侧水蒸气压力高，水蒸气就向室外低温一侧渗透，遇冷达到露点温度低时就会凝结成水，构件受潮。雨水、使用水、土壤潮气和地下水也会侵入构件，使构件受潮受水。

[想一想]
怎样才能有效做到防潮防水?

表面受潮受水会使室内装修变质损坏，严重时会发生霉变，影响人体健康。构件内部受潮受水会使多孔的保温材料充满水分，导热系数提高，降低围护构件的保温效果。在低温下，水分形成冰点结晶，进一步降低保温能力，并因冻融交替而造成冻害，严重影响建筑物的安全和耐久性。

为防止构件受潮受水，除应采取排水措施外，在靠近水、水蒸气和潮气一侧设置防水层、隔蒸汽层和防潮层。组合构件一般在受潮一侧布置密实材料层。

4. 避免热桥

在外围护构件中，经常设有导热系数较大的嵌入构件，如外墙中的钢筋混凝土梁和柱、过梁、圈梁、阳台板、挑檐板等。这些部位的保温性能都比主体部分差，热量容易从这些部位传递出去，散热大，其内表面温度也就较低，容易出现凝结水。这些部位通常叫做围护构件中的“热桥”。为了避免和减轻热桥的影响，首先应避免嵌入构件内外贯通，其次应对这些部位采取局部保温措施，如增设保温材料等，以切断热桥。

[想一想]
如何理解热桥现象?

5. 防止冷风渗透

当围护构件两侧空气存在压力差时，空气从高压一侧通过围护构件流向低压一侧，这种现象称为空气渗透。空气渗透可由室内外温度差（热压）引起，也可由风压引起。由热压引起的渗透，热空气由室内流向室外，室内热量损失；风压则使冷空气向室内渗透，使室内变冷。为避免冷空气渗入和热空气直接散失，应尽量减少围护构件的缝隙，如墙体砌筑砂浆饱满、改进门窗加工和构造、提高安装质量、缝隙采取适当的构造措施等。

二、建筑防热

[问一问]

防止冷风渗透的有效途径是什么?

我国南方地区,夏季气候炎热,高温持续时间长,太阳辐射强度大,相对湿度高。建筑物在强烈的太阳辐射和高温、高湿的气候共同作用下,通过围护构件将大量的热传入室内。室内生活和生产也产生大量的余热。这些从室外传入和室内自生的热量,使室内气候条件变化,引起过热,影响生活和生产。

为减轻和消除室内过热现象,可采取设备降温,如设置空调和制冷等,但费用大。对一般建筑物,主要依靠建筑措施来改善室内温湿状况,建筑防热的途径可简单概括为以下几个方面:

1. 降低室外综合温度

室外综合温度是考虑太阳辐射和室外温度对围护构件综合作用的一个假想温度。室外综合温度的大小,关系到通过围护构件向室内传热的多少。在建筑设计中降低室外综合温度的方法主要是采取合理的总体布局、选择良好的朝向、尽可能争取有利的通风条件、防止西晒、绿化周围环境、减少太阳辐射和地面反射等。对建筑物本身来说,采用绿色外饰面或采取淋水、蓄水屋面或西墙遮阳设施等有利于降低室外综合温度。

2. 提高外围护构件的防热和散热性能

炎热地区外围护构件的防热措施主要应能隔绝热量传入室内,同时当太阳辐射减弱时和室外气温低于室内气温时能迅速散热,这就要求合理选择外围护构件的材料和构造类型。

带通风间层的外围护构件既能隔热也有利于散热,因为从室外传入的热量,由于通风,使传入室内的热量减少;当室外温度下降时,从室内传出的热量又可通过通风间层带走。在围护构件中增设导热系数小的材料也有利于隔热。利用表层材料的颜色和光滑度能对太阳辐射起反射作用,对防热、降温有一定的效果见表1-2。另外,利用水的蒸发,吸收大量汽化热,可大大减少通过屋顶传入的热量。

[做一做]

观察学校的教学楼和宿舍楼,看一看这些楼房采取的是何种保温、防热措施?

表1-2 太阳辐射吸收系数 ρ 值

表面类别	表面状况	表面颜色	ρ
红瓦屋面	旧、中粗	红色	0.56
灰色屋面	旧、中粗	浅灰色	0.52
深色油毡屋面	新、粗糙	深灰色	0.86
石膏粉刷表面	旧、平光	白色	0.26
水泥粉刷墙面	新、平光	浅灰色	0.56
红砖墙面	旧、中粗	红色	0.72～0.78
混凝土砌块墙面	旧、中粗	灰色	0.65

三、建筑节能

(一)建筑节能意义和节能政策

能源是社会发展的重要物质基础,是实现现代化和提高人民生活的先决条件。国民经济的发展快慢,在很大程度上取决于能源问题解决得如何。所谓能源问题,就是指能源开发和利用之间的平衡即能源生产和消耗之间的关系。我国能源供求平衡一直是紧张的,能源缺口很大,是亟待解决的突出问题。解决能源问题的根本途径是开源节流,即增加能源和节约能源并重,而在相当长一段时间内节约能源是首要任务,是我国一项基本国策。在我国制定的能源建设总方针中就规定着:"能源的开发和节约并重,近期要把节能放在优先地位,大力发展以节能为中心的技术改造和结构改革"。据统计预测,到21世纪末,我国国民经济所需能源有一半要靠节约来取得。事实上,世界各国已经把节能提高成为煤、石油、天然气、核能之后的第五种能源资源。

[问一问]
建筑节能的意义是什么?

建筑能耗大,占我国能源量的1/4以上,它的总能耗大于任何一个部门的能耗量,而且随着生活水平的提高,它的耗能比例将有增无减。因此,建筑节能是整体节能的重点。

建筑的总能耗包括生产用能、施工用能、日常用能和拆除用能等方面,其中以日常用能最大。因此,减少日常用能是建筑节能的重点。

【实践训练】

课目:建筑物的保温节能

(一)目的

响应国家节能降耗政策。

(二)要求

根据生活中的实例提出解决建筑物保温节能的具体方案。

(三)步骤

1. 了解工程概况及保温节能情况;
2. 提出保温节能方案;
3. 报批保温节能施工方案;
4. 实施具体施工方案;
5. 严格按照质量控制要求实施控制。

(四)注意事项

1. 严格按照审批的施工方案组织施工,真正落到实处;
2. 实施过程中严格控制每个质量环节,确保质量。

(二)减少日常耗能量的建筑措施

[想一想]
建筑节能的途径有哪些?

建筑设计在建筑节能中起着重要作用,合理的设计会带来十分可观的节能效益,其节能措施主要有以下几个方面:

1. 选择有利于节能的建筑朝向,充分利用太阳能

南北朝向比东西朝向建筑耗能少,在相同面积下,主朝向面越大,这种情况也就越明显。

2. 设计有利于节能的平面和体型

在体积相同的情况下,建筑物的外表面积越大,采暖制冷负荷也越大。因此,尽可能取最小的外表面积。

3. 改善围护构件的保温性能

这是建筑设计中的一项主要节能措施,节能效果明显。

4. 改进门窗设计

尽可能将窗面积控制在合理范围内、改革窗玻璃、防止门窗缝隙的能量损失等。

5. 重视日照调节与自然通风

理想的日照调节是夏季在确保采光和通风的条件下,尽量防止太阳热进入室内,冬季尽量使太阳热进入室内。

【实践训练】

课目:节能施工方案实例

(一)工程概况

水银山庄某区工程,建筑面积为35300平方米,地下为人防工程,地上为15层,框架结构,其中沿街两层为商业办公,其余为住宅。根据设计要求及现行的环保节能法规,本工程采取以下保温节能方案。

(二)屋面部分采用聚苯颗粒保温材料

1. 材料配备

(1)界面砂浆

界面砂浆:水=5:1(重量比),搅拌均匀成浆状。

(2)胶粉聚苯颗粒保温材料

胶粉聚苯颗粒保温材料:水=1m³:220kg,先将胶粉聚苯颗粒倒入砂浆搅拌机内,再将水加入搅拌机,搅拌5~8min,直至搅拌均匀。该浆料应随搅随用,且在2h内用完。

(3)防水抗裂砂浆

防水抗裂砂浆:水=5:1(质量比),搅拌均匀。该浆料应随搅随用,且在2h内用完。

2. **施工操作要点**

(1)基层处理

基层墙体为粘土质、普通混凝土、轻质料混凝土类多孔空心砖:将墙面上残余砂浆、污垢、灰尘清理干净,在抹灰前一天浇水润湿,在抹灰时提前1h浇水一次,以满足施工要求,无需界面处理。

(2)保温施工准备

按照设计要求的保温层厚度,用聚苯颗粒浆料做标准厚度贴饼、冲筋,以控制保温层厚度。

(3)保温层施工

① 胶粉聚苯颗粒保温层施工应自上而下;

② 胶粉聚苯颗粒保温层施工,每遍厚度不宜超过20mm,间隔不应少于24h;

③ 最后一遍胶粉聚苯颗粒施工时应达到贴饼、冲筋的厚度,并用大杠搓平,使墙面平整度达到要求;

④ 保温层固化干燥(一般5天)后,方可进行下一步工序施工。

(4)防水抗裂砂浆防护层施工

将3～4mm抗裂砂浆均匀抹在保温层表面上,立即将裁好的耐碱网格布用铁抹子压入抗裂砂浆,耐碱网格布之间的搭接布不应小于50mm,并不得使耐碱网格布褶皱、空鼓、翘边,等初凝后再压实、抹平。

(三)窗户玻璃采用中空玻璃

1. **塑钢窗制作**

(1)塑钢窗部件、配件、材料等在运输、保管和施工中,应采取防止其损坏或变形的措施。

(2)塑钢窗应放置在清洁平整的地方,且应避免日晒雨淋,并不得与腐蚀物质接触。塑钢窗不得直接接触地面,下部应放置垫土,且均应立着放置,立放的角度不得小于70°,并应采取防倾倒措施。

(3)塑钢窗在工地的堆放应远离热源,以防门窗受热变形。门窗在现场堆放时的时间不得超过两樘。

(4)装运塑钢窗的运输工具应设有防雨措施。运输塑钢窗时应竖立排放并固定牢靠,防止颠震损坏。樘与樘之间应用金属软材料衬垫,五金配件应相互错开,以免相互磨损及压坏五金件。

(5)装卸塑钢窗应轻拿轻放,不得撬、甩、摔。吊运塑钢窗时,其表面应采取非金属软质材料衬垫,并在窗的外缘选择牢靠的平稳着力点,不得在框内插入抬杠起吊。

(6)当洞口设置有预埋件时,应检查预埋件的数量、规格及位置,预埋件的数量应与固定件的数量一致,其标高位置应准确。

2. **塑钢窗的安装**

(1)将不同规格的塑钢窗搬到相应的洞口旁放,当发现保护膜脱落时,应补贴保护膜。

(2)门窗和墙体固定时,应先固定上边框,而后固定边框。

(四)墙体工程

4 层及 4 层以上框架填充外墙采用 200mm 宽 NALC 砌块,4 层墙以下及混凝土、梁、柱热桥部位用挤塑板保温。

(1)将基层表面清干净,凸起、空鼓和疏松部位剔除并找平。

(2)基层满刷胶黏剂,粘结强度大于 0.3MPa。

(3)贴挤塑板,按顺砌方式粘贴,竖缝应逐行错缝,并粘贴牢固,无松动和空鼓。

(4)墙角处挤塑板应交错互锁,门窗洞口四角处不得拼接,要采用整板切割形成,板接缝离开角部至少 200mm。

(5)满贴玻纤网,不得有褶皱、翘边,不得直接铺在挤塑板表面。

本章思考与实训

1. 学习建筑构造的目的何在?
2. 建筑构造设计应遵循的原则有哪些?
3. 影响建筑构造的主要因素是什么?
4. 建筑物的基本组成包含哪些? 各有什么作用?
5. 在屋面中,使用聚苯颗粒保温材料的施工要点是什么?

第二章 地基与基础构造

【内容要点】

1. 地基与基础的概念；
2. 地基与基础的重要性及设计要求；
3. 常见地基加固处理方法；
4. 影响基础埋置深度的主要因素；
5. 基础的类型及构造。
6. 地下室基础的组成及构造。

【知识链接】

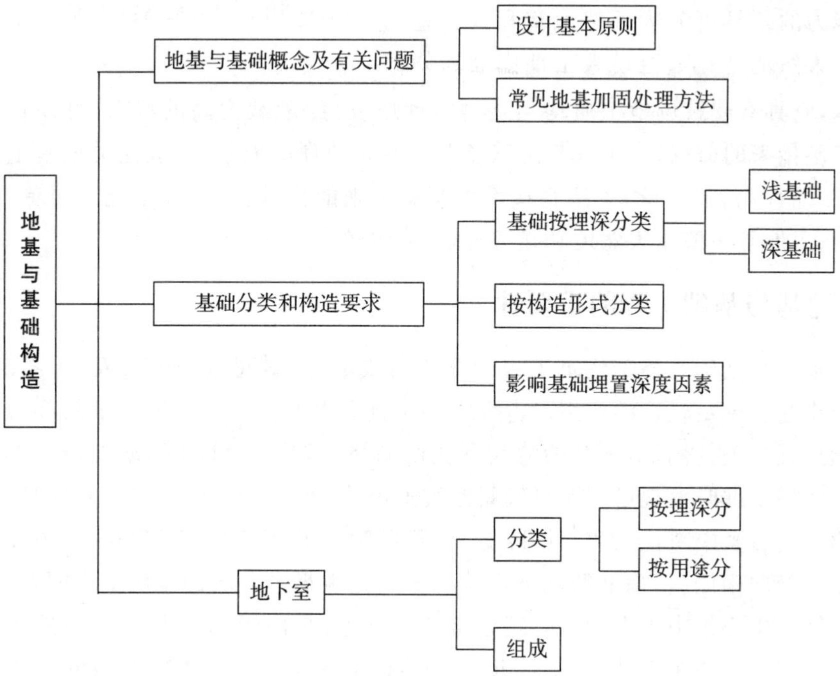

第一节　地基与基础的概念及有关问题

一、地基与基础的概念

任何建筑物都是由上部结构和基础组成的。上部结构是承载和传递各种直接作用和间接作用的骨架体系。基础是承载和传递上部结构荷载的基本结构，它位于建筑物最下面，是建筑物的组成部分，作用是将上部结构传递到基础顶面的荷载及其自重通过其自身形式的调整合理地传给地基。

地基指的是承受基础传来荷载的土层，地基与基础如图 2－1 所示。位于基础底面下的土层称为持力层，持力层以下称为下卧层，如果下卧层的强度低于持力层，则称为软弱下卧层。

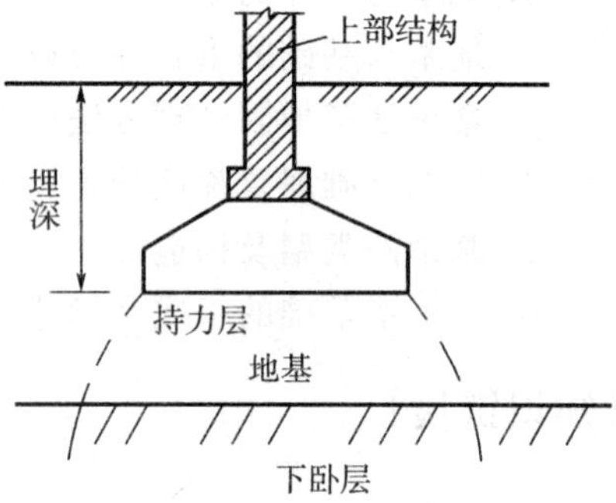

图 2－1　地基与基础

[想一想]

1. 什么是地基?
2. 什么是基础?
3. 地基与基础有何区别?

地基土的种类很多，作为建筑物地基的土可分为岩石、碎石土、砂土、粉土、粘土和人工填土六大类。各种土的物理和力学性能差别很大，根据地基土的承载能力的差异可分为天然地基和人工地基。天然地基是未经过人工加固处理的地基，它具有建筑场地土质均匀、坚实、性质良好、承载力高的特点，可以直接承受基础传来的荷载；人工地基是需经人工加固处理的地基，一般这类地基土质软弱、压缩性高、强度低，无法直接承受基础传来的荷载；天然地基施工简单、造价低，人工地基一般比天然地基施工复杂、造价较高。

二、地基与基础工程的重要性

地基与基础是整个建筑工程的重要组成部分，对建筑物能否安全、经济、正常使用起着举足轻重的作用。古今中外建筑史上发生的很多工程事故都与地基基础工程有关。例如，著名的意大利比萨斜塔，该塔自 1173 年动工，至 1178 年建至 4 层中部时发现塔身明显倾斜而被迫停工，在 1272 年复工，经 6 年时间，建完第 7 层后又中断，于 1360 年再复工，至 1370 年竣工。全塔共 8 层(高约 55m)。至今塔身向南倾斜，南北两端沉降差 1.8m，是世界上著名的基础工程问题之一。上海展览中心馆中央大厅的建筑地基严重下沉，是由于地基为 14m 厚的压缩性淤泥质软土。该馆兴建于 1954 年，至 1979 年建成。中央大厅四周的平均沉降量为 160cm，后经修复又继续使用，由于地基严重下沉，付出了相当大的代价。加拿大特朗斯康谷仓是由于地基滑动引起的工程事故，该谷仓采用筏板基础，于 1911 年动工，1913 年秋完工。当年 9 月装谷物时，由于超载地基土发生强度破坏而滑动，使谷仓西侧陷入土中 8.8m，东侧抬高 1.5m，谷仓倾斜 27 度，而上部钢筋混凝土筒仓仍坚如磐石。以上工程实例说明，地基与基础工程质量对建筑物能够安全使用的重要性。

基础工程对于整个工程的成本和工期也会产生很大的影响。基础工程是在地下或水下进行施工，施工难度大，造价、工期和劳动消耗量在整个工程中占的比重较大。通常多层建筑中，基础工程造价约占总造价的20%～25%，工期可占总工期的1/4以上，高层建筑采用人工地基或深基础，则工期和造价所占的比例将更大。另外，地基与基础工程属于隐蔽工程，一旦出现事故，不易处理。

三、地基与基础设计等级

根据地基复杂程度，建筑物的规模和特征以及由于地基问题可能造成建筑物破坏或影响的程度，将地基基础设计分为三个等级，见表2-1。

表2-1 地基基础设计等级

设计等级	建筑类型
一级	重要的工业与民用建筑； 30层以上的高层建筑； 体形复杂，层数相差超过10层的高低层连成一体建筑物； 大面积的多层地下建筑物（如地下车库、商场、运动场等）； 对变形有特殊要求的建筑物； 复杂地质条件下的坡上建筑物（包括高边坡）； 对原有工程有影响的新建筑物； 场地和地基条件复杂的建筑物
二级	除一级、三级以外的工业与民用建筑
三级	场地和地基条件简单，荷载分布均匀的7层以下民用建筑及一般工业建筑； 次要的轻型建筑物

四、地基与基础设计的基本原则

为了保证建筑物的安全与正常使用，根据建筑物地基基础设计等级和长期荷载作用下地基变形对上部结构的影响程度，地基基础设计应满足以下三个基本原则：

1. 地基应具有足够的强度

所有建筑物的地基均应进行地基承载力计算，以防止地基土因强度不足而引发剪切破坏和丧失稳定性。

[想一想]
地基与基础设计的基本原则有哪些？

2. 控制地基变形在允许范围以内

地基变形要求不超过规定的地基变形允许值，以免引起基础和上部结构的损坏或影响建筑物的正常使用，对一级建筑物及规范所列范围以外的二级建筑物应进行地基变形计算。

3. 选取合理地基基础类型

在保证建筑物的安全和正常使用的条件下，应尽量选用天然地基上的浅基础，以降低基础工程造价，节省总投资。但为节约用地或特殊情况，也会选用工程性质较差，需经人工加固处理的地基或采用深基础。基础的材料、形式、构造和尺寸，除应能适应上部结构、符合使用要求，满足地基承载力、稳定性和变形要求外，还应满足对基础结构的强度、刚度和耐久性的要求。

五、常见地基加固处理方法

地基加固处理的对象包括软弱地基与不良地基两方面，软弱地基是在地表下相当深度范围内存在软弱土，包括淤泥、淤泥质土、冲填土、杂填土及饱和松散粉细砂与粉土，不良地基包括湿陷性黄土地基、膨胀土地基、多年冻土地基、岩溶与土洞地基等。地基加固处理的目的是改善地基土的性质，使其满足建筑物对地基强度稳定性和变形的要求，改善地基土渗漏、振动液化、振沉等特性。地基处理方法众多，下面简单介绍几种常见的地基处理方法。

1. 机械碾压法

机械碾压法是利用压路机、羊足碾、平足碾、振动碾等碾压机械将地基土压实。对于大面积填土应按计划与次序往复碾压，分层铺土、分层压实。这种方法适用于地下水位以上的地基处理，也可用于含水量较低的素填土或杂填土地基处理。

2. 强夯法

强夯法又叫动力固结法，它是用起重机械将重锤（一般为 80～300kN）起吊到 6～30m 高度后，使其自由下落，对地基产生巨大冲击和振动，从而提高地基承载力，降低其压缩性。这种方法适用于碎土石、砂土、低饱和度粉土、粘性土、湿陷性黄土、杂填土、素填土等地基处理，可以提高地基承载力，减少不均匀沉降，以及消除液化、加固深层地基。

3. 换填法

换填法又称换土垫层法，这种方法是先挖除基底下待处理深度范围内的软弱土，再分层换填强度大、压缩性小、性能稳定的材料，然后压实，作为地基持力层。常用的垫层有：砂垫层、砂卵石垫层、碎石垫层、灰土垫层、矿渣垫层等。换土垫层法可以提高地基承载力，减少地基沉降量，加速软土的排水固结，防止冻胀，消除膨胀土的胀缩作用。这种方法适用于淤泥、淤泥质土、湿陷性黄土、素填土、杂填土地基及暗沟、古墓等浅层地基处理。

4. 挤密法

挤密法先是在软弱地基土中成孔，将土从侧向挤密，然后再将砂石、砂、灰土等填料挤压入孔中，形成大直径的密实桩体，与原地基一起形成一种复合地基。按填入材料的不同分为砂桩、土桩、灰土桩、碎石桩等。这种方法适用于处理地下水位以上的湿陷性黄土、素填土和杂填土地基处理。

5. 化学固结法

化学固结法是将化学浆液灌入地基土中，形成新的坚硬体，从而提高地基强度，消除液化，减少沉降量。常用化学浆液有：水泥浆液（采用高标号硅酸盐水泥掺入速凝剂组成），以水玻璃为主剂的浆液，以纸浆废液为主的浆液，以丙烯酰胺为主剂的浆液。这种方法常用于地基防渗、整治塌方滑坡，可提高地基承载力，减少地基沉降量。

另外，还有振动法、预压固结法、托换技术等众多地基处理方法。在选择地基处理方法时应综合考虑多方面因素，包括场地地质条件、处理的范围、工程进度、工程费用、技术、机械、对环境的影响（噪音、污染等）等。

[想一想]

常用的地基加固处理方法有哪些？各适用范围如何？

【实践训练】

课目一：参观当地典型的地基基础工程事故案例

（一）目的

让学生更加直观深刻地认识到基础工程事故后果的严重性，认识到基础工程的重要性。

（二）内容

（1）了解该建筑物设计的基本情况；

（2）了解该建筑场地的基本情况，分析出现地基基础工程事故的原因；

（3）了解该建筑物地基基础工程事故所引起的后果及采取的补救措施。

（三）思考

如何避免这类地基基础工程事故的发生？

课目二：参观某地基加固处理施工现场

（一）目的

了解地基加固处理所使用的方法、机械设备、材料以及处理结果的检验；

（二）内容

（1）通过阅读地质勘察报告，了解建筑场地的基本情况；

（2）在现场认真查看施工场地的基本情况及准备工作；

（3）熟悉现场的施工机械的技术参数及性能；

（4）了解地基加固处理的施工过程及结果检验。

（三）思考

根据工程建筑场地情况，可选用的地基处理方法有哪些？选用该种地基加固处理方案有何优点？

第二节　基础的类型和构造要求

一、基础按埋置深度分类

基础埋置深度是指从室外设计地面至基础底面的距离，简称基础埋深。基础有一定的埋置深度，可以防止日晒雨淋，人来车往造成基础损伤。根据基础埋深的不同可将基础分为浅基础和深基础两大类。

（一）浅基础

浅基础一般指埋置深度小于 5m，且能用一般方法施工的基础，它具有施工简单、成本较低的特点。浅基础根据建造基础所选材料的受力性能的不同分为刚性基础和柔性基础。

1. 刚性基础

[想一想]

什么是刚性基础？列举说明。

刚性基础是指用抗压性能较好，而抗弯、抗拉性能较差的材料建造的基础。基础下部做成台阶形成扩大部分，如同倒置的悬臂结构构件。由于基础材料的抗弯、抗拉强度较低，在地基反力作用下，如若悬臂部分过长，就会产生较大的弯曲变形，导致产生裂缝，并且裂缝迅速开展，以致基础破坏不能正常工作，如图 2－2所示。因此，在设计时要求基础的外伸长度与基础高度的比值满足表 2－2 的基础台阶宽高比允许值的要求，即

$$\frac{b}{h}\leqslant\left[\frac{b}{h}\right]=\tan\alpha$$

式中，$\left[\frac{b}{h}\right]$——刚性基础台阶宽高比允许值，查表 2－2；

b——基础外伸部分长度；

h——基础高度；

α——基础的刚性角，如图 2－3 所示。

表 2－2　刚性基础台阶宽高比的允许值

基础名称	基础材料	台阶宽高比的允许值		
		$p\leqslant 100$	$100<p\leqslant 200$	$200<p\leqslant 300$
混凝土基础	C10 混凝土	1∶1.00	1∶1.00	1∶1.25
	C7.5 混凝土	1∶1.00	1∶1.25	1∶1.50
毛石混凝土基础	C7.5～C10 混凝土	1∶1.00	1∶1.25	1∶1.50
砖基础	砖不低于 MU7.5　M2.5 砂浆	1∶1.50	1∶1.50	
	砖不低于 MU7.5　M5 砂浆	1∶1.50	1∶1.50	1∶1.50
毛石基础	M2.5～M5 砂浆	1∶1.25	1∶1.50	
	M1 砂浆	1∶1.50		
灰土基础	体积比为 3∶7 或 2∶8 的灰土其最小干土密度 粉土　1.55t/m³； 粉质粘土　1.50t/m³； 粘土　1.45t/m³；	1∶1.25	1∶1.50	
三合土基础	石灰∶砂∶骨料的体积比为 1∶2∶4～1∶3∶6 每层约虚铺 220mm，夯至 150mm	1∶1.50	1∶2.00	

[注]　(1)p 为基础底面处的平均压力(kPa)；(2)阶梯形毛石基础的每阶伸出宽度不宜大于 200mm；(3)当基础由不同材料叠合组成时，应对接触部分作抗压演算；(4)对于混凝土基础，当基础底面处的平均压力超过 300kPa 时，尚应按下式进行抗剪验算。

$$V=0.07f_cA$$

式中，V——剪力设计值；

f_c——混凝土轴心抗压强度设计值；

A——台阶高度变化处剪切截面面积。

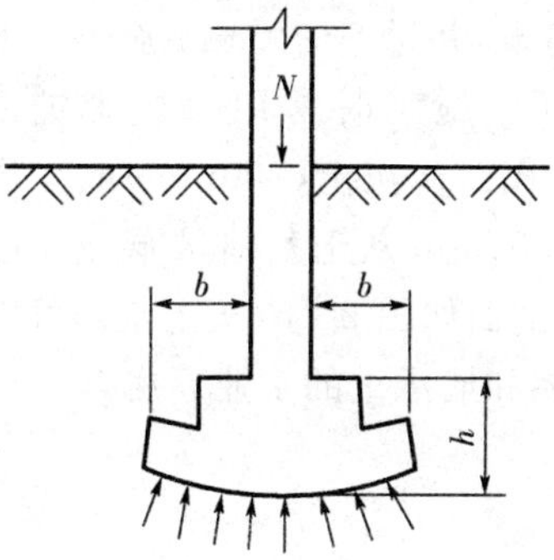

图 2-2　刚性基础受基底反力破坏图

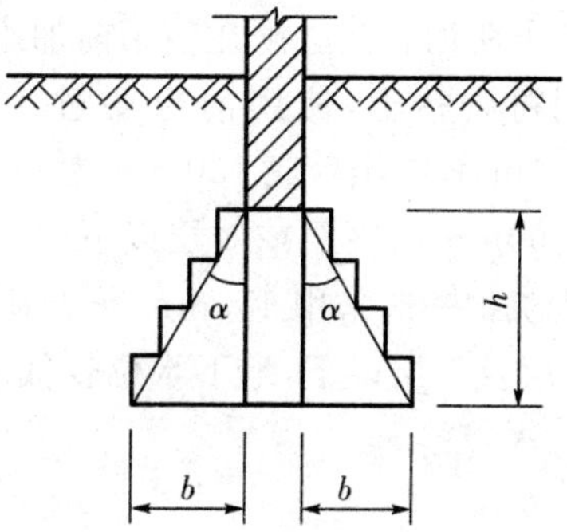

图 2-3　刚性角示意

由图 2-3 可知，刚性基础悬臂部分的长度，通常可以通过刚性角 α 来控制。由表 2-2 可知，刚性角 α 与基础使用的材料有关。刚性基础的常用材料有砖、灰土、三合土、毛石、混凝土、毛石混凝土等。

(1)砖基础

用砖砌筑的基础，所用砖的强度等级不低于 MU7.5，砂浆强度等级不低于 MU2.5。图 2-4 为砖基础剖面图，其下部阶梯形剖面俗称“大放脚”。其砌筑方式有“两皮一收”和“二、一间隔收”两种，台阶宽度均为 60mm，最下层台阶高度均为 120mm，其中“二、一间隔收”较省材料。砖基础具有施工简便、成本较低、适应面广的特点。可用于 6 层及 6 层以下的民用建筑和墙壁承重的工业厂房。

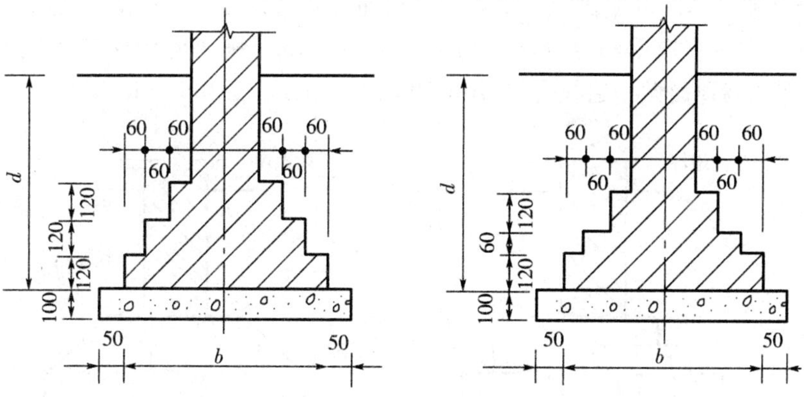

(a)两皮一收　　(b)二、一间隔收

图 2-4　砖基础剖面图

为保证砖基础砌筑质量，常在砖基础底面下做垫层。垫层厚度一般为 100mm，每边伸出基础底面 50mm，垫层材料可选用灰土、三合土、混凝土等，垫层不计入基础厚度和宽度，垫层厚度在 200mm 以上，则垫层就可以看作基础的一部分。

(2)灰土基础

灰土是用石灰和粘性土混合而成的。中小工程可选用灰土材料做基础，常用的是三七灰土，即用三分石灰和七分粘性土(体积比)，搅和均匀后分层夯实。灰土所用石灰必须在使用前加水闷成熟石灰粉末，并过 5～10mm 筛子。土料宜用粉质粘土，使用前也要过 10～20mm 筛子。施工时常用每层虚铺 220～250mm，夯实后成 150mm 为一步灰土，可设计成二步灰土(300mm)或三步灰土(450mm)。3 层或 3 层以下建筑物，一般采用 300mm 灰土基础，4 层或 4 层以上建筑物一般采用 450mm 灰土基础。灰土基础剖面如图 2-5，灰土基础可以用于 5 层及 5 层以下，地下水位较低的砌体结构房屋和墙承重的工业厂房。

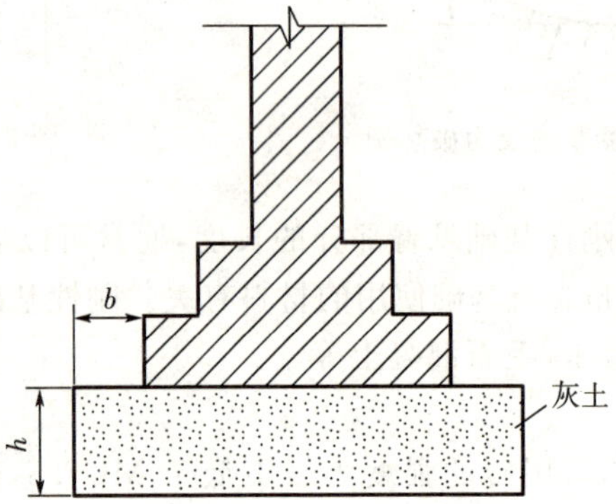

图 2-5　灰土基础剖面图

(3)毛石基础

毛石指开采出来未加工成形的石块。尺寸较大且形状不规则，通常采用强度等级不低于 M5 砂浆砌筑。毛石基础剖面形状如图 2-6 所示，有阶梯形和锥形两种。阶梯形厚度和台阶厚度均不小于 100mm。施工时为便于砌筑上部墙体，可在基础顶面做一遍找平层，用 C10 的混凝土，厚度为 60mm。

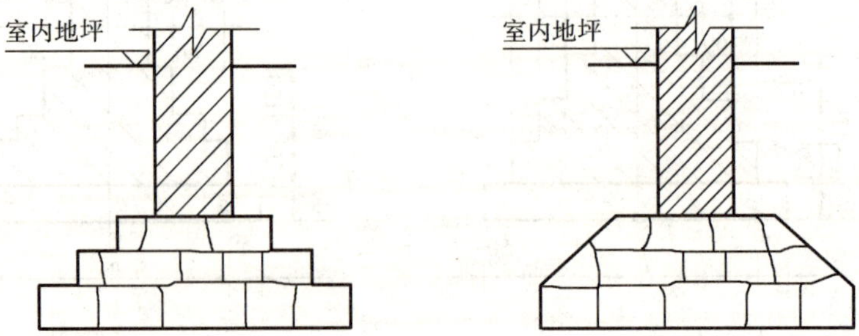

图 2-6　毛石基础剖面图

(4)混凝土基础

混凝土的强度、耐久性、抗冻性都比砖好，且便于机械化施工。但由于水泥用量大，故造价高。常用于砖、石材料不满足刚性角要求的基础、地下水位以下的基础及垫层。其剖面可做成台阶形和锥形两种，如图 2－7 所示。

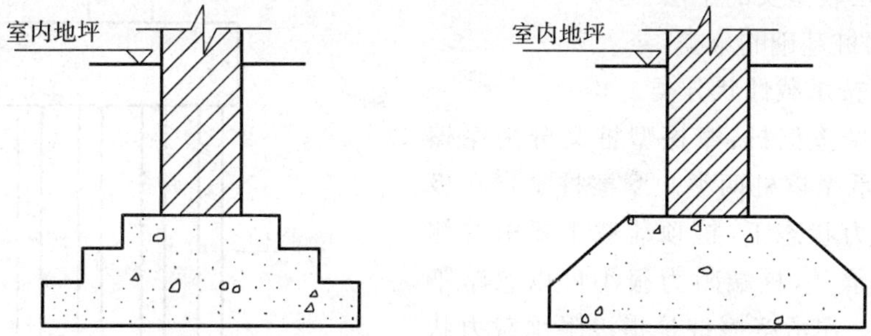

图 2－7　混凝土基础剖面图

(5)毛石混凝土基础

体积大的混凝土基础，为了节省水泥用量，混凝土中掺入 20%～30% 毛石，称作毛石混凝土基础，如图 2－8 所示。毛石尺寸不宜超过 300mm。

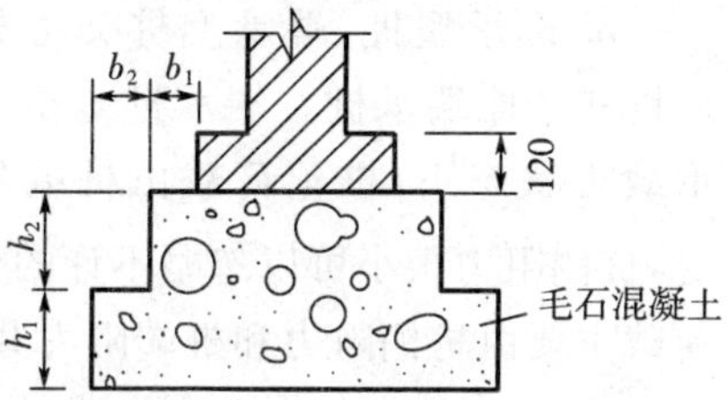

图 2－8　毛石混凝土基础剖面图

对于浇筑基础所用混凝土，务必要注意如果存在地下水，并且对普通硅酸盐水泥具有侵蚀作用时，应采用矿渣水泥或火山灰水泥拌制混凝土。

2. 柔性基础

柔性基础是指用钢筋混凝土材料建造的基础，又可称为钢筋混凝土基础。这类基础的抗压、抗弯、抗拉强度都很大，且基础高度不受台阶宽高比允许值的限制，适用于上部结构荷载比较大、地基承载力不高以及承受水平力和力矩作用等情况。当上部结构荷载较大，按地基承载力确定基础底面尺寸也将很大；相应地，如果采用刚性基础，为了满足宽高比的要求，基础埋深也将较大，将导致用料多、自重大。此时采用柔性基础就可以“宽基浅埋”，能够达到节省材料和挖土工作量的效果。

(二)深基础

当建筑场地浅层地基不能满足建筑物对地基承载力和变形的要求，也不宜采用地基加固处理等措施时，往往需要以地基深层坚实土层或岩层作为地基持力层，采用深层方案，深基础通常深层埋深大于 5m，往往采用特殊的结构和特殊方法施工的基础。深基础的形式主要有桩基础、沉井基础、墩基础、地下连续墙和箱桩基础等几种类型，其中以桩基的历史最为悠久，应用最为广泛。

[想一想]

1. 何谓深基础?
2. 深基础和浅基础有何区别?

1. 桩基础

桩基础是承载性能好，适用范围广的深基础。但桩基础的造价一般较高、工期较长、施工比一般浅基础复杂。就房屋建筑工程而言，桩基础适用于上部土层软弱而下部土层坚实的场地。桩基础由承台和桩身两部分组成，如图 2－9 所示。

通过承台把多根桩联结成整体,并通过承台把上部结构荷载传递到各根桩,再传至深层较坚实的土层中。

[想一想]
什么是桩基?在什么情况下可采取桩基?

(1)桩基础的分类

① 按承载性状分类

a. 摩擦型桩:摩擦型桩又分为摩擦桩和端承摩擦桩两类。摩擦桩是指在极限承载力状态下,桩顶荷载主要由桩侧阻力来承受,桩端阻力很小可以忽略不计的桩。端承摩擦桩是指极限承载力状态下桩顶荷载由桩侧阻力和桩端阻力共同承受,但大部分荷载由侧桩阻力承受。

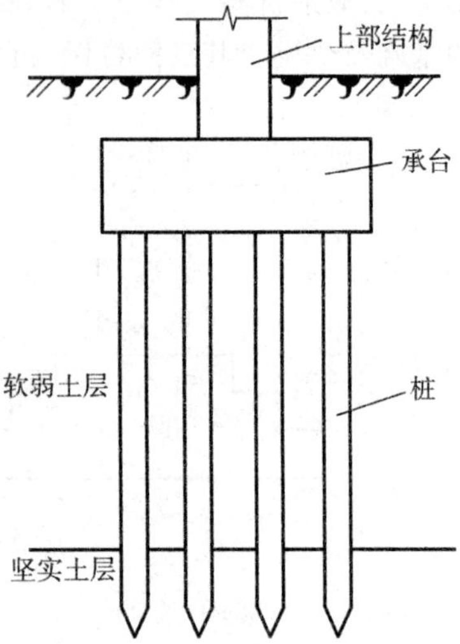

图 2-9 桩基础示意图

b. 端承型桩:端承型桩又可分为端承桩和摩擦端承桩。端承桩是指在极限承载力状态下,桩顶荷载由桩端阻力承受,桩侧阻力很小可以忽略不计的桩。摩擦端承桩是指极限承载力状态下,桩顶荷载主要由桩侧阻力和桩端阻力共同承受,但大部分荷载由桩端阻力承受的桩。

② 按照桩身制作方法分类

桩基分为预制桩、灌注桩和搅拌桩三类。

③ 按成桩过程的挤土效应分类

一般可分为非挤土桩、部分挤土桩和挤土桩三类。

④ 按桩身材料分类

桩基础可分为钢筋混凝土桩、钢桩和组合材料桩三类。

⑤ 按桩的使用功能分类

可分为竖向抗压桩、竖向抗拔桩、水平受荷桩和复合受荷桩。

⑥ 按桩径大小分类

可分为小直径桩($d \leqslant 250$mm)、中等直径桩($250\text{mm} < d < 800$mm)、大直径桩($d \geqslant 800$mm)。

[想一想]
桩按承载性状分为哪几类?其受力情况有什么不同?

(2)桩基础的构造要求

① 摩擦型桩(包括摩擦桩和端承摩擦桩)的中心距不宜小于桩身直径 3 倍;扩底灌注柱的中心距不宜小于扩底直径的 1.5 倍,当扩底直径大于 2m 时,桩端净距不宜小于 1m。在确定桩距时尚应考虑施工工艺中挤土效应对邻近桩的影响。

② 扩底灌注桩的扩底直径,不宜大于桩身直径的 3 倍。

③ 桩底进入持力层深度,根据地质条件、荷载及施工工艺确定,宜为桩身直径的 1~3 倍,且不宜小于 0.5m。

④ 桩的平面布置应尽量使桩群承载力合力点,与长期荷载重心重合。

⑤ 预制桩的混凝土强度等级不应低于 C30;灌注桩的混凝土强度等级不应低于 C20;预应力桩的混凝土强度等级不应低于 C40。

⑥ 桩的主筋应经计算确定。通常为1%～3%。打入式预制桩的最小配筋率不宜小于0.8%；静压预制桩的最小配筋率不宜小于0.6%；灌注桩最小配筋率不宜小于0.2%～0.65%(小直径桩取大值，大直径桩取低值)。

⑦ 箍筋采用$\phi 6$、$\phi 8$，间距200mm。桩顶$3d$～$5d$范围箍筋适当加密。灌注桩箍筋笼长度超过4m时，应每隔2m左右设一道直径$\phi 12$～$\phi 18$焊接加劲箍筋。

⑧ 桩顶嵌入承台内的长度不宜小于50mm，主筋伸入承台内的锚固长度不宜小于钢筋直径的30倍(Ⅰ级筋)和35倍(Ⅱ、Ⅲ级筋)。

⑨ 桩承台的平面尺寸，依据桩的平面布置，承台每边由桩外围外伸不小于$d/2$，承台的宽度不宜小于500mm。桩承台的厚度不宜小于300mm。对大中型工程承台厚度应进行抗冲切计算确定。

⑩ 承台的混凝土强度等级不低于C15。混凝土保护层厚度不宜小于50mm。承台配筋按计算确定。矩形承台不宜少于$\phi 8$@200，并应双向均匀配置受力钢筋。

2. 沉井基础

沉井基础是一种竖向的筒形结构物，通常用砖、素混凝土或钢筋混凝土材料制成。施工时先在地面制作一个井筒形结构；然后从井筒内挖土，使沉井失去支撑靠自重作用下沉，直至设计高程为止；最后封底。沉井的井筒，在施工期间作为支撑四周土体的护壁，竣工后即为永久性深基础。可作用重型结构物基础、邻近建筑物基础、地下工程基础等。

[想一想]

沉井基础有哪些部分组成？有何构造要求？

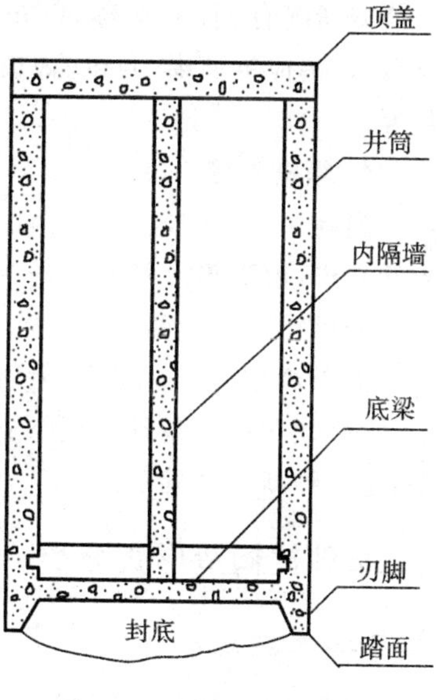

图2-10 沉井基础

沉井的结构包括：刃脚、井筒、内隔墙、底梁、封底与顶盖等部分，如图2-10所示。

(1)刃脚

刃脚位于沉井的最下端，形如刀刃，在沉井下沉过程中起切土下沉作用。刃脚的最底部为一水平面，称为踏面。踏面的宽度通常不小于150mm。当土质坚硬时，刃脚踏面用钢板或角钢加以保护。刃脚内侧的倾斜面的倾角通常为40°～60°。

(2)井筒

沉井的井筒为沉井的主体。在沉井下沉过程中，井筒起到挡土的作用，承受四周的土压力和水压力，所以应具备足够的强度。同时井筒又需要有足够的自重，以克服井筒外壁与土的摩擦阻力和刃脚踏面底部土的阻力，使沉井能在自重作用下徐徐下沉；另一方面，井筒内部的空间，要容纳挖土工人和挖土机械在井内工作，以及排除障碍的需要，因此，井筒内径最小不要小于0.9m。

(3)内隔墙和底梁

大型沉井为了增加整体刚度，在沉井内部设置内隔墙，以增加沉井的刚度。

同时，内隔墙把整个沉井分成若干井孔，各井孔分别挖土，便于控制沉降和纠倾处理。有时在内墙壁下部设底梁，或单独做底梁。内墙壁和底梁的底面高程，应高于刃脚踏面 0.5m～1.0m。

(4)封底与沉井底板

当沉井下沉至设计标高后，需要混凝土封底，以阻止地下水和地基土进入井筒。为使封底的现浇混凝土底板与井筒联结牢固，在刃脚上方井筒的内壁预先设置一圈凹槽。

(5)顶盖

沉井作地下构筑物时，在沉井顶部需做钢筋混凝土顶盖。

3. 地下连续墙

地下连续墙是用专门的挖槽机械，在地面导墙内分段开挖出竖直狭长的深槽，再采用泥浆护壁，并就地吊放钢筋笼，浇筑混凝土，逐步形成一道连续的地下钢筋混凝土墙，即地下连续墙。它既可以承担墙侧的土压力和水压力，在基坑开挖时防渗漏、挡土，还可以对邻近建筑物基础进行支护，同时它可以承受和传递上部结构的荷载，作为建筑物基础的一个重要组成部分。

地下连续墙的优点是土方工程量小、工期短、成本低，施工期间不需降水，不需挡土护坡，不影响建筑物的安全，可用于地下室，地铁车站等工程。

地下连续墙的成墙深度由使用要求决定，大都在 50m 内，墙宽与墙体的深度及荷载情况有关，一般为 600mm、800mm、1000mm。地下连续墙的施工大体需要有六个环节，即修筑导墙、成墙、放接头管、吊放钢筋笼、浇筑混凝土、拔接头管等。

4. 箱桩基础

当高层建筑的地基土质较好时，通常采用箱形基础，不仅可以满足地基承载力的要求，由于箱形基础埋深大，还可以满足稳定性的要求。同时箱形基础的内部空间可用作地下商场、车库、设备层等用途。

如果高层建筑的地基土质软弱，仅用箱形基础，无法满足地基承载力的要求，则必须在箱形基础底板下做承重桩基础。这类箱基加桩的基础，简称箱桩基础，是一种新型基础形式。

二、基础按构造形式分类

(一)条形基础

条形基础是指长度远远大于其宽度的一种基础形式。按上部结构形式，可分为墙下条形基础和柱下条形基础。

[想一想]

基础按构造形式可分为哪些种类？各有何特点？

1. 墙下条形基础

墙下条形基础有刚性条形基础和钢筋混凝土条形基础两种。墙下刚性条形基础在砌体结构中得到广泛应用，常用砖、毛石、混凝土、毛石混凝土等材料建造。当上部墙体荷载较大而土质较差时，可考虑采用墙下钢筋混凝土条形基础，如图 2-11 所示。墙下钢筋混凝土条形基础一般做成板式(或称“无肋式”)，如图

2-11(a)所示，有时，为了增强基础的整体性和纵向抗弯能力，减小不均匀沉降，可采用带肋的墙下钢筋混凝土条形基础，如图2-11(b)所示。

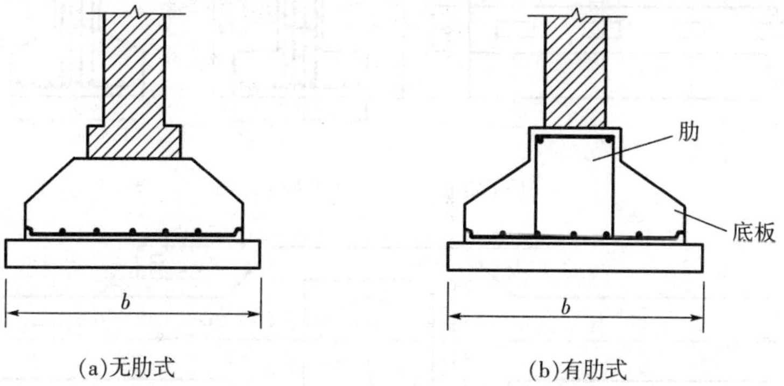

图2-11 墙下钢筋混凝土条形基础

墙下钢筋混凝土条形基础应满足下列构造要求：

(1)当基础高度大于250mm时，可采用锥形截面，坡度$i \leqslant 1:3$，边缘高度不宜小于200mm；当基础高度小于250mm时，可采用等厚度板；若为阶梯形基础，每阶高度宜为300～500mm。

(2)基础垫层厚度一般为100mm，垫层混凝土强度等级应为C10。

(3)基础底板受力钢筋的最小直径不宜小于10mm，间距不宜大于200mm，也不宜小于100mm。分布钢筋直径不小于8mm，间距不大于300mm。当有垫层时，钢筋混凝土保护层厚度不宜小于40mm，无垫层时不小于70mm。

(4)混凝土强度等级不应低于C20。

(5)带肋的墙下钢筋混凝土条形基础，肋的纵向钢筋和箍筋按经验确定。

2. 柱下钢筋混凝土条形基础

在框架结构中当地基软弱而上部结构荷载较大时，柱基之间可能发生不均匀沉降，或可能出现因基础底面积很大而使基础边缘相互接近甚至重叠现象，为增强基础的整体性，方便施工，可将同一排的柱基础连成柱下钢筋混凝土条形基础，如图2-12(a)所示。

柱下钢筋混凝土条形基础应满足下列构造要求：

(1)基础肋梁高度宜为柱距的1/4～1/8，翼板厚度不宜小于200mm。当翼板厚度为200～250mm时，宜用等厚度翼板；当翼板厚度大于250mm时，宜用变厚度翼板，其坡度宜小于或等于1∶3。

(2)一般情况下，在基础平面布置允许的条件下，为调整底面形心位置、减少端部基底压力，条形基础的端部应向外伸出，其长度宜为第一跨距的1/4～1/3。

(3)现浇柱与条形基础梁的交接处，其平面尺寸不应小于图2-12(b)所示尺寸。

(4)条形基础肋梁顶部和底部的纵向钢筋按计算配置。顶部钢筋全部贯通，底部通长钢筋，不应少于底部受力钢筋截面总面积的1/3。

(5)混凝土强度等级不应低于 C20。

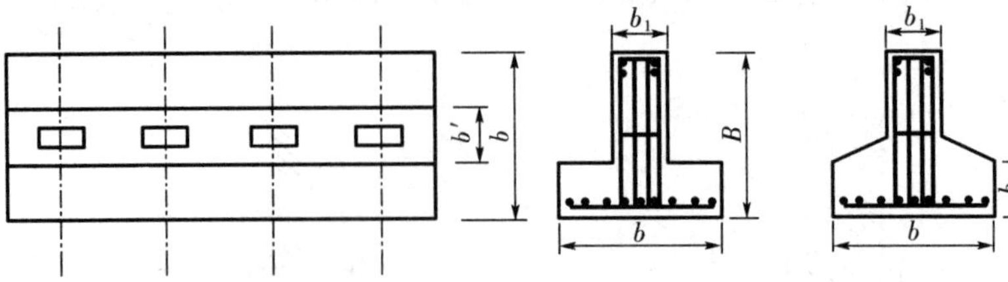

(a)柱下钢筋混凝土条形基础示意图

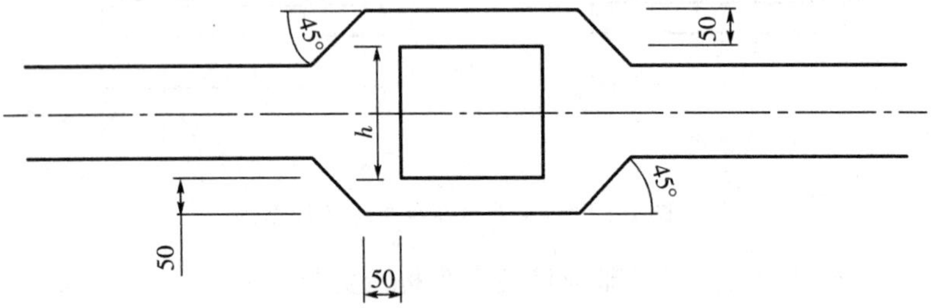

(b)现浇柱与条形基础梁交接处平面尺寸

图 2-12 柱下钢筋混凝土条形基础

(二)独立基础

独立基础也称单独基础,独立基础是柱基础中最常用和最经济的形式,它所用材料根据荷载的大小而定。现浇钢筋混凝土柱下常采用现浇钢筋混凝土独立基础,基础截面可做成阶梯形或锥形,预制柱下通常采用杯形基础,如图 2-13 所示。

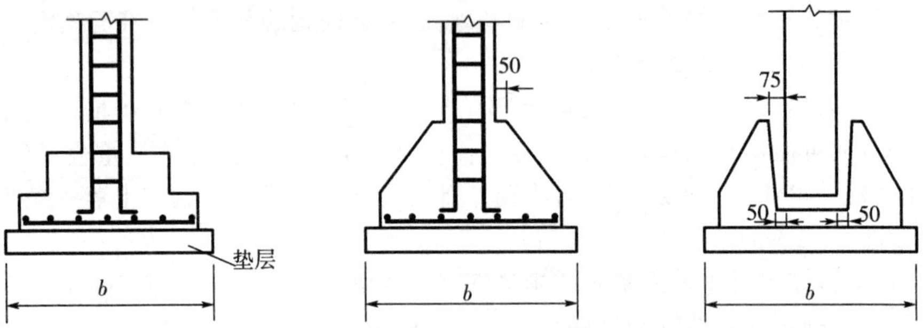

(a)阶梯形 (b)锥形 (c)杯形

图 2-13 独立基础

独立基础除应满足墙下钢筋混凝土条形基础的一般构造要求外,还应满足如下要求:

(1)当基础边长大于或等于 2.5mm 时,底板受力钢筋的长度可取边长的 0.9 倍,并宜交错布置。

(2)锥形基础的顶部为安装柱模板,需要每边放出 50mm。对于现浇柱基础,若基础与柱不同时浇筑，在基础内需预留插筋，插筋的数量、直径以及钢筋种类应与柱内纵向钢筋相同。插筋与柱的纵向受力钢筋的搭接长度按规范有关规定采用。当基础高度等于或小于 900mm 时，全部插筋伸至基底钢筋网上面，端部弯直钩；当基础高度大于 900mm 时，将柱截面四角的钢筋伸至基底钢筋网上面，端部弯直钩，其余钢筋按锚固长度确定。插入基础的钢筋上下至少应有两道箍筋固定。插筋与柱筋的搭接位置一般在基础顶面。在搭接长度范围内的箍筋应当加密，当柱内纵筋为受压时，箍筋间距不应大于 10d；当为受拉时，箍筋间距不应大于 5d，d 为柱内纵筋的最小直径。

[想一想]

1. 柱下基础通常为独立基础，何时采用柱下条形基础？
2. 柱下条形基础、独立基础各有何构造要求？

(3)预制钢筋混凝土柱与杯形基础的连接，应符合规范的有关规定。

(三)十字交叉基础

当上部结构荷载很大，地基土质软弱时，可采用双向的柱下钢筋混凝土条形基础，十字交叉基础，如图 2-14 所示。这种基础纵横向均具有一定的刚度，可增强基础的整体刚度，减小不均匀沉降。

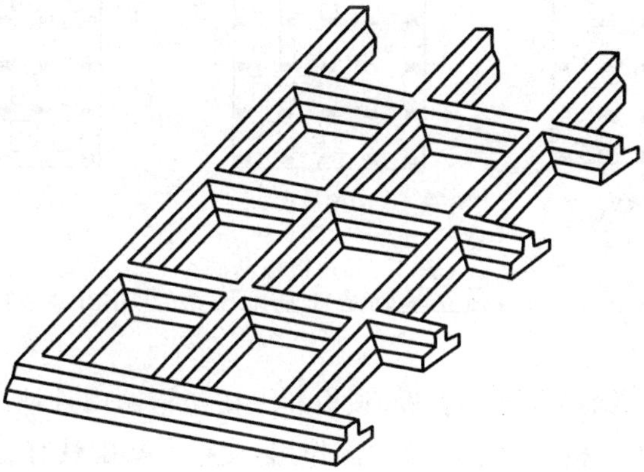

图 2-14　十字交叉基础

(四)筏板基础

当地基软弱而荷载很大，采用十字交叉基础也不能满足地基基础设计要求时，可采用筏板基础，即用钢筋混凝土做成连续整片基础，如图 2-15 所示。筏板基础由于基底面积大，故可减小基底压力至最小值，同时增大了基础的整体刚度。按构造形式不同它又可分为平板式和梁板式两类。平板式是在地基上做一块钢筋混凝土底板，柱子直接支撑在底板上，如图 2-15(a)所示。梁板式按梁的位置不同又可分为两类，如图 2-15(b)是将梁放在底板下方，底板上面平整，可作建筑物地面；图 2-15(c)是在底板上做梁，柱子支撑在梁上。

筏板基础应满足下列构造要求：

(1)筏板基础的混凝土强度等级不低于 C30，当有地下室时应采用防水混凝土。

(2)采用筏板基础的地下室，其钢筋混凝土外墙厚度不应小于 250mm，内墙厚度不应小于 200mm。墙体应设置双向钢筋，竖向和水平钢筋的直径不应小于 12mm，间距不应大于 300mm。

(3)对于 12 层以上的建筑的梁板式筏基，其底板厚度与最大双向板格的短边净跨之比不应小于 1/14，且厚度不应小于 400mm。

(4)梁板式筏基的底板和基础梁的配筋除满足设计要求外，纵横方向的底部钢筋尚应有 1/2～1/3 贯通全跨，且其配筋率不应小于 0.15%，顶部钢筋按计算配筋全部贯通。

(5)平板式筏基的柱下板带中，柱宽及两侧各 0.5 倍板厚且不大于 1/4 板跨的有效宽度范围内，其钢筋配置量不应小于柱下板带钢筋数量的一半。柱下板带和跨中板带的底部钢筋应有 1/3～1/2 贯通全跨，且配筋率不应小于 0.15%，顶部钢筋应按计算配筋全部贯通。

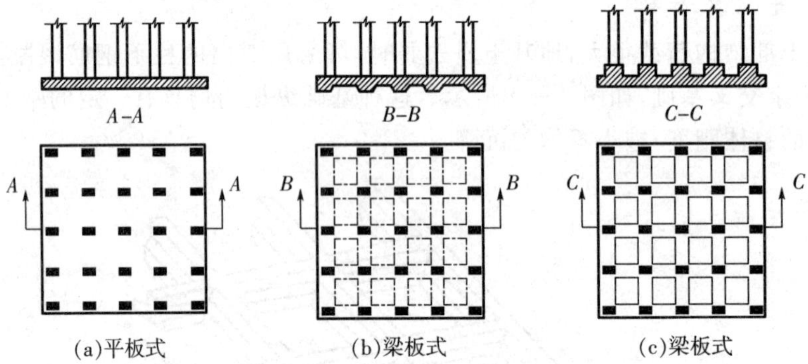

图 2－15　筏板基础

(五)箱形基础

箱形基础是由钢筋混凝土底板、顶板和纵横交错的内外墙组成的空间结构，如图 2－16 所示。底板、顶板、隔墙共同作用，使箱形基础具有比筏板基础大得多的空间刚度，有利于调整地基的不均匀沉降，并且稳定性好。基础的中空部分可作为地下室、车库、地下商场等。但是，箱形基础的钢筋、水泥用量大，造价高，施工技术复杂，尤其进行深基坑开挖时，要考虑坑壁支护和人工降水及对邻近建筑物的影响等问题，因此，应与其他的地基基础方案作经济、技术比较后再选用。

图 2－16　箱形基础

箱形基础的构造要求：

(1)箱形基础的墙体水平截面总面积不宜小于箱基外墙外包尺寸水平投影面积的1/10。对基础平面长宽比大于4的箱形基础，其纵墙水平截面面积不应小于箱基外墙外包尺寸水平投影面积的1/18。

(2)箱形基础的高度应满足结构的承载力、刚度和使用功能的要求，一般不宜小于箱基长度的1/20，且不宜小于3m。

(3)箱形基础的顶板、底板及墙体的厚度，应满足受力情况、整体刚度和防水的要求。无人防设计要求的箱基，底板厚度不应小于300mm，顶板不应小于200mm，外墙厚度不应小于250mm，内墙厚度不应小于200mm。

(4)箱形基础的顶板和底板钢筋除符合计算要求外，纵横方向支座钢筋应有1/3～1/2的钢筋连通，且连通钢筋的配筋率分别不小于0.15%(纵向)、0.10%(横向)，跨中钢筋按实际需要的配筋全部连通。

(5)箱形基础的顶板、底板及墙体均应采用双层双向配筋。墙体的竖向和水平钢筋直径均不应小于10mm，间距均不应大于200mm。除上部为剪力外墙，内、外墙的墙顶处宜配置两根直径不小于20mm的通长构造钢筋。

(6)箱形基础上部结构底层柱纵向钢筋伸入箱形基础墙体的长度；对柱下三面或四面箱形基础墙的内柱，除柱四角纵向钢筋直通到基底外，其余钢筋可伸入顶板底面以下40倍纵向钢筋直径处；对外柱、与剪力墙相连的柱及其他内柱的纵向钢筋应直通到基底。

(7)箱形基础对混凝土强度等级的要求同筏形基础。

(六)壳体基础

壳体基础用于一般工业与民用建筑柱基和筒形的构筑物(如烟囱、水塔、料仓、中小型高炉等)基础。有正圆锥壳、M形组合壳、内球外锥组合壳等形式。这种基础使径向内力转变为压应力为主，可比一般的梁、板式的钢筋混凝土基础减少混凝土用量50%左右，节约钢筋30%以上，具有良好的经济效果。但壳体基础施工时，修筑土台的技术难度大，易受气候因素的影响，布置钢筋及浇捣混凝土施工困难，较难实行机械化施工。

三、影响基础埋置深度的因素

基础埋置深度的大小，对建筑物的安全和正常使用、施工技术、工期、成本均有很大影响，因此必须要合理地选择基础埋置深度。影响基础埋置深度的因素，主要有以下几个方面：

(一)建筑场地的工程地质和水文地质条件

1. 工程地质条件

[想一想]

什么是基础埋深？影响基础埋深的因素有哪些？

工程地质条件往往对地基基础设计方案起着决定性作用。应当选择地基承载力高的坚实土层作为地基持力层，由此确定基础的埋置深度。

若地基表层土较好，下层土较软弱，则基础应尽量浅埋，利用表层好土作为地基持力层。反之，若表层土软弱，下层土坚实，则需要区别对待。当软弱土层较薄，厚度小于 2m 时，应将软弱土挖除，将基础置于下层坚实土层上。若表层软弱土较厚，厚度达 2m～4m 时，低层房屋可考虑扩大基底面积，加强上部结构刚度，把基础做在软弱土层上；对于重要建筑物，要下决心把软弱土层挖除，将基础置于下层坚实土层上；若上层软弱土层很厚，厚度超过 5m 时，挖除软弱土层工程量很大，除建筑物特殊用途需做 2 层地下室时挖除全部软弱土外，对于多层住宅来说，通常采用地基人工加固处理或用桩基础等深基础。

2. 水文地质条件

当存在地下水时，基础应尽量埋置在地下水位以上，以避免地下水对基坑开挖、基础施工和基础使用期间的影响。如果基础埋深必须低于地下水位，则应考虑施工期间的基坑降水、坑壁支撑以及是否可能产生流沙、涌土等问题。对于侵蚀性的地下水，应采用抗侵蚀性的水泥品种和相应的措施。对于具有地下室的厂房和民用建筑，设计时还应考虑地下水的浮力和静水压力的作用以及地下结构抗渗漏问题。

(二)建筑物的上部结构情况及基础的构造要求

如果建筑物需要地下室作车库、地下商场、人防设施时，基础埋深至少大于 3m。如果建筑物为高层建筑，为满足抗震稳定性要求基础埋深不小于$\frac{1}{10}$～$\frac{1}{15}$的建筑物地面以上高度。若上部结构为超静定结构，对地基不均匀沉降很敏感，则基础需坐落在坚实地基土层上。另外，为了保护基础不受人类和生物活动的影响，基础应埋置在地表以下，其最小埋深为 0.5m，且基础顶面至少应低于设计地面 0.1m。

(三)相邻建筑物基础埋深的影响

如果新建建筑物附近有旧的建筑物时，为了保护原有建筑物的安全和正常使用，要求新建筑物基础的埋深不大于原有建筑物的基础埋深，当新建筑物基础埋深大于原有建筑物基础埋深时，两基础之间应保持一定的距离，根据荷载大小及土质情况，一般为 1～2 倍两相邻基础底面标高差，即 $L \geqslant (1\sim2)\Delta H$，如图 2-17所示。当不能满足这项要求时，在施工过程中应采取有效措施，如分段施工、设置临时支撑、打板桩、采用地下连续墙等措施，以保证原有建筑物的安全。

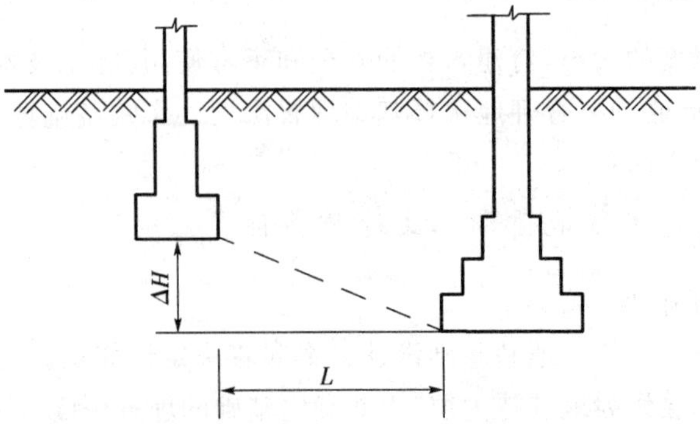

图 2-17 相邻基础的埋深

（四）地基土冻结深度的影响

气温降至0℃以下时，土中水分冻结后，使土体积增大的现象称为冻胀。若冻胀产生的上抬力大于作用在基底的竖向力时，则基础与墙体上抬而断裂。土中冰晶体融化，使土体松软，含水量增大，强度降低，产生附加沉降，称为融陷。季节性冻土一年内冻结和解冻交替出现。反复出现冻融现象，会引起建筑物开裂甚至破坏。因此在季节性冻土地区，确定基础埋置深度时应考虑地基土冻胀和融陷的影响。

根据地基土的类别、天然含水量大小、地下水位高低和平均冻胀率（最大地面冻胀量与设计冻深之比，可由实测取得）将地基土分为不冻胀、弱冻胀、冻胀、强冻胀和特强冻胀五类。

对于不冻土的基础埋深，可不考虑冻深的影响，对于弱冻胀、冻胀、强冻胀的基础最小埋深可按下式确定

$$d_{\min}=z_0\varphi_t-d_{fr}$$

式中，$d_{\min}$——基础最小埋深（m）；

z_0——标准冻深（m），系采用在地表无积雪和草皮覆盖条件下多年实测最大冻深的平均值。在无实测资料时，除山区外，可按规范中的中国季节性冻土标准冻深线图采用。

φ_t——采暖对冻深的影响系数，按表2-3确定，但在采暖期间室内月平均温度小于10℃时，取$\varphi_t=1$，不采暖的建筑物，取$\varphi_t=1.1$；

d_{fr}——基底下允许残留冻土层厚度（m）；应根据土的冻胀性类别按下列公式计算：

弱冻胀土　$d_{fr}=0.17z_0\varphi_t+0.26$

冻 胀 土　$d_{fr}=0.15z_0\varphi_t$

强冻胀土　$d_{fr}=0$

表2-3　采暖对冻深的影响系数φ_t值

室内地面比室外地面高出（m）	外墙中段	外墙角段
≤300	0.70	0.85
≥750	1.00	1.00

［注］（1）外墙角段系指从外墙阳角顶点起两边各4m范围以内的外墙，其余部分为中段；（2）采暖建筑物中的不采暖房间（门斗、过道和楼梯间等），其外墙基础处的采暖对冻深的影响系数值，取与外墙角段相同值；（3）室内地面比室外地面高出300～750mm时，可内插求得。

当冻深范围内地基由不同冻胀性土层组成时，基础最小埋深可按下层土确定，但不宜浅于下层土的顶面。

【实践训练】

课目:参观某建筑的基础工程施工

(一)目的

使得学生能看到基础的实际形状、构造。

(二)要求

至少参观三种类型基础,如条形基础、独立基础、桩基础;结合场地的实际情况及上部结构形式选定基础埋深及基础类型。

(三)内容

(1)阅读现场的工程地质勘察报告;

(2)认真阅读施工图纸,重点阅读基础施工图;

(3)结合图纸,观察基础的形式及构造。

第三节 地下室构造

一、地下室的分类

地下室是建筑物首层下面的空间,可用作储藏室、旅馆、商场、车库以及人防工程等用途。高层建筑常利用深基础(如箱形基础)建造一层或多层地下室,既增加了使用面积,又可省掉室内填土的费用。地下室的分类如下:

1. 按埋入地下深度分类

(1)全地下室

是指地下室地平面高度低于室外地坪的高度超过该房间净高 1/2 者。

(2)半地下室

是指地下室地平面高度低于室外地坪面的高度超过该房间净高 1/3,且不超过 1/2 者。

2. 按使用性质分类

(1)普通地下室

普通的地下空间。

(2)人防地下室

有人民防空要求的地下空间。人防地下室应能够解决紧急情况下的人员疏散与隐蔽,并且具有保障人身安全的技术措施。

二、地下室的组成

地下室一般由墙体、顶板、底板、门窗、楼电梯五大部分组成。

1. 墙体

地下室的外墙不仅承受垂直荷载，还承受土、地下水和土壤冻胀的侧压力，因此地下室的外墙应按挡土墙设计。如用钢筋混凝土或素混凝土墙，应按计算确定厚度。其最小厚度除应满足结构要求外，还应满足抗渗厚度的要求，其最小厚度不低于 300mm。外墙还应作防潮或防水处理。

[想一想]

地下室由哪几个部分组成？各起到什么作用？

2. 顶板

可用预制板、现浇板或者装配整体式楼板。如为防空地下室，必须采用现浇板，并按有关规定决定厚度和混凝土强度等级。在无采暖的地下室顶板上，即首层地板处，应设置保温层，以利于首层房间的使用。

3. 底板

底板处于最高地下水位以上，并且无压力产生的可能时，可按一般地面工程处理，即垫层上现浇混凝土 60～80mm 厚，再做面层。如底板处于最高地下水位以下时，底板不仅承受上部垂直荷载，还承受地下水的浮力作用，因此应采用钢筋混凝土底板，并双层配筋，底板下垫层上还应设置防水层，以防渗漏。

4. 门窗

普通地下室的门窗与地上房间相同。地下室外窗如在室外地坪以下时，应设置采光井和防护箅，以利于室内采光、通风和室外行走安全。防空地下室一般不允许设窗，如需开窗应设置战时堵严措施。防空地下室的外门应按防空等级要求设置相应的防护构造。

5. 楼梯

楼梯可与地面上房间结合设置。层高小或用作辅助房间的地下室，可设置单跑楼梯。防空要求的地下室至少要设置两部楼梯通向地面的安全出口，并且必须有一个独立的安全出口。这个安全出口周围不得有较高建筑物，以防空袭倒塌堵塞出口而影响疏散。

三、地下室的防潮、防水构造

1. 地下室的防潮构造

当地下室周围土层属强透水性的土，设计最高地下水位低于地下室底板、且无形成土层滞水可能时，地下水不会直接渗入地下室内部，地下室底板和外墙只受到土层中潮气的影响，这时，需要对地下室做防潮处理。

地下室防潮的构造要求是：在地下室的外墙外面设置垂直防潮层，在地下室顶板和底板中间位置设置水平防潮层，使整个地下室防潮层连成整体，以达到防潮的目的。砖墙必须采用水泥砂浆砌筑，灰缝必须饱满；在外墙外侧设垂直防潮层，垂直防潮层做法一般为：在外墙外侧先抹 20mm 厚 1∶2.5 水泥砂浆找平，然后刷冷底子油一道和热沥青两道，防潮层做至室外散水处，然后在防潮层外侧回填低渗透性土壤如粘土、灰土等，并逐层夯实，其宽度不少于 500mm。地下室所有墙体必须设两道水平防潮层，一道设在底层地坪附近，一般设置在结构层之间；另一道设在室外地面散水以上 150～200mm 的位置，如图 2-18 所示。

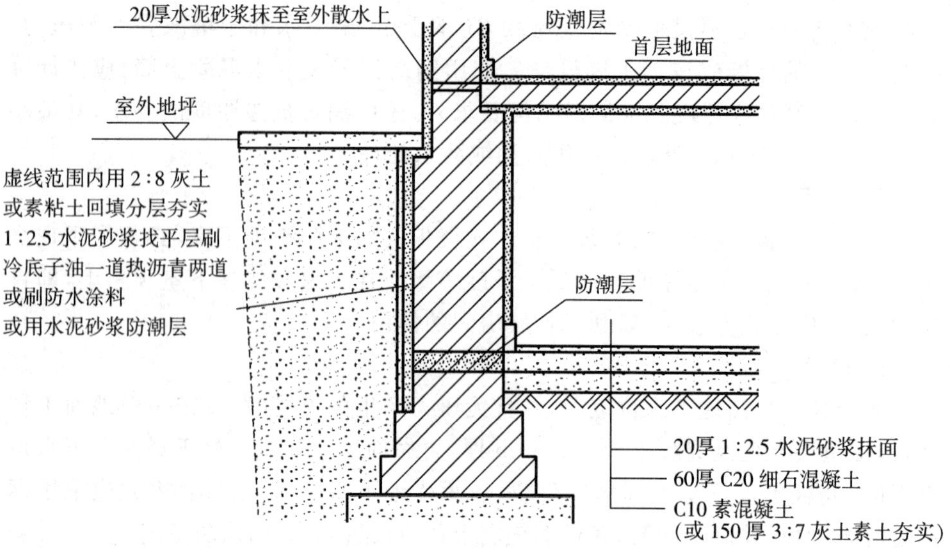

图2－18　地下室防潮构造

2. 地下室防水构造

当设计最高地下水位高于地下室地坪时，或地下室周围土层属弱透水性而且存在滞水可能时，地下水不仅可以侵入地下室，而且地下室外墙和板底还会受到地下水侧压力和浮力作用，这时必须做好地下室外墙和底板防水处理。目前采用的防水措施有自防水和材料防水两类：

(1)自防水

自防水是用防水混凝土防水。防水混凝土结构是用防水混凝土作外墙和底板，使承重、围护、防水三重功能合而为一。它简化了施工，加快了工程进度，改善了劳动条件。防水混凝土分为普通混凝土和掺外加剂防水混凝土两类。普通混凝土是以调整配合比的方法，在普通混凝土的基础上提高其自身密度和抗渗能力的一种混凝土。外加剂混凝土的添加剂有加气混凝土(加松香皂)、三乙醇胺、三氯化铁、木质硫酸钙、建Ⅰ型减水剂等。混凝土中加入外加剂后能增强混凝土的防水性能，抗渗标号提高三倍或三倍以上。

(2)材料防水

材料防水是在外墙和底板表面敷设防水材料，如卷材、涂料等，以阻止地下水的渗入。卷材防水是常用的一种材料防水形式，根据卷材和墙体的关系，可分为外防水和内防水，

卷材铺贴在地下室外墙外表面(即迎水面)的做法称为外防水(又称外包防水)，具体做法是：先在外墙外侧抹20mm厚1：2.5水泥砂浆找平层，其上刷冷底子油一道，然后铺贴防水层，并与地下室地坪底板下留出的卷材防水层逐层搭接。防水层的层数应根据地下室最高水位到地下室地坪的距离来确定。当高差小于或等于3m时用三层，3～6m时用四层，3～12m时用五层，大于12m时用六层。防水层应高出最高水位300mm，其上用一层油毡贴至散水底。防水层外侧

砌半砖保护墙一道，并于保护墙与防水层之间用水泥砂浆填实。砌筑保护墙时，先在底部干铺油毡一层，沿保护墙长度方向每隔 5～8m 设一通高断缝，以便保护墙在土的侧压力作用下，能紧压住卷材防水层。最后在保护墙外回填低渗透性土壤，如图 2－19 所示。

[想一想]

如何确定地下室应该防潮还是防水？其构造各有何特点？

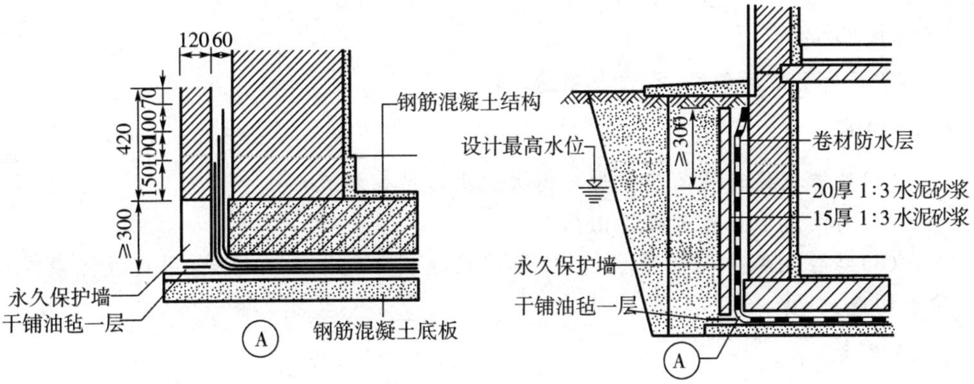

图 2－19　地下室卷材外防水构造

将防水卷材粘贴于结构内表面（即背水面）的做法称为内防水（又称内包防水）。这种做法防水效果较差，但施工简单，便于修补，常用于修缮工程，如图 2－20所示。

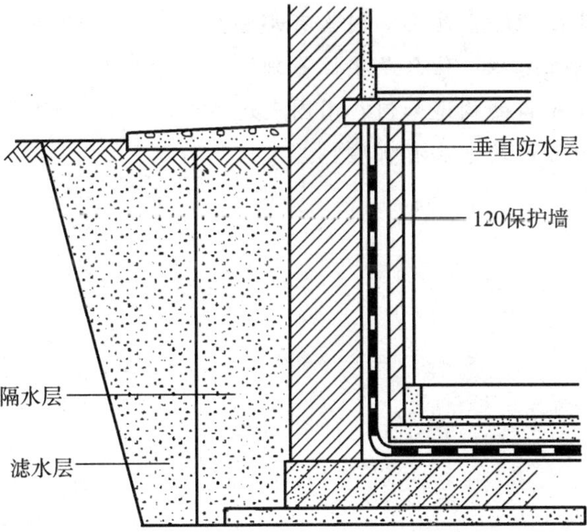

图 2－20　地下室卷材内防水构造

地下室防水作为隐蔽工程，应先验收，后回填，并加强施工现场管理，以保证防水层的质量，避免后期补救工作给使用带来的不方便。如果忽视地下室防潮、防水工作或处理不当，会导致内墙壁发霉，抹灰脱落，甚至危及地下室使用和建筑物的耐久性。因此，应妥善处理地下室防潮和防水构造。

【实践训练】

课目:参观某高层建筑地下室施工

(一)目的

了解地下室的组成、构造及用途。

(二)内容

(1)熟悉该建筑物的建筑场地情况及上部结构形式;

(2)阅读地下室基础施工图纸;

(3)结合图纸和施工现场情况,了解该建筑物地下室的组成、用途及防潮或防水构造。

(三)思考

地下室的防潮、防水处理及注意事项。

本章思考与实训

1. 什么是地基和基础? 两者有何区别?
2. 什么是基础埋深? 其影响因素有哪些?
3. 什么是刚性基础? 什么是柔性基础?
4. 砖基础大放脚的构造如何? 用图表达。
5. 地基处理常用的方法有哪些?

第三章 墙体构造

【内容要点】

1. 墙体的作用、类型及设计要求；
2. 砖墙的细部构造；
3. 砌块墙及隔墙构造；
4. 墙面装修。

【知识链接】

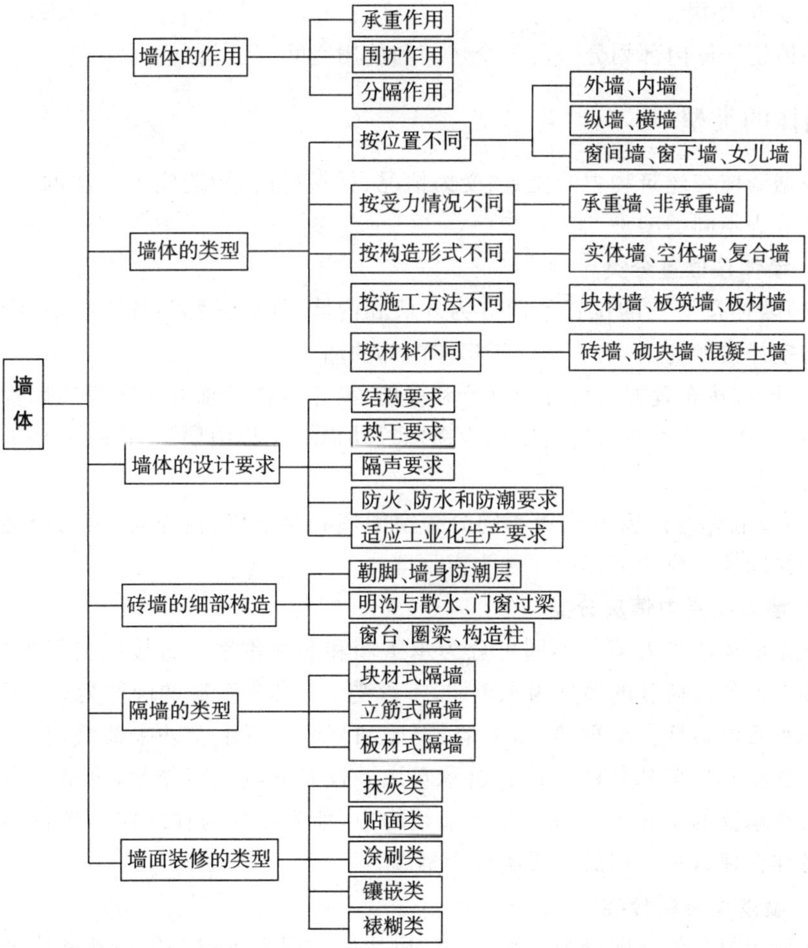

第一节　墙体的作用、类型及设计要求

墙体是建筑物不可缺少的重要组成部分，它下接基础，中搁楼板，上连屋顶。在一般民用建筑中，墙体的造价约占建筑总造价的30％～40％，墙体的重量约占建筑总重量的40％～50％。如何选择墙体材料和构造方法，将直接影响建筑的使用质量、自重、造价、材料消耗和施工工期。

一、墙体的作用

1. 承重作用

墙体承受屋顶、楼板传给它的荷载，本身的自重荷载和风荷载。

2. 围护作用

墙体遮挡风、雨、雪的侵袭，防止太阳辐射、噪声干扰及室内热量的散失等，起保温、隔热、隔声、防水等作用。

3. 分隔作用

墙体把房屋内部划分为若干个房间和使用空间。

[想一想]

1. 教室四周的墙体各起何作用?

2. 教室四周的墙体是何种类型的墙?

二、墙体的类型

根据墙体在建筑物中的位置、受力情况、材料选用、构造施工方法的不同，可将墙体分为不同类型。

1. 墙体按位置分类

(1)墙体按所处的位置不同分为外墙和内墙：外墙又称为外围护墙，指房屋四周与室外接触的墙；内墙是位于房屋内部的墙。

(2)墙体按布置方向可分为纵墙和横墙：沿建筑物长轴方向布置的墙称为纵墙；沿建筑物短轴方向布置的墙称为横墙。外横墙又称山墙。另外，屋顶上部的墙称为女儿墙。

(3)按墙体与门窗的位置不同分为窗间墙和窗下墙：窗与窗、窗与门之间的墙称为窗间墙。窗台下部的墙称为窗下墙。

2. 墙体按受力情况分类

根据墙体的受力情况不同可分为承重墙和非承重墙。直接承受楼板(梁)、屋顶等上部传来荷载的墙称为承重墙，不承受上部传来荷载的墙称为非承重墙。

非承重墙包括自承重墙、填充墙、隔墙和幕墙。不承受外来荷载，仅承受自身重力并将其传至基础的墙称为自承重墙。仅起分隔空间作用，自身重力由楼板或梁来承受的墙称为隔墙。在框架结构中，填充在柱与柱之间的墙称为填充墙。悬挂在建筑物外部的轻质墙称为幕墙。

3. 墙体按材料分类

按所用材料的不同分为砖墙、石墙、砌块墙和混凝土墙。用砖和砂浆砌筑的墙称为砖墙；用石块和砂浆砌筑的墙称为石墙；利用工业废料制作的各种砌块砌筑的墙称为砌块墙；现浇或预制的钢筋混凝土的墙称为混凝土墙。

4. 墙体按构造形式分类

按构造形式不同分为实体墙、空体墙和复合墙。由普通粘土砖及其他实体砌块砌筑而成的墙称为实体墙。由单一材料砌成内部空腔，或采用具有孔洞的砌块材料砌筑的墙称为空体墙，如空斗墙、空心砌块墙。由两种或两种以上材料组合而成的墙称为复合墙，如混凝土、加气混凝土复合板材墙，其中混凝土起承重作用，加气混凝土起保温隔热作用。

5. 墙体按施工方式分类

按施工方式不同分为块材墙、板筑墙和板材墙。用砂浆等胶结材料将砖、石、砌块等组砌而成的墙称为块材墙。在施工现场立模板，现浇而成的墙称为板筑墙。预先制成墙板，在施工现场安装、拼接而成的墙称为板材墙。如预制混凝土大板墙、各种轻质板条内隔墙等。

三、墙体的设计要求

[做一做]

为什么自承重墙属于非承重墙？

(一)结构要求

1. 合理选择墙体结构布置方案

对于墙体承重为主的低层或多层砖混结构建筑物，其墙体在结构布置上有横墙承重、纵墙承重、纵横墙混合承重、墙与内柱混合承重四种结构方案。

(1)横墙承重

横墙承重是将楼板及屋面板等水平承重构件搁置在横墙上，楼面及屋面荷载依次通过楼板、横墙、基础传给地基，如图 3－1(a)。其方案的优点是：横墙间距比较小，水平承重构件的跨度小，截面高度小，可节约混凝土和钢材；房屋整体性好，抵抗水平荷载能力强可调整地基不均匀沉降；纵外墙开窗灵活，纵内墙可以自由布置，建筑平面布置较灵活。其方案的缺点是：开间尺寸受到限制；墙的结构面积较大，但使用面积较小；墙体材料耗费较多。其适用范围，房间开间尺寸不大的建筑物，如：住宅、旅馆、宿舍等。

(2)纵墙承重

纵墙承重是将楼板和屋面板等水平承重构件搁置在纵墙上，横墙只起分隔空间和连接纵墙的作用，如图 3－1(b)。其方案的优点是：开间划分灵活，能分隔出较大的空间；纵外墙较厚，可满足一定的保温需求(北方地区)；其方案的缺点是：纵墙上开门窗受限制，室内通风不易组织；抵抗水平荷载的能力差，整体刚度小。其适用范围：房间较大的建筑物，如：办公楼、餐厅、商场、教学楼、阅览室等。

(3)纵横墙混合承重

纵横墙混合承重是指在一栋房屋中纵横墙都有承重墙的承重方式，如图 3－1(c)。其方案的优点是：平面布置灵活；整体刚度好。其方案的缺点是：水平承重构件类型多，施工复杂；墙的结构面积大，消耗墙体材料较多。其适用范围：房间开间、进深尺寸较大，房间类型较多，平面复杂的建筑，如：医院、幼儿园、托儿所、点式住宅等。

墙与内柱混合承重是当房屋内部采用柱、梁组成的内框架时，梁的一端搁置在墙上，另一端搁置在柱上，由墙和柱共同承重水平构件传来的荷载，如图 3－1(d)。其方案的优点是：房屋整体稳定性好，内部空间大，房间布置灵活。其方案的缺点是：水泥、钢材用量较多，造价较高。其适用范围：室内需要大空间的建筑，如：大型商场、餐厅、超市等。

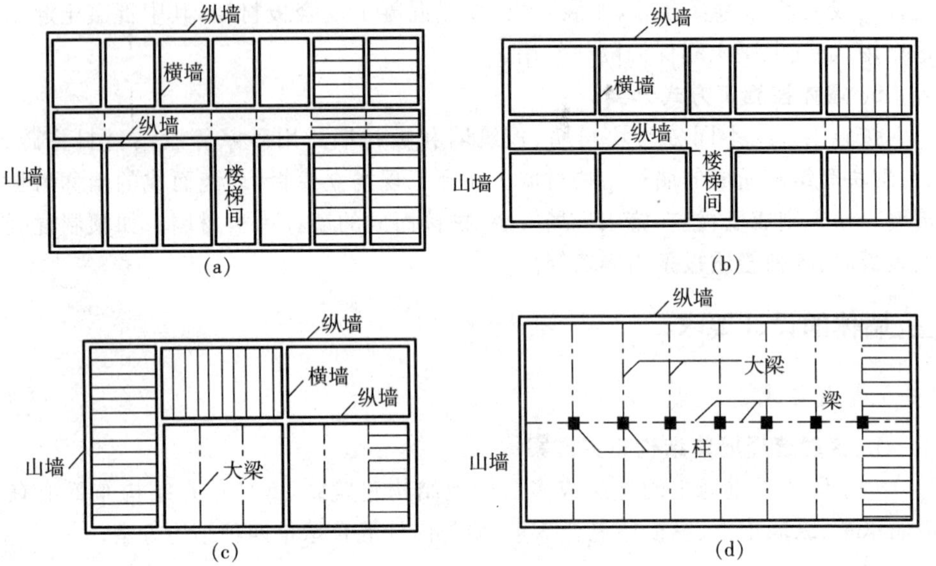

图 3－1　墙体结构布置方案

[想一想]

墙体的四种承重方案各有什么优缺点？各适用于哪些建筑？

2. 具有足够的强度和稳定性

强度是指墙体承受荷载的能力，它与所采用的材料以及同一材料而强度等级不同有关。例如钢筋混凝土墙体比砖墙体的强度高；强度等级高的砖与砂浆所砌筑的砌体要比强度等级低的砖、砂浆所砌筑的砌体强度要高。作为承重墙应有足够的强度来承受楼板及屋顶的竖向荷载。砖墙是脆性材料，变形能力小，因而对房屋的高度及层数有一定的限制值。

墙体作为承重构件，应满足一定的刚度要求。一方面构件自身应具有稳定性，同时地震区还应考虑地震作用下对墙体稳定性的影响。

墙体的稳定性与高厚比有关。为满足高厚比要求，通常在墙体开洞口部位设置门垛、在长而高的墙体中设置壁柱，以增加墙体的稳定性。

抗震设防地区，为了增加建筑物的整体刚度和稳定性，在多层砖混结构房屋的墙体中，还需设置贯通的圈梁和钢筋混凝土构造柱，使之相互连接，形成空间骨架，加强墙体抗弯、抗剪能力。在地震烈度 7～9 度的地区内，应设置防震缝，将建筑物分为若干体型简单、结构刚度均匀的独立单元，用圈梁、构造柱来加强建筑物的稳定性。

(二)热工要求

满足建筑物的热工要求，作好保温、隔热问题，保证建筑空间冬暖夏凉。我国幅员辽阔，气候差异大，墙体作为围护构件应具有保温、隔热的性能。同时还应具有隔声、防火、防潮等功能要求。

1. 墙体的保温要求

在严寒的冬季，热量通过外墙由室内高温一侧向室外低温一侧传递的过程中，既产生热损失，又会遇到各种阻力，使热量不致突然消失，这种阻力称为热阻。热阻越大，则通过墙体所传出的热量就越小，表明墙体的保温性能好，反之则差。为了提高外墙保温能力减少热损失，应采取以下措施：

(1)增加墙体的厚度

墙体的热阻与其厚度成正比，欲提高墙身的热阻，可增加其厚度。因此，严寒地区的外墙厚度往往超过结构的需要。虽然增加墙厚能提高一定的热阻值，但却是一种很不经济的办法。

(2)选择导热系数小的墙体材料

在建筑工程中，一般把导热系数值小于 0.25kJ/(m·h·℃)的材料称为保温材料。因此，要增加墙体的热阻，常选用导热系数小的保温材料，如泡沫混凝土、加气混凝土、陶粒混凝土、膨胀珍珠岩、膨胀蛭石、浮石及浮石混凝土、泡沫塑料、矿棉及玻璃棉等。其保温构造有单一材料的保温结构和复合保温结构。

(3)采取隔蒸汽措施

冬季，由于外墙两侧存在温度差，高温一侧的水蒸气会向低温一侧渗透，在蒸汽渗透过程中，遇到露点温度时蒸汽会凝聚成水。如果凝聚水发生在墙体的表面会使室内装修变质损坏，严重时还会影响人体健康。如果凝聚水发生在墙体内部会使保温材料内的孔隙中充满水分，致使保温材料失去保温能力，降低墙体的保温效果。同时，保温层受潮时，将影响材料的使用年限。为防止墙体产生内部凝结，常在墙体的保温层靠室内高温一侧，用卷材、防水涂料或薄膜等材料设置隔蒸汽层，阻止水蒸气进入墙体。

2. 墙体的隔热要求

我国南方地区，夏季气温高，湿度大。在这些地区，建筑物的防热能力直接影响到室内的舒适程度。外墙长时间受到太阳辐射，使外墙内表面温度升高，对外墙的构造进行隔热处理，从而降低外墙内表面温度。隔热措施有：

(1)外墙采用浅色而平滑的外饰面，如白色外墙涂料、玻璃马赛克、浅色墙面砖、金属外墙板等，以反射太阳光，减少墙体对太阳辐射的吸收；

(2)在外墙内部设通风间层，利用空气的流动带走热量，降低外墙内表面温度；

(3)在窗口外侧设置遮阳设施，以遮挡太阳光直射室内；

(4)在外墙外表面种植攀缘植物使之遮盖整个外墙，利用植物的遮挡、蒸发和光合作用来吸收太阳辐射热，从而起到隔热作用。

(三)隔声要求

为了获得安静的工作和休息环境，就必须防止室外及邻室传来的噪声影响，要求墙体具有良好的隔声能力。

噪声传播有两个途径：一是空气传声，二是固体传声。墙体主要阻隔空气直接传播的噪声，墙的隔声能力取决于墙的面密度。面密度越大，隔声效果越好；

[问一问]

墙体在设计上要满足哪些要求?

双层墙面抹灰较单层墙面抹灰效果好。为保证建筑的室内使用要求,不同类型的建筑具有相应的噪声控制标准。为控制噪声,对墙体一般采取以下措施:

(1)加强墙体的密缝处理;

(2)增加墙体密实性及厚度,避免噪声穿透墙体及带动墙体振动;

(3)采用有空气间层或多孔性材料的夹层墙,提高墙体的减振和吸音能力;

(4)在可能的情况下,利用垂直绿化降噪。

(四)防火、防水、防潮要求

1. 防火要求

在防火方面,应符合《建筑设计防火规范》GB50016—2006要求,选择燃烧性能和耐火极限符合防火规范规定的材料,并在较大的建筑中设置防火墙对建筑进行防火分区,以防止火灾蔓延。

2. 防水、防潮要求

在卫生间、厨房、实验室等用水的房间的墙体以及地下室的墙体应采取防水防潮措施。选择良好的防水材料以及恰当的构造做法,保证墙体的坚固耐久性,使室内有良好的卫生环境。

(五)适应工业化生产要求

在大量民用建筑中,墙体工程量占相当的比重,同时其劳动力消耗大,施工工期长。因此,建筑工业化的关键是墙体改革。改革传统的墙体材料,采用轻质高强的墙体材料,以减轻自重、降低成本,适应建筑工业化生产的要求。

第二节　砖墙的细部构造

一、砖墙的尺寸

1. 砖的尺寸

普通砖的尺寸是240×115×53,砖的长、宽、高各加上灰缝宽,构成了三个方位的比例关系:(240+10):(115+10):(53+10)=4:2:1,见图3-2所示。

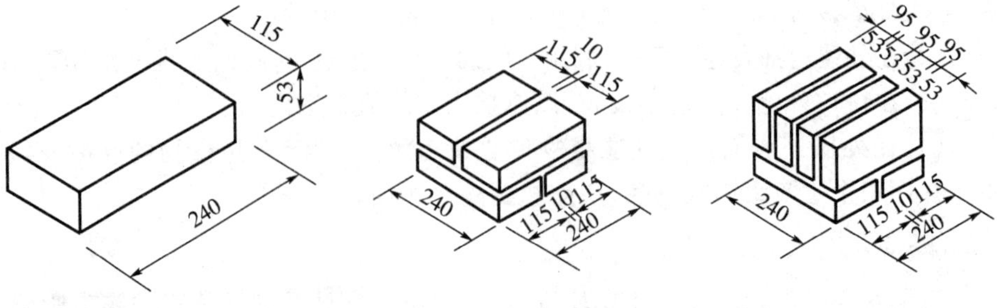

图3-2　普通砖的尺寸关系

2. 砖墙的厚度

砖墙的厚度是根据多方面因素决定的,就是要同时满足承载能力、稳定性、保温隔热、隔声和防火等要求，并且还要符合砌墙砖的规格尺寸。砖墙厚度的尺寸见表 3－1。

表 3－1　砖墙厚度的尺寸　（单位：mm）

习惯称谓	半砖墙	3/4 砖墙	一砖墙	一砖半墙	两砖墙
工程称谓	一二墙	一八墙	二四墙	三七墙	四九墙
构造尺寸	115	178	240	365	490
标志尺寸	120	180	240	370	490

从表中可知，砖墙厚度的递增均以砖宽加灰缝（115＋10）mm 为进位基数，砖宽数目（n）的多少，就决定了砖墙的不同厚度。因此，砖墙的厚度 b 可由公式 $b=(115+10)n-10$ 求得。

［做一做］

1. 写出实心砖墙厚度的尺寸，并列出计算式。
2. 实心砖墙墙段和洞口尺寸应如何计算？

3. 墙段的长度和洞口宽度

一般砖墙墙段的长度，应由砖宽的倍数组成，即墙段的长度尺寸应为以砖宽加灰缝为基数的倍数减去一个灰缝宽度。墙中出现洞口时，洞口宽度的尺寸应以砖宽加灰缝尺寸为基数的倍数加上一个灰缝宽度。墙段长度和洞口宽度尺寸见图 3－3。

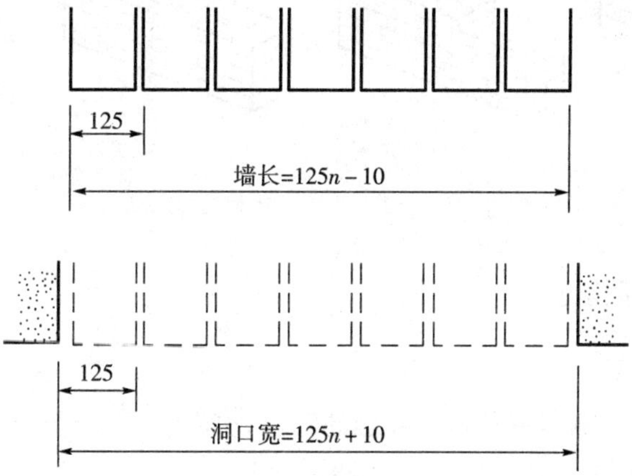

图 3－3　墙段长度和洞口宽度尺寸

现行设计规范是遵循模数协调原则，即以扩大模数 3M 递增，这与砖尺寸不相适应。为了减少施工中不必要的砍砖，规范规定在设计中凡墙段长度在 1500mm 以内时，应尽量采用砖的模数尺寸，超过 1500mm 的墙段可不受此限制。

二、砖墙的组砌方式

砖墙是由砖和砂浆按一定的规律和组砌方式砌筑而成的砌体。组砌是指砌块在砌体中的排列。为了保证墙体的强度、稳定性、保温隔热、隔声等要求，砌筑时应遵循灰浆饱满、内外搭接、上下错缝的原则，错缝距离一般不小于 60mm。错缝和搭接保证墙体不出现连续的垂直通缝，以提高墙的强度和稳定性。

[问一问]

1. 砖墙的组砌方式主要有哪些?

2. 砖墙组砌的原则是什么?

在砖墙的组砌中,长边平行于墙面砌筑的砖称为顺砖,垂直于墙面砌筑的砖称为丁砖,侧面平行于墙面砌筑的砖称为斗砖。

实体砖墙的组砌方式通常有以下几种:

1. 一顺一丁式

一顺一丁式,又称全顺全丁式、满丁满条式。顺砖和丁砖隔层砌筑,使上下皮的灰缝错开 60mm。该方法砌筑特点:操作简便,整体稳定性好,应用广泛,如图 3－4(a)。

2. 多顺一丁式

多层顺砖和一层丁砖相间砌成,目前多采用三顺一丁式,如图 3－4(b)。

3. 十字式

十字式,又称丁顺相间式、梅花丁式。顺砖和丁砖逐块间隔砌筑。该方法砌筑特点:墙面美观,整体稳定性好,操作复杂,通常应用于清水墙面,如 3－4(c)。

4. 全顺式

全顺式,又称 120 砖墙。每皮均为顺砖叠砌,砖的条面外露,上下皮错缝 120mm,通常应用于隔墙、围墙,见图 3－4(d)。

(a) (b) (c) (d)

图 3－4 砖墙的组砌方式

三、砖墙的细部构造

(一)勒脚

勒脚是外墙外侧与室外地坪接触的部位。

1. 勒脚的作用

(1)保护墙脚,防止各种机械性碰撞。

(2)防止地面水对墙脚的侵蚀、受潮、受冻以致破坏。

(3)美观,对建筑物的立面处理产生一定的效果。

2. 常用做法

(1)对于一般建筑,可采用 20mm 厚 1∶3 水泥砂浆抹面,1∶2 水泥白石子水刷石或斩假石抹面,如图 3－5(a);

(2)标准较高的建筑,可用天然石板或人工石板贴面,如图 3－5(b)。

(3)用天然石材砌筑勒脚。

[想一想]

勒脚的作用是什么?常用做法有哪些?

3. 勒脚的高度

其高度通常距室外地坪 500mm 以上,同时还应兼顾建筑的立面效果,可以做到窗台或更高些。

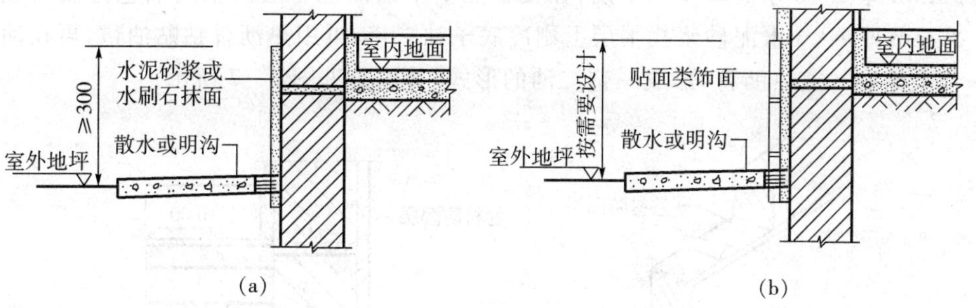

图 3-5　勒脚构造做法

(二)墙身防潮层

1. 墙身防潮层的作用

阻断毛细水上升，使墙身保持干燥。由于，地表水的渗透和地下水的毛细管作用，在土壤中形成毛细水，毛细水经墙基侵入墙身，使墙身受潮。为了防止地下潮气及地表积水对墙体的侵蚀，必须对墙身进行防潮处理。

[问一问]

墙身防潮层的作用是什么？设置位置如何？

2. 墙身防潮层的设置位置

防潮层按构造形式分为水平防潮层和垂直防潮层。防潮层应在所有设有基础的墙中设置，其位置与所在的墙及地面情况有关。

(1)当室内地面为实铺构造，地面材料为不透水性材料时，防潮层应设置在室内地面以下 60mm 处，如图 3-6(a)。当地面材料为透水性材料时，防潮层设置在室内地面以上 60mm 处，如图 3-6(b)；

(2)当室内地面两侧有高差时，防潮层应分别设在两侧地面以下 60mm 处，并在防潮层间墙靠土一侧加设垂直防潮层，如图 3-6(c)；

(3)防潮层应在墙中连续设置。

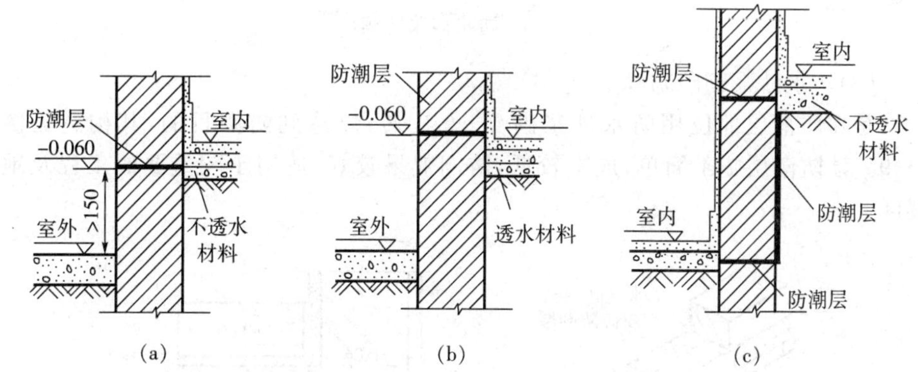

图 3-6　墙身防潮层的位置

3. 常用做法

(1)油毡防潮层

油毡防潮层分为干铺和粘贴两种方法。干铺油毡防潮层是在防潮层部位抹

[做一做]

请用简图表示出墙身防潮层的做法。

20mm 厚 1∶3 水泥砂浆找平层，在找平层上干铺油毡一层。粘贴油毡方法是在 20mm 厚 1∶3 水泥砂浆找平层上刷冷底子油一道，再用热沥青粘贴油毡，再在油毡上涂刷一道热沥青，形成一毡二油的形式，其构造见图 3－7 所示。

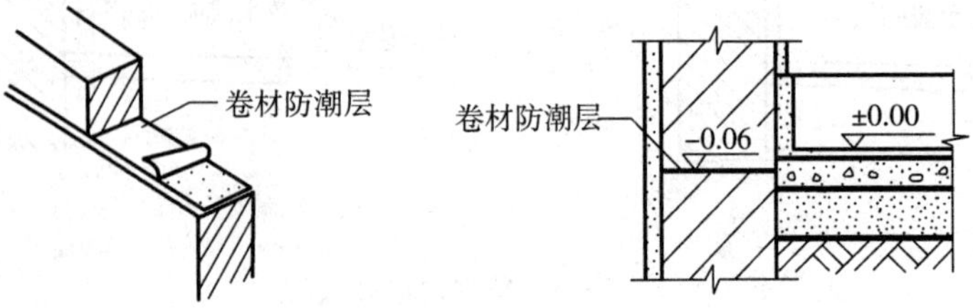

图 3－7　油毡防潮层

为了确保防潮效果，施工时油毡的宽度比墙宽 20mm，油毡搭接长度≥100mm。该防潮层因油毡隔离削弱了砖墙的整体性，不应在刚度要求高或地震区采用。

(2)防水砂浆防潮层

是在防潮层处抹 20mm 厚或 30mm 厚 1∶2 水泥砂浆掺入 5%的防水剂配制的防水砂浆，其构造见图 3－8 所示。该防潮层防潮效果较差，适用于一般工程及地震区。

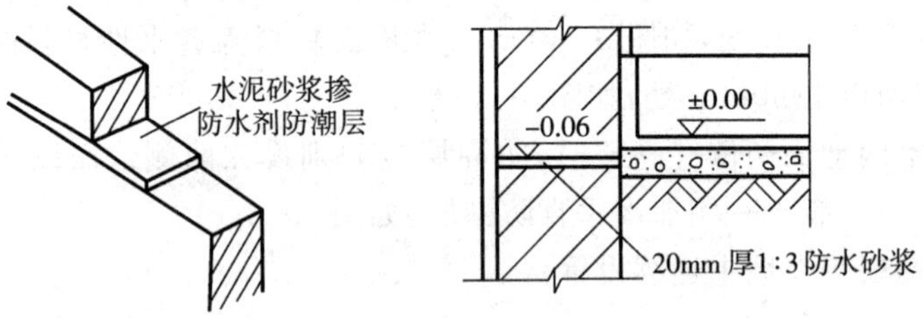

图 3－8　防水砂浆防潮层

(3)防水砂浆砌砖防潮层

是在防潮层部位用防水砂浆砌 4～6 皮砖，以达到防潮目的，其构造见图 3－9。该防潮层施工简单，成本较低，防潮效果较好，适用于较重要的工程及地震区。

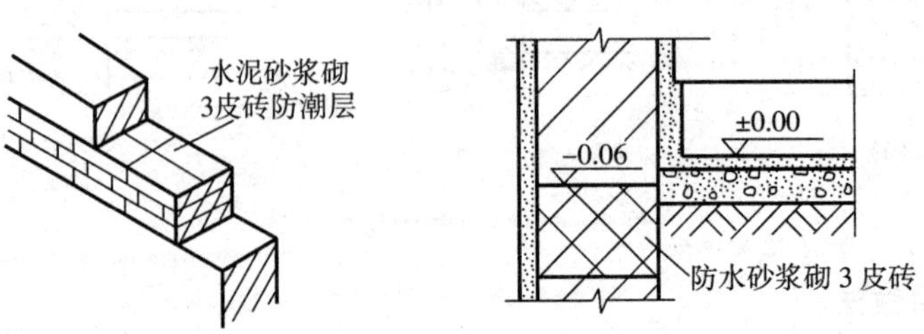

图 3－9　防水砂浆砌砖防潮层

(4)细石混凝土防潮层

是采用在防潮层部位，铺 60mm 厚与砖墙等宽的细石混凝土带，内配 3ϕ6 或 3ϕ8 钢筋，其构造见图 3－10 所示。该防潮层由于混凝土密实性好，能在一定长度上阻断毛细水，配置钢筋能防止基础不均匀沉降造成的混凝土带开裂。细石混凝土防潮层施工麻烦，成本较高，防潮效果好，适用于重要工程及地震区。

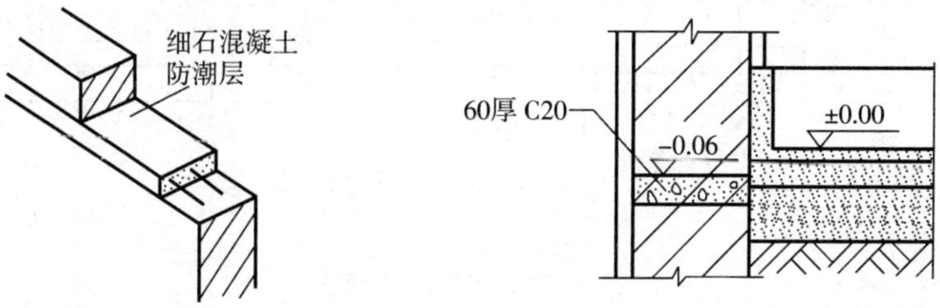

图 3－10　细石混凝土防潮层

(5)基础圈梁(地圈梁)代替防潮层

其构造见图 3－11 所示。省掉防潮层工序，防潮效果好，适用于设有基础圈梁且其顶面标高低于室内地坪 60mm 处的工程。

(6)垂直防潮层的做法

在需设垂直防潮层的部位，靠回填土一侧，先用水泥砂浆抹面，刷冷底子油一道，再刷热沥青两道；或采用抹 20mm 厚防水砂浆的做法，其构造见图 3－12 所示。

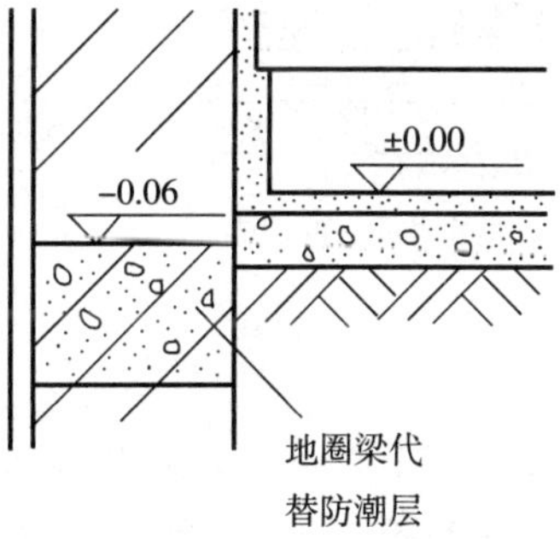

图 3－11　地圈梁代替防潮层

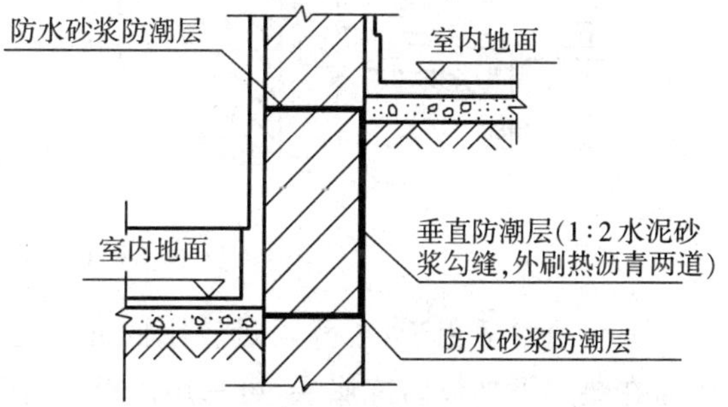

图 3－12　垂直防潮层

(三)明沟与散水

建筑物外墙四周的地面水如果渗入地下时，将使基础土中含水率增加，降低地基承载力。因而，需在房屋四周室外地面与勒脚接触处，设置排水沟和散水坡，以便尽快把地面水排走。

1. 明沟(阳沟，有盖板的叫暗沟或阴沟)

是设置在外墙四周的排水沟，将水有组织地导向集水井，然后流入排水系统，其构造见图 3－13 所示。适用于年降雨量较大的南方地区。

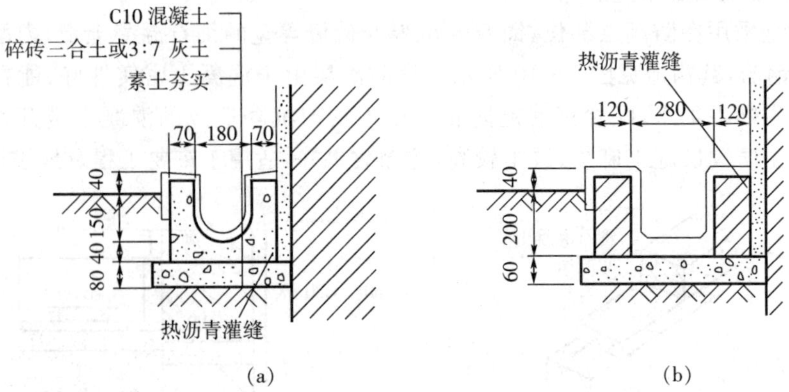

图 3－13　明沟构造做法

[想一想]

设置明沟或散水有什么作用?

2. 散水(散水坡、护坡)

是沿建筑物外墙设置的倾斜坡面,坡度为 3%～5%。散水的做法通常是在素土夯实上,铺三合土、混凝土等材料,厚度 60～70mm。散水宽度一般 0.6～1.0m,并应大于房屋挑檐宽 200mm。散水与外墙交接处应设分格缝,分格缝用弹性材料嵌缝,防止外墙下沉时将散水拉裂,其构造见图 3－14 所示。

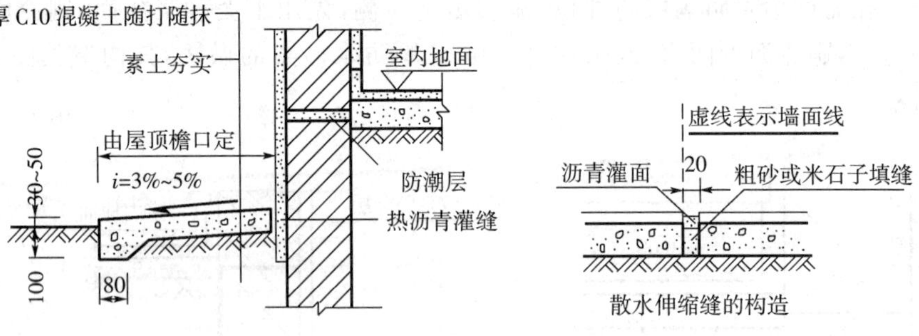

图 3－14　混凝土散水构造做法

散水通常适用于:年降雨量较小的北方地区。对于季节性冰冻地区的散水还需在垫层下加设防冻胀层,可采用砂石、矿渣等非冻胀材料。

[想一想]

常见过梁有哪几种?它们的适用范围和构造要点是什么?

(四)门窗过梁

当墙体上开设门窗洞口时,为了承受洞口上部砌体传来的各种荷载,并把这些荷载传给洞口两侧的墙体,常在门窗洞口上设置横梁,即门窗过梁。

过梁的形式较多,常见的有砖拱过梁、钢筋砖过梁和钢筋混凝土过梁三种。

1. 砖拱过梁

用砖立砌、侧砌成对称于中心而倾向两边的拱。砖拱过梁可用于跨度 $L\leqslant$ 1.2m,上部无集中荷载作用的情况。不适用于有较大振动荷载或可能产生不均匀沉降的房屋。

其构造要点:砖砌平拱过梁的高度为一砖长,灰缝上部宽度不宜大于 15mm,

下部宽度不应小于 5mm，灰缝呈楔形，中部起拱高度为洞口跨度的 1/50，砖的强度标号不低于 MU7.5，砂浆的强度标号不低于 M5，用竖砖砌筑部分的高度不应小于 240mm，见图 3－15 所示。

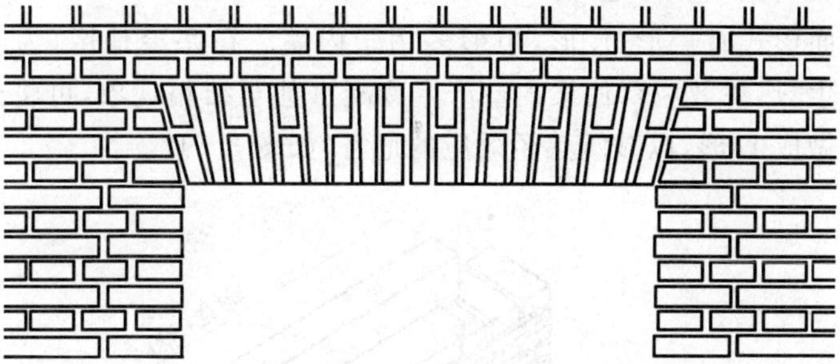

图 3－15 砖砌平拱过梁

2. 钢筋砖过梁

当洞口跨度 $L=1.2\sim1.5$m 时，用砖平砌，并在灰缝中加适量钢筋的过梁。其构造要点：首先在洞口内支底模，上表面低于洞口底设计标高 30mm；在底模上抹 30mm 厚 1∶3 水泥砂浆，中间略高(L/200)以便拆模后过梁微微下沉而适平；在砂浆上放钢筋，每半砖墙厚放一根两端设 90 度直弯钩的钢筋埋在墙体的竖缝内，钢筋伸入洞口两侧墙内的长度不应小于 240mm，钢筋直径为 $\phi6\sim\phi8$；按原墙砌式继续砌砖，要求过梁范围内的砌筑砂浆标号不低于 M5，砌墙砖的标号不低于 MU7.5，砌筑 4～6 皮砖，且应砂浆饱满；待砂浆凝固后拆模，见图 3－16 所示。

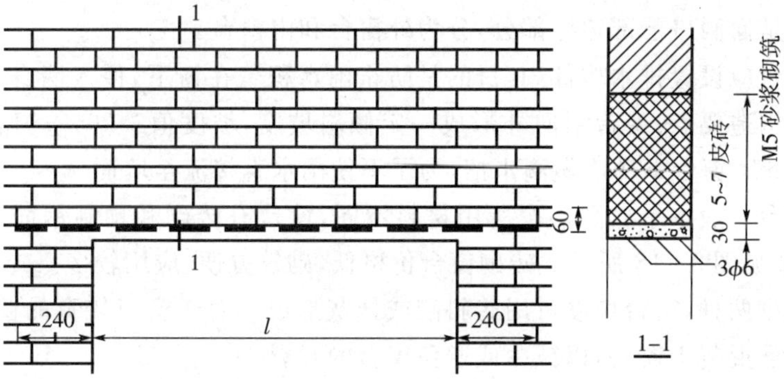

图 3－16 钢筋砖过梁

3. 钢筋混凝土过梁

钢筋混凝土过梁是由钢筋和混凝土组成，分为现浇和预制两种。

洞口跨度一般不受限制荷载较大，或有较大的振动荷载，或有可能产生不均匀沉降的影响下，应采用钢筋混凝土过梁。它的承载力强，抗震性能好，并且可以按设计意图制成各种形状，只是现场支模、布筋、浇捣、养护等工序繁琐，湿作业多，工期长。所以，在施工中常用预制钢筋混凝土过梁。

其构造要点：过梁宽同墙厚，梁高约为洞口宽的 1/12，并应与砖的皮数相协调，如 120、180、240。过梁在洞口两侧伸入墙内长度应不小于 240mm。梁内配筋应根据承受上部荷载的大小，由计算确定。施工时梁内钢筋预先绑扎或焊接成骨架，混凝土强度等级不小于 C20。为防止雨水沿过梁向外墙内侧流淌，过梁底部外侧抹灰应做"滴水"处理。

过梁截面形式有矩形、L 形，矩形多用于内墙。在寒冷地区，为防止钢筋混凝土过梁产生"热桥效应"，使梁内壁产生冷凝水甚至结霜现象，可将外墙洞口上的过梁断面做成 L 形，以减缓热桥效应的危害，如图 3-17。

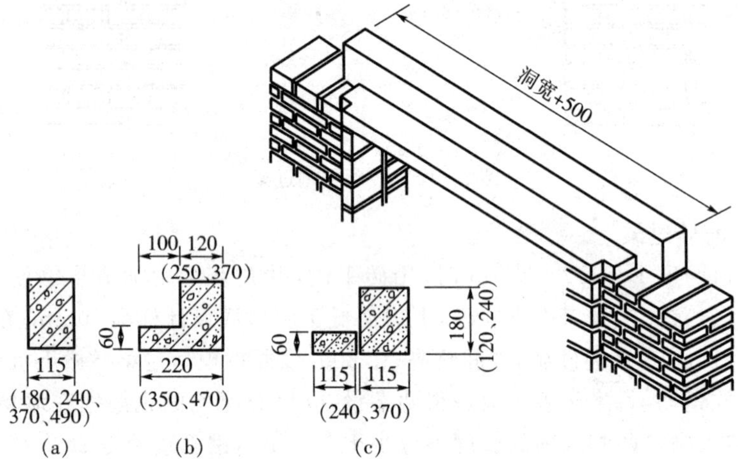

图 3-17　钢筋混凝土过梁

（五）窗台

窗台是窗洞口下部边缘部分，分为外窗台和内窗台。

外窗台应设置排水构件，其目的是防止雨水积聚在窗下，侵入墙身和向室内渗透。其构造要点：窗台须向外形成一定倾斜坡度，坡度值＞20%；窗台应挑出墙面 60mm。窗台下部应做滴水槽，为了不使雨水直接流至墙面。

［问一问］

窗台构造中应考虑哪些问题？

内窗台一般水平放置。按所用材料不同，窗台有砖砌和预制钢筋混凝土两种，其构造见图 3-18 所示。砖砌窗台价格低，砌筑方便，应用较多。砖砌窗台有平砌和侧砌两种，窗台坡度可用砖斜砌或抹灰形成。对于窗口较宽的窗台，宜采用预制钢筋混凝土窗台，以减少或避免窗台的开裂。

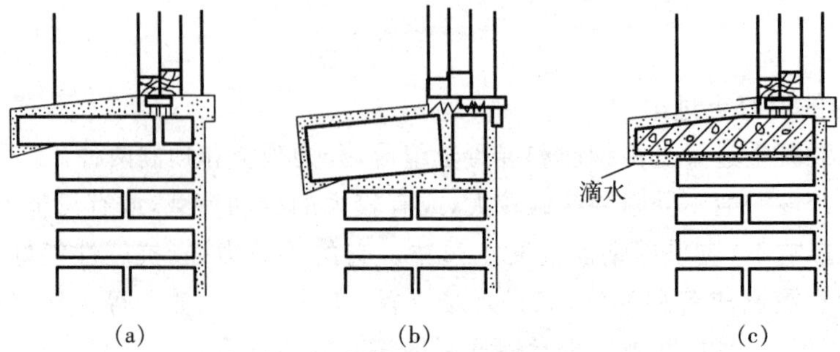

图 3-18　窗台构造

(六)圈梁

砖混结构中的墙体，不仅要进行强度验算，由于墙体承受集中荷载，开设门窗洞口及地震等因素的影响，使墙体的稳定性受到影响，还应进行稳定性验算。墙体的稳定性取决于计算高度与墙厚之比，称高厚比。当墙的高厚比一定时常采取控制横墙间距和在墙中设置圈梁与构造柱的措施增加墙的稳定性。

圈梁指沿外墙四周及部分内墙的水平方向设置的连续闭合的梁。

1. 圈梁的作用

为加强房屋的空间刚度及整体性；增加墙体的稳定性；防止由于基础不均匀沉降或较大振动荷载等因素，而引起墙体开裂。

[想一想]

1. 圈梁的作用是什么？其设置位置、构造要点是什么？

2. 在什么情况下应设附加圈梁？附加圈梁的长度如何确定？

2. 圈梁的数量

圈梁的数量与房屋的高度、层数、地基状况和地震烈度等因素有关。根据建筑结构设计规范规定：

(1)对于单层砖砌体房屋，檐口标高为5～8m时，应在檐口标高处设置圈梁一道，檐口标高大于8m时，应增加设置数量。

(2)对于宿舍、办公楼等多层砌体民用房屋，且层数为3～4层时，应在檐口标高处设置圈梁一道。当层数超过4层时，应在所有纵横墙上隔层设置。

(3)采用现浇钢筋混凝土楼(屋)盖的多层砌体结构房屋，当层数超过5层时，除在檐口标高处设置一道圈梁外，可隔层设置圈梁，并与楼(层)面板一起现浇。未设置圈梁的楼面板嵌入墙内的长度不应小于120mm，并沿墙长配置不少于2根ϕ10的纵向钢筋。

3. 圈梁的设置位置

(1)竖向位置

在基础处(地圈梁)、屋顶檐口处(檐口圈梁)、楼板处(楼层圈梁)。当屋面板、楼板与窗洞口间距较小，可用圈梁代替过梁。

(2)水平位置

圈梁应在外墙上必须交圈设置，对内墙则必须设置在贯通的内纵墙及贯通的内横墙，楼梯间及疏散口等处，不贯通的内横墙可适量设置，根据建筑的结构及防震要求，通常每隔8～16m设置一道，以便圈梁的腰箍作用得到充分发挥。

4. 圈梁的构造要点

(1)钢筋混凝土圈梁的宽度宜与墙厚相同，当墙厚$h \geqslant 240$mm时，其宽度不宜小于2h/3。圈梁高度不应小于120mm，且应与砖皮数的整数相适应，如120、180、240。

(2)圈梁的混凝土强度等级：圈梁应现场浇筑，混凝土强度等级不低于C15。

(3)圈梁配筋应符合表3-2的要求。

表3-2 砖混结构圈梁配筋要求

配　　筋	地震烈度		
	6～7	8	9
最小纵筋	4ϕ10	4ϕ12	4ϕ14
最大箍筋间距	250	200	150

(4)当圈梁与门窗过梁在同一标高时，洞口上的圈梁可以兼作过梁，过梁部分的钢筋应按计算用量另行增配。

(5)圈梁宜连续地设在同一个水平面上，并形成封闭状。当圈梁被门窗洞口截断时，应在洞口上部增设相同截面的附加圈梁。附加圈梁与圈梁的搭接长度不应小于其中到中垂直间距的二倍，且不得小于1m，见图3-19所示。

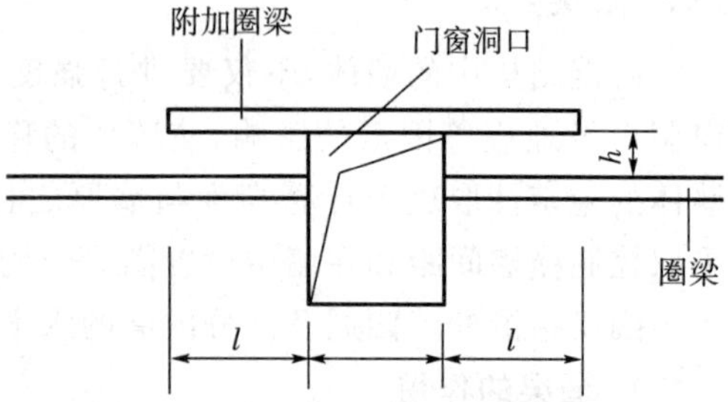

图3-19　附加圈梁

(6)纵横墙交接处的圈梁应有可靠的连接。刚弹性和弹性方案房屋，圈梁应与屋架、大梁等构件可靠连接。

(七)构造柱

为了加强墙体的稳定性，在抗震设防地区除了限制房屋总高度和横墙间距、规定砂浆强度等级、增设圈梁之外，还需在墙中设置钢筋混凝土构造柱。构造柱必须与墙体及圈梁紧密连接。

构造柱是指从构造上起加固作用，但不承受竖向荷载的构件。

1. 构造柱的作用

从竖向加强层与层之间墙体的连接；构造柱和圈梁共同形成空间骨架，以增加房屋的整体刚度，提高墙体抵抗变形的能力。

［问一问］

构造柱的作用是什么？其设置位置、构造要点是什么？

2. 构造柱的设置位置

为了与圈梁组成一空间骨架，构造柱的位置就应与圈梁的走向相适应。即应在外墙的转角处、丁字接头处、十字接头处、较大洞口两侧、楼梯间四周、电梯间四周、长墙中部等处设置。

3. 构造柱的构造要点

(1)截面尺寸：截面宜采用240×240mm，最小截面尺寸为240×180mm。

(2)构造柱配筋应符合表3-3要求。

表3-3　砖混结构构造柱配筋要求

位置	纵向钢筋			箍筋		
	最大配筋率 %	最小配筋率 %	最小直径	加密区范围	加密间距	最小直径
角柱	1.8	0.8	14	全高	100	6
边柱			14	下端700 上端700		
中柱	1.4	0.6	12			

(3)混凝土强度等级:C15 或 C20。

(4)其构造做法:在砌墙时应留出构造柱的柱洞并架立钢筋骨架,每砌筑一层或 3m 左右即灌注混凝土一次。为使构造柱与墙体融为一体,砌筑墙体时应在柱边缘留出逢 4 退 4 的马牙槎,退进 60mm。同时,还必须每砌筑 8 皮砖放置 2 根 $\phi 6$ 的钢筋,钢筋两端弯成 180°的钩,钢筋两端伸入墙内的长度各为 1000mm。构造柱根部必须牢固地锚入基础内,如锚入基础圈梁中,此时基础圈梁顶面必须低于室外地坪 300mm 以上,其构造见图 3-20所示。

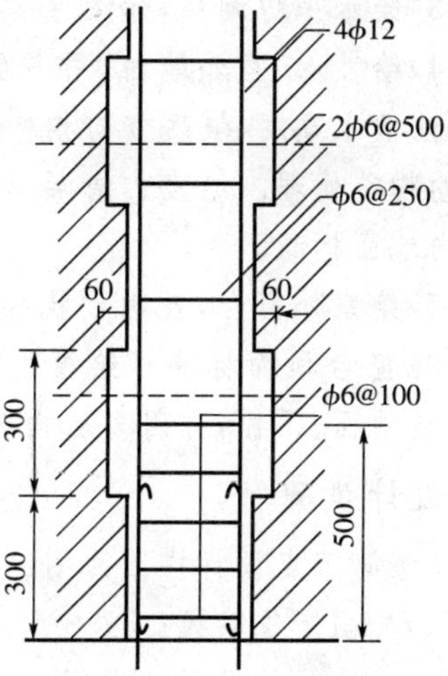

图 3-20 砖墙与构造柱

【实践训练】

课目:墙身构造节点详图设计

(一)目的与要求

墙身构造设计是房屋建筑构造设计的主要内容之一。通过本次设计,使学生掌握墙体中几个节点(包括墙脚、窗台、窗过梁、墙与楼板连接处等)的设计方法与步骤,训练学生绘制施工图的能力,并增强图纸表达能力。

(二)设计条件

某砖混结构小学教学楼,3 层,层高 3.9m,室内外地面高差为 0.60m,窗洞口尺寸为 1800mm×2400mm,外墙采用普通粘土砖墙,厚度 240mm,采用现浇或预制钢筋混凝土楼板,过梁,墙面装修、散水、勒脚、踢脚等设计所需条件可自定。

(三)设计要求及深度

1. 设计要求

(1)墙的下部构造、内外窗台、窗过梁与楼板层,三个节点详图。要求按照从下到上的顺序将三个节点布置在同一条垂直线上,共用一条定位轴线和一个编号圆圈。

(2)比例为 1∶5 或 1∶10。

(3)用 3 号图纸一张以铅笔或墨线笔绘制。

2. 设计深度

(1)绘定位轴线及编号圆圈,并注写相应的编号。

(2)绘墙身、勒脚、内外墙面抹灰厚度,并用材料符号表示出来。在定位轴线两边分别标注砖墙厚度。

(3)绘水平防潮层，标注材料和做法，并注明防潮层的标高。

(4)绘散水、室外地面，用多层构造引出线标注其材料、做法、强度等级和尺寸；标注散水宽度、坡度方向和坡度值；标注室外地面标高，注意标出散水与勒脚之间的构造处理。绘室内首层地面构造，用多层构造引出线标注，绘踢脚板，标注室内地面标高。

(5)绘室外窗台，表明形状和饰面，标注窗台的厚度、宽度、坡度方向和坡度值，标注窗台顶面标高。绘窗框轮廓线，绘窗过梁，注明尺寸和下皮标高，绘楼板、楼层地面、顶棚，并用多层构造引出线标注，标注楼面标高。

(四)设计步骤

以墙脚节点设计详图为例：

(1)先画定位轴线。

(2)沿定位轴线画墙线，按标高画出墙脚室内外地坪线，防潮层以及窗台线。

(3)绘制室外地坪、散水、勒脚、室内地坪、踢脚等，并标注其构造层次。

(4)进行有关尺寸和文字标注。

(5)标注图名、比例。

(五)设计指导

通过设计条件、要求及深度可知，本次设计主要包括三部分内容，即墙脚、窗台、窗过梁和楼板节点。

1. 墙脚部分——节点①

墙脚部分一般包括散水、勒脚、水平防潮层、室外内地面等主要内容。设计时应结合以上部分的构造特点及常用做法，选择合适的构造方案。

(1)散水

一般由基层、垫层和面层三部分组成，设置于建筑物外墙四周，为将积水迅速排离建筑物，表面应向外做成坡面，坡度为2%～5%。一般宽度为600～800mm。

(2)勒脚

常选用具有一定强度和防水性能的材料，如水刷石抹面、面砖贴面等。

在绘制散水于勒脚的节点构造时，常常有学生将勒脚做在散水面层上，是错误的。因为当建筑物外墙下沉时，其节点必然会被拉裂或勒脚受挤而剥开。因此，散水与勒脚处应断开，并用弹性的防水材料嵌缝。

(3)水平防潮层

按材料不同有多种构造做法，该方案可选用防水砂浆砌砖防潮层。其位置可设置在地面垫层范围内，地面标高以下一皮砖(－0.060m)处。

(4)室内地面

一般由基层、垫层和面层组成。面层可选用水泥砂浆双层做法。

(5)踢脚

位于墙脚与室内地面交接处，防止擦洗地面时弄脏墙面。其材料一般与地面相同，高度通常为150～200mm。

2. 窗台部分——节点②

窗台包括内窗台和外窗台两部分。内窗台制作简单，可采用水泥砂浆抹面或预制水磨石板等。外窗台又分悬挑窗台和不悬挑窗台，为防止悬挑窗台下部易积脏墙面，该方案可选用不悬挑窗台，此时勒脚可延伸至窗台处，立面上形成统一整体。窗台外表面为利于防排水，表面宜向外倾斜，坡度为2%～5%。

3. 过梁与楼板交界处——节点③

门窗洞口上部为满足支撑上部砌体并传递荷载给洞口两侧墙体，必须设置过梁。过梁在结构上通常有三种做法：砖拱过梁、钢筋砖过梁和钢筋混凝土过梁。该方案因窗洞口宽为1800mm，故应选用钢筋混凝土过梁，截面选用矩形截面，高度为120mm，宽度同墙厚。

楼板可选用现浇钢筋混凝土楼板或预制空心板。预制空心板与墙体的关系有两种：一是搁置在墙上，二是平行墙身布置。该方案可选择楼板平行墙身布置。楼板层一般由顶棚、结构层和面层组成。教学楼顶棚可选用直接抹灰顶棚，结构层为钢筋混凝土空心板，面层选用整体现浇地面，如水泥砂浆地面或水磨石地面。

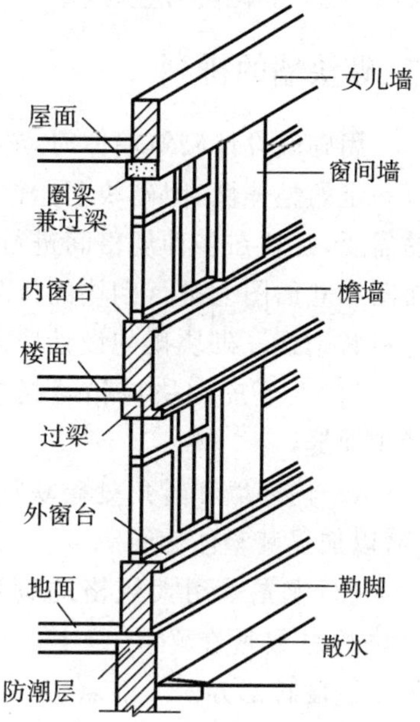

图3-21　外墙构造详图

（六）墙身节点构造详图

依据所给条件要求，①、②、③节点构造详图见图3-21所示。

第三节　砌块墙及隔墙构造

砌块墙是采用预制块材按一定技术要求砌筑而成的墙体。预制砌块利用工业废料和地方材料制成，即不占用耕地又解决了环境污染，具有生产投资少、见效快、生产工艺简单、节约能源等优点。采用砌块墙是我国目前墙体改革的主要途径之一。

一、砌块的类型与规格

砌块的类型很多，按材料分为普通混凝土砌块、轻骨料混凝土砌块、加气混凝土砌块以及利用各种工业废料（如炉渣、粉煤灰等）制成的砌块；按砌块构造分为空心砌块和实心砌块；按砌块的质量和尺寸大小分为小型砌块、中型砌块和大型砌块。

小型砌块单块质量在20kg以内，便于人工砌筑、承载力接近粘土砖、具有较好的保温能力的叠砌式块材。目前我国采用的小型砌块外形尺寸有190mm×190mm×390mm、90mm×190mm×190mm、190mm×190mm×190mm。中型砌块单块质量在20～350kg之间，高度在380～980mm，需要用轻便机具搬运和砌筑。单块质量大于350kg、高度大于980mm为大型砌块。我国目前采用的砌块以中、小型砌块为主。

二、砌块墙的排列

用砌块设计砌筑墙体时，必须将砌块彼此交错搭接进行砌筑，以保证建筑物有一定的整体性，但砌块不能像砖那样只用一种规格并可任意砍断，为满足砌筑的需要，必须在多种规格间进行砌块的排列设计，即设计砌块墙时需要在建筑平面图和立面图上进行砌块的排列，并注明每一砌块的型号，以便施工时按排列图进料和砌筑。砌块排列设计应满足以下要求：

(1)上下皮砌块应错缝搭接，尽量减少通缝；

(2)内外墙和转角处砌块应彼此搭接，以加强其整体性；

(3)优先采用大规格的砌块，使主砌块的总数量在70%以上，以利加快施工进度；

(4)尽量减少砌块规格，在砌块体中允许用极少量的普通砖来镶砌填缝，以方便施工；

(5)空心砌块上下皮之间应孔对孔、肋对肋，以保证有足够的受压面积。

图3-22为砌块排列组合示意图。

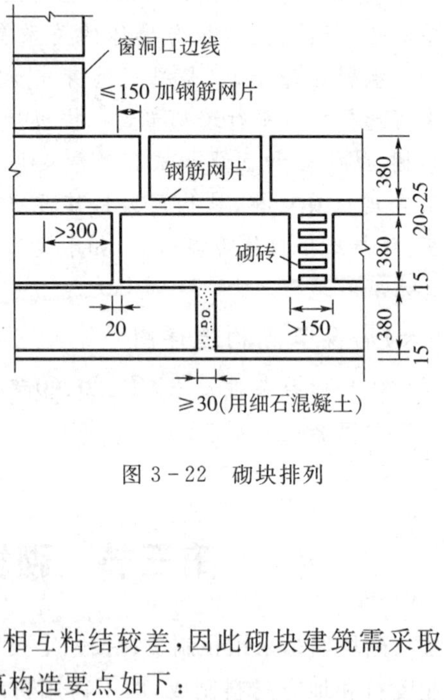

图3-22 砌块排列

三、砌块墙的构造

砌块尺寸较大，垂直缝砂浆不易灌实，相互粘结较差，因此砌块建筑需采取加固措施，以提高房屋的整体性。砌块建筑构造要点如下：

1. 砌块建筑应在适当的位置加设圈梁

当圈梁与过梁位置接近时，可用圈梁代替过梁。圈梁分现浇和预制两种。现浇圈梁整体性好，对加固墙身有利，但施工复杂。预制圈梁一般采用U形预制块代替模板，然后在凹槽内配筋在现浇混凝土，见图3-23所示。

2. 砌块墙的竖向加强措施

是在外墙转角以及内外墙交接处设置芯柱，将砌块在垂直方向连成整体。芯柱利用空心砌块上下孔洞对齐，并在孔中用$\phi 12$～$\phi 14$的钢筋分层插入，再用C20细石混凝土分层灌实。芯柱与砌块墙连接处的拉结钢筋网片每边伸入墙内不少于 1m。混凝土小型砌块房屋可采用 $\phi4$ 点焊钢筋网片，沿墙高每隔 600mm 设置，中型砌块可采用 $\phi6$ 钢筋网片，隔皮设置，见图 3－24 所示。

[问一问]

怎样提高小型砌块墙体的整体性？

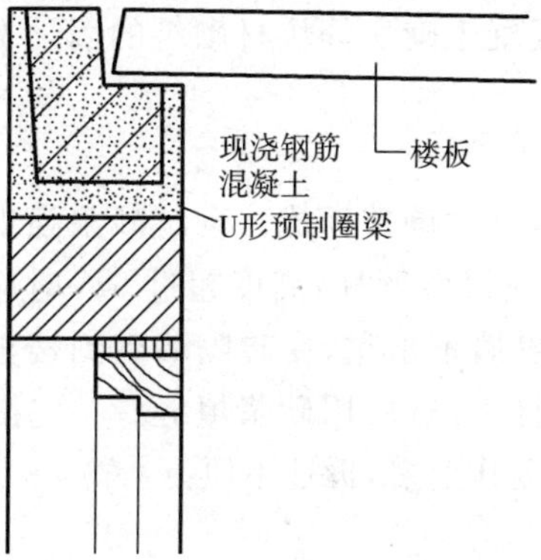

图 3－23　U 形预制圈梁块

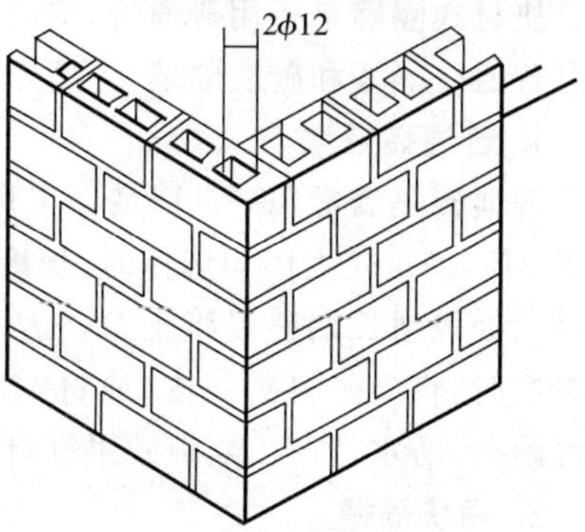

图 3－24　外墙转角处的构造柱

3. **砌块墙的拼缝做法**

砌块墙的拼缝有平缝、凹槽缝和高低缝。平缝制作简单，多用于水平缝；凹槽缝灌浆方便，多用于垂直缝，也可用于水平缝。缝宽视砌块尺寸而定，小型或加气混凝土砌块缝宽 10～15mm，中型砌块缝宽15～20mm，砂浆强度等级不低于 M5。砌块墙的砌筑缝构造如图 3－25 所示。

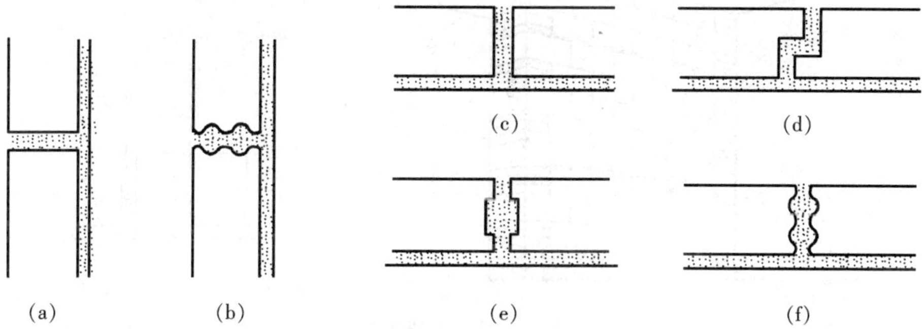

图 3－25　砌块墙的砌筑缝

4. **砌块墙的通缝处理**

当上下皮配砌块出现通缝或错缝距离不足 150mm 时，应在水平缝通缝处加钢筋网片，使之拉结成整体。

5. **砌块墙外墙面宜做饰面**

提高砌块墙的防渗水能力和改善墙体的热工性能。

四、隔墙的类型

在建筑中用于分隔室内空间的非承重内墙，且将自重置于梁或板上称为隔墙。其设计要求自重轻、厚度薄、便于安装和拆卸。根据设计要求，还要具有隔声、防水、防潮、防火等性能，以满足建筑的使用功能。隔墙按构造方式分为块材式隔墙、立筋式隔墙和板材式隔墙。

[问一问]

常见隔墙有哪些？简述各种隔墙的构造做法。

(一)块材式隔墙

块材式隔墙是指用普通砖、空心砖、加气混凝土砌块等块材砌筑的墙。常用的有普通砖隔墙和砌块隔墙。

1. 普通砖隔墙

普通砖隔墙常用一二隔墙。采用普通砖全顺式砌筑而成。砌筑砂浆强度不低于 M5，砌筑较大面积墙体时，长度超过 6m 应设砖壁柱，高度超过 5m 时应在门过梁处设通长钢筋混凝土带。为了保证砖隔墙不承重，在砖隔墙砌到楼板底或梁底时，将立砖斜砌一皮，或将空隙塞木楔打紧，然后用砂浆填缝。一二隔墙坚固耐久，防水、防火、隔声效果好，但自重大，湿作业多，拆迁不便。

2. 砌块隔墙

为减轻隔墙自重，可采用轻质砌块，例如加气混凝土砌块、粉煤灰砌块、水泥炉渣空心砌块等。墙厚由砌块尺寸决定，一般为 90～120mm。加固措施同一二隔墙的做法。砌块不够整块时宜用普通粘土砖填补。因砌块砖具有轻质、孔隙率大，隔热性能好等优点，但宜吸水，故在砌筑时先在墙下部砌 3～5 皮普通粘土砖再砌砌块砖，如图 3-26 所示。

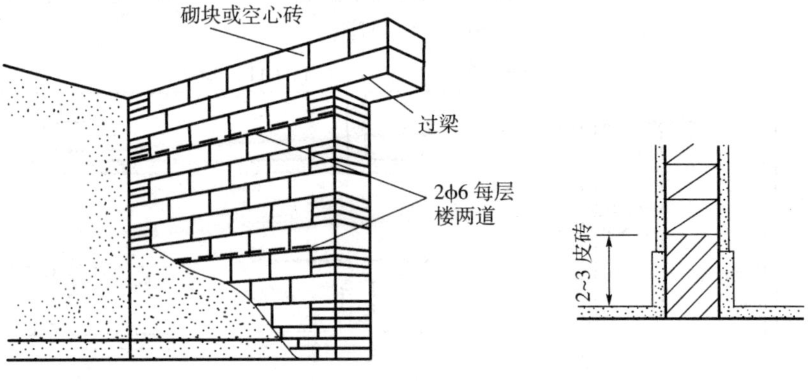

图 3-26　砌块隔墙

(二)立筋式隔墙

立筋式隔墙由骨架和面层组成。骨架有木骨架和型钢骨架，在骨架两侧作面层，如灰板条抹灰、钢丝网抹灰、纸面石膏板、蜂窝纸板等。

近年来，为节约木材和钢材，出现了不少采用工业废料和地方材料以及轻金属制成的骨架。轻钢骨架是由各种形式的薄壁型钢制成，其主要优点：强度高、刚度大、自重轻、整体性好、易于加工和大批量生产，还可根据需要拆卸和组装。木骨架由上槛、下槛、墙筋、斜撑及横档组成。面层有抹灰面层和人造板材面层。抹灰面层常用木骨架，即传统的板条抹灰隔墙。人造板材面层可用木骨架或轻钢骨架。隔墙的名称以面层材料而定。

1. **板条抹灰隔墙**

是用木质的上槛、下槛、立龙骨、斜撑等杆件组成骨架。方木截面尺寸为50mm×(70～100)mm，立龙骨间距500mm左右，斜撑间距150mm左右。灰板条的宽度为30～45mm，厚度为6～9mm，长度为800～2000mm。灰板条钉在立柱两侧，板条之间须留出6～10mm的缝隙，以便使灰浆挤入缝内抓住板条。板条的接头必须在立龙骨上，并留出3～5mm空隙，以便抹灰时板条吸水膨胀。板条的接头不得都集中在一根立龙骨上，相邻板条接头在同一立龙骨上的高度不应超过500mm。

2. **人造板面层骨架隔墙**

常用的人造板面板有胶合板、纤维板、石膏板等。胶合板、纤维板以木材为原料。石膏板是用石膏掺入纤维质制成9～12mm厚、900mm宽、2400～3500mm长，它具有轻质、耐火、可锯刨钉粘结等性能。其做法是先在楼板垫层上浇注混凝土墙垫，安装上槛、下槛、龙骨、斜撑。龙骨间距为450mm，用对楔挤牢。用粘结剂安装石膏板，板缝处用50mm宽玻璃纤维接缝带封贴，然后根据需要做面层，如涂刷涂料、粘贴壁纸等，见图3-27所示。

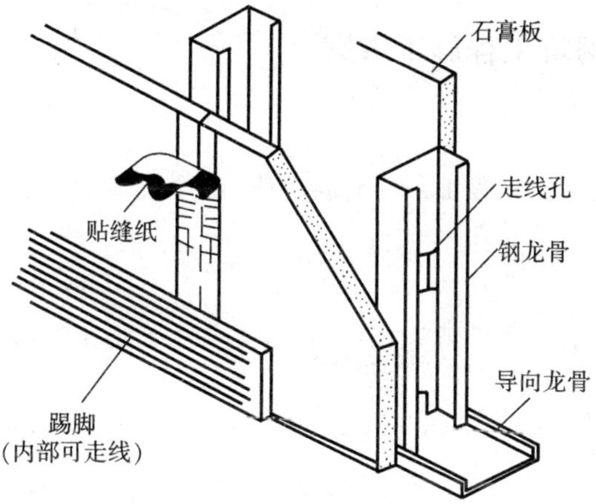

图3-27　轻钢龙骨石膏板隔墙

(三)板材式隔墙

板材隔墙是指各种轻质板材的高度相当于房间净高，不依赖骨架，可直接装配而成。如碳化石灰板、加气混凝土条板、多孔石膏条板、水泥刨花板以及各种复合板等。

碳化石灰板是用细生石灰掺入3%～4%短玻璃纤维，加水搅拌入模振动，进行碳化成型的一种空心板。其尺寸为(2700～3000mm)×(500～800mm)×(90～120mm)碳化石灰板隔声性能好，生产工艺简单，造价较低。安装条板时，在楼板上采用木楔在板端将条板楔紧，条板之间的缝隙用水玻璃粘结剂或用1∶3水泥砂浆加入适量107胶进行粘结，待安装完毕，再在表面进行装修，如图3-28所示。

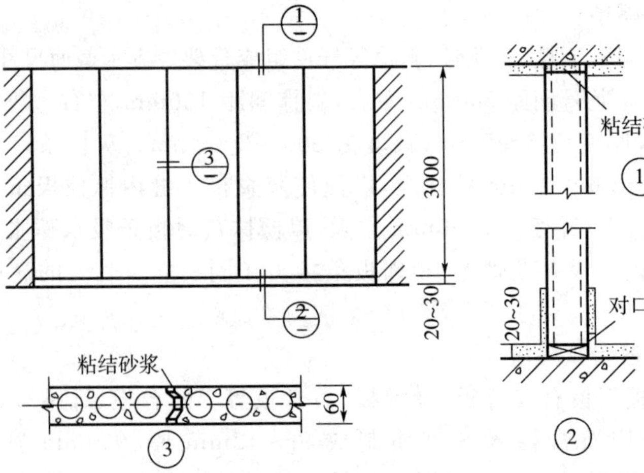

图 3-28　碳化石灰板隔墙

【实践训练】

课目:内墙填充砌筑工程施工方案

(一)目的与要求

掌握内墙填充砌筑工程施工的材料要求、主要机具、作业条件、技术措施、质量标准及成品保护。

1. 环境要求

某市朝阳园住宅小区二期工程,内墙采用非承重粘土空心砖砌筑墙体。

2. 材料要求

(1)砌块规格为 240×240×115 和 240×200×115(mm)非承重粘土空心砖。

其强度等级为 MU3.5。砂浆±0.000m 以下为 M7.5,±0.000m 以上为 M5。

(2)水泥采用 325#及其以上的普通硅酸盐或矿渣硅酸盐水泥。

(3)沙子采用中砂,含泥量不超过 5%,过 5mm 孔径筛。

(4)混凝土预制块,木砖,锚固铁板(75×50×3mm)$\phi6\sim\phi10$ 钢筋,铁扒钉($\phi4\sim\phi6$),小木楔等。

3. 主要机具

搅拌机,后台计量设备,5mm 筛子、手推车、大铲、铁锹、线锤、托线板、小白线、灰桶、铺灰铲、水平尺、砂浆吊斗及垂直运输工具等。

4. 作业条件

(1)现场存放场地应夯实,平整,不积水,码放应整齐。装运过程轻拿轻放,避免损坏,并尽量减少二次倒运。

(2)根据墙体尺寸和砌块规格,妥善安排砌筑平面排砖设计,尽可能地减少现场碎砖量。根据砌块厚度与结构净空高度及门窗洞口尺寸切实安排好立面、剖面的排砖设计，避免浪费。

(3)砌砖块的部位在结构墙体上按+500mm标高线分层划出砌块的层数，安排好灰缝的厚度。在相应的部位弹好墙身门洞口尺寸线，在结构柱上弹好砌块的立面边线。标注窗口位置。

(4)砌墙的前一天，应将空心砖与结构相接的部位洒水湿润，保证砌体粘结牢固。

(5)遇有穿墙管线，应预先核实其位置、尺寸。以预留为主，减少事后剔凿，损害墙体。

(6)填充墙拉结筋为2ϕ6@500mm伸入墙内不少于1000mm。

(二)步骤

1. 操作工艺流程

基层处理→砌筑→砌块与门窗口连接→砌块与楼板连接→墙体根部处理。

2. 技术措施

(1)基层处理

将砌筑砖墙根部的砖或混凝土带上表面清扫干净，用砂浆找平，拉线，用水平尺检查其平整度。

(2)砌筑

① 砌筑时按墙宽尺寸和砌块的规格尺寸，按排砖设计进行排列摆块，不够整块尺寸可用标准粘土砖砌筑。竖缝宽10mm，水平灰缝10mm为宜。当最下一皮的水平灰缝厚度大于30mm时，应用豆石混凝土找平层铺砌。砌筑时，满铺满挤，上下错缝，搭接长度不宜小于砌块长度的1/3，转角处相互咬砌搭接。双层隔墙，每隔两皮砌块用扒钉加强，扒钉位置应梅花形错开。砂浆标号按设计规定。

② 砌砖宜可采用一铲灰、一块砖、一挤揉的“三一”砌砖法，即满铺、满挤操作法。砌砖时砖要放平。砌砖一定要跟线，“上跟线，下跟棱，左右相邻要对平”。水平灰缝厚度和竖向灰缝宽度一般为10mm，但不应小于8mm，也不应大于12mm。在操作过程中，要认真进行自检，如出现有偏差，应随时纠正。严禁事后砸墙。砌筑砂浆应随搅拌随使用，一般水泥砂浆必须在3h内用完，水泥混合砂浆必须在4h内用完，不得使用过夜砂浆。混水墙应随砌随将舌头灰刮尽。

③ 留槎：外墙转角处应同时砌筑。内外墙交接处必须留斜槎，槎子长度不应小于墙体高度的2/3，槎子必须平直、通顺。分段位置应在变形缝或门窗口角处，隔墙与墙或柱不同时砌筑时，可留阳槎加预埋拉结筋。施工洞口也应按以上要求留水平拉结筋。

④ 墙体应有可靠的拉结。一般每隔0.5m的高度预留2根ϕ6钢筋伸入墙内，平铺在灰缝内作为拉结。砌块端头与墙柱接缝处各涂刮厚度为5mm的粘结砂浆，挤紧塞实，将挤出的砂浆刮平。填充墙中墙与结构柱连接处，必须按设计要求设置拉结筋。设计无要求时，竖向间距为500mm左右，埋压2根ϕ6钢筋，埋直平铺在水平灰缝内，两端伸入墙内不小于1000mm，末端应加90°弯钩。砌块端头与墙柱接

缝处各涂刮厚度为5mm的粘结砂浆，挤紧塞实，将挤出的砂浆刮平。

(3)砌块与楼板(或梁底)的连结

当楼板或梁底未事先留置拉结筋时，先在砌块与楼板接触处涂抹粘结砂浆，用力挤严实，每砌完一块用小木楔(间距约600mm)在砌块上皮紧贴楼板底(或梁底)背紧，用粘结砂浆填实，灰缝刮平。或在楼板底(梁底)斜砌一排砖，以保证填充墙体顶部稳定、牢固。

(4)墙体根部处理

在砌筑上部墙体之前墙脚砌筑3皮标准粘土砖提高墙体根部的抗渗性能。门窗洞口处及有构造柱部位应采用标准粘土砖砌筑，卫生间四周墙脚做120mm混凝土上反梁。

3. 质量标准

(1)保证项目

① 使用的原材料和空心砖块的强度必须符合设计要求，质量应符合各项技术性能指标，并有出厂合格证。

② 砂浆的品种标号必须符合设计要求。砌块灰缝砂浆必须饱满，按规定制作砂浆试块，试块的平均抗压强度不得低于设计强度，其中任意一组的最小抗压强度不得小于设计强度的75%。

③ 转角处必须同时砌筑，严禁留直槎，交接处应留斜槎。

(2)基本项目

① 通缝：每道墙3皮砌块的通缝不得超过3处，不得出现四皮砌块及以上高度的通缝。灰缝均匀一致。

② 接槎：砂浆要密实，砌块要平顺，不得出现破槎、松动，做到接槎部位严实。

③ 拉结筋(或钢筋混凝土拉结带)：间距、位置、长度及配筋的规格、根数应符合设计要求。位置、间距的偏差不得超过一皮砌块。

(3)允许偏差

序号	项　目	允许偏差(mm)	检验方法
1	墙面垂直	5	用靠尺及线坠检查
2	墙面平整度	8	用2m靠尺塞尺检查
3	轴线位移	10	尺量
4	水平灰缝平直(10m以内)	10	拉通长线用尺量
5	门窗洞口宽度	±5	尺量
6	门口高度	+15　−5	尺量
7	外墙窗口上下偏移	20	以底层为准用经纬仪或吊线检查

4. 成品保护

(1)门框安装后施工时应将门框两侧300～600mm高度范围钉铁皮保护，防止施工中撞坏。

(2)砌块在装运过程中，轻装轻放，计算好各房间的用量，分别码放整齐。搭拆脚手架时不要碰坏已砌墙体和门窗口角。

(3)落地砂浆及时清除，以免与地面粘结，影响下道工序施工。

(4)设备槽孔以预留为主，尽量减少剔凿，必要时剔凿设备孔槽不得乱剔硬凿损坏，可确定尺寸用刀刃镂划。如造成墙体砌块松动，必须进行补强处理。

(四)讨论与训练题

(1)该项目的材料要求和主要机具有哪些？

(2)该项目的主要技术措施有哪些？

(3)该项目的质量标准及成品保护措施有哪些？

(4)参观内墙空心砖砌筑施工过程，写一份实训心得。

第四节　墙面装修

一、墙面装修的作用

[问一问]

为什么要进行墙面装修？

1. 保护墙体

对墙面进行装修，使墙体不宜直接受到风、雨、雪等自然环境的侵蚀，提高墙体的防潮、抗风化的能力。增强墙体的坚固性、耐久性。

2. 改善墙体的热工性能

对墙面进行装修处理，增加墙厚，提高墙体的保温、隔热和隔声能力，平整、光滑、色浅的内墙装修，可增加光线的反射，提高室内采光效果，改善室内卫生条件。利用不同材料的室内装修，会产生对声音的吸收或反射作用，改善室内音质效果。

3. 美化环境、丰富建筑的艺术形象

墙面装修可以提高建筑物立面的艺术效果，往往是通过材料的质感、色彩和线型等的表现，丰富建筑的艺术形象。

二、墙面装修的类型与构造

(一)抹灰类墙面装修

抹灰类墙面装修分为一般抹灰和装饰抹灰。一般抹灰有石灰砂浆、混合砂浆、水泥砂浆等；装饰抹灰有水刷石、干粘石、斩假石、水泥拉毛等。

1. 特点

抹灰类墙面装修施工操作简便、造价低廉，但手工湿作业量大、劳动强度大、工效低。

2. 构造层次

抹灰类墙面装修主要由底层、中层、面层三部分组成，见图 3-29 为外墙抹灰的分层构造图示。

(1)底层

厚度 5～15mm，起与基层粘结和初步找平的作用。底层抹灰前必须对基层

进行处理,应清理表面的灰尘、污垢,填平孔洞、沟槽和洒水润湿墙面。待底层抹灰干燥后,再涂抹中层。

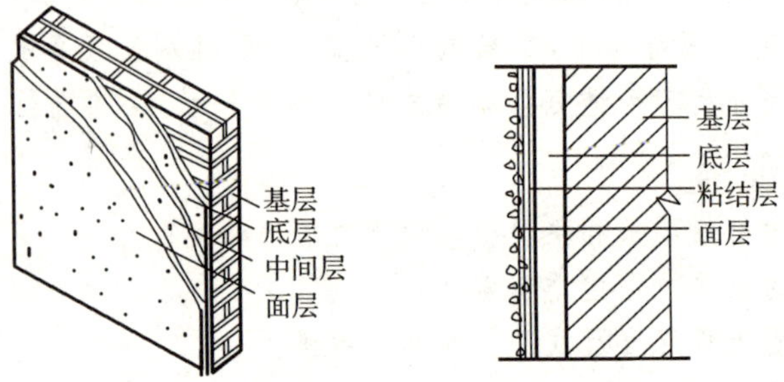

图 3-29 外墙抹灰的分层构造

(2)中层

厚度 5~10mm,找平作用。中层抹灰根据对墙面质量要求的不同可一次或分次涂抹。为控制抹灰层的厚度和平直度,还应在墙面四角做出标志(灰饼)和冲筋(标筋),以便找平。

施工时,先用托线板和靠尺检查整个墙面的平整度和垂直度,根据检查结果确定灰饼厚度。灰饼一般做在墙两边上角离阴角 100~200mm 处,用 1∶3 水泥砂浆做成 50×50mm 的灰饼。然后根据这两个灰饼用托线板或吊线挂垂直做墙面下角两个灰饼,其位置一般在踢脚线上口,随后以上角和下角左右两个灰饼为基准拉直线,每隔 1.2~1.5m 左右,上下加若干个灰饼。待灰饼稍干后上下灰饼之间用砂浆抹上一条宽 100mm 左右的垂直灰梗,即为标筋,作为抹灰厚度和赶平的标准。

当标筋稍干后,分层进行抹灰层涂抹。抹底层、中层灰从上而下进行,在两筋之间用力抹一层 7~9mm 厚的底灰,至七八成干后接着抹中层灰,抹成的灰应比两边的标筋稍厚,然后用刮杠靠住两边的标筋,由下向上刮平,并用抹子补灰槎平。待中层灰六七成干时,即可开始抹面层灰。

(3)面层

厚度 10mm 左右,装饰作用。要求表面平整、色彩均匀、无裂纹,可以做成光滑或粗糙等不同直感的表面。

3. 标准及构造做法

抹灰类墙面装修按质量及工序要求分为三种标准,见表 3-4。

表 3-4 抹灰类三种标准

标准	低层(层数)	中层(层数)	面层(层数)	总厚度(mm)	适用范围
普通抹灰	1		1	≤18	简易建筑物
中级抹灰	1	1	1	≤20	住宅、办公楼、学校等
高级抹灰	1	若干	1	≤25	纪念性、重要性建筑等

抹灰类的构造做法,各地区设计和施工均有通用图集和施工说明供选用。常用抹灰类构造,见表 3-5。

表 3-5(1)　一般抹灰构造

抹灰名称		底层、中层		面层		总厚度(mm)	适用范围
		材料	厚度(mm)	材料	厚度(mm)		
一般抹灰	混合砂浆抹灰	1:1:6混合砂浆	12	1:1:6混合砂浆	8	18	一般砖墙面均可选用
	水泥砂浆抹灰	1:3水泥砂浆	14	1:2.5水泥砂浆	6	20	室外饰面及室内需防水、防潮的墙面
	水泥纸筋砂浆抹灰	1:3:4水泥纸筋砂浆	10	纸筋灰浆	2.5	12.5	一般室内墙面，阳台雨篷顶面
	石灰砂浆抹灰	1:3石灰砂浆	16	石灰浆罩面	2.5	18.5	各种内墙抹灰罩面
	膨胀珍珠岩砂浆罩面	1:3石灰砂浆	13	水泥:石灰:膨胀珍珠岩=1:(10～20):(3～5)	2	15	保温、隔热要求较高的内墙面罩面

表 3-5(2)　装饰抹灰构造

抹灰名称		底层、中层		面层		总厚度(mm)	适用范围
		材料	厚度(mm)	材料	厚度(mm)		
装饰抹灰	水刷石饰面	1:3水泥浆	12	1:(1～1.5)水泥石碴浆	10	22	适用于外墙、阳台、雨篷、勒脚等部位
	干粘石饰面	1:3水泥砂浆打底，中层1:1:1.5水泥石灰砂浆	17	水泥:石灰膏:沙子:107胶=100:50:200:(5～15)	1	18	主要适用于外墙装修
	斩假石饰面	1:3水泥砂浆刮素水泥浆一道	12	1:2水泥白石子用斧斩	12	24	主要用于公共建筑外墙局部部位装修
	拉毛饰面	1:0.5:4水泥石灰砂浆打底待六七成干时刷素水泥浆一道	13	1:0.5:1水泥石灰砂浆拉毛	视拉毛长度而定		主要用于对音响要求较高的内墙面

在外墙面抹灰中，为施工接茬、比例划分和适应抹灰层胀缩以及日后维修更新的需要，抹灰前，事先按设计要求弹线分格，用素水泥浆将浸过水的小木条临时固定在分格线上，做成引条。

(二)贴面类墙面装修

贴面类墙面装修指在内外墙面上粘贴各种天然石板、人造石板、陶瓷面砖等。

1. **特点**

贴面类墙面装修具有耐久性好、装饰性强、容易清洗、装饰效果好的特点，但缺点是造价偏高、施工要求高、易于脱落。

2. **面砖饰面构造**

面砖是以陶土为原料，压制成型后经焙烧而成，厚度为6～12mm，有釉面砖和无釉面砖之分，正面光滑平整或带有凸出花纹，背面有凹槽以利与墙体粘结。面砖适用于室外装修。

面砖饰面构造做法：①在墙体上抹1∶3水泥砂浆15mm厚打底找平扫毛；②按面砖尺寸和设计间缝在底层上弹墨线；打完底后隔三四天可贴砖。贴砖时要先浇水润湿墙面，在最下面一层砖的底部放好垫尺板，垫尺板必须保持水平，并将它固定好。砖应预先浸透水，取出稍阴干后，沿垫尺板逐层往上贴，将砂浆涂于砖背面，贴上墙后用橡皮锤敲牢找平；③10厚1∶0.2∶2.5水泥石灰混合砂浆结合层贴面砖；④在面砖背面随贴随刷1∶2水泥砂浆中加入3%～4%的107胶粘结剂，面砖灰缝宽度不大于1.5mm；⑤用橡皮锤敲牢找平，砖面沾着的灰浆应在未干时擦掉；⑥用1∶1水泥细砂砂浆勾缝，如图3－30面砖饰面构造。

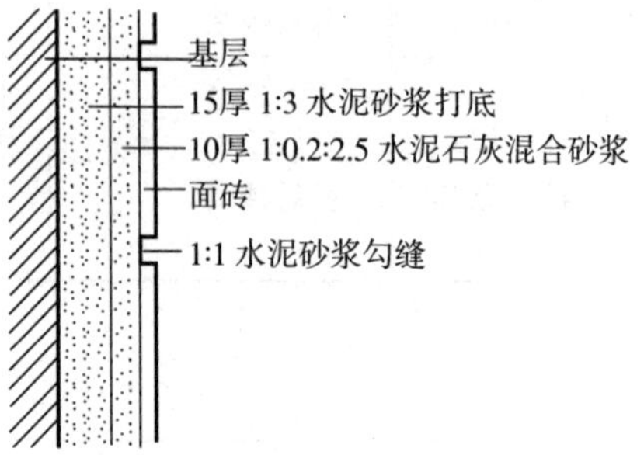

图3－30　面砖饰面构造

3. **瓷砖饰面构造**

瓷砖也是用陶土制成坯块后经焙烧而成，厚度为5mm，底胎为白色，正面挂白釉并有彩色图案，背面有凹槽。其施工方法与面砖类似，缝隙用白水泥粉擦缝。瓷砖适用于内墙面装修、墙裙、水池、案台等部位。

4. **锦砖饰面构造**

锦砖也叫马赛克，有陶瓷锦砖和玻璃锦砖，为19mm×19mm方片状材料。具有防水、防潮，便于清洗的优点，适用于墙面形状不规则的室内装修。

为了便于施工操作，工厂生产锦砖时，每300～500mm见方按图案要求组成一张，用牛皮纸粘贴在其正面出厂。

锦砖饰面构造做法：①在墙体上抹1∶3水泥砂浆10mm厚打底、找平扫毛；②在底层上弹墨线，用10厚1∶0.2∶2水泥石灰膏砂浆逐张粘贴锦砖；③在牛皮纸上刷水，揭掉牛皮纸，调整锦砖距离及平整度；④用干水泥擦缝。

5. **天然石板、人造石板饰面构造**

大理石板、花岗石板是天然石材经切割、研磨而成的墙面装饰材料。它具有坚固耐久，光滑洁净，不褪色的优点，但成本高，多用于室内外高级装修。常见人造石板有水磨石板、人造大理石板等，是由水泥、彩色石子、颜料等配制而成，具有强度高、表面光洁、色彩多样、耐腐蚀性强、造价较低的特点。

天然石板和人造石板的安装方法相同，其构造做法：①施工准备。按图纸要求选板，根据安装配置图的先后顺序编号，并写在板的背面，安装时对号入座；在墙体上预留 $\phi6$ 铁环，间距双向均不大于 2m；②绑扎钢筋网。环内穿入并绑扎 $\phi8$ 的竖筋；按石板高度绑扎 $\phi6$ 横筋；③穿绑线。用 16—18 号铜丝或镀锌铁丝，剪成 200 左右，一端伸入孔底，一端扎住横筋；④安装。贴板时将板料扎在横筋上，安装时，一般从正面一端开始，由下往上逐排安装，依次调整板料的水平度与垂直度，用杠尺和木楔分别在板料外侧临时定位，石板与墙体之间一般留 30mm 缝隙，向板料与墙体之间的空隙内灌注 1∶2.5 水泥砂浆，每次灌入高度不超过 200mm；⑤待砂浆初凝后，取掉定位活动木楔，继续上层石板的安装，如图 3－31 所示。

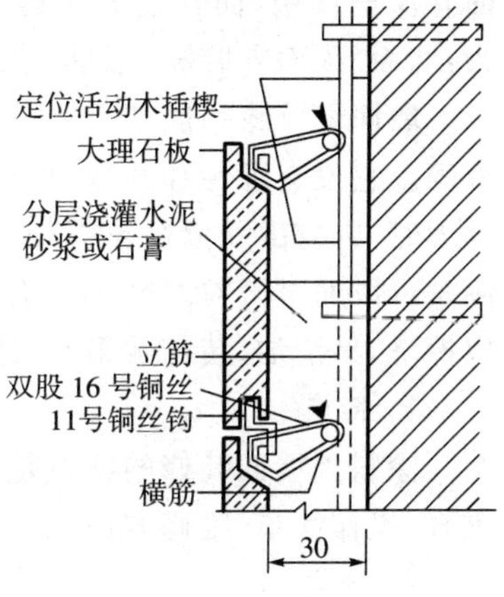

图 3－31　石板湿挂法构造

过去多采用这种湿法挂贴，由于石材背面需灌筑砂浆易污染板面，板面易泛碱，影响装饰效果。近几年，国内外建筑高级装饰已广泛采用干挂石材法。干挂石材的施工方法是用一组高强耐腐蚀的金属连接件，将饰面石材与结构可靠地连接，其间形成空气层不作灌浆处理。其主要优点是：装饰效果好，没有湿作业，施工不受季节限制，施工速度快，连接好，对抗震有利，但其造价比湿挂法高 15%～25%。根据干挂法构造方案的不同，可分为有龙骨体系和无龙骨体系。

有龙骨体系：由竖向龙骨和横向龙骨组成。主龙骨可选用型钢，其间距视石材尺寸、墙面大小等因素考虑。该体系适用于各种结构形式。一般采用不锈钢的连接件，密封胶应具有耐水、耐大气老化及低温弹性等特点，密封胶应为中性材料，不对连接件构成化学腐蚀。无龙骨体系：根据立面石材设计要求，全部采用不锈钢连接件，与墙体之间采用焊接或螺栓连接方式。通常适用于钢筋混凝土墙面，如图 3－32 所示。

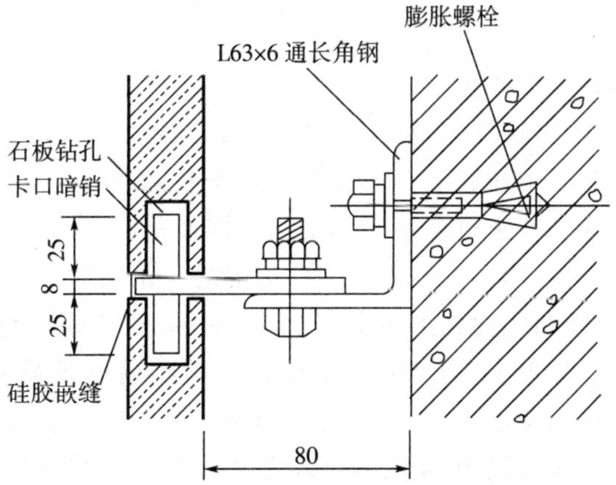

图 3－32　石板干挂法构造

（三）涂料类墙面装修

涂料又称油漆．它是胶体溶液，将它涂在家具、木地板或墙面上，不仅对饰面有保护作用，而且能美化居室环境，起到很好的装饰作用，居室常用涂料可分为：墙面、顶面乳胶漆；家具、木地板面漆。

墙面乳胶漆一般常用水性乳胶漆，它的成膜基料都用苯丙乳液或丙烯酸乳液等。它没有毒性和气味，被称为“绿色装饰材料”，具有“呼吸”作用。当室内湿度大时，乳胶漆元素微粒膨胀，阻止空气中潮气向墙面渗透；当室内干燥时，墙内潮气可以通过微粒之间的空隙向外界散发。这类乳胶漆涂刷于墙面不掉粉，可以擦洗，易清洁，装饰效果好，造价低，因而多用于内墙面装修。

1. 特点

涂料类墙面装修的特点是省工、省料、造价低、色泽鲜艳、工期短、工效高、自重轻、操作简单、维修方便、更新快，但墙面易污染，使用年限较短。

2. 分类

涂料类墙面装修按装修使用工具不同可分为：刷涂、喷涂、弹涂和滚涂。

桶装乳胶漆用时只要加水调至适当浓度即可涂刷。乳胶漆有不同的品种，可按产品说明稀释，稀释后应按材料性能在规定的时间内用完。乳胶漆施工时室内温度应在 0℃以上。新墙应在两个月后涂刷，墙面的含水率不要大于 10％。乳胶漆一般涂刷两遍。第一遍涂刷后待干即可刷第二遍。乳胶漆干燥快，涂刷时可由多人配合一次刷完。以免干湿重叠出现接痕。

水溶性乳胶漆保质期为一年，出厂时，每桶标明 18 升，桶面上印有国家环保标志。正规厂家生产的乳胶漆每桶有 25 公斤左右，漆浓，含水量小，用手指捻一捻手感细腻。

（四）裱糊类墙面装修

裱糊类墙面装修是将各种装饰性的壁纸、壁布、织锦等材料裱糊在内墙面上的一种装修饰面。适用于中高档内墙面装修。

1. 特点

裱糊类墙面装修的特点是装饰性强、造价低、施工方法简捷高效、材料更换方便。

2. 裱糊类墙面装修构造

壁纸或壁布是幅面较宽并带有多种图案的卷材，它要求粘贴在坚硬、表面平整、不裂缝不掉粉的洁净基层上。为达到基层平整效果，通常在清洁的基层上用胶皮刮板刮腻子数遍，其遍数视基层的情况不同而定。

墙面应采用整幅裱糊，并统一预排对花拼缝。不足一幅的应裱糊在较暗或不明显的部位。裱糊顺序为先上后下、先高后低，应使饰面材料的长边对准基层上弹出的垂直墨线，用刮板或胶辊赶平压实。粘贴前壁纸或壁布应用水润湿。其具体构造做法是：①应在基层上按幅宽弹线；②再刷 107 胶稀释液作封闭处理；③待干燥后用聚酯酸乙烯乳液或 107 胶粘贴；④粘贴时应自上而下缓缓展开，排除空气并一次成活。

裱糊类墙面装修的质量标准是粘贴牢固，表面色泽一致，无气泡、空鼓、翘边、褶皱和斑污，斜视无胶痕，正视距墙面1.5m处不显拼缝。

（五）铺钉类墙面装修

铺钉类墙面装修是将各种天然或人造薄板镶钉在墙面上的装修做法，由骨架和面板两部分组成。适用于高档和有特殊要求的房间墙面装修。

铺钉类墙面装修的构造做法是：①在砌体内预埋木砖（间距a≤500）；②干铺油毡一层或刷热沥青两道，做防潮处理；③在木砖处钉立龙骨和间距龙骨，截面尺寸≤50×50；④龙骨外侧刨光，钉或粘底层板；⑤再粘面板，或直接在龙骨上钉或粘面板，面板上可根据设计安装压缝条或装饰块。

【实践训练】

［做一做］
列表比较五类墙面装修的构造做法及使用范围。

课目一：抹灰工程施工方案

（一）目的与要求

掌握抹灰工程的材料及主要机具、技术措施、质量标准及成品保护。

1. 环境要求

某市朝阳园住宅小区二期工程，对主体结构工程进行核查验收，并取得结构验收手续后，方可进行抹灰工程。完成门窗框、隔断墙、水暖、电气、管线、消防栓箱、配电箱柜、有关埋件、木砖等安装埋设工作。抹灰前对墙体上被剔凿的管线槽、洞进行整修完善。检查门窗框位置是否正确，安装连接是否牢固，门窗框与墙体之间的缝隙应用1∶3水泥砂浆嵌塞严实。按抹灰墙面的高度，支搭好抹灰用脚手架、高凳。操作平台应离开墙面及门窗口200～250mm，以利操作。架木要稳定、牢固、可靠。

2. 材料及主要机具

水泥：325号，普通硅酸盐水泥。

沙子：中砂，使用前过孔径5mm筛子，含泥量不超过5%，不得含有杂物。

石灰膏：使用生石灰粉，在沉淀池内贮存使其充分熟化，石灰膏内不得含有未熟化的颗粒和其他杂质。提前将灰膏捣成灰浆，掺入水泥砂浆中搅拌。

主要机具：有砂浆搅拌机、上料架、筛子（孔径为50mm×50mm、30mm×30mm）、托灰板、木抹子、铁抹子、靠尺板、半截大桶、铁板、铁锹、阴角抹子、阳角抹子、小圆角（三角铁）捋子、毛刷、大杠、小杠、托线板等。

（二）步骤

1. 操作工艺流程

基层处理→洒水润湿→贴灰饼、冲标筋→抹墙体阳角、门窗口水泥砂浆护角→抹底子灰→修抹墙面上的箱、槽孔洞→抹罩面灰。

2. **技术措施**

(1)基层处理

抹灰前检查,对松动、灰浆不饱满的拼缝及梁、板下的顶头缝,用掺用水量10%的107胶灰浆填塞密实。将露面墙面的舌头刮净,墙面的凸出部位剔凿平整。墙面凸凹不平处、砌块缺楞掉角的以及剔凿的设备管线槽、洞,应用胶灰整修密实、平顺。用托线板检查墙体的垂直偏差及平整度,将抹灰基层处理完好。

(2)洒水润湿

将墙面浮土清扫干净,分数遍浇水湿润。浇水量以水分渗入砌块深度8~10mm为宜,且浇水宜在抹灰前一天进行。遇风干天气,抹灰时墙面仍干燥不湿,应再喷一遍水,但抹灰时墙面不显浮水,以利砂浆强度增长,不易出现空鼓、裂缝。

(3)贴灰饼、冲标筋

用托线板检测一遍墙面不同部位的垂直、平整情况,以墙面的实际高度决定灰饼和冲筋的数量。一般水平及高度距离以1.8m为宜。用1∶1∶6水泥石灰混合砂浆,做成50×50mm见方的灰饼。灰饼厚度以满足墙面抹灰达到垂直度及房间的设计净空尺寸为宜。上下灰饼用托线板找垂直,水平方向用靠尺板或拉通线找平,先上后下。保证墙面上、下灰饼表面处在同一平面内,作为冲筋的依据。

冲筋依照已贴好的灰饼,从水平或垂直方向各灰饼之间用水泥混合砂浆冲筋,反复搓平,上下吊垂直。

(4)抹门窗口水泥砂浆护角

室内门窗口的阳角和门窗套、柱面阳角、所有填充墙阳角,均应抹水泥砂浆护角,其高度不得小于1.8m,护角每侧包边的宽度不小于50mm,阳角、门窗套上下和过梁底面要方正。用1∶0.5∶3水泥混合砂浆打底,第二遍用1∶0.5∶3的水泥混合砂浆与标筋找平。做护角要两面贴好靠尺,待砂浆稍干后再用素水泥膏抹成小圆角(用角铁捋子),护角厚度应超出墙面底灰一个罩面灰的厚度,成活后与墙面灰层平齐。

(5)抹底子灰

墙面洒水湿润以后应及时抹灰,抹灰时不要将标筋碰坏。底层砂浆抹好后,第二天即可抹第二层砂浆。用大杠将墙面刮平,木抹子搓平。用托线板检查,要求垂直、平整,阴、阳角方正,顶板(梁)与墙面交角顺直,管后阴角顺直、平整、洁净。

(6)修抹墙面上的箱、槽、孔洞

当底灰找平后,应立即把暖气、电气设备的箱、槽、孔洞口周边50mm的底灰砂浆清理干净,使用水泥混合砂浆把口周边修抹平齐、方正、光滑,抹灰时比墙面底灰高出一个罩面灰的厚度,确保槽、洞周边修整完好。

(7)抹罩面灰

罩面灰为纸筋灰,在底灰约六七成干时即抹厚度为2mm的罩面灰。先薄薄的刮一层，随之抹平，粗压一遍，再抹第二遍，从上到下，顺序进行，压实、赶光。随后用铁抹子抹平、赶光，最后用硬塑料抹子顺抹纹压光。污染处应清刷干净。在罩面灰干燥后，再对墙面批腻子。

3. **质量标准**

()各抹灰层之间及抹灰层与基体之间必须粘结牢固，无脱层、空鼓、裂缝。面层无爆灰、裂纹等缺陷。

(2)表面光滑、洁净，颜色均匀、无抹纹，线角和灰线平直、方正，清晰美观。

(3)护角及门窗框与墙体之间缝隙、护角符合施工规范的规定。表面光滑、平顺。门窗框与墙体之间的缝隙填塞密实，表面平整。

(4)孔洞、槽、盒、管道后面抹灰，尺寸正确、方正、整齐、光滑。管道后面，平整、洁净。

(5)允许偏差项目：

序号	项目	允许偏差(mm)		检查方法
		普通	高级	
1	立面垂直	4	3	用2m靠尺检查
2	表面平整	4	3	用2m靠尺及楔形塞尺检查
3	阴阳角方正	4	3	用20cm方尺和楔形塞尺检查
4	分格缝平直	4	3	拉5m小线和尺量检查
5	墙裙、勒脚上口直线度	4	3	拉5m小线和尺量检查

4. **成品保护**

(1)门窗护角做完以后，及时将门窗框上的水泥浆用水洗刷干净，铝合金门窗必须妥善保护，防止污染。

(2)抹灰前在门框根部以上500～600mm范围内，钉铁皮或木板加以保护，防止施工中碰坏。

(3)塑钢门窗的保护膜不得撕裂，与墙体之间的缝隙不得用水泥砂浆嵌塞。嵌缝材料按设计规定，如设计无明确规定时，缝隙内填满保温棉，内外两面打胶密封，要防止对塑钢门窗的污染和损坏。

(4)搬运物料及拆除脚手架要轻抬、轻放，及时清除杂物，工具、材料堆放整齐，不要撞坏和污染门窗、墙面和护角。不许破坏地面面层，不许在地面拌灰，避免硬伤，保护地面完好。

(5)保护好墙面的预埋件，通风箅子，管线槽、盒、电气、水暖设备所预留的孔洞不要抹死。

(6)抹灰层在凝结、硬化前防止快干、水冲、撞击、剔凿，保证灰层增长到足够的强度。

(三)思考

(1)墙面抹灰工程的材料及主要机具有哪些？

(2)该项目的技术措施有哪些?

(3)该项目的质量标准的要点是什么?

(4)如何进行成品保护?

(5)参观墙面抹灰工程施工过程,写一份实训心得。

课目二:外墙面砖贴面施工方案

(一)目的与要求

掌握外墙面砖贴面的施工方法、技术措施及质量标准。

1. 环境要求

某市朝阳园住宅小区二期工程,外墙面贴 50mm×100mm 外墙面砖,面砖颜色由业主确定,所有采光井标高 70.4m 以上为外墙面砖,其下为外墙涂料装饰,花冠挑支部分为白色外墙涂料,花冠顶部砌体、圆形梁外侧为外墙面砖装饰,所有外墙面砖均为 50mm×100mm。

2. 操作工艺流程

基层处理→抹底灰→弹线分格→排砖→镶贴面砖→养护。

(二)步骤

1. 技术措施

(1)基层处理

对外墙面基层表面进行检查,并对全楼垂直度及门窗洞口位置进行检查,基层凹凸不平的部位事先进行剔平或用 1∶2 水泥砂浆(掺 15%建筑胶)补平,混凝土墙面需作甩毛处理。门窗洞口需嵌填密实。墙上的脚手架洞、穿墙螺栓孔需用 1∶3 水泥砂浆(掺水泥用量 3%~5%的 UEA 膨胀剂)堵严。不同材料相交处(主要为陶粒砖与混凝土结构相交处)应铺设钢丝网,搭缝宽度从缝边起每边不得小于 100mm。

(2)抹底灰

外墙面抹灰前先找好规矩,即四角规方、横线找平、立线吊垂、弹出准线和楼层标高控制线。根据外墙找规矩,大致确定墙面抹灰厚度,从上至下挂垂线贴标准饼(用打底砂浆或 1∶3 水泥砂浆),门窗口处需增做灰饼,灰饼大小 5cm 见方,厚度以墙面平整垂直决定,灰饼间距 1.2~1.5m。对大模板施工的混凝土墙面,用钢丝刷满刷一遍,用 10%的草酸清洗一遍,随之用净水将酸液冲净、晾干,然后用 1∶1 水泥细砂浆内掺水重 20%的建筑胶,用笤帚将砂浆甩到墙上,其甩点要均匀,终凝后浇水养护,直至水泥浆疙瘩全部粘到混凝土光面上,并有较高的强度(手扳不动)为止。抹底层灰:先刷一道掺水重 10%的建筑胶素浆,紧跟着分层分遍抹底层砂浆(常温下采用体积比为 1∶3 的配合比),第一遍厚度为 5mm 左右,抹后用木抹子搓平,隔天浇水养护,如抹灰厚度较大,待第一遍六至七成干时,即可抹第二遍,厚度约 8—12mm,随即用木杠刮平、木抹子搓毛(抹灰层厚度超过 20mm 的需加钉钢丝网以防止抹灰层开裂),隔天浇水养护。

(3)弹线分格

待基层灰六至七成干时，即可按排砖图纸进行分段弹线分格，同时亦可进行面层贴标准点的工作，以控制面层出墙尺寸及垂直、平整。

(4)排砖

根据大样图及墙面尺寸进行横竖向排砖，以保证面砖缝隙均匀，符合设计图纸要求，注意大墙面、通天柱柱子和垛子、门窗边要排整砖，以及在同一墙面上的横竖排列，均不得有一行以上的非整砖。非整砖要排在次要部位，一般设于窗子中间、柱子中间、窗间墙中间位置。但亦要注意一致和对称性，如遇有突出的部位，应用整砖套割吻合，不得用非整砖随意拼凑镶贴。

(5)镶贴面砖

镶贴应自上而下进行，如分段进行要以放线排砖全面考虑周全。50mm×100mm 的面砖为纸板面砖，镶贴时，在面砖背面抹 3—4mm 厚 1∶1 水泥砂浆（内掺建筑胶），铺于托板上再对线粘贴至墙面上，特别注意板与板面砖间的灰缝宽度要与纸板内面砖的灰缝宽度一致（一般为 5mm），再用木板轻轻敲打、压平对线。镶贴面砖转角处要采用正面压侧面的拼缝方法，女儿墙压顶、窗台、腰线等部位平面镶贴面砖时，除需保证流水坡度符合设计要求和节点做法要求外，应采取顶面面砖压立面面砖的做法，以预防向内渗水，引起空裂。

(6)养护

面砖镶贴养护 2—3 天后，在纸上浇水将纸湿润，将粘贴纸撕下，并将面层清洗干净。面砖铺贴拉缝时，用 1∶1 水泥砂浆勾缝，勾缝砂浆内掺颜料，调色后的砂浆颜色与面砖颜色基本一致，并经业主和监理确认，一经确认，颜料掺量不得改变。

2. 质量标准

饰面砖的品种、规格、颜色必须符合设计要求。饰面砖镶贴必须牢固，无歪斜、缺楞、掉角和裂缝等缺陷。表面平整、洁净，颜色一致，无变色、起碱、污痕，无显著的光泽受损处，无空鼓。接缝填嵌密实、平直，宽窄一致，颜色一致，阴阳角处压向正确，非整砖的使用部位适宜。套割需用整砖套割吻合，边缘整齐，突出部位厚度一致。流水坡向正确，滴水线顺直。

(1)允许偏差

序号	项目	允许偏差	检查方法
1	立面垂直	3mm	用 2m 托线板和塞尺检查
2	表面平整	2mm	用 2m 托线板和塞尺检查
3	阳角方整	2mm	用 20cm 方尺和塞尺检查
4	接缝平直	3mm	用 5m 小线和尺量检查
5	上口平直	2mm	用 5m 小线和尺量检查
6	接缝高低	1mm	用钢板靠尺和塞尺检查

(2)质量记录

面砖等材料的出厂合格证，分项工程质量检验评定表，外墙面砖的拉拔试验报告单等。

（三）思考

(1)该项目采用面砖贴面有哪些优缺点？

(2)该项目的技术措施有哪些？

(3)该项目的质量标准的要点是什么？

(4)参观外墙面砖贴面施工过程，写一份实训心得。

课目三：外墙涂料工程施工方案

（一）目的与要求

掌握外墙涂料工程的施工方法、技术措施及主要事项。

1. 环境要求

某市朝阳园住宅小区二期工程，外墙面贴 50mm×100mm 外墙面砖，面砖颜色由业主确定，所有采光井标高 70.4m 以上为外墙面砖，其下为外墙涂料装饰，花冠挑支部分为白色外墙涂料，花冠顶部砌体、圆形梁外侧为外墙面砖装饰，所有外墙面砖均为 50mm×100mm。

2. 操作工艺流程

吊垂直、套方找规矩→抹底层砂浆→抹面层砂浆→养护→涂料涂刷。

（二）步骤

1. 技术措施

外墙花冠部位有部分地方采用白色外墙涂料，采光井 25 层以下采用外墙涂料。外墙涂料抹灰的基层处理同外墙面砖。

(1)吊垂直、套方找规矩

分别在门窗口角、垛、墙面等处吊垂直，套方贴灰饼，并按灰饼充筋后，在墙面上弹出抹灰基准线。

(2)抹底层砂浆

将基层湿润，然后抹 1∶3 水泥砂浆，每遍厚度为 5～7mm，应分层与所充筋抹平，并用大杠刮平、找直、木抹子搓毛。

(3)抹面层砂浆

底层砂浆抹好后，第二天即可抹面层砂浆。首先将墙面洇湿，按设计分格尺寸弹线分格，粘分格条、滴水槽，抹面层砂浆，厚度为 5～8mm。面层砂浆的配合比为 1∶2.5，抹时先用水湿润墙面，然后抹罩面灰与分格条抹平，并用杠横竖刮平，木抹子搓毛，铁抹子溜光、压实。待其表面收水后，用软毛刷蘸水垂直于地面的同一方向轻刷一遍，避免和减少收缩裂缝。随后将分格条起出，待灰层干后，用素水泥浆将缝子勾好。对于难起的分格条，则不要硬起，待灰层干透后再补起，并补勾缝。

(4)抹灰的施工顺序

从上往下打底，底层砂浆抹完后，再从上往下抹面层砂浆。应注意在抹面层灰以前，应检查底层砂浆有无空、裂现象。如有空裂，应剔凿返修后再抹面层灰。另外，要注意底层砂浆上的尘土、污垢等应先清净，浇水湿润后方可进行面层抹灰。

(5)养护

水泥砂浆抹灰层应喷水养护。

(6)涂料涂刷

涂料涂刷施工工序是修补、清扫、填补缝隙及局部刮水泥腻子、磨平、第一遍涂料、第二遍涂料。

2. 注意事项

涂料施工的环境温度不得低于10℃，抹灰面层的含水率不得大于8%，修补缝隙的水泥腻子应坚实牢固，不得粉化、起皮和裂缝。涂料的工作粘度或稠度须加以控制，不可过稀、过稠，使其在施涂过程中不透底、不流坠、不显刷纹，施涂过程中不得任意稀释。外墙涂料工程可以分格缝分段进行施涂，应用同一批号的涂料，每遍涂料不得施涂过厚，涂层应均匀，颜色一致。

(三)思考

(1)该项目的采用涂料施工有哪些优缺点？

(2)该项目的技术措施有哪些？

(3)该项目的注意事项有哪些？

(4)参观外墙涂料工程施工过程，写一份实训心得。

本章思考与实训

1. 墙体设计要求有哪些？墙的作用是什么？

2. 墙体的组砌原则是什么？组砌方式如何？

3. 墙体的保温措施有哪些？

4. 构造柱的构造要点有哪些？为什么要设置构造柱？构造柱的设置位置如何？

5. 墙面装修的作用及类型是什么？

6. 绘制水泥砂浆散水和混凝土散水的剖面图，并注出构造层次。

7. 绘制间隔式、等高式砖基础大放脚剖面图。

8. 用图示例钢筋砖过梁的构造要点。

9. 用图示例圈梁遇洞口需断开时，其附加圈梁与圈梁间的搭接关系。

10. 设计作业：墙身构造设计。

已知：某住宅楼外墙厚240mm，室内外高差450mm，窗台距室内地面900mm，室内地坪从上至下分别为20mm厚1：2水泥砂浆面层，C10素混凝土

80mm 厚，100mm 厚 3∶7 灰土垫层，素土夯实。要求沿外墙窗纵剖，从楼板以下至基础以上，绘制墙身剖面图。

重点表示清楚的部位是：窗过梁、窗台、勒脚、防潮层、散水、墙面装饰。

各种节点的构造做法较多，可任选一种绘制。图中必须标明材料、做法、尺寸。图中线条、材料符号等，按建筑制图标准表示。字体应工整，线型粗细分明。比例 1∶10。用一张竖向 3 号图纸完成。

第四章 楼地面构造

【内容要点】

1. 钢筋混凝土楼板层的作用及其构造要求；
2. 钢筋混凝土楼板的类型、特点、构造尺寸及其布置方法；
3. 常见的各种地面构造做法；
4. 阳台的类型、特点以及阳台栏杆（栏板）、扶手构造；
5. 雨篷的构造要求。

【知识链接】

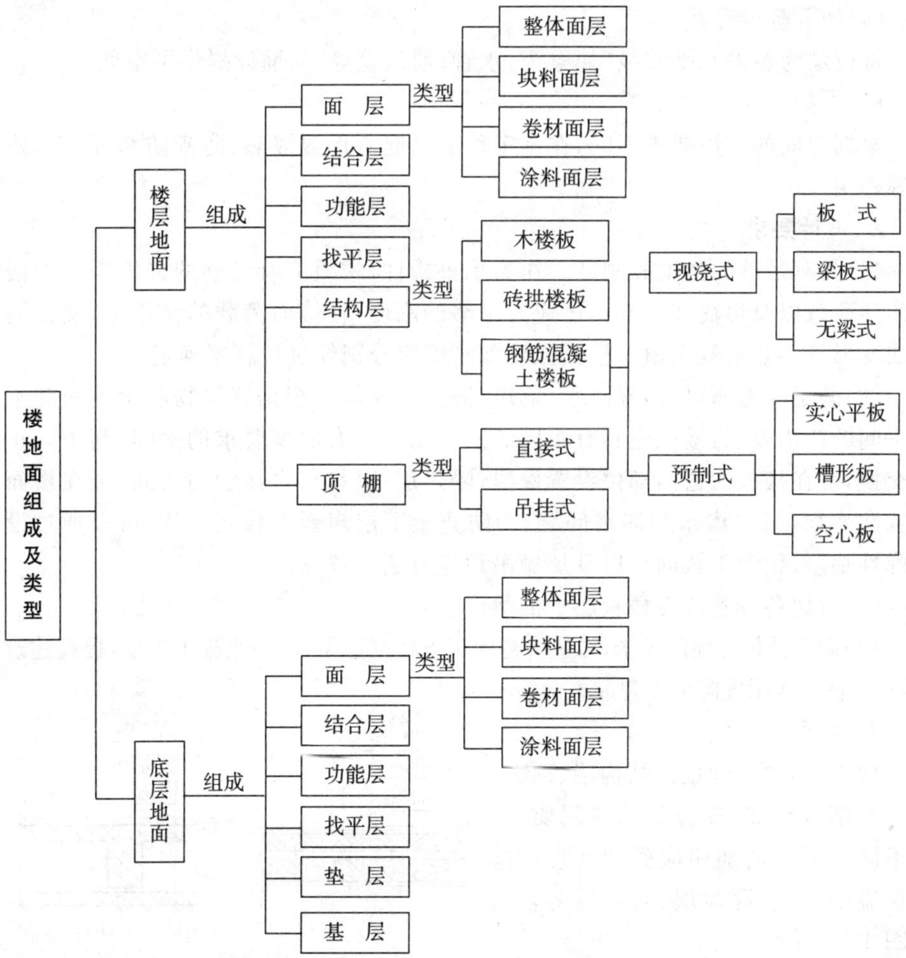

第一节　楼板的设计要求和种类

一、楼板层的作用、要求与组成

1. 作用

[想一想]

楼板层的功能主要有哪些？应满足哪些设计要求？每一种楼板都要满足这些要求吗？

楼板层是建筑物的重要组成部分，是建筑物中水平方向的承重构件。其主要作用如下：

(1)承载与传载

承受作用在其上的活荷载和构件本身的荷载，并将这些荷载传给墙和柱。

(2)竖向分隔

将建筑物分隔成若干个楼层，同时也起到和竖向构件连接的作用，以保证竖向构件的稳定。

(3)水平支撑

辅助墙体抵御风、地震等产生的水平荷载，增加和提高建筑物的整体强度。

(4)便于敷设管线

楼板层为各内水平管线(如电缆、水管、通风管等)的铺设提供了空间。

(5)围护

根据房间的使用要求不同，在一定程度上起着保温隔热、防潮防水、隔声、防火等作用。

2. 设计要求

(1)具有足够的强度和刚度。作为承重构件，楼板应有足够的强度来承担楼面的活荷载以及恒荷载，同时，还应有足够的刚度，在楼面荷载的作用下，楼板的弯曲变形量不超过规定值。楼板强度和刚度应分别经过计算来确定。

(2)满足保温隔热、防潮防水、隔声、防火等要求。根据建筑物质量等级和不同房间的使用要求，楼板应具有不同的围护功能。有温度要求的房间，为了防止热交换，可在楼板的适当部位设置保温、隔热层；容易与水接触的房间，可在楼面设置防水层，解决渗水和漏水问题；为防止上下层声音不相互干扰，可以通过设置弹性垫层、松散柔软面层以及加做吊顶等方法来解决。

(3)方便各种管线在楼板层中的敷设。

(4)满足其他方面的要求，尽量为建筑工业化创造条件，加快施工进度，提高建筑质量，并能最大限度降低工程成本。

3. 组成

[做一做]

参照图 4-1，画出自己熟悉的房间楼板层断面构造图。

楼板层通常有面层、结构层、顶棚三个部分组成，按房间的使用要求不同可适当增加相应的功能层，如保温隔热层、隔声层、防水层等，如图 4-1 所示。

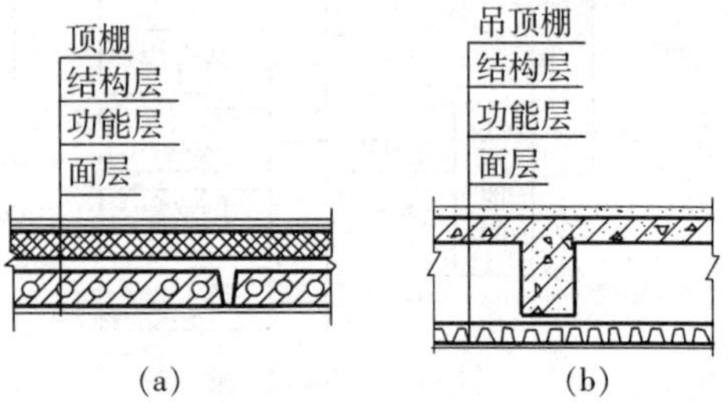

图 4-1　楼板层的组成

二、楼板的类型

根据所采用的材料不同，楼板可分为木楼板、砖拱楼板、钢筋混凝土楼板以及压型钢衬板组合楼板等多种形式(图 4－2)。

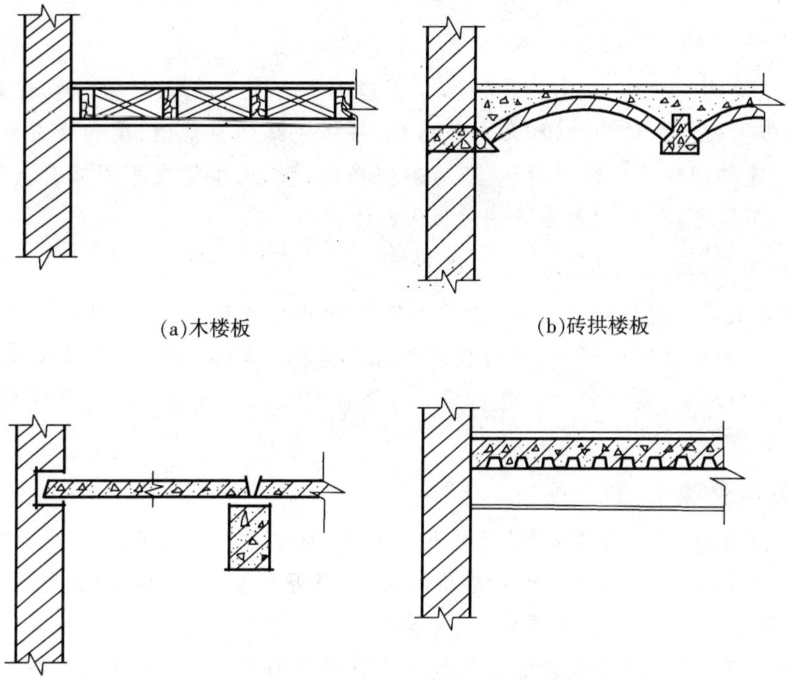

(a)木楼板　(b)砖拱楼板

(c)钢筋混凝土楼板　(d)钢衬板组合楼板

图 4－2　楼板的类型

(1)木楼板具有自重轻、构造简单、有弹性、保温隔热性能好等优点，但耐久和耐火性能差，除有特殊要求外现已极少采用。

(2)砖拱楼板在古代采用砖筒壳铺平作为楼板层，常用于无梁殿、藏经楼等古建筑上，现代建筑上如果采用此种形式，做法是在预制钢筋混凝土梁中间做砖拱。虽然砖拱楼板可节约钢材、木材和水泥，但自重大、承载能力差，对抗震不利。另外结构所占空间大、板底不平整、施工复杂麻烦，现已趋于不用。

(3)钢筋混凝土楼板具有强度高、刚度大、耐久、防水和耐火性能好，且混凝土可塑性大，能浇筑成各种形状和尺寸，因而在现代建筑上被广泛采用。钢筋混凝土楼板按施工方式分为现浇钢筋混凝土楼板、预制装配式钢筋混凝土楼板及装配整体式钢筋混凝土楼板三种。

[问一问]

在房屋建筑中，常用的楼板类型有哪些?

(4)压型钢衬板组合楼板是以压型钢板为衬板与混凝土浇筑在一起而构成的楼板。这种楼板具有承载能力大、刚度大、整体性好、施工方便的特点。且有利于各种管线的敷设等优点，但耗钢量较大，目前已在大空间建筑及高层建筑中采用。

【实践训练】

课目一:结构施工图的识读

(一)实训目的

通过对建筑结构施工图的识读,掌握建筑物基础、墙体、楼板、梁、柱等承重结构的布置、形状、类型、结构形式等内容,将楼板结构布置图、梁和板节点详图、阳台、雨篷详图作为重点进行识读,为掌握楼板、阳台、雨篷在不同建筑上所采用的类型、布置方法、构造处理等实际应用打下基础。

(二)实训要求

独立识读建筑结构施工图,具有丰富的空间想象能力,看懂图纸中图例、符号的含意,确定在不同楼层、不同房间所采用楼板的类型、形式。了解阳台、雨篷在建筑中的位置,具有能够迅速查找出与楼板、阳台、雨篷有关的文字说明、局部节点图的能力。

(三)实训步骤

1. 分组:根据班级总人数,可按6人编组,指定1人担任组长。

2. 分发图纸:根据指导老师提供的图纸(最好是某建筑的一套完整图纸),按每人一份分发,检查图纸是否清晰、完整。

3. 布置实训内容:实训指导老师讲述图纸的组成,并对建筑施工图、结构施工图上的内容、识读方法作重点讲解。对各小组下达实训任务,强调实训目的和要求。

4. 识读图纸:本次实训的重点是对建筑物上楼板、阳台、雨篷类型、构造原理、构造尺寸等内容的理解和掌握,在了解整套图纸的组成,按编排顺序识读图纸后,要重点查找出不同层次、不同房间楼板的特征、有无变化、构造处理方法。同时在图纸中查找阳台、雨篷的位置、特点和相关尺寸等内容。

5. 编写实训报告:通过对图纸的阅读理解,用文字描述该建筑的工程概况、建筑结构类型,重点阐述该建筑中楼板、阳台、雨篷的结构特征。

(四)注意事项

1. 要注意收集、准备相关资料。图纸的设计均以国家相应的规定、规范、标准图集为依据,识读图纸前,要根据设计说明中提出的有关规范、标准去准备相应的资料。

2. 要掌握图纸的识读方法:整套图纸的识读方法是总体了解,顺序识读,前后对照,重点细读。要有空间想象能力,充分理解楼板、阳台、雨篷在实际中的形状、位置。

3. 要有一定的图纸会审能力。一套图纸中,建筑施工图和结构施工图或设备施工图之间有可能在结构布置、构造处理、轴线位置等会出现有抵触的地方,因此，在识读时，将自己认为有疑点的问题找出并汇总，提交小组讨论，也可在实训报告中阐述自己的观点。

4. 积极参与小组讨论。在组长的召集下，召开小组讨论会，各组员要将自己对图纸的阅读理解、疑问、建议等在会上提出，让大家共同探讨。必要时请指导老师参加讨论会，给予指导。

（五）课目讨论

1. 一般民用建筑的施工图有哪些部分组成？结构施工图包括哪些内容？

2. 本组实训课题中，该建筑上楼板有哪些类型？分别用哪些符号表示？

3. 对楼板有哪些要求？分析不同类型楼板在不同房间中使用时，有哪些优点和缺点？

课目二：参观楼板施工的建筑工地

（一）实训目的

通过施工现场的参观实习，进一步了解和掌握楼板在施工现场的制作方法和安装过程，提高和加深对楼板构造的认识。

（二）实训要求

了解施工现场管理、技术人员是如何按照建筑规范、操作规程组织施工的，掌握现浇钢筋混凝土楼板的施工程序、施工工艺及方法。

（三）实训步骤

1. 进场前的准备工作。由实训指导老师介绍参观实习的内容、目的、要求，强调现场安全的重要性，进入施工现场必须要戴安全帽，准备好笔记本、笔、钢卷尺，有条件的可携带相机，拍摄施工现场楼板施工中钢筋的摆放位置、绑扎方法等内容。

2. 施工情况介绍。请施工现场技术人员介绍工程概况、正在进行楼板施工的内容和程序。

3. 组织学生分批进场参观。

4. 组织学生与现场技术人员座谈交流。

5. 编写参观实习报告。

6. 实训指导老师进行实习总结。

（四）注意事项

1. 参观实习的目的要明确。本次参观实习的重点是对楼板施工程序、方法、质量要求等方面作综合了解，因此，要注意参观效果，认真做记录。

2. 要有较高的安全防范意识。施工现场多工种交叉作业，在保证施工质量的同时，要特别注意安全，参观实习时，听从现场管理人员的安排，不允许嬉戏打闹。在脚手架上行走时，要注意跳板的稳固性，不要多人集中在一起。

3. 认真听取指导老师、现场技术人员的专业介绍，及时记录楼板施工过程中的技术要求和方法。

4. 学会多看勤问。积极参与技术交流。

5. 学会总结。

(五)课目讨论

1. 参观实习前应做哪些准备工作?

2. 进入施工现场要注意哪些安全问题?

3. 如何掌握楼板的施工程序?

4. 参照现场图纸,分析讨论在实习中所见的楼板有哪些类型?

[想一想]

现浇钢筋混凝土楼板有哪些优缺点?有哪几种结构类型?

第二节 现浇钢筋混凝土楼板的构造

现浇钢筋混凝土楼板是指:在施工现场就地支模、绑扎钢筋、浇灌混凝土,经养护使混凝土达到强度后,拆除模板而形成的楼板。这种楼板的优点是整体性好、根据要求可塑成不同平面形式,也具有良好的抗震性和防水性。是我国目前房屋建筑中普遍采用的形式。但是,由于施工工序繁多,不同工种交叉施工,而且"湿作业"量大,还会受到施工季节的影响,造成工人的劳动强度大,施工工期长,因此对施工的质量要严格控制。

现浇钢筋混凝土楼板按受力和传力情况分为板式、梁板式、无梁式和压型钢衬板组合楼板等。

一、板式楼板

板内不设梁,整块板为厚度一致的平板,直接搁置在墙上,荷载由板直接传给墙。该种板具有所占建筑空间小、楼板底面平整、施工方便等优点,但板跨超过一定范围时不经济. 因此多用于较小跨度的房间(如厨房、卫生间)和走廊等,如图 4-3 所示。

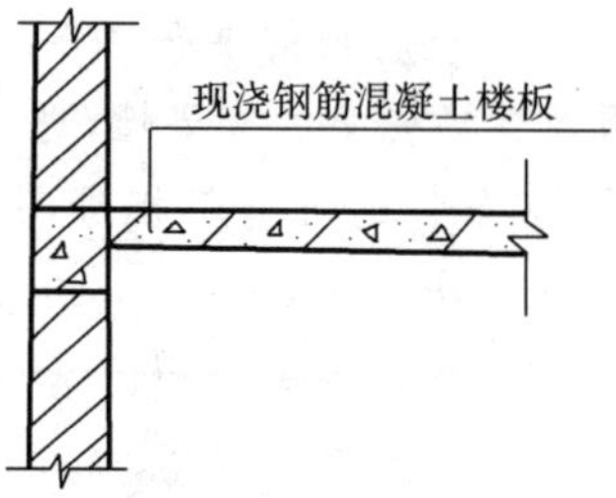

图 4-3 板式楼板

根据板的平面尺寸及受力情况,板式楼板可分为单向板和双向板。

单向板也称单向受力板,板的长边尺寸与短边尺寸之比大于 2 时,板上的荷载沿短边传递,通常把受力钢筋沿短边方向布置,另一方向所配置的钢筋为分布钢筋,一般放置在受力钢筋上方。

双向板也称双向受力板,板的长边尺寸与短边尺寸之比小于或等于 2,板上的荷载沿双向传递,板内钢筋布置方法是:平行于稍短边方向所配钢筋为主要受力钢筋,摆放在板的下部,平行于稍长边方向所配钢筋也是受力钢筋,一般摆放在主要受力钢筋的上面。

在竖向荷载作用下,现浇混凝土板的挠度过大会影响建筑的正常使用,因此在《混凝土结构设计规范》(GB 50010—2002)中规定:现浇钢筋混凝土板的厚度不应小于表 4-1 规定的数值。另外,板跨越大,板的挠度就也会增大,为保证楼板的正常使用,若不做刚度验算,在满足最小板厚的前提下,板厚一般为 $h=(1/30-1/40)/L$,其中,L 为单向板的标志跨度(次梁间距)。

表 4-1 现浇钢筋混凝土板的最小厚度 (mm)

板的类别		最小厚度
单向板	屋面板	60
	民用建筑楼板	60
	工业用建筑楼板	70
	行车道下的楼板	80
双向板		80
密肋板	肋间距小于或等于 700mm	40
	肋间距大于 700mm	50
悬臂板	板的悬臂长度小于或等于 500mm	60
	板的悬臂长度大于 500mm	80
无梁楼板		150

二、梁式楼板

又称肋形楼板,由主梁、次梁(肋)、板组成。楼板上的荷载先由板传给梁,再由梁传至墙或柱,因此具有传力线路明确,受力合理的特点。根据梁的构造情况,梁板式楼板又可分为单梁式楼板、复梁式楼板和井式楼板。

(一)单梁式楼板

[想一想]
单梁式楼板的特点是什么?

在平面尺寸不大的矩形房屋中,仅沿短跨方向布置梁,梁的两端支承在墙上,这种楼板称作单梁式楼板,如图 4-4 所示。

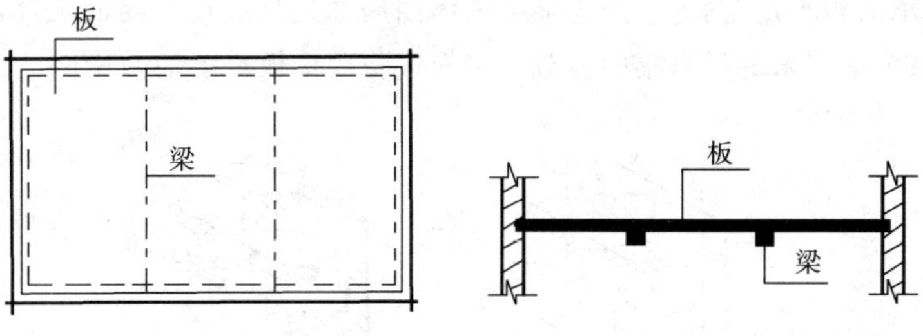

图 4-4 单梁式楼板

(二)复梁式楼板

复梁式楼板是指板搁置在次梁上,次梁搁置在主梁上,主梁搁置在墙或柱上的楼板。如图 4-5 所示。

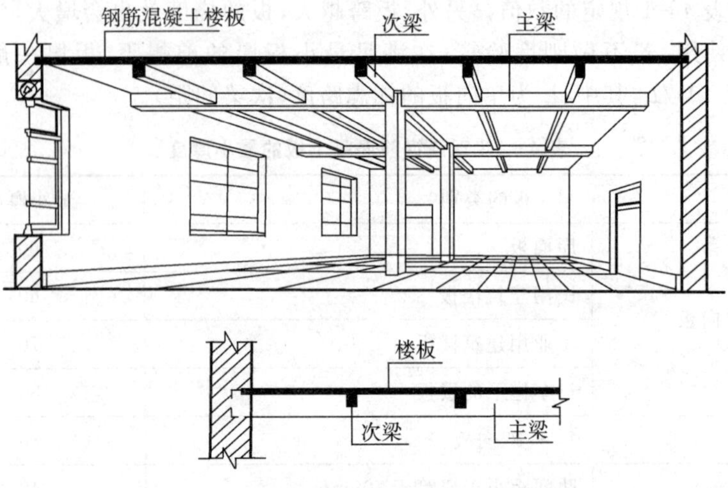

图 4-5　复梁式楼板

[算一算]

某房间的楼板为复梁式，主梁的跨度为 8.5m，在满足强度要求的前提下，一同学将该梁的截面尺寸设计为：梁高 516mm，梁宽 175mm。合理吗？为什么？

当房间平面尺寸任何一向均大于 6m 时，应该在两个方向设梁，有时还应设柱子。其中一个方向为主梁，另一方向为次梁。主梁一般沿房间的短跨布置，经济跨度为 5～8m，主梁的高度为主梁跨度的 1/12～1/8（常用 1/10），主梁的宽度为主梁高的 1/3～1/2，并且主梁的高度和宽度尺寸均应符合建筑模数制的规定。次梁与主梁一般是垂直布置，并将荷载传给主梁。经济跨度为 4～6m，次梁高度为次梁跨度的 1/18～1/12，次梁宽为次梁高的 1/3～1/2，次梁的高度和宽度尺寸也应符合建筑模数制的规定。次梁由主梁支承，板支承于次梁上，跨度一般为 1.5～2.7m，板的厚度与承担的荷载、板的跨度以及支承情况有关，常用厚度一般在 80mm 以上。

梁和板搁置在墙上，应满足规范规定的搁置长度。板的搁置长度不少于 120mm，梁在墙上的搁置长度与梁高有关，梁高小于或等于 500mm，搁置长度不少于 180mm. 梁高大于 500mm 时，搁置长度不小于 240mm。通常，次梁搁置长度为 240mm，主梁的搁置长度为 370mm。值得注意的是，当梁上的荷载较大，梁在墙上的支承面积不足时，为了防止梁下墙体因局部抗压强度不足而破坏，需设置梁垫，以扩散由梁传来的过大集中荷载。梁板式肋形楼板及梁垫，如图 4-6 所示。

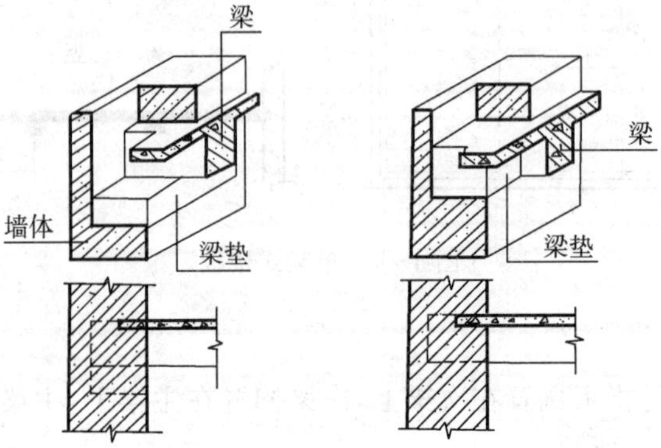

图 4-6　梁垫

(三)井式楼板

井式楼板是梁板式楼板的一种特殊形式。当房间尺寸较大,并接近正方形时,常沿两个方向布置等距离、等截面的梁,从而形成井格状的梁板结构(图 4-7)。井式楼板相当于一块扩大了的双向板,梁就是板内的加劲肋。这种结构无主次梁之分,中部不设柱子,常用于跨度为 10m 左右,长宽之比不大于 1.5 的平面形状近似于正方形的公共建筑的门厅、大厅、会议室、歌舞厅等处。

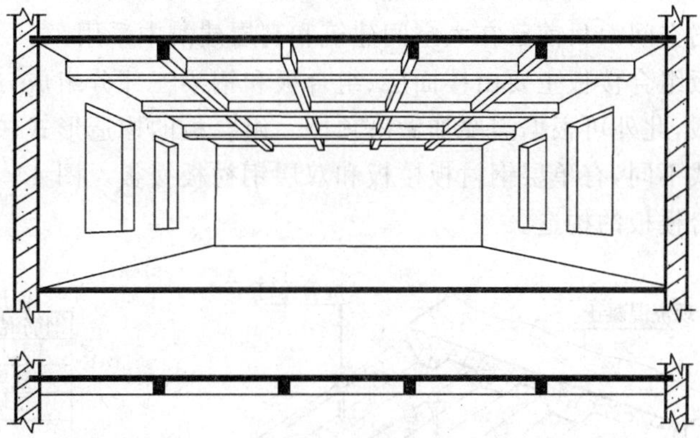

图 4-7 井式楼板

三、无梁楼板

等厚的平板直接支承在墙上和柱上的不设梁的楼板称为无梁楼板,分为有柱帽和无柱帽两种。

当楼面荷载比较小时,可采用无柱帽楼板;当楼面荷载比较大时,为提高楼板的承载能力、刚度和抗剪切能力,必须在柱顶加设柱帽或托板(图 4-8)。无梁楼板的柱可制作成方形、圆形或多边形,柱网一般布置成方形或矩形,柱距以 6m 左右较为经济。由于板跨较大,无梁楼板四周一般应设置圈梁,梁的高度不小于 2.5 倍的板厚和 1/15 的板跨,板厚不宜小于 150mm。

无梁楼板具有顶棚平整,净空高度大,采光、通风和卫生条件均比较好施工简便等优点。适用于楼层荷载较大的商场、书库、车库、展览馆等建筑。

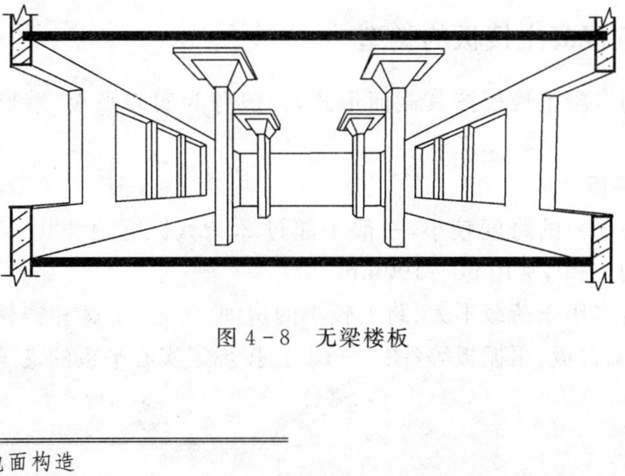

图 4-8 无梁楼板

[想一想]

某承重墙的厚度为 240mm,其上要放置断面尺寸 350mm × 450mm 的梁,那么梁的搁置长度应是多少?假设梁在墙上的支承面积不足,应作何处理?

[谈一谈]

请同学讨论,大家在哪些建筑中见过无梁楼板。

四、压型钢衬板组合楼板

用截面为凹凸相间的压型钢板作为衬板，与现浇混凝土面层浇筑在一起形成的整体式楼板，称为压型钢衬板组合楼板。这种楼板的特点是：混凝土承受垂直荷载和剪力，压型钢衬板承受下部压弯应力，因此，压型钢衬板起到了模板和受拉钢筋双重作用。此外，还可利用压型钢衬板肋间的空间敷设室内各种管线，也可在钢衬板底部焊接架设悬吊管道、通风管和吊顶棚的支柱，从而充分利用了楼板结构中的空间。目前已在大空间建筑和高层建筑中采用。

压型钢板组合楼板主要由楼面层、组合板和钢梁三部分组成，组合板包括混凝土和钢衬板，此外可根据需要加做吊顶棚。组合板的构造形式较多，根据压型板构造的形式不同，有单层钢衬板楼板和双层钢衬板楼板。图 4－9 为常见的单层钢衬板组合楼板的构造。

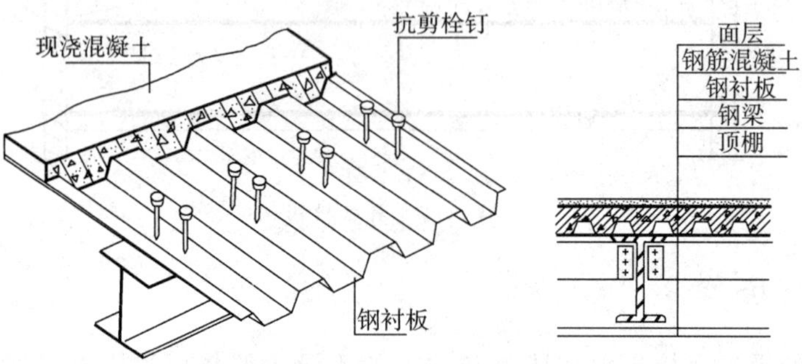

图 4－9　压型钢衬板组合楼板

第三节　预制钢筋混凝土楼板的构造

预制钢筋混凝土楼板是指将在混凝土预制构件厂生产或在施工现场制作的钢筋混凝土楼板吊装就位而成的楼板。这种楼板可大大地提高生产效率，改善劳动条件，加快施工进度，有利于建筑工业化的推广，但是，该种楼板整体性较差，用于易与水接触的房间时，如果构造上处理不当，极易产生渗水现象。

一、预制钢筋混凝土楼板的类型

预制钢筋混凝土楼板按其截面形式，一般分为实心平板、槽形板、空心板三种类型。

[问一问]

预制钢筋混凝土楼板的特点是什么？有哪些类型？

1. 实心平板

预制实心平板的跨度较小，一般不超过 2.4m，板宽为 500～1000mm，板厚不小于跨度的 1/30，常用 60～100mm。

实心平板多用于荷载不大、跨度较小的房间、走道、走廊和楼梯平台等处，也可用作搁板、阳台板、雨棚板等（图 4－10）。按规定实心平板的支承长度，搁置在内墙时不小于 100mm，搁置在外墙时不小于 120mm，搁置在混凝土梁上时不小于 80mm。

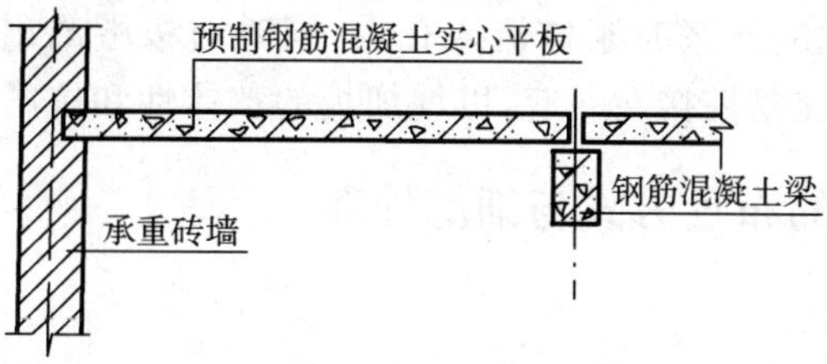

图 4－10　实心平板

2. **槽形板**

槽形板是一种梁板合一的预制构件，梁指的是在实心板两侧设的边肋，作用在板上的荷载传给板边肋，所以槽形板的厚度较小，一般为 25～30mm，肋高通常为 150～300mm。板的经济跨度要比实心平板大，一般为 3m～6m。板宽为 50～120mm。为提高板的刚度和便于搁置，常将板的两端深入墙内部分用砖堵实。当板的跨度超过 6m 时，每隔 1000～1500mm 增设一道横肋。铺板时按槽口方向分为正槽板和反槽板(图 4－11)，槽口向下即板肋朝下的板称为正槽板，反之即为反槽板，正槽板受力较合理，但反槽板可在槽内填充轻质材料，以满足楼板的保温和隔热等要求，由于槽形板只有一个平整面，而且隔声效果较差，因此在民用建筑中应用不多。

[想一想]

预制实心平板在实际使用时，有哪些优缺点？

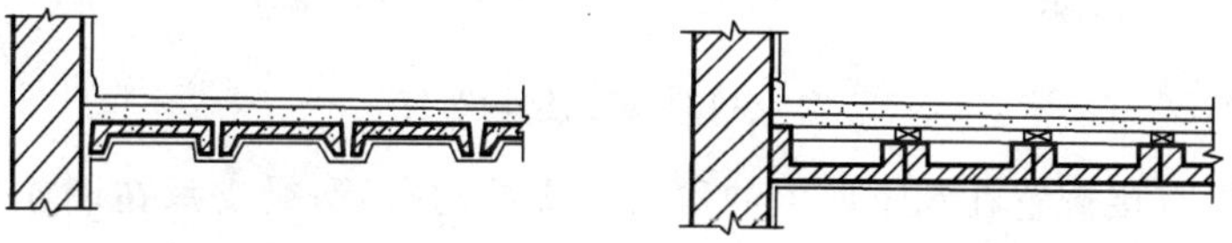

(a)正槽板　　(b)反槽板

图 4－11　槽形板

3. **空心板**

将楼板中部沿纵向抽空而形成的板称为空心板。它是根据板在实际使用中受力特点制作而成的。依抽孔的形状不同，分为方孔、倒棱孔、椭圆孔和圆孔等。由于圆孔制作比较方便，因此圆孔板是广泛采用的形式。空心板具有自重轻、强度高、上下板面平整，隔声效果好而且便于穿管线等优点，如图 4－12 所示。

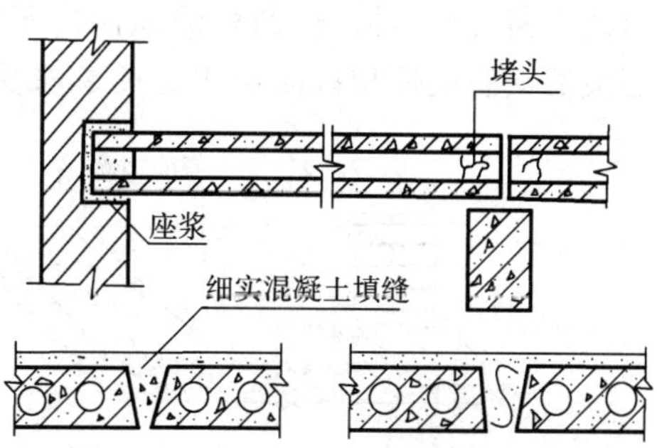

图 4－12　空心板

[想一想]

砖混结构建筑中，卧室、起居室的楼板常用空心板铺设，其优点是什么？

空心板的跨度一般为2.4m～6m，板宽通常为500mm、600mm、900mm、1200mm，板厚有120mm、180mm、240mm等几种。

在安装空心板之前，板端用砖或混凝土块填塞堵实(俗称堵头)，以提高板端的承压力和防止端缝灌浆时浆体流入孔内，同时对板端凸出的受力钢筋不得剪去，应向上弯起或交错搭接在一起，以增加板的整体性和抗震性。

[问一问]

在安装空心板前，如果对版端不作任何处理，会出现哪些弊端?

二、预制空心板的布置方式与细部处理

(一)板的布置

在进行板的结构布置时，应综合考虑房间的开间和进深尺寸，再根据现有板的规格进行合理安排，选择一种或几种板进行布置。板的布置方式有板式和梁板式两种(图4-13)。

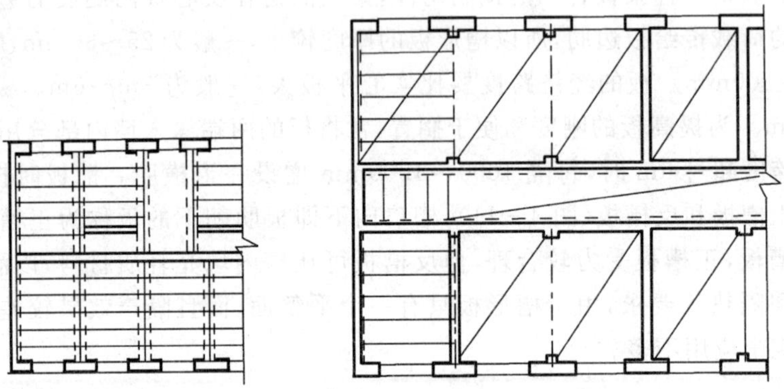

(a)板式　　(b)梁板式

图4-13　板的结构布置

预制板直接搁置在承重墙上的称为板式结构布置；梁支承在墙或柱上，预制板搁置在梁上的称为梁板式布置。板式结构布置多用于横墙较密的建筑，如住宅、宿舍、公寓等。梁板式结构布置多用于有较大空间的建筑物上，如办公楼、教学楼、实验楼等。

[想一想]

什么叫三面支承板?为什么预制钢筋混凝土空心板不能三面支承?

在进行板的布置时，要尽量减少板的规格和类型，以方便施工。同时应避免出现三面支承的情况，即板的纵向边不得伸入砖墙内。因为预制钢筋混凝土空心板的钢筋配置和截面形式是按单向受力状态来考虑的，但是三面支承的板为

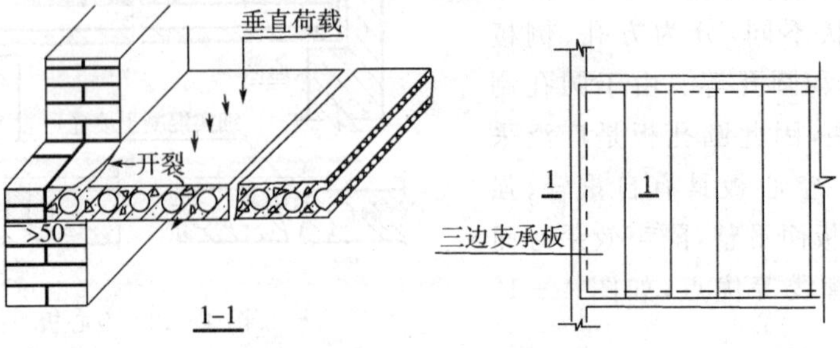

图4-14　三边支承的板

双向受力状态，在外加荷载作用下，板的受压区受拉，这样就会出现楼板沿纵向边产生竖向裂缝，也会使压在板纵向边上的墙体因受局部承压力的影响而减小其承载力。

(二)预制钢筋混凝土楼板的板缝调整

楼板间的接缝有端缝和侧缝两种。在具体布置板时，当板宽尺寸之和与房间的净开间(或净进深)出现小于一个板宽的空隙时，调整楼板的侧缝可采用以下几种方法：

1. 加大板缝

按规范要求，预制钢筋混凝土楼板在安装就位后，侧缝的宽度一般为10mm，必要时可将板缝加大到20mm或更宽，但是，当缝宽超过20mm时，要对板缝进行特殊处理。

[问一问]

调整预制钢筋混凝土楼板的板缝可采取哪几种措施?

2. 挑砖

正常铺板时，当缝宽总差在60～120mm范围内，可在平行于板边的墙上挑砖，挑出砖的厚度应板的厚度相同。

3. 采用不同宽度的板

根据图纸，通过理论计算和理论试摆，可选用不同宽度的板来调整侧缝超过300mm的缝隙。

4. 采用调缝板

可在混凝土预制厂或施工现场制作相应宽度的调缝板来调整板缝。

5. 采用现浇板带

当缝宽超过20mm时，在板缝内配置相应数量的钢筋，做现浇板带，现浇板带一般位于墙边、墙中有构造柱不便铺板处，也可将此浇筑在较轻的非承重隔墙下。

(三)细部构造

1. 板的搁置要求

当预制空心板搁置在砖墙上或梁上时，应有足够的搁置长度。板端在外墙上的支承长度不应小于120mm，在内墙上的支承的长度不应小于100mm，支承于梁上时其搁置长度不应小于80mm。铺板前，要在墙或梁上采用10～20mm厚且不低于M5的水泥砂浆找平(即座浆)，这样会使板与墙或梁有较好的连接，也会使墙体受力均匀。

当采用梁板式结构时，板在梁上的搁置方式有两种：第一种是板直接搁置在矩形或T形梁顶上，第二种是将板搁置在花篮梁或十字梁上。第二种方式搁置的板顶面与梁顶面相平齐，在梁高不变的情况下梁底净高相应的增加了一个板厚，有效地提高室内净空高度，但此时板跨的长度应减去一个梁顶的宽度。如图4-15所示。

2. 楼板与墙、梁的连接构造

为保证楼板与墙、楼板与梁之间有可靠的连接，提高楼板的整体刚度，除了在板底座浆外，还应设置拉接钢筋将板与墙(或梁)连接在一起。对拉接钢筋的长度、间距、形式等要求，随抗震设防烈度不同而不同，如图4-16所示。

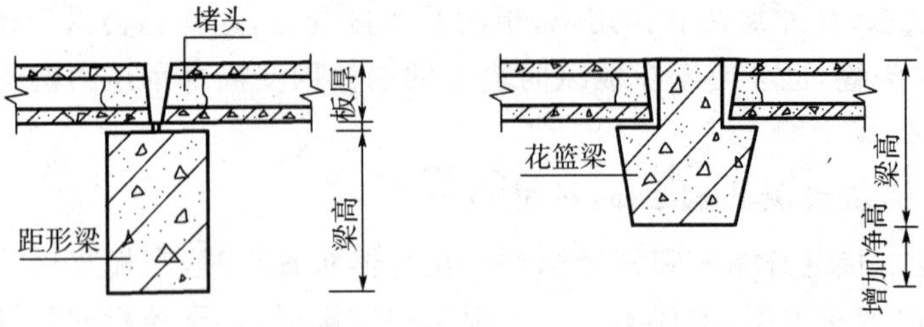

(a)空心板搁置在矩形梁上　　(b)空心板搁置在花篮梁上

图 4-15　板在梁上的搁置

[问一问]

某砖混结构住宅建筑，原图纸上卫生间的楼板是整体现浇钢筋混凝土楼板，其他房间均采用预制楼板。试问：卫生间为什么采用整体现浇楼板？

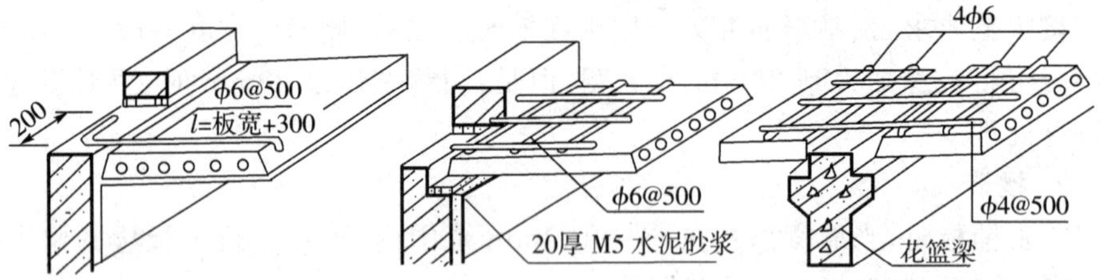

图 4-16　楼板的锚固

3. 板缝的处理

对于板的端缝，一般需要在板缝内填入水泥砂浆或细石混凝土（常称为灌缝），必要时可将板端留出的钢筋交错搭接在一起，或加钢筋网片后再浇灌细石混凝土，以加强其整体性。

板的侧缝一般有三种常见的形式：V 形缝、U 形缝和凹形缝（图 4-17）

(a)"V"形缝　　(b)"U"形缝　　(c)凹槽缝

图 4-17　板侧缝的形式

V 形缝制作简单，但易开裂，连接不够牢固。U 形缝上面开口较大，虽然容易灌浆，但也不够牢固。较为常见的凹形缝连接牢固，但在施工时灌浆捣实比较困难。

【实践训练】

课目：预制钢筋混凝土空心楼板的布置及板缝调整方法

某砖混结构建筑，横墙承重，二层局部的三个房间平面形状如图 4-18 所示，试进行预制板布置并调整板缝。

（一）实训目的

通过实际练习，掌握预制钢筋混凝土楼板的布置方法，并懂得如何进行板缝调整以及楼板与墙连接时局部处理方法。

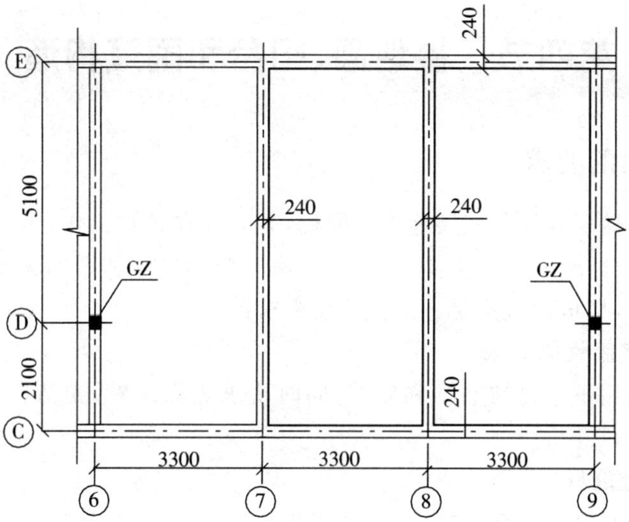

图 4－18

（二）实训要求

独立思考、分析实训课目的题意，能够把理论知识运用到实际工作中去，针对不同房间，要具有对楼板规格尺寸进行正确选择和布置的能力。能独立绘制出楼板平面布置图、楼板与墙连接时的节点详图。

（三）实训步骤

1. 接受实训任务：在实训指导老师的安排下，明确实训的内容。
2. 看懂图纸，试选板型，确定楼板布置方案。
3. 绘制楼板布置草图。
4. 文字叙述（说明）不同房间楼板布置以及板缝调整方法。
5. 分别绘制楼板平面布置图、楼板与墙连接时，拉接钢筋布置的节点详图。绘图比例及图纸规格自定。

（四）注意事项

1. 仔细分析实训课题的内容，明确实训目的。
2. 在草图上确定楼板布置方案时，要充分考虑其合理性。
3. 调整板缝的方法很多，针对实训课题，能确定较合理的板缝调整方案。
4. 按制图标准绘制楼板平面布置图以及板与墙连接时的节点详图，在楼板平面布置图上要标明不同位置楼板的宽度尺寸、板缝尺寸，也可用文字说明板缝处理方法。

（五）课目讨论

1. 安装预制钢筋混凝土空心楼板时，楼板在砖墙或梁上的搁置长度有哪些要求？
2. 调整预制板缝的方法有哪些？本实训课题中，采用的是哪种调整方法？为什么？

第四节　楼地面、阳台和雨篷构造

一、对楼地面的要求

[想一想]

在住宅中，为满足正常使用，起居室、卧室、厨房、卫生间的地面各应满足哪些基本要求？

楼地面是楼层地面与底层地面的统称，是人们在日常工作、生活和生产时必须要接触的部分，起着保护主体结构、改善房间使用质量和增加美观等作用。为保证正常使用，楼地面应满足一定的功能要求：

1. 满足坚固性的要求

在外力作用下不易被磨损和破坏，同时要求表面平整、光洁、容易清洁和不起尘。

2. 保温性能好

要求地面材料的导热系数小，保证在寒冷季节，人站立在地面上时不致感到寒冷。

3. 具有一定的弹性

使人行走其上时有舒适感。弹性好的地面对隔绝撞击声也有利。

4. 满足其他功能

（防潮、防水、防腐、隔声、防火等）要求：不同的房间，对地面的要求不同，如常与水接触的地面（卫生间、浴室）应满足防水、抗潮湿要求；对有酸碱作用的地面（如实验室），则应满足耐腐蚀的要求；对隔声要求较高的房间，可以采用松软材料做地面，以隔绝人和其他物品与地面产生的撞击声。

二、楼地面的构造组成

楼地面是对底层地面和楼层地面的总称。底层地面是建筑物底层与土壤接触的部分，承受着地面上的荷载，并均匀地传至地基，基本构造层次有面层、垫层、地基（基层）三个部分，根据功能不同还要适当增加相应的构造层，一般统称为功能层，如结合层、找平层、防水层、保温隔热层、隔声层、管道敷设层等构造层次（图 4－19）。

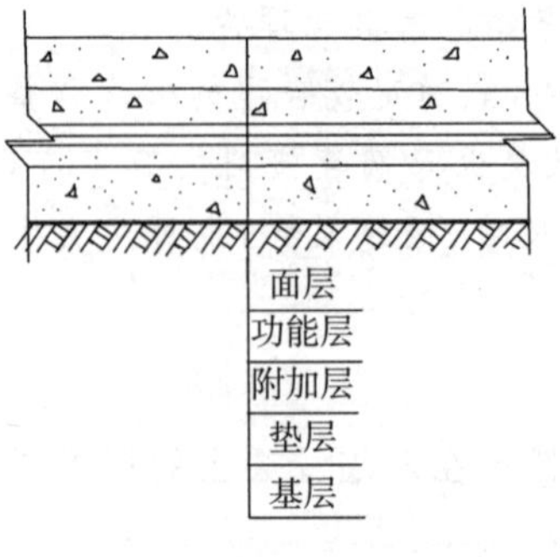

(a)底层地面基本构造层

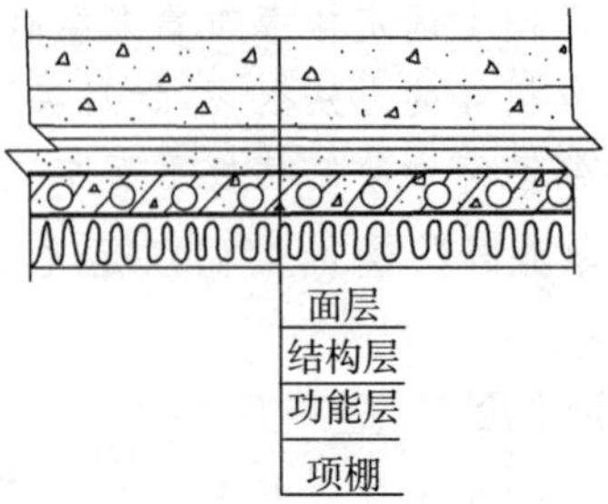

(b)楼层地面基本构造层

图 4－19　楼地面的构造组成

(一)面层

面层直接承受各种物理和化学作用,同时起着保护结构层和美化室内环境等作用。根据面层材料和施工方法不同,常见地面可分为以下四种类型:

[谈一谈]

请同学讨论,在我们身边常见地面都有哪几种类型。

1. 整体地面

也称现浇类地面。如水泥砂浆地面、细石混凝土地面、现浇水磨石地面等。

2. 块料地面

也称铺贴类地面。如水泥砖地面、大理石地面、人造石材地面、陶瓷锦砖(马赛克)地面等。

3. 卷材地面

如化纤地毯、植物地毯、塑料地面等。

4. 涂料地面

如水乳性涂布地面、水溶性涂布地面等,地面通常是按面层的材料和施工方法来命名的。

(二)垫层

垫层起着承受和传递面层荷载的作用,根据受力特点不同一般分为两类,一类是刚性垫层,其整体刚度好,受力后变形较小,常用的有碎砖三合土垫层、素混凝土垫层;另一类是柔性垫层,其整体刚度差,受力后容易产生塑性变形,常用的有砂垫层、碎石垫层、粉煤灰垫层等。

(三)基层

基层主要起加强地基和辅助垫层传递上部荷载的作用。当上部荷载不大、土质条件较好时一般采用素土夯实;当房间荷载较大、土质较差时宜采用100mm～150mm厚的碎砖(碎石)三合土或100mm～150mm厚的三七(或二八)灰土并夯实。

三、常用楼地面的构造

(一)水泥砂浆地面

水泥砂浆地面是一种较为低档的地面。其特点是构造简单、施工方便、坚固耐磨、防潮防水、造价低廉,但导热系数大、吸水性差、易产生结露、不易清洁,如果施工质量控制不好,容易起砂、起灰。常见的有普通水泥砂浆地面(有单层和双层做法)、干硬性水泥砂浆地面、防滑水泥砂浆地面等。

单层水泥砂浆地面的做法是先在找平层上抹一道素水泥浆结合层,再抹15～20mm厚1∶2或1∶2.5水泥砂浆、压光。

[问一问]

水泥砂浆地面有哪些优缺点?

双层水泥砂浆地面的做法是以15～20mm厚1∶3水泥砂浆打底、找平,再用5～10mm厚1∶1.5或1∶2水泥砂浆抹平压光。

(二)现浇水磨石地面

现浇水磨石地面整体性好、表面平整光滑、不起尘、易清洁,而且防潮防水,具有很好的耐磨性、耐久性、耐腐蚀性和良好的装饰效果,适用于对美观、耐磨要求高以及经常用水清洗的地面，如门厅、走廊、营业厅、诊所、实验室、盥洗室等地面。

现浇水磨石地面构造分为两层(图 4－20)。常用 10～18mm 厚 1∶3 水泥砂浆打底、找平，按设计图案用 1∶1 水泥砂浆在找平层上固定分格条(玻璃条、铝条或铜条)，分格条高度一般为 10mm，再用 1∶(1.5～2.5)的水泥石碴抹面，厚度 12mm，石子粒径多为 6～10mm，经过浇水养护后，用水磨石机磨光，通过粗磨、细磨、精磨，再用草酸稀释溶液清洗，最后打蜡抛光。采用普通水泥掺白石子拌制浇筑而成的称为普通水磨石地面。采用白水泥加不同颜料和掺各色石子拌制浇筑而成的称为彩色水磨石地面。

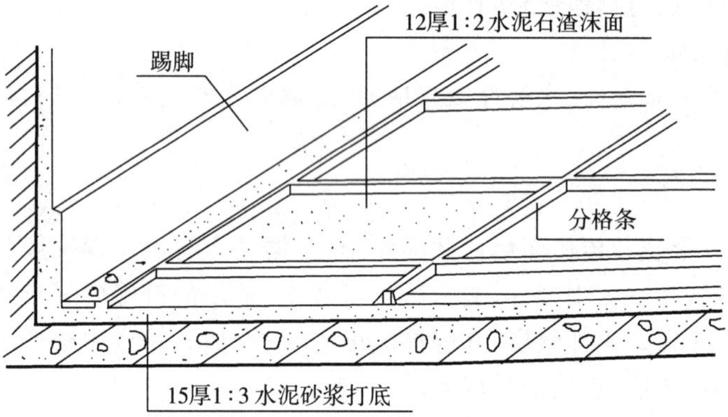

图 4－20　现浇小磨石地面

[问一问]

现浇水磨石地面中分格条的作用是什么?

(三)陶瓷锦砖地面

陶瓷锦砖又称陶瓷马赛克，其质地坚硬、经久耐用，有较好的防水性和耐腐蚀性，图案和规格多样且色泽艳丽，具有良好的装饰效果，适用于有水、有腐蚀性液体作用的房间地面。做法是：用 15mm～20mm 厚 1∶3 水泥砂浆将基层找平，5mm 厚 1∶1～1∶1.5 水泥砂浆或 3mm～4mm 素水泥胶粘贴陶瓷锦砖，用滚筒压实、压平，使水泥浆挤入缝隙，待硬化后，淋水洗去牛皮纸，并用白水泥擦缝(图 4－21)。

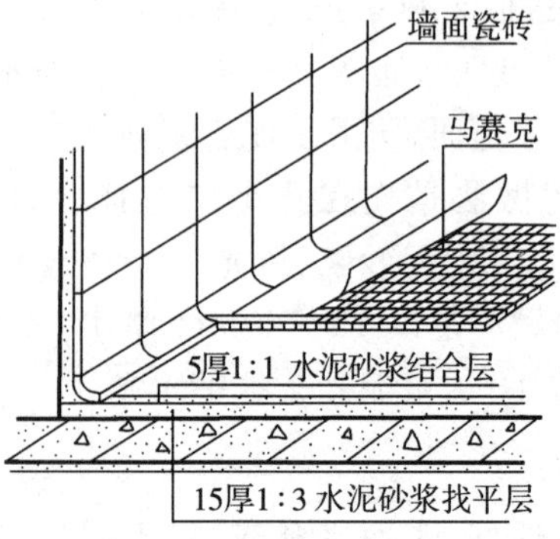

图 4－21　陶瓷锦砖地面

[想一想]

陶瓷锦砖地面适用于哪些房间?

(四)地砖地面

地砖地面是指用釉面地砖、彩色釉面地砖、通体瓷质地砖等多品种、多规格、多档次的各类地砖所铺贴的地面。它具有质地坚硬、耐磨损、耐酸碱、防水、易保持清洁、色彩图案丰富等特点,适用于人流量大的公共场所以及经常与水接触的房间。地砖铺贴的方法是在结构层或垫层找平后,铺一层 30mm 厚的 1∶3 或 1∶4干硬性水泥砂浆结合层,上撒素水泥面(洒适量清水),粘贴地砖,并用于水泥擦缝,如图 4-22。

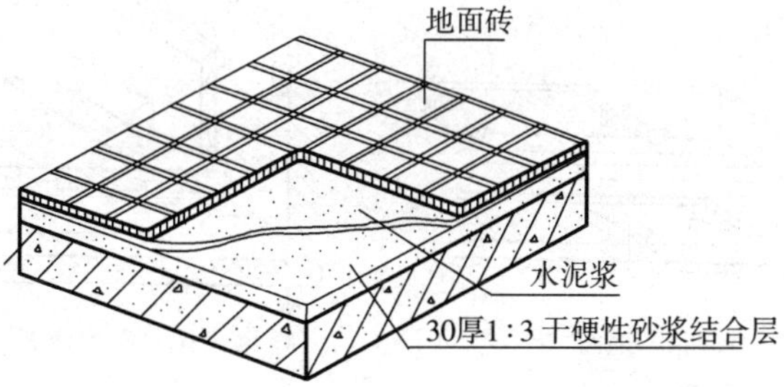

图 4-22　铺地砖地面

(五)天然石材地面

常用的天然石材是指天然大理石、天然花岗石,其质地坚硬,色泽丰富美观,属高档地面材料,多用于高级宾馆、会堂、公共建筑的大厅、门厅等处。做法是先在基层上刷一道素水泥浆,再实铺 30mm 厚 1∶3 干硬性水泥砂浆,上撒素水泥(洒适量清水),粘贴 20mm 厚大理石板(花岗岩板),缝中灌水泥浆并擦缝(图 4-23)。

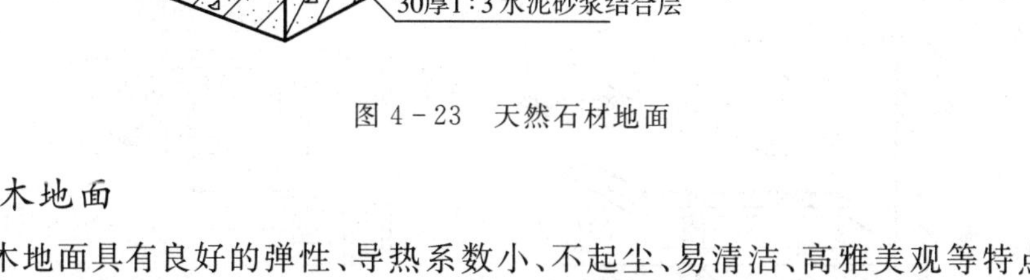

图 4-23　天然石材地面

(六)木地面

木地面具有良好的弹性、导热系数小、不起尘、易清洁、高雅美观等特点,常用于高级住宅、宾馆、体育比赛场馆、健身房、舞台等建筑中。

木地面按规格尺寸分为普通木地面、硬木条地面和拼花木地面,按构造方式不同有空铺、实铺和粘贴三种。

空铺木地面常用于底层地面,因耗材多、防火差,而且占用的空间较大,除特殊要求外，现已极少采用。

1. 实铺木地面

是在混凝土垫层或钢筋混凝土楼板上设置小木搁栅（也称木龙骨），在其上钉木地板的地面。做法是在已找平的基层上刷冷底子油，将木搁栅和地板背面满涂木材防腐油，用预埋在结构层内的U形铁件嵌固或用钢钉固定木搁栅，在校正整平后的木搁栅上固定木地板。

木地面有单层和双层两种做法（图4-24）。

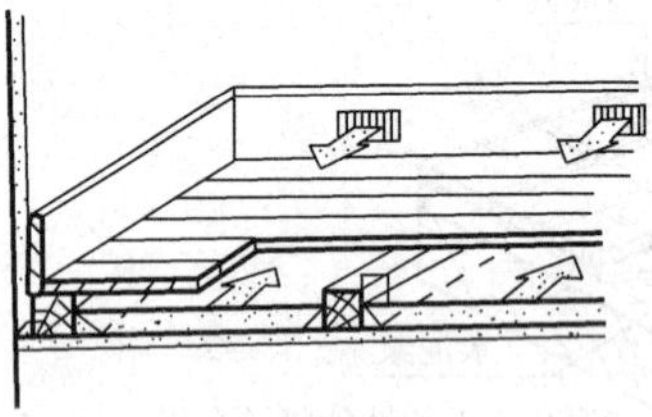

(a)条木地面

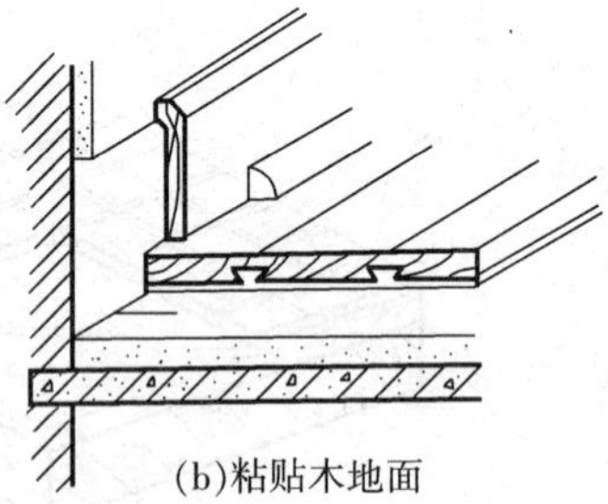

(b)粘贴木地面

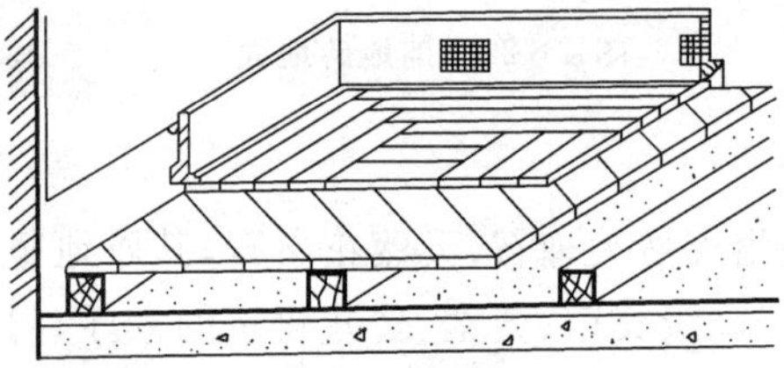

(c)拼花地面

图4-24 实铺木地板

2. 粘贴式木地面

粘贴式木地面的做法是先对钢筋混凝土基层进行找平，找平层一般采用水泥砂浆或沥青砂浆，然后刷一道冷底子油，一道热沥青，再用粘贴材料（可用沥青玛蹄脂、环氧树脂、乳胶等）随涂随铺硬木长条地板。这种构造方式的优点是节省材料、占用空间高度小、施工方便等，但是容易出现干湿变形，即干燥时易产生收缩裂缝，受潮时易产生翘曲弹性，如图4-25所示。

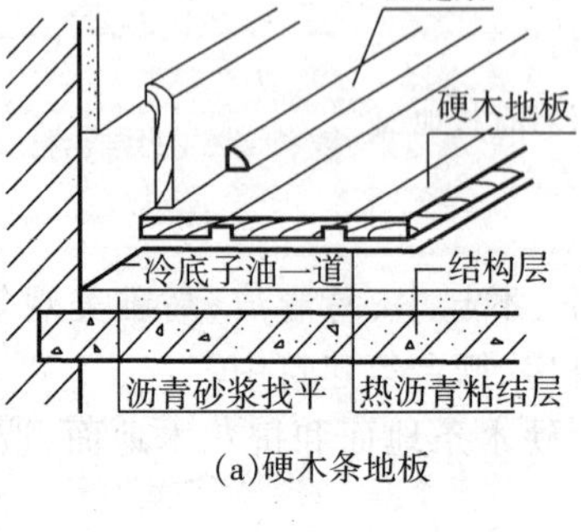

(a)硬木条地板

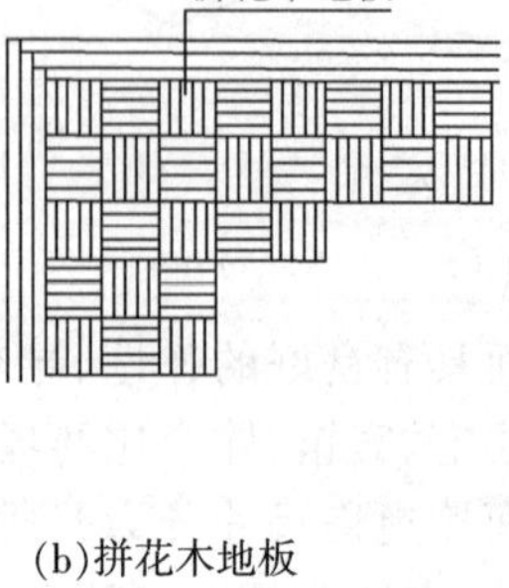

(b)拼花木地板

图4-25 粘贴式木地板

四、顶棚

[想一想]

某五层砖混结构教学楼,底层门厅的顶棚采用石灰砂浆抹灰,大白浆罩面。其上是教室。某天,门厅的顶棚出现大面积脱落,试分析其脱落的原因,可以采取哪几种方法进行防治?

顶棚也称天棚或天花板,位于楼板层或屋顶的下方。起着保温隔热、隔声、美观等多重作用。其类型繁多,按装修材料和施工工艺不同分为抹灰类、裱糊类、贴面类和板材类顶棚;按其构造方式分为无筋顶棚和有筋顶棚,按与结构层位置分为有直接式顶棚和吊顶棚。

(一)直接式顶棚

直接式顶棚是指在结构层下直接进行抹灰、喷涂、粘贴饰面材料的构造做法。其主要特点是构造简单、占用空间小、用料少、造价较低,常用于大量性的民用建筑中。

1. 抹灰顶棚

常用的形式有纸筋石灰浆抹灰、石灰砂浆抹灰、混合砂浆抹灰、水泥砂浆抹灰等,抹灰前板底应打毛。当抹灰层较薄时可一次成活,抹灰层较厚应分层抹灰,以防止抹灰层空鼓脱落。顶棚抹灰厚度一般不超过20mm(图4-26(a))。

2. 喷涂类顶棚

对于楼板底面平整、室内装修要求不高的建筑,可直接或稍加修补刮平后在板底喷刷涂料。常用的涂料有石灰浆、大白浆、彩色水泥浆、各类有机和无机涂料等,(图4-26(b))。

3. 贴面顶棚

对一些装修要求较高或有保温、隔热、吸声等要求的房间,可在板底粘贴墙纸(墙布)或装饰吸声板材(如石膏板、矿棉板等),(图4-26(c))。

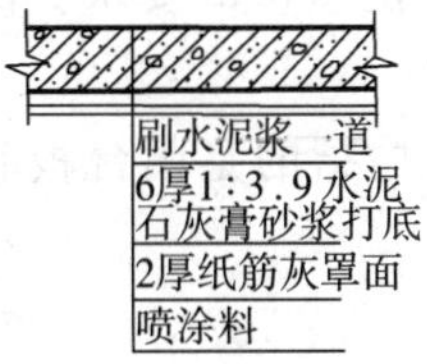

(a)直接喷涂料顶棚

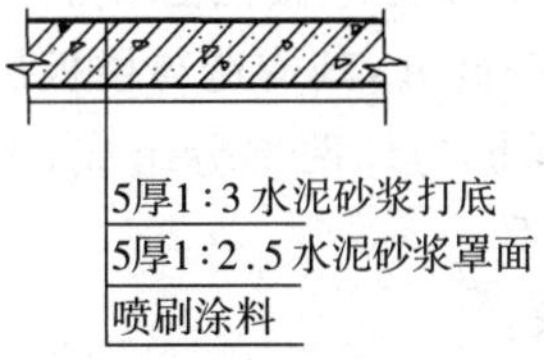

(b)抹灰顶棚

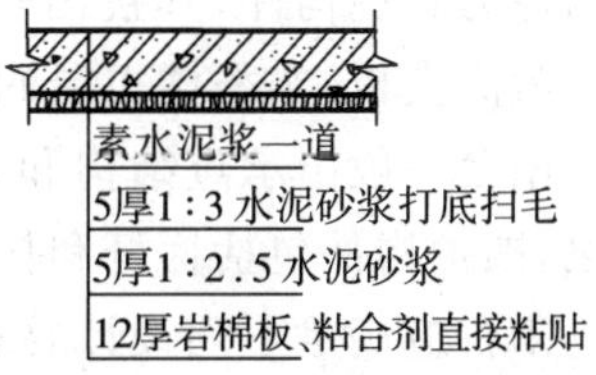

(c)贴面顶棚

图4-26 直接式顶棚构造做法

(二)吊顶棚

[想一想]

在房间中采用吊顶棚做法时,有哪些优点?吊顶棚有哪些部分组成?

常称吊顶,是将顶棚的装饰面层悬挂在结构层下面。采用这种构造做法,可以提高保温隔热(如单层住宅)、隔声效果,也可以将各种管线或其他设备敷设其中。通过在不同位置的高度调节变化,可做出丰富的空间层次,形成立体感,增强了装饰效果。吊顶一般由吊筋、基层(骨架)和面层三部分组成。

1. 吊筋

吊筋起着承担吊顶基层和面层荷载的作用,根据荷载大小不同,选用不同材料做吊筋,常用材料有钢筋、型钢、螺栓等。可通过预埋钢筋、预埋铁件、膨胀螺栓等方式与钢筋混凝土楼板或屋面结构的连接固定。

2. 骨架

骨架主要由主龙骨、次龙骨组成，主龙骨通过吊筋固定后将顶棚荷载传递给屋面结构或楼板结构层。常用木方料和金属型材作为骨架。为提高建筑物的耐火等级，优先选用轻钢龙骨或铝合金龙骨。在《建筑装饰装修工程质量验收规范》GB 50210—2001 中规定：重型灯具、电扇及其他重型设备严禁安装在吊顶工程的龙骨上。

3. 面层

吊顶面层主要起装饰作用。根据其构造做法，可分为抹灰类、粘贴类、板材类和格栅类等。

五、阳台

[问一问]

1. 阳台有哪些类型?
2. 设计阳台应考虑哪些问题?

阳台是建筑中供人们与室外接触、活动的场所。在多层和高层住宅等建筑中设置阳台不仅大大改善了居住者的居住条件，随着其造型不同，对建筑物的体型、立面美感都有很大的影响，因此是居住建筑上不可缺少的部分。

(一)阳台的类型、组成及设计要求

按使用功能分为生活阳台和服务阳台。生活阳台一般与卧室、起居室相连，供人们休息、纳凉、眺望室外景色、晾晒衣物等。服务阳台多与厨房或卫生间相连，主要供人们从事卫生、炊事等家务操作和存放杂物。

根据其封闭情况分为非封闭阳台和封闭阳台。

按其在建筑中的位置分为中间阳台和转角阳台。

阳台按其与外墙的相对位置分为凸阳台、凹阳台和半凸阳台。凸阳台的承重构件为悬挑构件，其挑出长度和构造做法必须满足结构抗倾覆的要求。凹阳台常为简支板，实是楼板层的一部分，其构造与楼板层相同。

阳台一般由承重结构和围护构件两部分组成，承重结构指的是阳台板和阳台梁，围护构件包括栏杆和扶手。

阳台应满足下列设计要求：

1. 安全适用

对于悬挑式阳台，为了保证在荷载作用下不会发生倾覆现象，挑出长度以1m～1.5m为宜。按规范要求：低层多层住宅上阳台栏杆净高不低于1.05m，中高层住宅阳台栏杆净高不低于1.1m，但也不大于1.2m，放置花盆处应采取防坠落措施。

2. 坚固耐久

所用的材料和构造措施应经久耐用。承重结构宜采用钢筋混凝土，如果采用金属栏杆或其他金属构件应做防锈处理，表面装修时应考虑色彩的耐久性和抗大气污染性。

3. 排水方便

阳台地面标高应低于室内地面标高20mm～50mm，以防止阳台上的雨水和生活用水(使用洗衣机或晾晒衣服时产生的水)流入室内。同时还应将阳台地面

做出一定的坡度，使水通过排水装置顺利排出。

此外还应考虑立面美观、施工方便等问题。

（二）凸阳台的承重构件

凸阳台的承重构件主要采用钢筋混凝土制作，按施工方法不同分为现浇钢筋混凝土结构和预制钢筋混凝土结构。

1. 现浇钢筋混凝土凸阳台

现浇钢筋混凝土凸阳台有挑板式、挑梁式和压梁式三种类型（图 4－27）。挑板式适用于挑出长度在 1.2m 以内的阳台，当挑出长度超过 1.2m 时可用挑梁式。考虑到结构安全、施工方便及使用要求（如不影响下层采光），阳台挑出不宜太大。

［问一问］

现浇钢筋混凝土凸阳台有哪些类型？

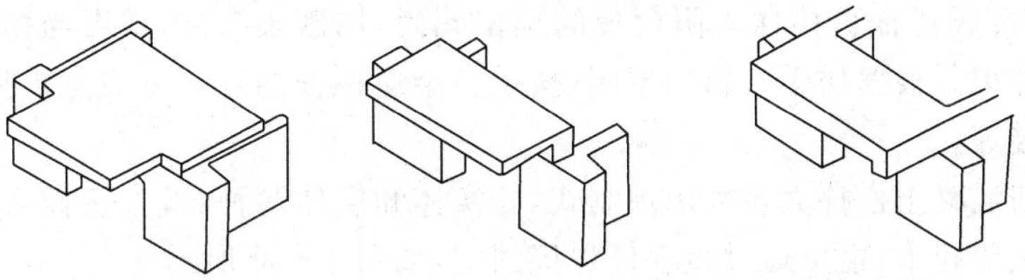

(a)挑板式　(b)压梁式　(c)挑梁式

图 4－27　现浇钢筋混凝土凸阳台

2. 预制钢筋混凝土凸阳台

预制钢筋混凝土凸阳台一般有楼板外伸式、楼板压重式、挑梁式和抗倾覆式四种类型（图 4－28）。

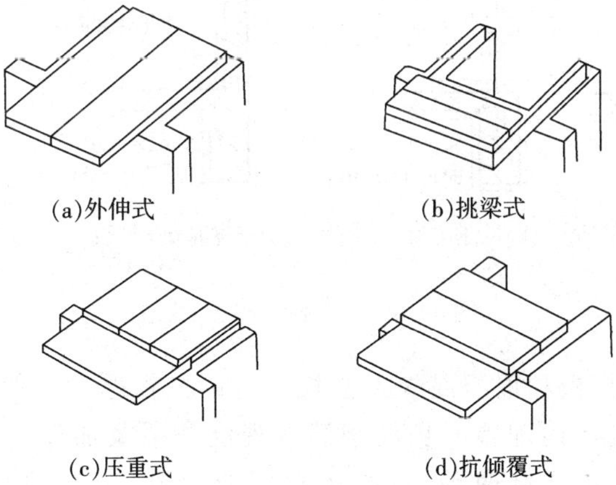

(a)外伸式　(b)挑梁式　(c)压重式　(d)抗倾覆式

图 4－28　预制钢筋混凝土凸阳台

（三）阳台的细部构造

1. 栏杆（栏板）

阳台栏杆（栏板）是在阳台外围设置的垂直构件，目的是保证使用者在阳台上活动时的安全，要求坚固可靠，同时对建筑物的外立面也起到装饰美化作用。

[问一问]

阳台栏杆有哪些形式?

栏杆可由砖砌体、金属型钢或混凝土制作而成,按要求其垂直杆件间净距不应大于 110mm,还应与扶手、阳台板之间有可靠的连接。栏杆的形式一般有实体式、空体式和混合式三种,如图 4-29 所示

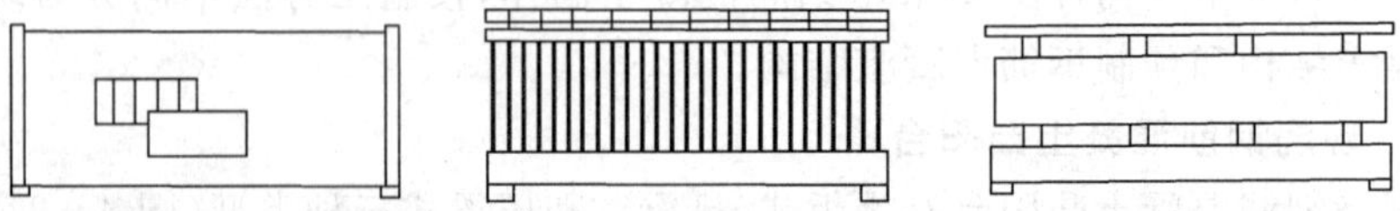

(a)实体式　(b)空花式　(c)混合式

图 4-29　预制钢筋混凝土凸阳台

金属栏杆一般由圆钢、方钢、扁钢和钢管组成,它与阳台板的连接方法有多种,如将金属栏杆直接插入阳台板的预留孔内,用砂浆灌注,或者与阳台板中预埋铁件焊牢。根据扶手材料的不同,扶手与金属栏杆的连接方法有焊接、螺丝或螺栓连接等。

钢筋混凝土栏杆大多采用预制式,分实体和空体两种,可直接插入扶手和面梁上的预留孔中,也可通过预埋件焊接固定,如图 4-30 所示。

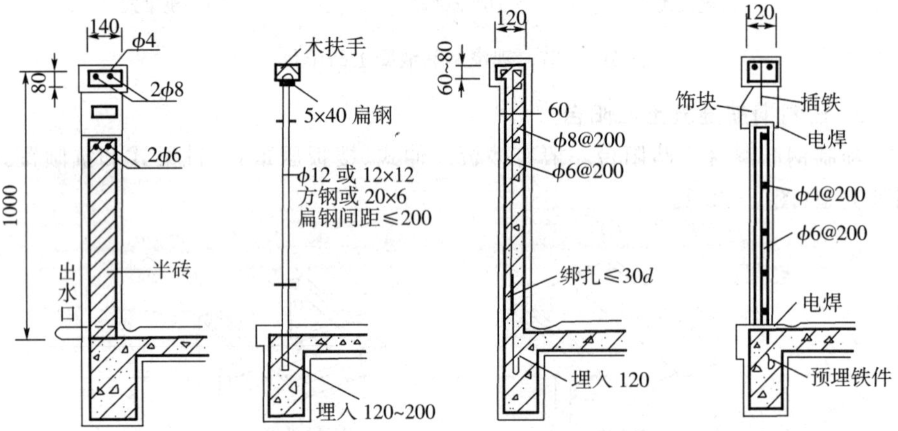

(a)砖砌栏板　(b)栏杆　(c)现浇混凝土栏板　(d)预制混凝土拦板

图 4-30　阳台栏杆(板)构造

栏板有砖砌栏板和钢筋混凝土栏板。砖砌栏板厚度一般为 120mm,考虑到安全,必须在砌体内配置通长的钢筋或现浇扶手及加设小构造柱。钢筋混凝土栏板有现浇和预制两种,可与阳台板整浇在一起,也可在地面预制成(300～600)mm×1000mm 的预制板,借预埋铁件相互焊牢及与阳台板或面梁焊牢。

[想一想]

金属栏杆与阳台板的连接方法有哪些?

2. 阳台隔板

阳台隔板用于双连阳台,有砖砌和钢筋混凝土隔板两种,目前大多采用钢筋混凝土隔板(图 4-31)。

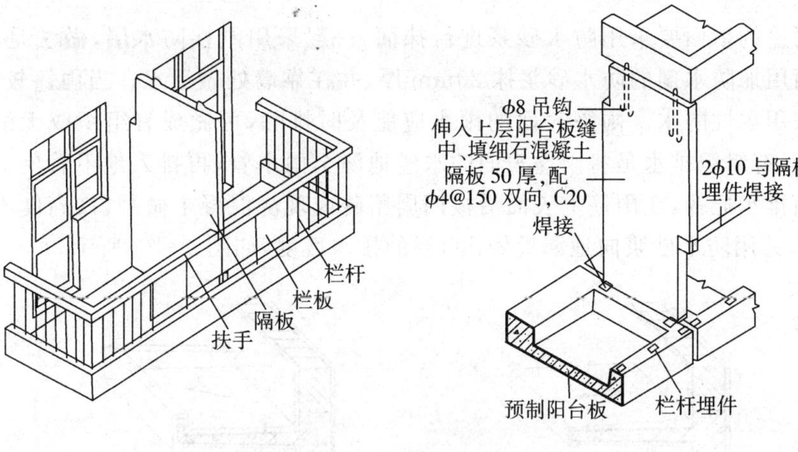

图 4-31　阳台隔板构造

3. 阳台排水

为排除阳台上的雨水，防止雨水倒灌室内，应采取一定的排水措施，方法有外排水和内排水：在阳台一侧或两侧设排水口，阳台地面向排水口做 1%～2%的坡度，排水口内埋设直径 40～50mm 镀锌钢管或塑料臂(称水舌)，外挑长度不少于 80mm，以防雨水溅到下层阳台，此法称为外排水，适用于低层或多层建筑上。对于高层建筑或高标准建筑，应采用内排水做法，即在阳台的适当位置设置地漏和排水立管，将雨水排入地下管网(图 4-32)。

[问一问]

阳台排水的构造措施有哪些?

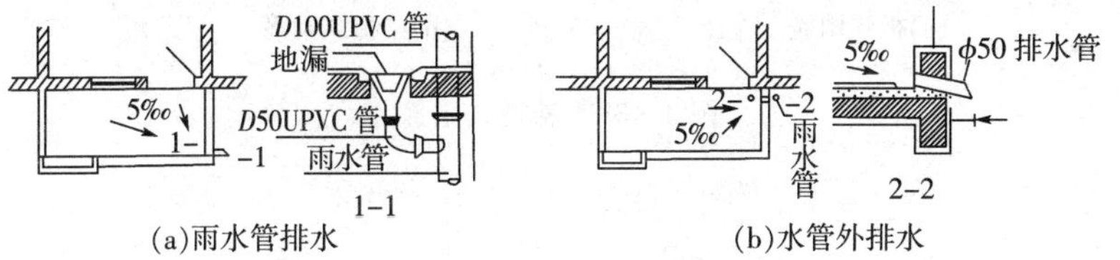

图 4-32　阳台排水构造

六、雨篷

雨篷位于建筑物出入门口的上方，起避雨的作用，根据位置不同也能兼起遮阳作用，除了满足正常使用以外，根据建筑立面造型的需要，可做成各种形式。按支承方式不同，分为悬挑式(也称板式)和梁板式两种。

当采用钢筋混凝土悬挑式雨棚时，板悬挑长度一般为 900～1500mm，宽出门洞 500mm 以上，可形成渐变截面的板，其端部不小于 50mm，根部厚度应不小于洞口跨度的 1/8，且不小于 100mm。为防止雨篷的倾覆，应将雨篷板和门洞上的圈梁或过梁浇筑成一个整体，并保证梁上有足够的配重。

梁板式雨篷大多用于出入口宽度较大的建筑中，如医院门诊大楼、超市、宾馆等主要出入口处。悬挑梁从建筑物的柱子上挑出，为了使雨篷的板底平整美观，大都做成反梁式。当雨篷的挑出特别长时，可在雨篷下加设柱子而形成门廊。

[问一问]

为了满足使用要求及排水顺畅，对雨篷的细部应采取哪些构造处理？

雨篷的顶面要采用防水砂浆进行抹面，一般采用刚性防水层，做法是：在雨篷顶面用加防水剂的防水砂浆抹 20mm 厚，并在靠墙处做泛水。当雨篷较大时，也可采用柔性防水。雨篷表面的雨水应能及时排除，可做成有组织或无组织排水方式，有组织排水是将雨篷表面的水经地漏至雨水管，再排入地下管网。为保证板面排水通畅，在雨篷上表面沿板四周用砖或现浇混凝土做翻口，高度不小于 60mm，并用防水砂浆向地漏处做出 1%的排水坡度，如图 4-33 所示。

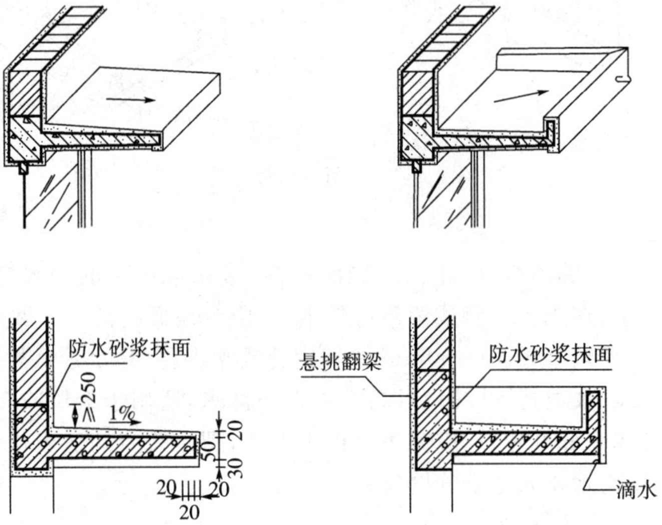

(a)板式雨篷　　(b)梁板式雨篷

图 4-33　悬挑式雨篷

本章思考与实训

1. 楼板层与地坪层有什么不同和相同之处？

2. 现浇肋梁楼板的特点及布置原则有哪些？

3. 楼板层的基本组成及设计要求有哪些？

4. 某砖混结构建筑，要在内承重墙（墙厚为 240mm）和梁之间铺设预制空心板。试问：在铺板前，对墙顶、梁顶面的标高如何控制？为什么要座浆？对预制钢筋混凝土空心板的搁置长度有哪些要求？

5. 在某住宅中，厨房拟采用现浇钢筋混凝土板式单向楼板，板内主筋采用直径是 10mm 的圆钢筋、间距为 100mm，钢筋两端采用半圆弯钩；分布钢筋采用直径是 6mm 的圆钢筋、间距为 200mm，钢筋两端采用半圆弯钩。按结构施工图要求，分别绘制平面图和断面图，用来反映楼板的配筋情况以及受力钢筋和分布钢筋的相对位置。该厨房的开间和进深尺寸自己拟定，但要符合单向板和建筑模数制的要求。

6. 如果某住宅卫生间拟采用现浇钢筋混凝土双向楼板，试绘制平面图（楼板配筋图）来表示双向板的板内钢筋布置情况。卫生间的开间和进深尺寸、板内钢筋的直径、型号、弯钩形式按双向板和建筑模数制等要求自己拟定，绘图时要符合结构施工图的制图要求。

第五章　楼梯和电梯构造

【内容要点】

1. 楼梯概述；
2. 楼梯设计；
3. 钢筋混凝土楼梯；
4. 电梯和自动扶梯构造。

【知识链接】

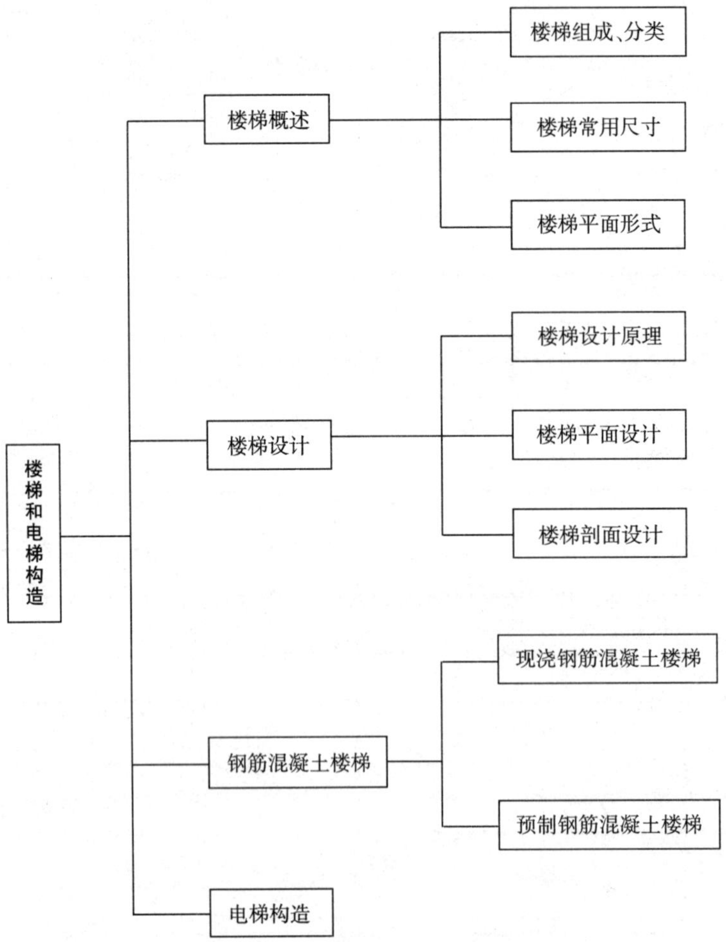

第一节　楼梯概述

一、楼梯的组成

楼梯一般由梯段、平台、栏杆扶手三部分组成。如图 5-1 所示。

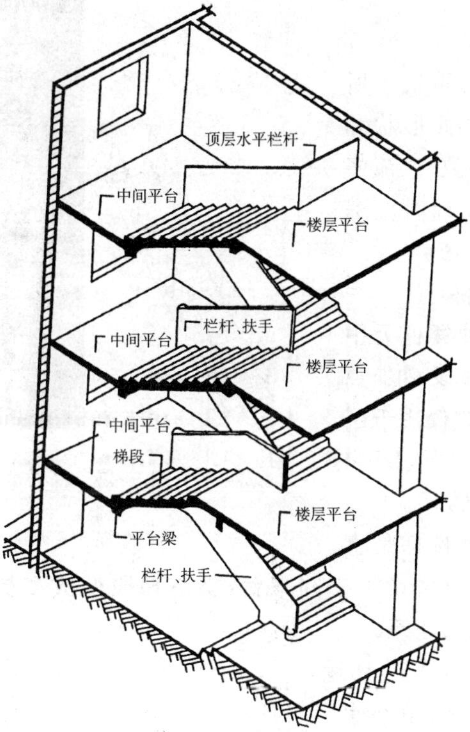

图 5-1　楼梯的组成

1. 梯段

俗称梯跑，是联系两个不同标高平台的倾斜构件。通常为板式梯段，也可以由踏步板和梯斜梁组成梁板式梯段。为了减轻疲劳，梯段的踏步步数一般不宜超过 18 级，但也不宜少于 3 级，步数太少不易为人们察觉，容易摔倒。

2. 平台

按平台所处位置和高度的不同，有中间平台和楼层平台之分。两楼层之间的平台称为中间平台，用来供人们行走时调节体力和改变行进方向。而与楼层地面标高齐平的平台称为楼层平台，除起着与中间平台相同的作用外，还用来分配从楼梯到达各楼层的人流。

3. 栏杆扶手

栏杆扶手是设在楼梯及平台边缘的安全保护构件。当楼梯宽度不大时，可

[想一想]

联系建筑物水平方向和竖直方向的交通设施常见有哪些？

[问一问]

1. 楼梯中梯段有何作用？
2. 为何要限定踏步数？
3. 楼梯平台有何作用？

只在楼梯临空面设置。当梯段宽度较大时，非临空面也应加设靠墙扶手。当楼梯宽度很大时，则需在楼梯中间加设中间扶手。

楼梯作为建筑空间竖向联系的主要部件，其位置应明显起到提示引导人流的作用，并要充分考虑其造型美观，人流通行顺畅，行走舒适，结合坚固，防火安全，同时还应满足施工和经济条件的要求。因此，需要合理地选择楼梯的形式、坡度、材料、构造做法，精心地处理好其细部构造。

[想一想]

直行单跑楼梯适用于哪些情况?

二、楼梯形式

楼梯形式的选择取决于所处位置、楼梯间的平面形状和大小、楼梯高低与层数、人流多少与缓急等因素，设计时应综合权衡这些因素。

1. 直行单跑楼梯

如图 5－2，此种楼梯无中间平台，由于单跑梯段踏步数一般不超过 18 级，故仅用于层高不大的建筑。

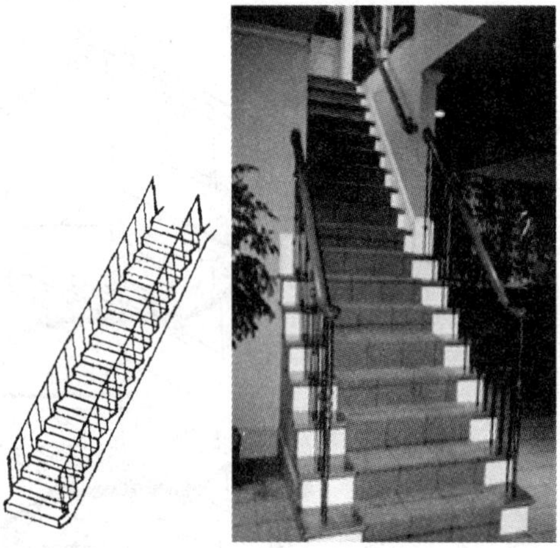

图 5－2　直行单跑楼梯

2. 直行多跑楼梯

如图 5－3，此种楼梯是直行单跑楼梯的延伸，仅增设了中间平台，将单梯段变成多梯段。一般为双跑梯段，适用于层高较大的建筑。

直行多跑楼梯给人以直接、顺畅的感觉，导向性强，在公共建筑中常用于人流较多的大厅。但是，由于其缺乏方位上回转上升的连续性，如果用于需上多层楼面的建筑，会增加交通面积并加长人流行走的距离。

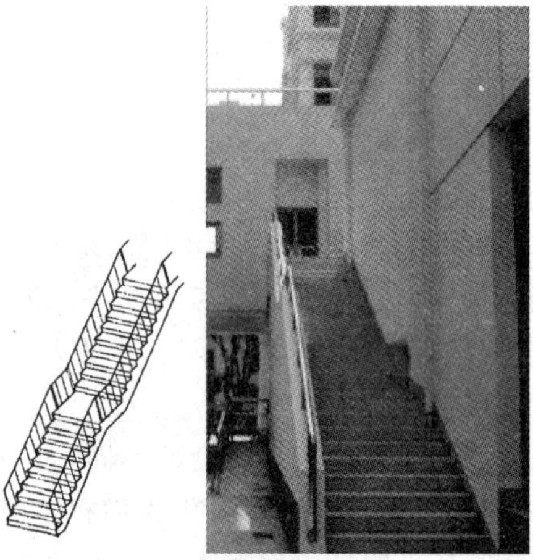

图 5－3　直行多跑楼梯

3. 平行双跑楼梯

如图 5－4，此种楼梯由于上完一层楼刚好回到原起步方位，与楼梯上升的空间回转往复性吻合，比直跑楼梯节约面积并缩短人流行走距离，是最常用的楼梯形式之一。

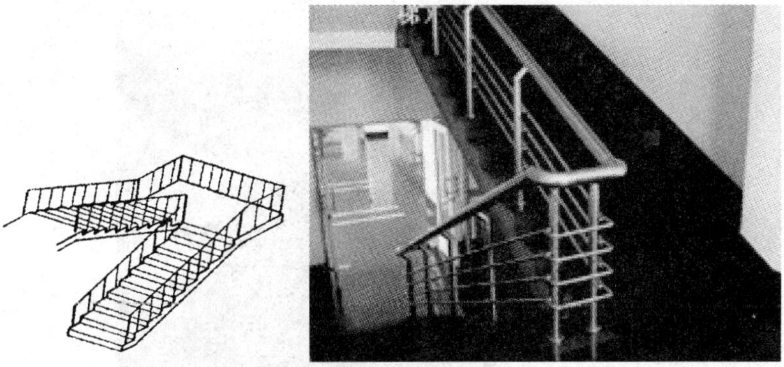

图 5－4　平行双跑楼梯

4. **双分楼梯**

[想一想]

平行双跑楼梯和双分式楼梯各有何优点？

如图 5－5，此种楼梯形式是在平行双跑楼梯基础上演变产生的。其楼梯平行而行走方向相反，且第一跑在中部上行，然后其中间平台处往两边以第一跑的二分之一梯段宽，各上一跑到楼层面。通常在人流多，梯段宽度较大时采用。由于其造型的对称严谨性，常用于办公类建筑的主要楼梯。

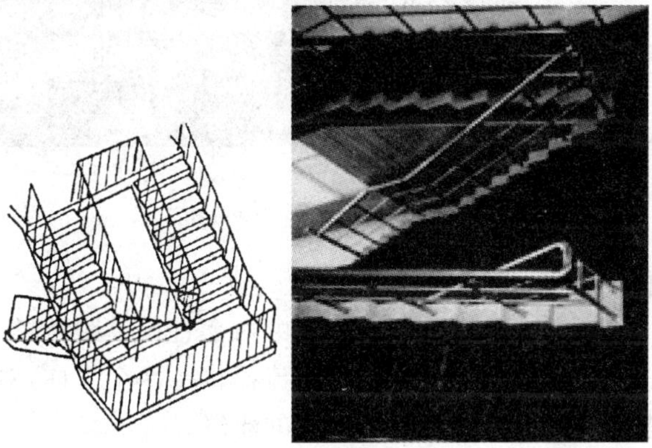

图 5－5　双分楼梯

平行双合楼梯与平行双分楼梯类似，区别仅在于楼层平台起步第一跑梯段，前者在中而后者在两边。

5. **折行多跑楼梯**

[想一想]

折行多跑楼梯有何优缺点？

如图 5－6 所示，折行多跑楼梯此种楼梯人流导向较自由，折角可变，可为 90°，也可大于或小于 90°。当折角大于 90°时，由于其行进性类似直行双跑楼梯，故常用于仅上一层楼的影剧院、体育馆等建筑的门厅中。当折角小于 90°时，其行进方向回转延续性有所改观，形成三角形楼梯间，可用于上多层楼的建筑中。

图 5－7 为折行三跑楼梯，此种楼梯中部形成较大梯井，在设有电梯的建筑中，可利用楼梯井作为电梯井位置，但对视线有遮挡。由于有三跑梯段，常用于层高较大的公共建筑中。当楼梯井未作为电梯井时，因楼梯井较大，不安全，供少年儿童使用的建筑不能采用此种楼梯。

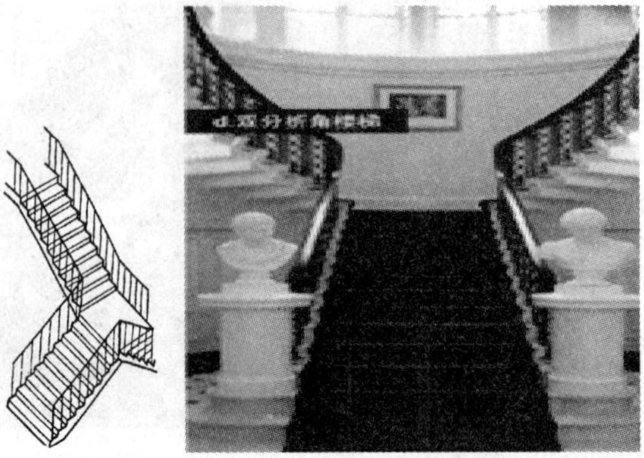

图 5-6　折行多跑楼梯

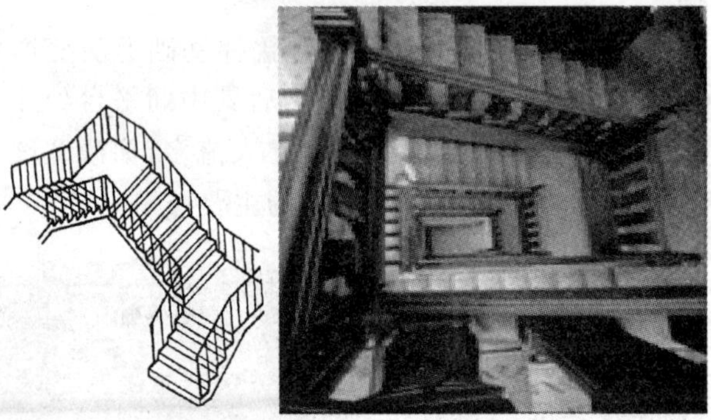

图 5-7　折行三跑楼梯

6. **交叉跑楼梯**

如图 5-8 所示交叉跑楼梯，可认为是由两个直行单跑楼梯交叉并列布置而成，通行的人流量较大，且为上下楼层的人流提供了两个方向，对于空间开敞，楼层人流多方向进出有利。但仅适合层高小的建筑。

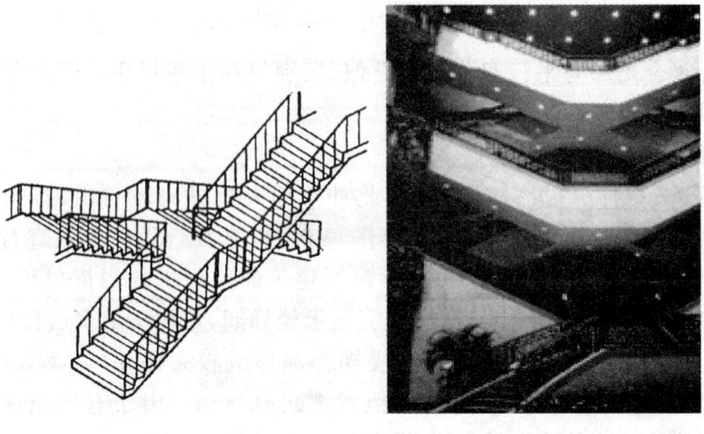

图 5-8　交叉跑楼梯

7. **螺旋形楼梯**

如图 5－9，螺旋形楼梯通常是围绕一根单柱布置，平面呈圆形。其平台和踏步均为扇形平面，踏步内侧宽度很小，并形成较陡的坡面，行走时不安全，且构造较复杂。这种楼梯不能作为主要人流交通和疏散楼梯，但由于其流线型造型美观，常作为建筑小品布置在庭院或室内。

图 5－9　螺旋楼梯

8. **弧形楼梯**

如图 5－10，弧形楼梯与螺旋形楼梯的不同之处在于它围绕一较大的轴心空间旋转，未构成水平投影圆，仅为一段弧环，并且曲率半径较大。其扇形踏步的

图 5.－10　弧形楼梯

内侧宽度也较大(≥220mm),使坡度不至于过陡,可以用来通行较多的人流。弧形楼梯也是折行楼梯的演变形式,当布置在公共建筑的门厅时,具有明显的导向性和优美轻盈的造型。但其结构和施工难度较大,通常采用现浇钢筋混凝土结构。

[做一做]

绘制简图表示各种形式的楼梯(按楼梯形式分)。

三、楼梯尺度

(一)楼梯的坡度及踏步尺寸

1. 楼梯的坡度

楼梯的坡度应根据使用情况合理选择,坡度大,行走吃力;坡度过小,加大了楼梯间进深,浪费面积。

[问一问]

1. 楼梯的坡度如何确定?它与楼梯踏步有何关系?

2. 为何要合理选择适宜的坡度设计楼梯?

在竖向交通设施中,楼梯、爬梯、台阶及坡道的主要区别在于坡度不同,它们的坡度范围如图 5-11 所示。

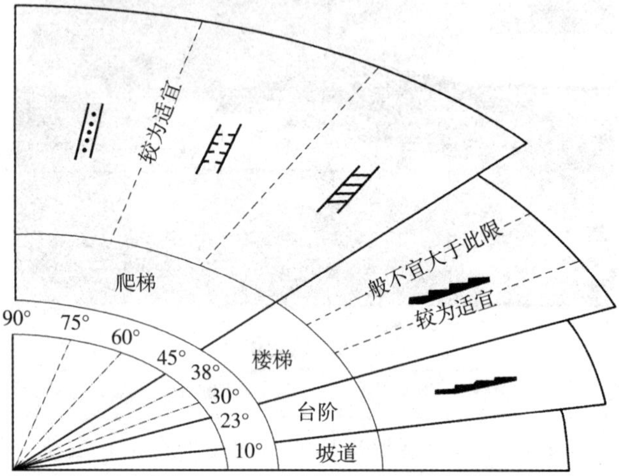

图 5-11　楼梯、台阶和坡度的适用范围

楼梯的适宜坡度为 23°～37°,最佳坡度为 26°34′～33°42′。楼梯最大坡度不宜大于 38°,当坡度小于 20°时一般采用坡道,当大于 45°时,一般采用爬梯。

2. 踏步尺寸

踏步由踏面和梯面组成,踏面宽度不宜小于 250mm,一般踏步宽度与高度尺寸关系为 $2h+b=600\sim620$mm 或 $h+b=450$mm。当踏面尺寸较小时,人们行走不方便,可以采用加做踏口或将踢面向内倾斜的方式加宽踏面,挑出尺寸为 20～25mm。梯段的长度 $L=b\times(N-1)$,N 为踏步数,楼梯段的踏步数设计时应满足:$3\leqslant N\leqslant18$

在实践应用中坡度是由踏步高宽比决定。踏步高宽比需根据人流行走的舒适、安全和楼梯间的尺度、面积等因素进行综合权衡。人流量大,安全要求高的楼梯坡度应该平缓一些,反之则可陡一些,以利节约楼梯间的面积。

楼梯踏步的高和踏步宽尺寸一般根据经验数据确定，见表 5-1。

[想一想]

楼梯踏步尺寸有何规定?

表 5-1 踏步常用高度尺寸

名称	住宅	幼儿园	学校、办公楼	医院	剧院、会堂
踏步高(mm)	150～175	120～150	140～160	120～150	120～150
踏步宽(mm)	260～300	260～280	280～340	300～350	300～350

踏步的高度，成人以 150mm 左右较适宜，不应高于 175mm。踏步的宽度(水平投影宽度)以 300mm 左右为宜，不应窄于 260mm。当踏步宽度过宽时，将导致楼梯水平投影面积的增加。而踏步宽度过窄时，会使人流行走不安全。为了在踏步宽一定的情况下增加行走舒适度，常将踏步出挑 20～30mm，使踏步实际宽度不大于其水平投影宽度。

(二)楼梯段宽度及投影长度

[想一想]

楼梯段宽度的设计与哪些因素有关?

楼梯段尺度分为梯段宽度和梯段长度。楼梯段宽度是指墙面至扶手中心线或扶手中心线之间的距离。

梯段宽度取决于通行人数和消防要求。按照通行人数考虑时，每股人流的宽度为人的平均肩宽(550mm)再加(0～150)mm 即:550+(0～150)mm。按照消防要求考虑时，每个梯段必须保证两人同时上下，即最小宽度为 1100～1400mm，室外疏散楼梯其最小宽度为 900mm。在工程实践中，由于楼梯间尺寸要受到建筑物模数的限制，因而楼梯段的宽度往往会有些上下浮动。多层住宅楼梯段的最小宽度为 1000mm

楼梯长度(L)则是每一梯段的水平投影长度，其值为 $L=b(N-1)$，其中 b 为踏面水平投影宽度，N 为梯段梯面数。

(三)平台宽度

平台宽度分为中间平台宽度 D1 和楼层平台宽度 D2，对于平行和折行多跑等类型楼梯，其转向后的中间平台宽度应不小于梯段宽度，为方便扶手转弯，休息平台宽度一般取楼梯段宽度再加 1/2 踏步宽，同时应便于家具搬运，医院建筑还应保证担架在平台处能转向通行，其中间平台宽度应≥1800mm. 对于直行多跑楼梯，其中间平台宽度可等于梯段宽，或者≥1200mm。对于楼层平台宽度，则应比中间平台宽度更宽松一些，以利人流分配和停留。

在有门开启的出口处和有构件突出处，楼梯平台应适当放宽，满足开启宽度要求和最小安全尺寸 300(开敞式平面)，如图 5-12 所示。

(四)梯井宽度

所谓梯井是指两个梯段之间的空隙叫梯井。在平行多跑楼梯中，可无梯井，但为了梯段安装和平台转弯缓冲，可设梯井。为了安全，其宽度应小，以 60～200mm 为宜。

一般规定公共建筑楼梯井的宽度不宜小于 150mm(由消防要求而定)，一般取 160mm。当梯井超过 200mm 时，设水平防护设施。

[想一想]

梯井宽度的确定依据是什么?

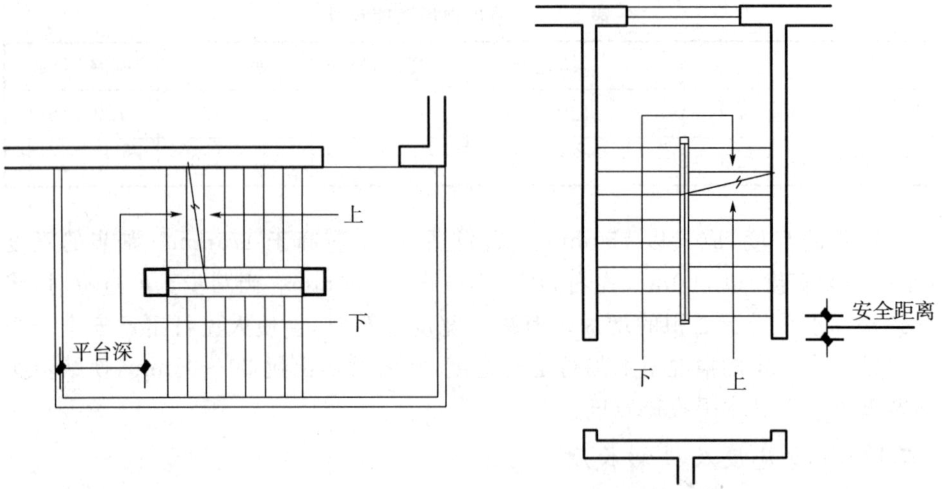

(a)平台深避开结构柱起算　　(b)遇有开门处踏步留出安全距离

图 5-12　平台的宽度

[想一想]

如何结合成人和幼儿设计楼梯的栏杆和扶手?

(五)栏杆扶手尺寸

扶手高度是指自踏步前缘线至扶手顶面的垂直距离,一般不宜小于 900mm(如图 5-13 所示)。一般规定室外楼梯扶手高度≥1050mm;幼儿园建筑的扶手为适应儿童身高,高度为 600mm;当水平扶手的长度超过 0.5m 时,其高度不应小于 1050mm;当梯段宽度大于 1650 时,应增设靠墙扶手,超过 2200 时,还应增设中间扶手。

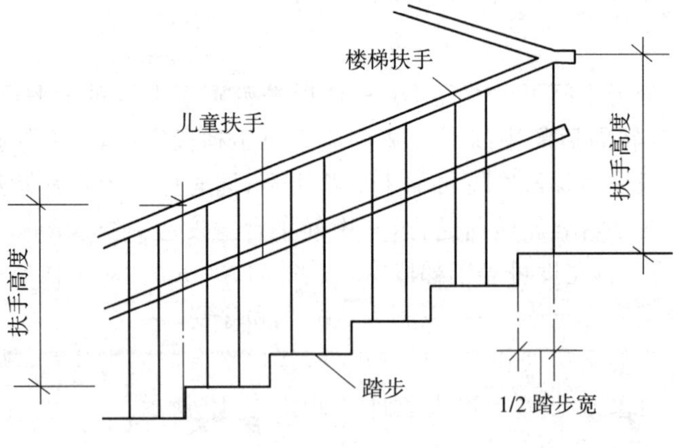

图 5-13　扶手的高度

(六)楼梯净空高度

1. 楼梯净空高度一般是指楼梯段底面到下面楼梯段踏步前边缘或楼梯平台至上层平台梁下,人行或搬运物件时所需的竖向净空高度。

一般要求居住性建筑平台处不小于 2000mm,梯段范围内净空高度不小于

2200mm；公共性建筑两项均应大于 2200mm，如图 5-14 所示。

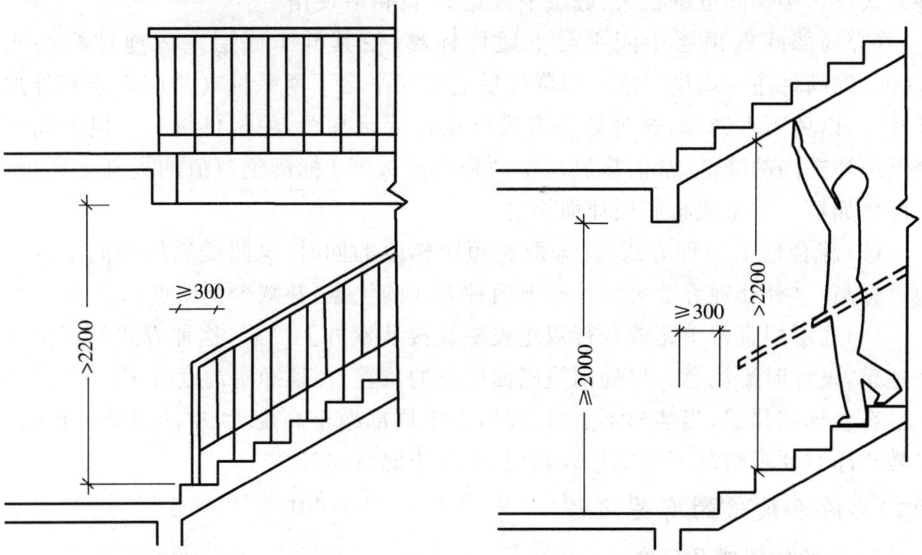

(a)平台梁下净高 (b)梯段下净高

图 5-14 梯段净空高度

2. 当在平行双跑楼梯底层中间平台下需设置通道时，为保证平台下净空满足通行要求，一般可采用一下方式解决，如图 5-15 所示。

［想一想］

为什么对楼梯的净空高度有如上规定？

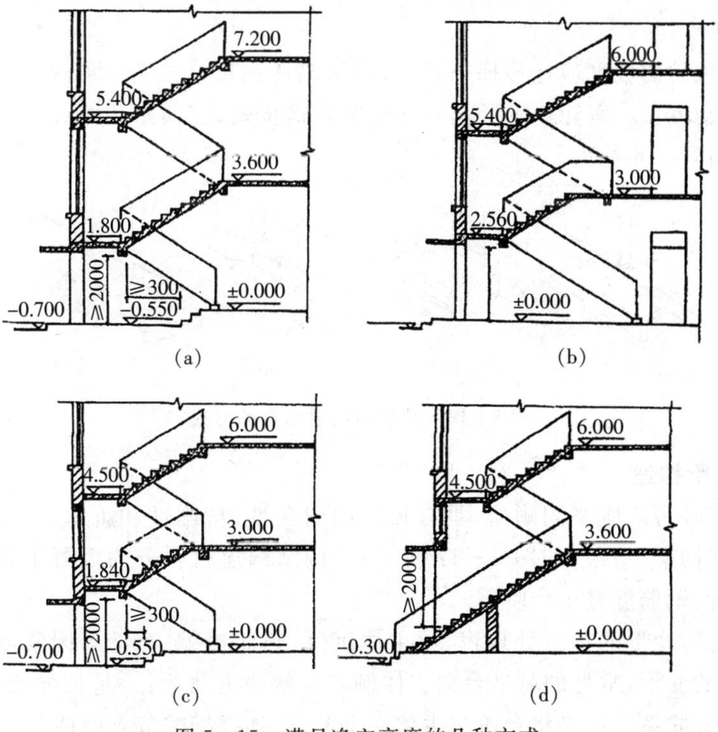

图 5-15 满足净空高度的几种方式

(1)在底层变作长短跑梯段。起步第一跑为长跑，以提高中间平台标高，这种方式仅在楼梯间进深较大、底层平台宽 D_2 富裕时使用。

(2)局部降低顶层中间平台下地坪标高，使其低于底层室内地坪标高±0.000，以满足净空高度要求。但降低后的中间平台下西平标高仍应高于室外地坪标高，以免雨水倒溢，这种处理方式可保持等跑梯段，使构件统一。但中间平台下地坪标高的降低，常依靠底层室内地坪±0.000 标高绝对值的提高来实现，可能增加填土方量或将底层地面架空。

(3)综合以上两种方式，在采取长短跑梯段的同时，又降低底层中间平台下地坪标高，这种处理方法可兼并有前两种方式的优点，并减少其缺点。

(4)底层用直行单跑或双行双跑楼梯直接从室外上二层，这种方式常用于住宅建筑，设计时需注意入口处雨篷底面标高的位置，保证净空高度要求。

在楼梯间顶层，当楼梯不上屋顶时，由于局部净空高度大，空间浪费，可在满足楼梯净空要求情况下局部加以利用，做成小储藏间等。

(四)台阶和坡道的有关问题

1. 台阶的组成及尺度

(1)平台

台阶与建筑物出入口之间的缓冲、过渡空间。宽度至少等于门洞口宽度每边各加 300mm，平台的出墙长度应大于门扇宽度，一般为门扇宽度加 300～600mm。为防止雨水积聚或溢水，平台表面宜比室内地面低 20mm，并向外找找坡 1%～3%。

(2)踏步

室外台阶的坡度应比楼梯平缓些，每级踏步高度一般为 100～150mm，宽度为 300～400mm。室外台阶形式一般有单面踏步式、三面踏步式、踏步与坡道结合式，如图 5－16 所示。

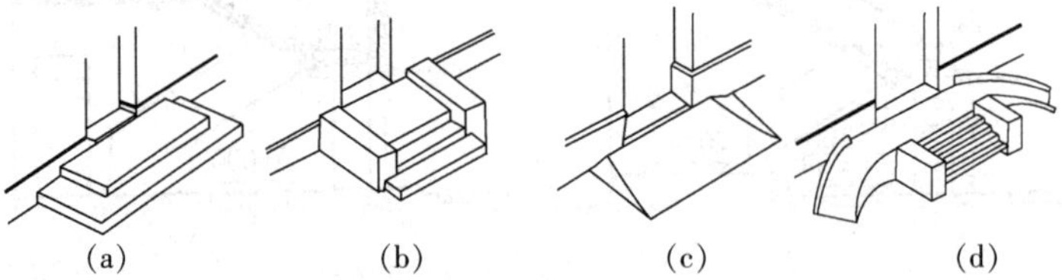

图 5－16　踏步与坡道结合的方式

2. 台阶构造

(1)室外台阶应坚固耐磨，具有较好的耐久性、抗冻性和抗水性。构造层次为面层、结构层、垫层(如图 5－17 所示)。按结构层材料分为混凝土台阶、石台阶、砖台阶、钢筋混凝土台阶等。

(2)台阶变形的构造处理：房屋主体沉降、热胀冷缩、冰冻等因素，都有可能造成台阶的变形，常见的是平台向主体倾斜。解决方法为：一是加强房屋主体与台阶之间的联系。二是将台阶与主体完全断开，加强缝隙节点处理。

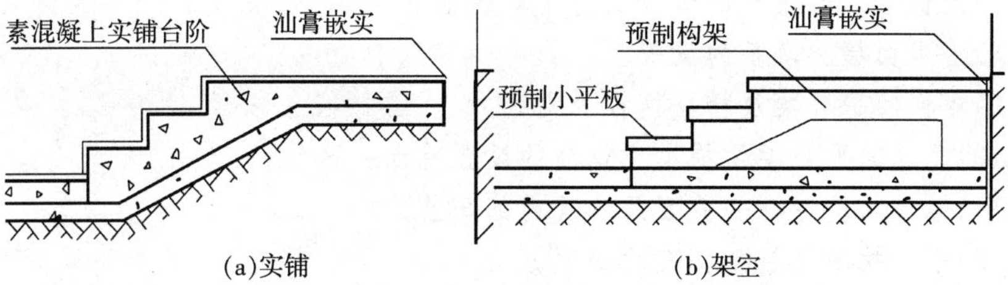

图 5－17　台阶构造

[想一想]

1. 室外台阶的组成、形式、构造要求及做法如何？
2. 坡道如何进行防滑？

3. 坡道

为方便车辆出入，有车辆经常出入的建筑物出入口处常做坡道，如汽车库、仓库、商店的进货口等，供残疾人使用的建筑必须得做坡道。

(1)坡道尺度

室内坡度 1/8，室外坡度 1/10，无障碍设施坡道 1/12。

(2)坡道构造

坡道应坚实耐磨和抗冻性能好，一般常用混凝土坡道，当坡度大于 1∶8 时应做防滑处理。

【实践训练】

课目：楼梯构造认识实习

(一)实习目的

认识实习是建筑工程技术专业教学计划中重要的教学环节，是学生在校学习期间理论联系实际、增长实践知识的重要手段和方法之一。实习中，学生在专业技术人员和指导教师的帮助下，将所学知识和实习内容互相验证，并对一些实际问题加以分析和讨论，使学生对建筑工程技术专业的基本知识有一个良好的感性认识，了解专业概况，为后续专业理论知识的学习奠定一个良好的基础，同时，使学生对本行业的工作性质有一个初步的了解，培养学生对本专业的热爱，强化学生的事业心和责任感，巩固专业思想。

(二)实习内容

1. 识读多层建筑施工图一套(楼梯部分)。
2. 识读高层建筑施工图一套(楼梯部分)。
3. 了解以下内容：

(1)楼梯间的设置部位。

(2)楼梯的形式及楼梯各组成部分的尺度。

(3)当底层平台下做出入口时所采取的措施。

(4)现浇钢筋混凝土楼梯是板式楼梯还是梁板式楼梯？

(5)栏杆与踏步的连结方式。

(6)楼梯间构造柱设置的位置。

(7)楼梯平台梁设置的部位及与墙体的搭置。

(8)踏步面层防滑条的设置。

(9)楼梯间平台梁及梯段模板的支设。

(10)楼梯间平台梁及梯段中钢筋的设置特点。

(11)楼梯间构造柱的截面尺寸及内部配筋。

(12)栏杆扶手转折处交叉的处理方法。

(13)电梯及自动扶梯设置的部位。

(14)建筑室外台阶的处理手段。

第二节 楼梯设计

一、楼梯的设计要求

1. 要满足功能方面的要求；
2. 要满足结构方面的要求；
3. 要满足防火、安全方面的要求数量、宽度、采光通风、防火墙等；
4. 要满足施工、经济方面的要求。

二、楼梯位置确定

1. 楼梯应放在明显和易于找到的部位；
2. 不宜放在建筑物的角部和边部，以便于荷载的传递；
3. 楼梯间应有直接采光和自然通风；
4. 四层以上的建筑物楼梯间，底层应设出入口，四层及以下，可以放在距出入口≤15m 处。

三、楼梯间的形式

1. 开敞式楼梯间；
2. 封闭式楼梯间；
3. 防烟楼梯间。

四、楼梯平面表示方法

无论是底层楼梯、中间楼梯还是顶层楼梯，都必须用箭头标明上下行的方向，并注明上行或下行，而且必须从正平台开始标注，如图 5－18 以双跑楼梯为例来说明其平面的表示法。

所谓平面图其实是平剖面图，其剖切位置默认为站在该层平面上的人眼的高度位置，因此在楼梯的平面图上会出现剖切线。在底层楼梯中，一般只有上行段，剖切线将梯段在人眼高度处截断；中间层楼梯的上行段表示法同底层，下行段的水平投影线的可见部分至上行段剖切线处为止；顶层楼梯因为只有向下行一个方向，所以不会出现剖切线。

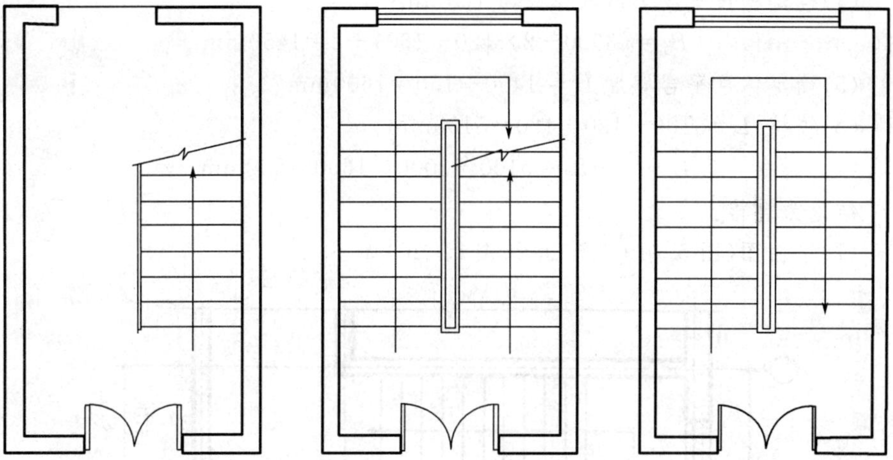

图 5-18　双跑楼梯示意图

五、楼梯的设计步骤

1. 确定踏步高度 h，根据层高算出踏步数 N，并根据经验公式确定踏步宽度 b。初步确定采用几跑梯段。

2. 计算最长梯段水平投影长度 $L=(\text{踏步数}-1)\times b$。

3. 确定梯井宽度 C，根据开间尺寸确定梯段板宽度 B。

4. 确定中间平台宽度 $D1$。

5. 根据进深尺寸计算楼层平台宽度 $D2$，校核平面尺寸。

6. 进行剖面尺寸校核：楼梯净高验算（平台梁下和梯段处）。

【实践训练】

课目：楼梯设计实例

（一）目的

某公共性建筑物，开敞式平面，开间 3300mm，进深 5100mm，层高 3300mm，室内外高差 450mm，砌体结构墙厚同常规，楼梯间不通行，试按三层楼设计一双跑平行式楼梯。

（二）步骤

（1）因开敞式楼梯，又是公共性建筑物，故初步选取 $b=300\text{mm}$，$h=150\text{mm}$ 的双跑平行式楼梯。

（2）确定踏步数

3300/150＝22 步

由于 22 步大于 18 步和本题采用双跑平行式，故每跑取 11 步。

（3）确定梯段水平投影长度

300×（11－1）＝3000mm（L1）

(4)确定梯段宽度 B1,取梯井为 160mm:

$$B_1=(3300-2\times120-160)\div2=1450\text{mm}$$

(5)确定休息平台宽度 $L_2=1450+150=1600\text{mm}$

(6)校核:$L=5100-120+120=5100\text{mm}$

$$L-L_1-L_2=5100-3000-1600=500\text{mm}$$

结论为合格。

(7)平面图(图 5-19)、剖面图(图 5-20)如下:

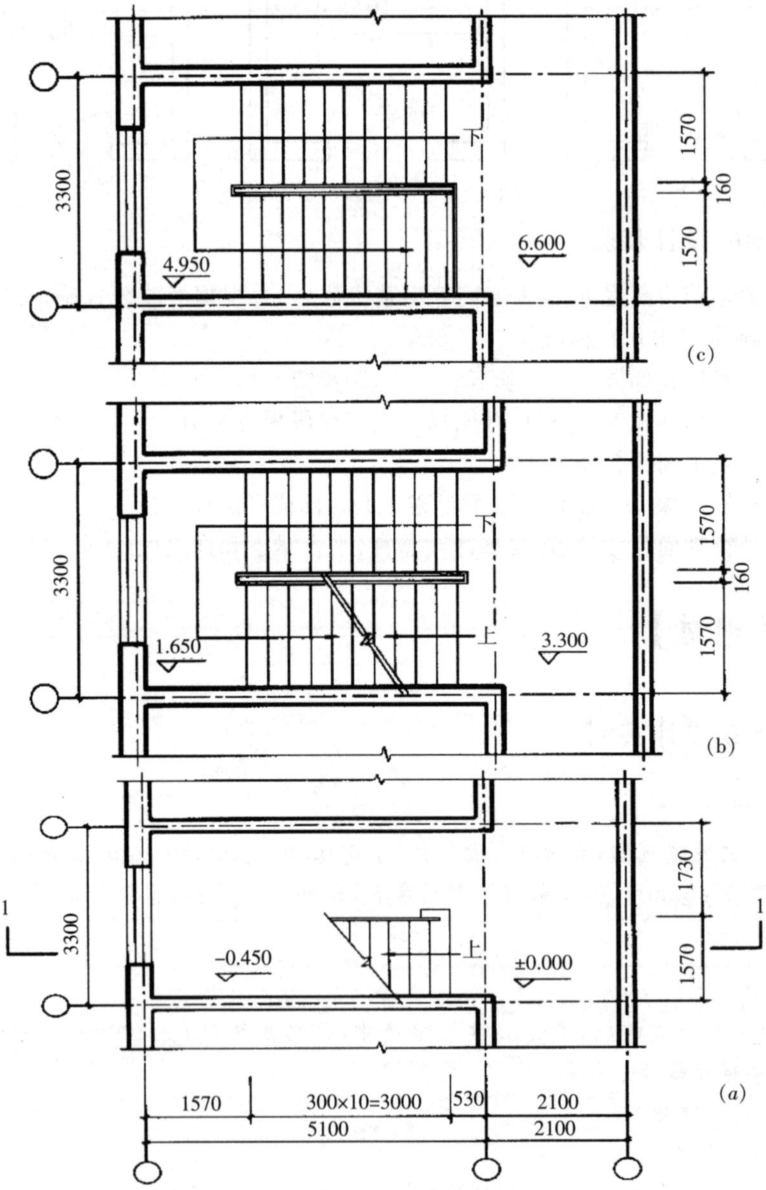

图 5-19　平面图

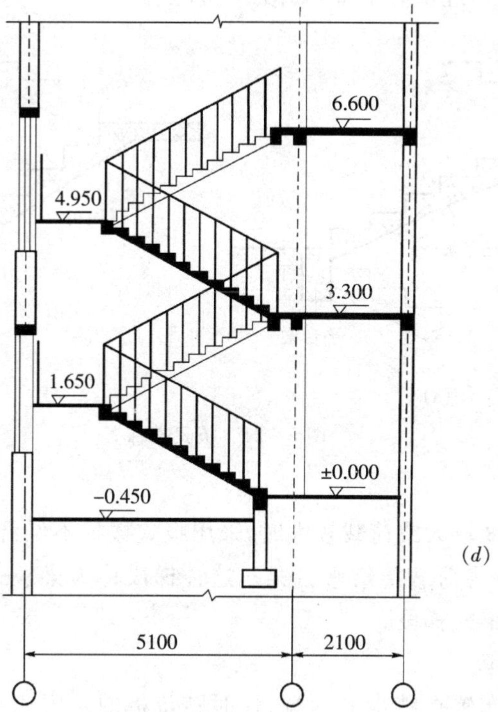

图 5-20 剖面图

第三节 钢筋混凝土楼梯

一、概述

钢筋混凝土楼梯具有坚固耐久、节约木材、防火性能好、可塑性强等优点，得到广泛应用。按其施工方式可分为预制装配式和现浇整体式，预制装配式有利于节约模板、提高施工速度；现浇钢筋混凝土楼梯其特点是整体性好，尺寸灵活，但现场支模消耗工料较多，施工速度慢，因此现浇钢筋混凝土楼梯多用于施工现场无起重设备、楼梯形式复杂或对抗震要求较高的建筑中。本节以常用的平行双跑楼梯为例，阐述现浇式钢筋混凝土楼梯的一般构造原理和做法。

二、现浇钢筋混凝土楼梯

[想一想]

钢筋混凝土楼梯有哪些优缺点？

现浇式钢筋混凝土楼梯按照梯段结构形式的不同，可分为板式楼梯和梁式楼梯。

（一）板式楼梯

楼梯段作为一块整浇板，斜向搁置在平台梁上，相当于一块斜放的板，平台梁之间的距离即为跨度。也可以把两个或一个平台板和一个梯段组合成一块折形板。这样处理，平台下的净空扩大了，斜板跨度增加了。

特点：底面平整，便于装修，外形简洁，便于支模。荷载大时，板厚增加，钢筋和混凝土用量增多，经济型下降，如图 5－21 所示。

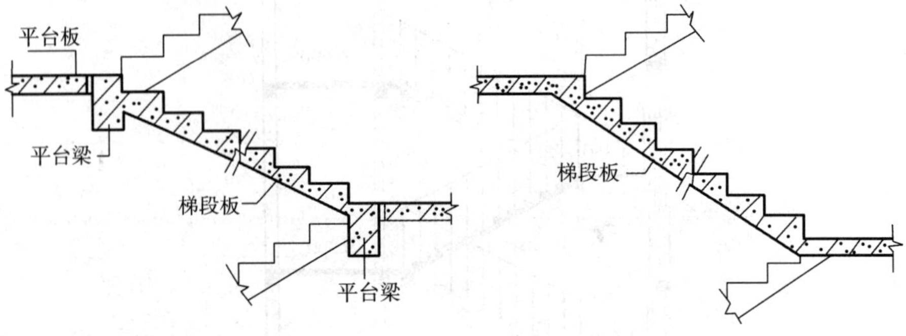

(a)　　　　(b)

图 5－21　板式楼梯

[想一想]

板式楼梯的优缺点有哪些?

(二)梁式楼梯

当楼梯段宽度较大或荷载较大时，采用板式楼梯不经济，须增加梯段斜梁以承担板的荷载，并将荷载传给平台梁。这种梯段称为梁板式梯段。在结构上有双梁式梯段和单梁式梯段。

1. 双梁式梯段

将梯段斜梁布置在踏步的两端，这时踏步板的跨度便是梯段的宽度。由于板的跨度小，所以可以承受较大的荷载。按照梁所在的位置不同又可以分为正梁式(明步)和反梁式(暗步)。在图 5－22 中，(a)为明步，(b)为暗步。

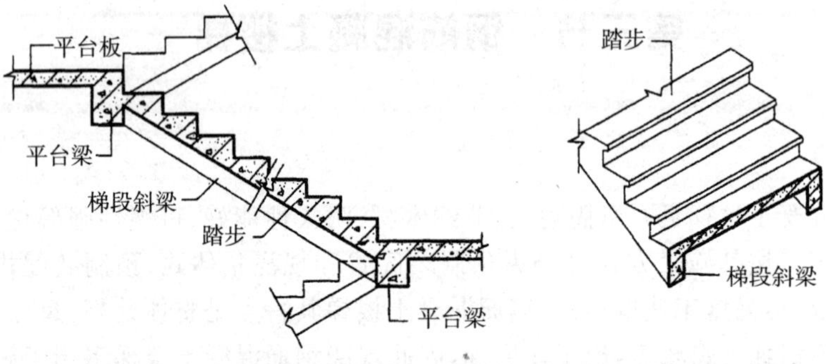

(a)

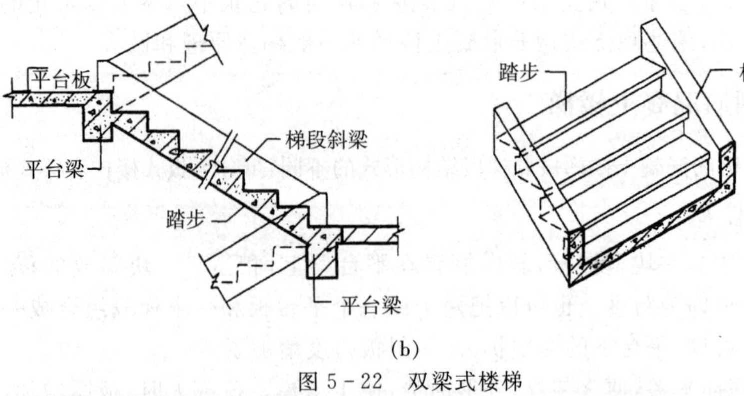

(b)

图 5－22　双梁式楼梯

2. 单梁式梯段

每个梯段由一根斜梁支承踏步。梁的布置方式又有两种，一种是单梁悬臂式，另一种是单梁挑板式，如图 5－23 所示。

[想一想]

双梁式楼梯和单梁式楼梯各有何特点？

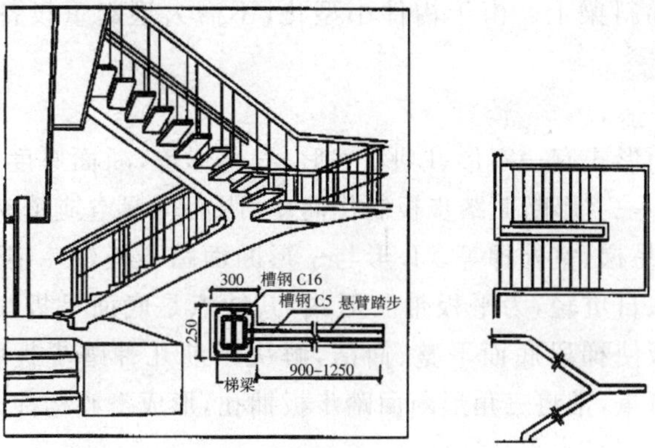

(a)单梁悬臂式

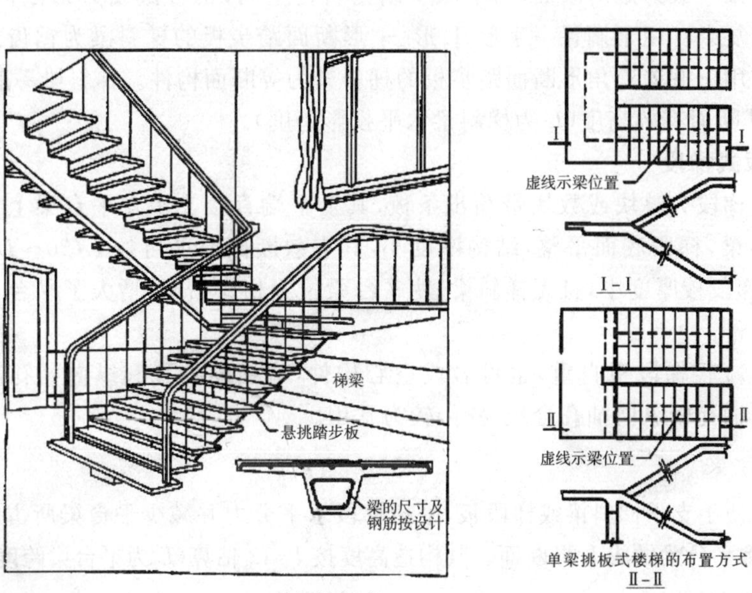

(b)单梁挑板式

图 5－23　单梁式楼梯

三、预制钢筋混凝土楼梯

[问一问]

预制钢筋混凝土楼梯的特点是什么？

预制装配式钢筋混凝土楼梯按其构造方式可分为梁承式、墙承式和墙悬臂式等类型。

预制装配梁承式钢筋混凝土楼梯系指楼段由平台梁一支承的楼梯构造方式。由于在楼梯平台与斜向楼梯段交汇处设置了平台梁，避免了构件转折处受力不合理和节点处理的困难，在一般大量性民用建筑中较为常用。预制构件可按梯段(板式或梁板式梯段)、平台梁、平台板三部分进行划分。

（一）梯段

1. 梁板式梯段

梁板式梯段由梯斜梁个踏步板组成。一般在踏步板两端各设一根梯斜梁，踏步板支承在梯斜梁上。由于构件小型化，不需大型起重设备即可安装，施工简便。

(1)踏步板

踏步板断面形式有一字形、L 形、┑ 形、三角形等，断面厚度根据受力情况约为 40～80mm。一字形断面踏步板制作简单，踢面可漏空或填充，使其受力不太合理，仅用于简易梯、室外梯等。L 形与┑ 形断面踏步板较一字形断面踏步板受力合理、用料省、自重轻，为平板带肋形式，其缺点是底面呈折线形，不平整。三角形断面踏步板使梯段底面平整、简洁，解决了前几种踏步板底面不平整的问题。为了减轻自重，常将三角形断面踏步板抽孔，形成空心构件。

(2)梯斜梁

梯斜梁一般为矩形断面，为了减少结构所占空间，也可做成 L 形断面，但构件制作较复杂。用于搁置一字形、L 形、┑ 形断面踏步板的梯斜梁为锯齿形变断面构件。用于搁置三角形断面踏步板的梯斜梁为等断面构件。梯斜梁一般按 $L/12$ 估算其断面有效高度（L 为梯斜梁水平投影跨度）。

[想一想]

小型预制构件装配式楼梯的支承方式有哪几种？预制踏步板的形式有哪几种？各对应何种截面的梁？减轻自重的方法有哪些？

2. 板式梯段

板式梯段为整块或数块带踏步条板，其上下端直接支承在平台梁上。由于没有梯斜梁，梯段底面平整，结构厚度小，其有效断面厚度可按 $L/20$～$L/30$ 估算，由于梯段板厚度小，且无梯斜梁，使平台梁位置相应抬高，增大了平台下净空高度。

为了减轻梯段板自重，也可做成空心构件，有横向抽孔和纵向抽孔两种方式。横向抽孔较纵向抽孔合理易行，较为常用。

（二）平台梁

为了便于支承梯斜梁或梯段板，平衡梯段水平分力并减少平台梁所占结构空间，一般将平台梁做成 L 形断面。其构造高度按 $L/12$ 估算（L 为平台梁跨度）。

[问一问]

钢筋混凝土楼梯常见的结构形式是哪几种？各有何特点？

（三）平台板

平台板可根据需要采用钢筋混凝土空心板、槽板或平板。需要注意的是，在平台上有管道井处，不宜布置空心板。平台板一般平行于平台梁布置，以利于加强楼梯间整体刚度。

四、楼梯的细部做法

（一）踏步处理

1. 踏步面层选择

应便于行走，耐磨、防滑、便于清洁，同时要求美观，一般有水泥砂浆、水磨石、大理石、地砖等。

2. 防滑处理

为防止行人行走时滑倒，踏步表面应采取防滑和耐磨措施，通常是在踏口处做防滑条。

[想一想]
楼梯踏面的做法如何？水磨石面层的防滑措施有哪些？

(二)栏杆、栏板和扶手构造

栏杆、栏板或扶手是上下楼梯的安全设施，也是建筑中装饰性极强的构件。设计、施工时应考虑坚固、安全、适用、美观。楼梯栏杆一般分为空花栏杆、实心栏板、组合式。

1. 空花栏杆

[想一想]
如何合理选择适宜的栏杆和扶手？

多采用方钢、圆钢、扁钢等型材焊接或铆接而成。栏杆与楼梯段的连接方式为：

(1)预埋铁件焊接

将栏杆的立杆与楼梯段中预埋的钢板或套管焊接在一起。

(2)预留孔洞插接

将栏杆的立杆端部做成开脚或倒刺插入楼梯端预留的孔洞，用水泥砂浆或细石混凝土填实。

(3)螺栓连接

用螺栓将栏杆固定在梯段上。

2. 实心栏板

多为钢筋混凝土、加筋砖砌体、有机玻璃、钢化玻璃等。

(1)组合式

将空心栏杆和实心栏板组合而成。

(2)扶手构造

扶手位于栏杆的顶部，一般用硬木、塑料和金属材料制作。

【实践训练】

课目：楼梯的结构的构造

(一)目的

1. 通过参观在建工程及阅读施工图纸，进行现场比较，进一步培养学生的空间想象能力，提高识读工程图的能力。

2. 通过参观，运用所学知识品评所选择楼梯类型的优缺点，提高自身的观察分析能力和欣赏水平，为下面的课程设计打下基础。

3. 通过实习，了解建筑工程中楼梯的施工工艺，熟悉楼梯构造，了解楼梯中建筑材料的特性及应用。

4. 通过实习，培养学生劳动的观点，发扬理论联系实际的作风，为今后从事生产技术管理工作奠定基础。

(二)注意事项

1. 爱护实习单位及场地的一草一木,不得践踏和损坏。保护公共及个人财产。努力与实习单位及群众搞好关系。

2. 注意安全。要统一行动,听从指挥,不要随便进入工地现场或到危险的地方去,进入现场要佩戴安全帽,穿工作服,同学之间,师生之间要相互关心,互相帮助。

3. 要求同学严格遵守实习纪律,违纪者将给以严肃处理;如造成不良后果,一切责任由当事者本人负责。

(三)学习的内容

通过参观某项在建工程现场情况,了解以下内容:

1. 了解该建筑物楼梯的结构形式、构造特点、建筑做法、承重方式、施工方式等;

2. 了解该建筑物的性质与楼梯之间的关系;

3. 了解该建筑物的楼梯详细构造;

4. 了解建筑物楼梯的装修构造。

第四节 电梯和自动扶梯

一、电梯

(一)电梯的类型

1. 按使用性质分

(1)客梯主要用于人们在建筑物中的垂直联系。

(2)货梯主要用于运送货物及设备。

(3)消防电梯用于发生火灾,爆炸等紧急情况下作安全疏散人员和消防人员紧急救援使用。

2. 按电梯行驶速度分

为缩短电梯等候时间,提高运送能力,需确定恰当速度。根据不同层数的不同使用要求可分为:

(1)高速电梯

速度大于2m/s,梯速随层数增加而提高,消防电梯常用高速。

(2)中速电梯

速度在2m/s之内,一般货梯,按中速考虑。

(3)低速电梯

运送食物电梯常用低速,速度在1.5m/s以内。

3. 其他分类

有按单台、双台分;按交流电梯、直流电梯分;按轿厢容量分;按电梯门开启方向分等。

4. **观光电梯**

观光电梯是把竖向交通工具和登高流动观景相结合的电梯。透明的轿厢使电梯内外观景相互沟通。

(二)电梯的组成

电梯由下列几部分组成：

1. **电梯井道**

不同性质的电梯，其井道根据需要有各种井道尺寸，以配合各种电梯轿厢供选用。井道壁多为钢筋混凝土井壁或框架填充墙井壁。

2. **电梯机房**

机房和井道的平面相对位置允许机房任意向一个或两个相邻方向伸出，并满足机房有关设备安装的要求。

3. **井道地坑**

井道地坑在最底层平面标高下≥1.4m，作为轿厢下降时所需的缓冲器的安装空间。

4. **组成电梯的有关部件**

(1)轿厢

是直接载人，运货的厢体。

(2)井壁导航和导轨支架

是支承、固定厢上下升降的轨道。

(3)牵引轮及其钢支架、钢丝绳

平衡锤、轿厢开关门、检修起重吊钩等。

(4)有关电器部件

交流电动机、直流电动机、控制柜、继电器、选层器、动力、照明、电源开关、厅外层数指示灯和厅外上下召唤盒开关等。

[想一想]
电梯有何特点？各种电梯适用的条件是什么？

(三)电梯与建筑物相关部位构造

1. **井道、机房建筑的一般要求**

(1)通向机房的通道和楼梯宽度不小于1.2m。楼梯坡度不大于45°。

(2)机房楼板应平坦整洁，能承受6kPa的均布荷载。

(3)井道壁为钢筋混凝土时，应预留150mm见方、150mm深孔洞、垂直中距2m，以便安装支架。

(4)框架(圈架)上应预埋铁板，铁板后面的焊件与梁中钢筋焊牢。每层中间加圈梁一道。并需设置预埋铁板。

(5)电梯为两梯并列时。中间可不用隔墙而按一定的间隔放置钢筋混凝土梁或型钢过梁，以便安装支架。

2. **电梯导轨支架的安装**

安装导轨支架分预留孔留入式和预埋铁件焊接式电梯构造。

[想一想]
常用电梯有哪几种？电梯井道要求如何？

二、自动扶梯

自动扶梯的运行原理，是采取机电系统技术，由电动马达变速器以及安全制

[试一试]
识读电梯构造图。

动器组成的推动单元拖动两条环链，而每级踏板与环链连接，通过轧轮的滚动，踏板便沿主构架中的轨道循环运转，而在踏板上面的扶手带以相应速度同步运转。

自动扶梯一般运输的垂直高度为 0～20m，速度则为 0.45～0.75m/s。常用速度为 0.5m/s。自动扶梯的理论载客量为 4000～13500 人次/h。自动扶梯的常用片额度为 30°、35°。

本章思考与实训

1. 楼梯的作用是什么？
2. 楼梯主要由哪几部分组成？
3. 楼梯设计过程中有关构造尺寸有何规定？
4. 某住宅的开间尺寸为 2700mm，进深尺寸 5100mm，层高 2800mm，封闭式平面，内墙 240mm，轴线居中，外墙 360mm，外 240mm，内 120mm。室内外高差 750mm，楼梯间底部有出入口，门高 2000mm，按四层楼设计。
5. 某公共建筑楼梯间，开间尺寸为 5100mm，进深尺寸为 5400mm，层高尺寸 3900mm。开敞式平面。墙厚同常规，室内外高差 450mm，楼梯间无对外出入口。试设计三跑楼梯，按三层楼设计。
6. 某办公楼为砌体结构，墙厚同常规，开敞式平面，内有出入口，门高 2000mm，开间 3000mm，进深 5400，层高 3300mm，室内外高差 500mm，其中 50mm 用于室外，试按五层楼设计。

第六章 门窗构造

【内容要点】

1. 门和窗概述；
2. 窗的构造；
3. 门的构造。

【知识链接】

- 门与窗
  - 门的要求与类型
    - 门的要求
      - 内外交通的要求
      - 疏散的要求
      - 采光和通风的要求
      - 防火的要求
      - 建筑立面装饰的要求
    - 门的类型
      - 按使用材料分
        - 木门
        - 钢门
        - 铝合金门
        - 玻璃门
      - 按开启方式分
        - 平开门
        - 推拉门
        - 转门
        - 弹簧门
        - 卷帘门
        - 折叠门
  - 窗的要求与类型
    - 窗的要求
      - 采光的要求
      - 通风的要求
      - 眺望的要求
      - 建筑立面装饰的要求
    - 窗的类型
      - 按使用材料分
        - 木窗
        - 钢窗
        - 塑钢窗
        - 铝合金窗
      - 按开启方式分
        - 平开窗
        - 固定窗
        - 推拉窗
        - 悬窗
        - 立转窗

第一节　门和窗概述

一、门和窗的作用

门和窗是建筑物的重要组成部分，也是主要围护构件。

门在房屋建筑中的作用主要是内外交通、疏散、防火、建筑立面装饰，并兼有采光和通风作用。

窗的作用主要是采光、通风、眺望、传递、建筑立面装饰。

在某些情况下，门和窗还有分隔空间、保温、隔热、隔声、防风沙等作用。

二、门和窗的要求

（一）窗的要求

1. 采光的要求

房间的功能不同对采光的要求不同，超过和低于采光要求对工作和生活都是不利的。房间一般应以自然采光为主，特殊情况下选用人工照明。

房屋的采光面积标准是与房间面积、使用功能有关。用房间开窗的洞口面积与房间的使用面积之比（称为窗地比）作为采光标准。如卧室、起居室的窗地比为1/7，幼儿园活动室为1/5，办公室为1/6，阅览室为1/5，教室为1/6。

2. 通风的要求

开启窗扇排除室内污浊空气、补充室内新鲜空气和降低室内温度，叫做自然通风。借助引风机或排风机进行通风的叫机械通风。一般性建筑应尽量采用自然通风，以降低工程造价，且有利于人体健康。窗扇中应设置足够可开启的窗扇以便通风。

3. 眺望的要求

从室内通过窗户向室外观看即为眺望。这是一般窗均具有的功能，可以通过窗面观看室外的自然环境。用于房间过渡或走廊两侧的橱窗还有观察、陈设的功能，多以不开启大面积玻璃窗为主。

4. 建筑立面装饰的要求

窗户是建筑的心灵。建筑立面装饰与建筑物的性格紧密相关，而建筑物的性格，如庄重或活泼、开敞或封闭、民族地域风貌或时代特色均可利用窗户的选型、大小、布局、形状、色彩等手段充分表现出来。

位于外墙上的窗，既可以吸收阳光的辐射热和紫外线，也是散失热量的重要缺口，一般通过外窗所散失的热量相当于同面积墙体的2～3倍。设计人员在确定窗的数量、大小、材料、层数、朝向等方面应结合实际情况进行选择。

窗也是传播噪声和进入风沙的途径，在窗扇层数、缝隙处理上应予以可靠的措施保证，以提高房间的安静和洁净程度。

(二)门的要求

1. **内外交通的要求**

门的主要作用是供人们和家具设施出入建筑物和房间以及房间之间联系的交通口。它的大小、数量、位置、用材、开启方式等均需按照规范要求进行设计。

2. **疏散的要求**

对于不同耐火等级和不同地震烈度地区的建筑,均应设置相应数量的疏散口,以利于在救急情况下供人们能尽快疏散到安全地带。

3. **采光和通风的要求**

在门扇上设置小玻璃窗,或利用半玻璃门、全玻璃门均可以改善室内采光。门的位置布置应合理,可以与对应的门窗组织空气对流,利于通风。

4. **防火的要求**

建筑物需按其耐火等级划分若干个防火单元,单元之间的联系口应设置防火门。当发生火灾时关闭防火门以断绝火势蔓延。防火门还可以随时疏散人员,防火门隔断火源之处可作人员临时避难处。防火门须用不燃烧材料制成,并用弹簧铰链安装。

5. **建筑立面装饰的要求**

建筑物立面装饰的重点,一般均设在主要出入口处,以体现建筑物主次分明、重点突出,以达到丰富建筑物立面装饰效果的目的。

门也是建筑围护构件,故要求门的材料、构造和施工质量应能满足坚固耐久、防盗、隔声、保温、防风沙、防雨雪等要求。同时门的设置位置、开启方式、开启方向等方面也应力求做到方便简捷、少占空间、开关自如、减少交叉等要求。

目前我国门窗的生产已经实现工厂化制作和加工。建筑设计人员在绘制建筑施工图时,只需绘制门窗表,确定门窗洞口的尺寸、所选用的标准图集编号、每种门窗的数量。建设、施工单位根据门窗表从厂家购买、安装门窗即可。

[想一想]

1. 门与窗在建筑中的作用是什么?

2. 门与窗各有哪些要求?

第二节 窗的构造

一、窗的类型

1. **按使用材料分类**

按窗的使用材料不同分为木窗、钢窗、塑钢窗、铝合金窗等类型。

(1)木窗

是用经过干燥的含水率在18%左右的不易变形的木材做成的窗。其优点是适合手工制作,构造简单,制作灵活,密封性较好,保温效果好。缺点是窗料截面较大,遮挡光线较多,易变形,防水、防潮、防火性差,维修费用较高。

(2)钢窗

是用热轧特殊断面的型钢制成的窗。其优点是强度高,坚固耐久,挡光少,防火性能较好。缺点是易生锈,密封和热工性能较差。

(3)塑钢窗

是用硬质塑料制成窗框和窗扇并用型钢加强而制成的窗。其优点是密封和热工性能好，耐腐蚀，不变形，色彩丰富，是我国目前应用最广泛的窗型。

(4)铝合金窗

是用铝镁硅系列合金制成的窗。其优点是质量轻，密闭性能较好。但其强度较低，易变形。

[想一想]

窗户为什么会有不同的开启方式？

2. 按开启方式分类

按窗的开启方式不同分为平开窗、推拉窗、固定窗、悬窗、立转窗、百叶窗等类型，见图 6－1 所示。

(1)平开窗

是常用的一种开启方式。窗扇一侧用铰链与窗框相连，开启关闭十分方便。平开窗有单扇、双扇、多扇，有向外或向内水平开启。其构造简单，开启灵活，制作维修方便。

(2)推拉窗

目前建筑中常用水平推拉窗，其窗扇可以左右水平推拉，不占用空间，窗扇在导槽内滑动，开启后双层窗扇重叠，通风面积受到限制。

(3)固定窗

不能开启的窗。固定窗的玻璃直接嵌固在窗框上，可采光但不通风。其构造简单，密闭性好，多用于门窗亮子。

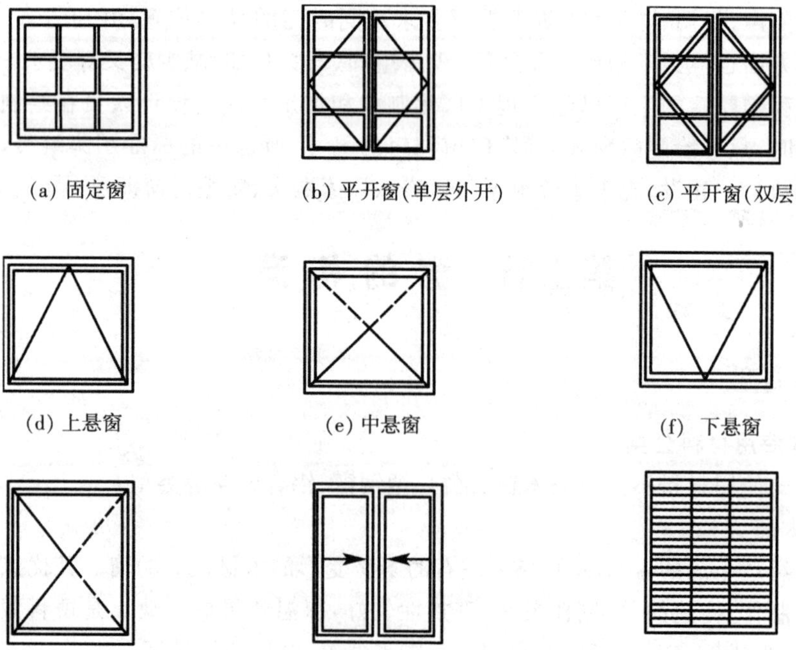

(a) 固定窗　(b) 平开窗(单层外开)　(c) 平开窗(双层内外开)

(d) 上悬窗　(e) 中悬窗　(f) 下悬窗

(g) 立转窗　(h) 推拉窗　(i) 百叶窗

图 6－1　窗的开启方式

(4)悬窗

窗扇绕水平轴转动的窗。铰链和转轴的位置不同,可分为上悬窗、中悬窗和下悬窗。上悬窗铰链安装在窗扇的上边,一般向外开,防雨好,多用于外门和窗上的亮子。中悬窗是在窗扇两边中部安装水平转轴,窗扇可绕水平轴旋转,开启时窗扇上部向内、下部向外,挡雨、通风较好。常用于单层工业厂房的高侧窗。下悬窗铰链安装在窗扇的下部,一般向内开,通风较好,但不防雨。一般用于内门上的亮子。

(5)立转窗

窗扇绕垂直轴转动的窗。引导风进入室内效果较好,防雨及密封性较差,多用于单层工业厂房的低侧窗。

(6)百叶窗

有固定式和活动式两种形式。主要用于遮阳、防雨及通风,但采光差。

二、平开木窗

1. 平开木窗的组成

平开窗主要有窗框、窗扇和建筑五金组成,根据需要还可附设窗帘盒、窗台板、贴脸板等。窗框可根据设计有无亮子及多扇而设置中横框和中竖框,如图6-2所示。

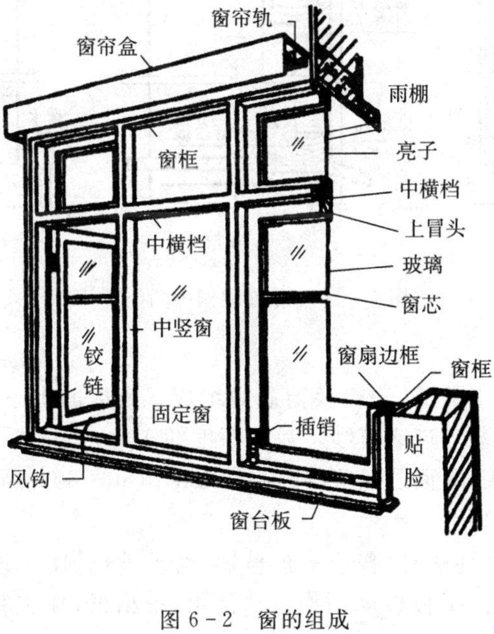

图6-2 窗的组成

2. 平开木窗的尺寸

按照门窗工业化生产及建筑模数的要求,窗洞口尺寸应符合3M模数系列尺寸,其高度和宽度尺寸主要有600mm、900mm、1200mm、1500mm、1800mm、

2100mm、2400mm 等尺寸。当洞口尺寸较大时，可进行窗扇的组合。

3. 平开木窗的构造

(1)窗框

窗框主要由上框、下框、边框及中横框、中竖框等组成。窗框主要作用是与墙连接并通过五金件固定窗扇。窗框断面尺寸应考虑接榫牢固，一般单层窗的窗框断面厚 40～60mm，宽 70～95mm，中横框和中竖框因两面有裁口，并且横框常有披水，断面尺寸应相应增大，双层窗窗框的断面宽度应比单层窗宽20～30mm。

窗框的安装分为先立口和后塞口两种。施工时，一般是先安装窗框，再安装窗扇和五金件。先立口安装是在墙砌至窗台高度时先安装窗框并进行临时固定，然后再砌墙。后塞口安装，是在砌墙时先留出窗洞，洞口的高、宽尺寸应比窗框尺寸大 10～20mm，之后再安装窗框，目前工程上通常采用后塞口的安装方式。

窗框在墙中的位置，一般是与墙内表面平，安装时窗框突出砖面 20mm，以便墙面粉刷后与抹灰面平。框与抹灰面交接处，应用贴脸板搭盖，以阻止由于抹灰干缩形成缝隙后风透入室内，同时可增加美观。贴脸板的形状及尺寸与门的贴脸板相同。当窗框立于墙中时，应内设窗台板，外设窗台。窗框外平时，靠室内一面设窗台板。窗台板可用木板，亦可用预制水磨石板，见图 6－3 所示。

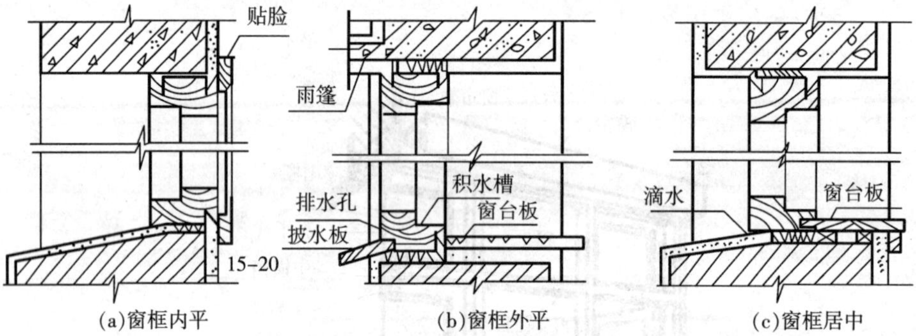

图 6－3　窗框在墙洞中的位置

(2)窗扇

窗扇由上冒头、下冒头、边挺及窗芯等组成。窗扇的上下冒头、边挺和窗芯均设有裁口，以便安装玻璃或窗纱。裁口深度约 10mm，一般设在外侧。用于玻璃窗的边挺及上冒头，断面厚×宽(35～42)mm×(50～60)mm，下冒头由于要承受窗扇重量，可适当加大。

建筑用玻璃按其性能有：普通平板玻璃、磨砂玻璃、压花玻璃、中空玻璃、钢化玻璃、夹层玻璃等。平板玻璃制作工艺简单，价格低，在工程中广泛应用。为了遮挡视线的需要，可选用磨砂玻璃或压花玻璃。

(3)建筑五金

窗的建筑五金主要有铰链、插销、窗钩、拉手等。铰链是窗扇和窗框的连接件，窗扇可绕铰链转动。插销是木窗关闭后的定位五金零件。拉手是方便开关窗扇的把手，一般安装在窗扇中挺的中部位置。建筑五金有各种尺寸和规格，应按照窗扇的大小及要求选用。

【实践训练】

课目一：铝合金窗制作与安装施工方案

（一）目的

掌握铝合金窗制作与安装的施工方法、技术措施及质量标准。

（二）环境要求

某市朝阳园住宅小区二期工程，外立面窗均为铝合金窗，由业主指定分包，经多方考察、比较，由北方国际公司负责铝合金窗的制作和安装。铝合金窗制作与安装由业主指定专业分包商——北方国际公司另行编制施工方案。

（三）技术措施

铝合金窗安装与土建工程相互配合上主要有以下几点：

(1)楼层标高线需全面复核，并将其引至门窗洞口边；

(2)外墙贴饼、厨卫内墙贴饼，并确定墙面完成面厚度，据此确定外墙贴饼面至铝合金窗框外侧的距离(或内墙贴饼面至铝合金窗框内侧的距离)。

(3)全楼垂直控制线，并根据排砖确定铝合金窗框至垂直控制线的距离。

(4)因外墙面为面砖，所有连接铁件及其锚固件均不得突出外墙面，以保证外墙面面砖平整度。

(5)地弹簧座的上皮一定与室内地坪一致。

(6)铝合金窗安装分楼分层组织验收，经验收合格的铝合金窗对窗框与墙体之间的缝隙进行处理。

课目二：塑钢窗制作与安装施工方案

（一）目的

掌握塑钢窗制作与安装的施工方法、技术措施及质量标准。

（二）环境要求

某市阳光住宅小区一期工程，外立面窗均为塑钢窗，由业主指定分包，经多方考察、比较，由某门窗公司负责塑钢窗的制作和安装。

（三）步骤

1. 施工准备

(1)材料准备

塑钢门窗按照图纸要求及规格在加工厂定做好。

(2)主要机具

手电钻、电锤、水平管、水平尺、螺丝刀、钳子、线坠、钢卷尺。

(3)作业条件

①主体结构工程已完,经验收达到合格标准,已办好工种之间的交接手续。

②按图示尺寸弹好门窗位置线,并根据已弹好的+50cm 水平线,确定好安装标高。

③校核已留置的洞口尺寸及标高是否符合设计要求,有问题的应及时改正。

④同一类型的门窗及其相邻的上下、左右洞口应横平竖直;对于高级装饰工程及放置过梁的洞口,应做洞口样板。洞口宽度和高度尺寸的允许偏差见下表:

表 6-1　洞口宽度或高度尺寸的允许偏差　　单位:mm

洞口宽度或高度	<2400	2400~4800	>4800
未粉刷墙面	±10	±15	±20
已粉刷墙面	±5	±10	±15

⑤检查塑钢门窗安装时的连接件位置排列是否符合要求。

⑥检查塑钢门窗表面色泽是否均匀,是否无裂纹、麻点、气孔和明显擦伤。

⑦准备好安装时的脚手架及做好安全防护措施。

⑧组合窗的洞口,应在拼樘料的对应位置设预埋件或预留洞。

⑨门窗安装应在洞口尺寸按第(4)条的要求检验并合格,办好工种交接手续后,方可进行,门的安装应在地面工程施工前进行。

2. 技术措施

(1)工艺流程

清理→安装固定片→确定安装位置→安装。

(2)施工方法

将不同型号、规格的塑钢门窗搬到相应的洞口旁竖放。当有保护膜脱落时,应补贴保护膜,并在框上下边划中线。

如果玻璃已安装在窗上,应卸下玻璃,并做好标记。

在窗的上框及边框上安装固定片,其安装应符合下列要求:

①检查门窗框上下边的位置及其内外朝向,并确认无误后,再安固定片。安装时应先采用直径为 ϕ3.2 的钻头钻孔,然后将十字槽盘端头自攻 M4×20 拧入,严禁直接锤击钉入。

②固定片的位置应距窗角、中竖框、中横框 150~200mm,固定片之间的距离应不大于 600mm。不得将固定片直接装在中横框、中竖框的挡头上。

③按图纸及窗扇的开启方向,确定窗框的安装位置,并把窗框装入洞口,并使其上下框中线与洞口中线对齐,安装时应采取防止窗变形的措施。

④当窗与墙体固定时,应先固定上框,后固定边框。固定方法如下:

a. 混凝土墙洞采用塑料膨胀螺钉固定。

b. 砖墙洞口采用塑料膨胀螺钉或水泥钉固定,并固定在胶粘圆木上。

c. 加气混凝土洞口,采用木螺钉将固定片固定在胶粘圆木上。

d. 设有预埋铁件的洞口应采取焊接的方法固定,也可先在预埋件上按拧紧固件规格打基孔，然后用紧固件固定。

e. 设有防腐木砖的墙面，采用木螺钉把固定片固定在防腐木砖上。

f. 窗下框与墙体的固定可将固定片直接伸入墙体预留孔内，并用砂浆填实。塑料门窗拼樘内补加强型钢，其规格壁厚必须符合设计要求。拼樘料与墙体连接时，其两端必须与洞口固定牢固。

g. 应将窗框或两窗框与拼樘料卡接，并用紧固件双向扣紧，其间距不大于600mm；紧固件端头及拼樘料与窗框之间缝隙用嵌缝油膏密封处理。

h. 窗框与洞口之间的伸缩缝内腔应采用闭孔泡沫塑料、发泡聚苯乙烯等弹性材料分层填塞，之后去掉临时固定用的木楔，其空隙用相同材料填塞。

i. 窗洞内外侧与窗框之间缝隙的处理如下：

普通玻璃窗：洞口内侧与窗框之间用水泥砂浆或麻刀白灰浆填实抹平；靠近铰链一侧，灰浆压住窗框的厚度以不影响扇的开启为限，待水泥砂浆或麻刀灰浆硬化后，外侧用嵌缝膏进行密封处理。

保温、隔声窗：洞口内侧与窗框之间用水泥砂浆或麻刀白灰浆填实抹平；当外侧抹灰时，应用片材将抹灰层与门窗框临时隔开，其厚度为5mm，抹灰层应超出窗框，其厚度以不影响扇的开启为限。待外抹灰层硬化后，撤去片材，将嵌缝膏挤入抹灰层与门窗框缝隙内。

j. 窗扇待水泥砂浆硬化后安装。

k. 窗玻璃的安装应符合下列规定：

玻璃不得与玻璃槽直接接触，应在玻璃四边垫上不同厚度的玻璃垫块。边框上的垫块应用聚氯乙烯胶加以固定。将玻璃装进框扇内，然后用玻璃压条将其固定。安装双层玻璃时，玻璃夹层四周应嵌入隔条，中隔条应保证密封，不变形、不脱落；玻璃槽及玻璃内表面应干燥、清洁。镀膜玻璃应装在玻璃的最外层；单面镀膜层应朝向室内。

⑤窗把手、纱窗铰链及锁扣等五金配件应安装牢固，位置正确，开关灵活。安装完成后应整理纱网，压实压条。

3. 质量标准

(1)主控项目

①塑钢窗的品种、规格、尺寸、开启方向、安装位置、连接方式及填嵌密封处理应符合设计要求，内衬增强型钢的壁厚及设置应符合国家现行成品标准的质量要求。

②塑钢窗框的安装必须牢固。固定片或膨胀螺栓的数量与位置应正确，连接方式应符合设计要求，固定点应距窗角、中横框、中竖框150～200mm，固定点间距应不大于600mm。

③塑钢窗拼樘料内衬增强型钢的规格、壁厚必须符合设计要求，型钢应与型材内腔紧密吻合，其两端必须与洞口固定牢固。窗框必须与拼樘连接紧密，固定点间距不大于600mm。

④塑钢窗扇应开关灵活、关闭严密，无倒翘，推拉窗扇必须有防脱落措施。

⑤塑钢窗配件的型号、规格、数量应符合设计要求，安装应牢固，位置应正确，功能应满足使用要求。

⑥塑钢窗框与墙体间缝隙应采用闭孔弹性材料填嵌饱满，表面应采用密封胶密封。密封胶应粘接牢固，表面应光滑、顺直、无裂纹。

(2)一般项目

①塑钢窗表面应洁净、平整、光滑，大面无划痕，碰伤。

②塑钢窗扇的密封条不得脱槽，旋转窗间隙应基本均匀。

③塑钢窗扇的开关力应符合下列规定：

a. 推拉窗扇的开关力应不大于100N。

b. 玻璃密封条与玻璃及玻璃槽口的连缝应平整，不得卷边、脱槽。

c. 排水孔应通畅，位置和数量应符合设计要求。

d. 塑钢窗安装的允许偏差和检验方法应符合下表的规定：

表6－2

项次	项目		允许偏差(mm)	检验方法
1	窗槽口宽度、高度	≤1500mm	2	用钢尺检查
		>1500mm	3	
2	窗槽口对角线长度差	≤2000mm	3	用钢尺检查
		>2000mm	5	
3	窗框的正、侧面垂直度		3	用1m垂直检测尺检查
4	窗横框的水平度		3	用1m水平尺和塞尺检查
5	窗横框标高		5	用钢尺检查
6	窗竖向偏离中心		5	用钢直尺检查
7	双层窗内外框间距		4	用钢尺检查
8	推拉窗扇与框搭接量		+1.5； −2.5	用钢直尺检查
9	推拉窗扇与竖框平行度		2	用1m水平尺和塞尺检查

(3)成品保护

①窗在安装过程中，应及时清除其表面的水泥砂浆。

②已安装窗框、扇的洞口，不得再作运料通道。

③严禁在窗框扇上支脚手架、悬挂重物；外脚手架不得压在门窗框、扇上并严禁蹬踩窗或窗撑。

④应防止利器划伤窗表面，并应防止电、气焊火花烧伤面层。

⑤立体交叉作业时，窗严禁碰撞。

(四)安全注意事项

(1)材料应堆放整齐、平稳，并应注意防火。

(2)安装窗、玻璃或擦玻璃时，严禁用手攀窗框、窗扇和窗撑；操作时应系好安全带，严禁把安全带挂在窗撑上。

(3)应经常检查电动工具有无漏电现象，电动工具应安装触电保护器。

第三节　门的构造

[问一问]
按开启方式，门分成几类？各适用于什么场所？

一、门的类型

1. 按使用材料分类

按门的使用材料不同分为木门、钢门、塑钢门、铝合金窗门、玻璃钢门、无框玻璃门等类型。其中以木门和塑钢门最宜用于内门。木门轻便、手感好、封闭性好，应用广泛。

2. 按开启方式分类

门按其开启方式通常有平开门、推拉门、弹簧门、折叠门、转门等，见图 6－4 所示。

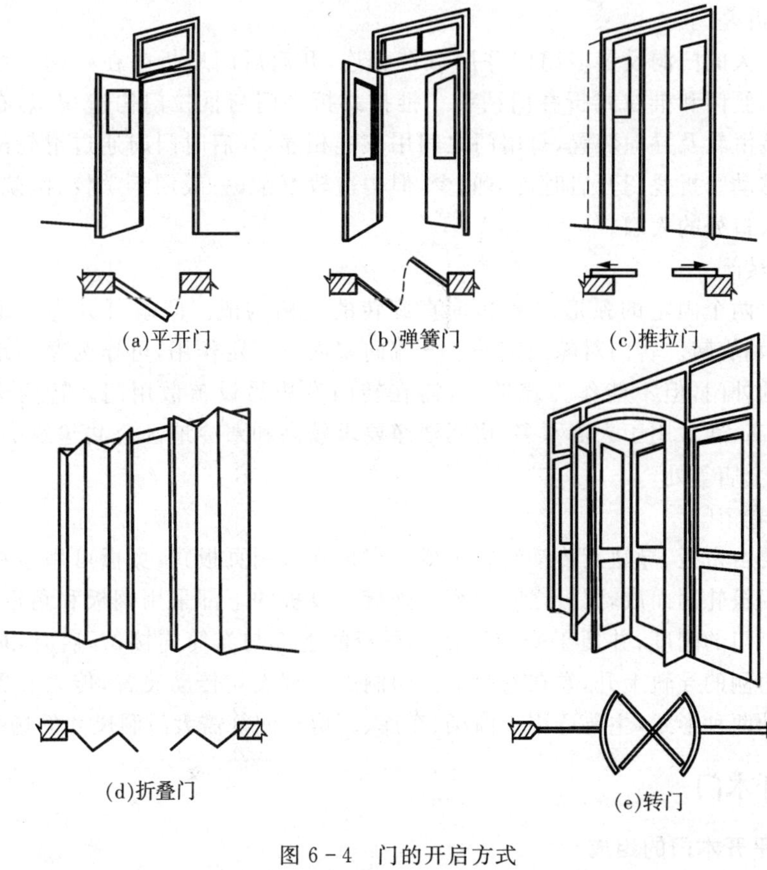

图 6－4　门的开启方式

(1)平开门

是水平开启的门,它的铰链装于门扇的一侧与门框相连,使门扇围绕铰链轴转动。其门扇有单扇、双扇和多扇,向内开和向外开之分。平开门构造简单,开启方便,关闭时密封性好,加工制作简便,易于维修,是建筑中最常见、使用最广泛的门。

(2)推拉门

是开启时门扇沿轨道左右滑行的门。通常为单扇和双扇。根据轨道的位置,推拉门可分为上挂式和下滑式。当门扇高度小于 4m 时,一般采用上挂式推拉门,即在门扇的上部装置滑轮,滑轮吊在门过梁的预埋轨道上;当门扇高度大于 4m 时,一般采用下滑式推拉门,即在门扇下部装滑轮,将滑轮置于预埋在地面的轨道上。为使门保持垂直状态下稳定运行,导轨必须平直,并有一定刚度。推拉门开启时不占空间,受力合理,不易变形,但在关闭时难以严密,构造亦较复杂,较多用于民用建筑的厨房、卫生间、阳台的门,大厅入口处的光电控制无框玻璃门以及工业厂房的大门等。

(3)弹簧门

与普通平开门的开启方式相同,所不同的是以弹簧铰链代替普通铰链,借助弹簧的力量使门扇能向内、外开启并可经常保持关闭。它使用方便,美观大方,广泛用于商场、学校、医院、办公楼的外门等。

(4)折叠门

将较大的门洞设置多扇门并用铰链相连,开启后门扇折叠在一起。可分为侧挂式折叠门和推拉式折叠门两种。推拉式折叠门与推拉门构造相似,在门顶或门底装滑轮及导向装置,每扇门之间用铰链相连,开启时门扇通过滑轮沿着导向装置移动。折叠门开启时占空间少,但构造较复杂,一般用于学校、医院、企事业单位入口处的大门。

(5)转门

是由两个固定的弧形门套和垂直旋转的门扇构成。门扇可分为三扇或四扇,绕竖轴旋转。转门对隔绝室外空气流向室内有一定作用,可作为寒冷地区公共建筑的外门,但不能作为疏散门,需在转门旁边另设疏散用门。转门构造复杂,造价高,通常用于人流不多,房间洁净要求较高和寒冷地区公共建筑的外门,如宾馆、金店等处。

(6)卷帘门

主要由帘板、导轨及传动装置组成。帘板常采用页板式,页板可用镀锌钢板或合金铝板轧制而成,页板之间用铆钉连接。页板的下部采用钢板和角钢,用以增强卷帘门的刚度,并便于安装门钮。页板的上部与卷筒连接,开启时,页板沿着门洞两侧的导轨上升,卷在卷筒上。门洞的上部安装传动装置,传动装置分手动和电动两种形式,主要适用于商场、车库、厂房车间等需大门洞尺寸的场合。

二、平开木门

1. 平开木门的组成

门一般由门框、门扇、亮子、建筑五金及其附件组成,如图 6-5 所示。

[想一想]

平开木门由哪几部分组成？各具有什么作用？

门框其主要作用是固定门扇和腰窗并与门洞相连。门扇按其所镶嵌的材料不同，有镶板门、夹板门、拼板门、玻璃门等类型。亮子在门的上方，为辅助采光和通风之用，有平开、固定及上、中、下悬几种形式。建筑五金一般有铰链、插销、门锁、拉手等。附件有贴脸板、筒子板等。

2. 平开木门的尺寸

门的尺寸应根据建筑中人员和设备等的日常通行要求、安全疏散要求以及建筑造型艺术和立面设计要求等决定。为避免门扇面积过大导致门扇及五金连接件等变形而影响使用，平开门的单扇宽度不宜超过1000mm，一般供日常活动进出的门，其单扇门宽度为800～1000mm，双扇门宽度为1200～2000mm。亮子高度常用400～900mm，可根据门洞高度进行调节。在部分公共建筑和工业建筑中，按使用要求，门洞高度可适当增加。

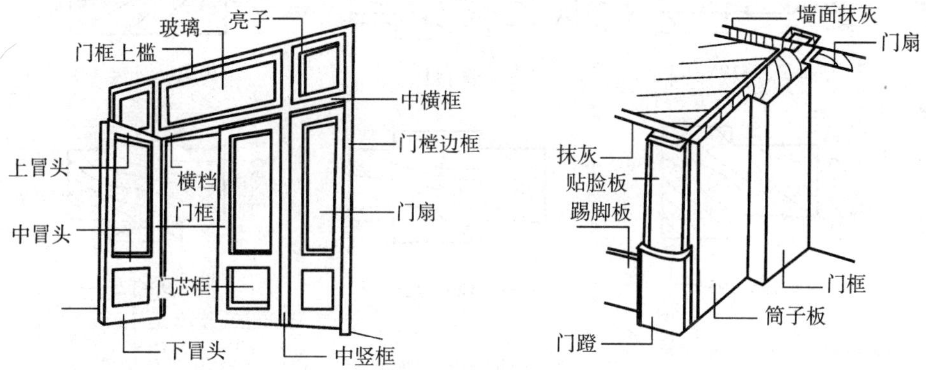

图6-5　木门的组成

我国各地区按照建筑模数和使用要求均有各类门的标准系列尺寸和定型构造通用图集，可按需要选用。

3. 平开木门的构造

(1)门框

门框主要由上槛和边框组成。当门带有亮子时，还有中横框，多扇门则还有中竖框。门框的断面形式与门的类型、层数有关，同时应利于门的安装，并应具有一定的密闭性，如图6-6所示。

门框的断面尺寸主要考虑接榫牢固与门的类型，还要考虑制作时刨光损耗。故门框的毛料尺寸：单裁口的木门为(50～70)mm×(100～120)mm，双裁口的木门为(60～70)mm×(130～150)mm。为便于门扇密闭，门框上要有裁口。根据门扇数与开启方式的不同，裁口的形式可分为单裁口和双裁口。裁口宽度要比门扇宽度大1～2mm，以利于安装和门扇开启，裁口深度一般为8～10mm。

由于门框靠墙一面易受潮变形，故常在该面开2道背槽，以免产生翘曲变形，同时也利于门框的嵌固。背槽的形式可为矩形或三角形，深度约8～10mm，宽约12～20mm。

门框的安装根据施工方式分先立口和后塞口两种。先立口是在砌墙前即用支撑先立门框然后砌墙。后塞口是在墙砌好后再安装门框。洞口的宽度应比门框大 20～30mm，高度比门框大 10～20mm。门洞两侧砖墙上每隔 500～600mm 预埋木砖或预留缺口，以便用圆钉或水泥砂浆将门框固定。门框与墙间的缝隙需用沥青麻丝嵌填密实。目前工程上通常采用后塞口的安装方式。

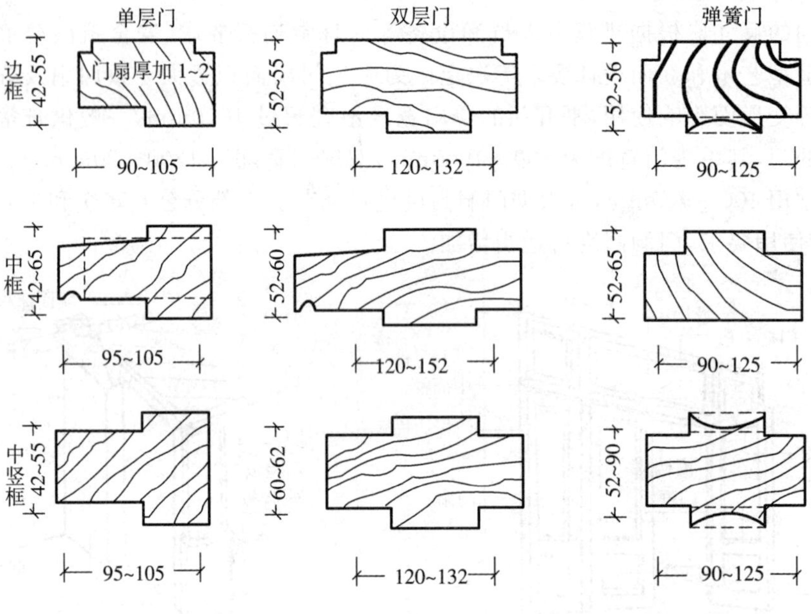

图 6-6 门框的断面形式与尺寸

门框在墙中的位置，可在墙的中间或与墙的一边平齐，一般多与开启方向一侧平齐，尽可能使门扇开启时贴近墙面。门框四周的抹灰极易开裂脱落，因此在门框与墙结合处应做贴脸板和木压条盖缝，贴脸板一般为 15～20mm 厚，30～75mm 宽。木压条厚与宽约为 10～15mm，装修标准高的建筑，还可在门洞两侧和上方设筒子板，如图 6-7 所示。

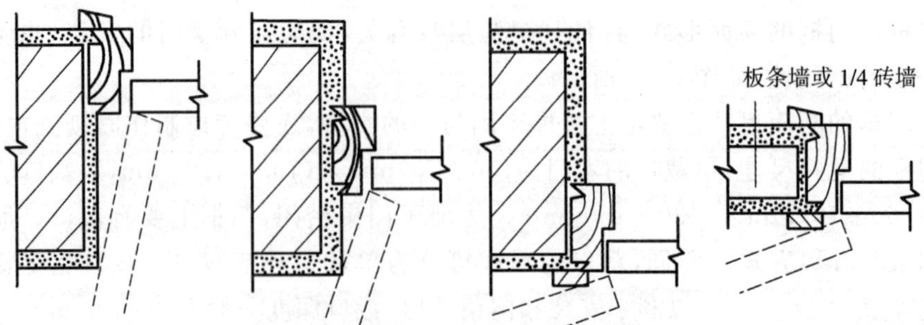

图 6-7 门框位置

(2)门扇

常用的木门门扇有镶板门、夹板门和拼板门等。

①镶板门

镶板门是广泛使用的一种门，门扇由边挺、上冒头、中冒头和下冒头组成骨架，内装门芯板而构成。构造简单，加工制作方便，适用于一般民用建筑作内门和外门。其门扇的边挺与上、中冒头的断面尺寸一般相同，厚度为40～45mm，宽度为100～120mm。为了减少门扇的变形，下冒头的宽度一般加大至160～250mm，并与边挺采用双榫结合。门芯板一般采用10～12mm厚的木板拼成，也可采用胶合板、硬质纤维板、玻璃等，如图6-8所示。

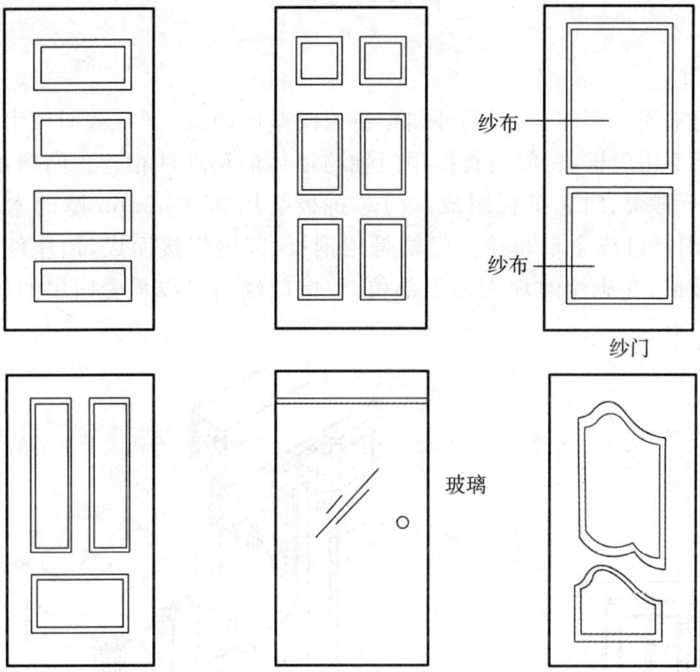

图6-8　镶板门

②夹板门

夹板门时用断面较小的方木做成骨架，两面粘贴面板而成。门扇面板可用胶合板、塑料面板和硬质纤维板，面板和骨架形成一个整体，共同抵抗变形。夹板门的形式可以是全夹板门、带玻璃或带百叶夹板门。夹板门的骨架一般用厚约30mm、宽30～60mm的木料做边框，中间的肋条用厚约30mm、宽10～25mm的木条，可以是单向排列、双向排列，间距一般为200～400mm，安门锁处需加上锁木。为使门扇内通风干燥，避免因内外温度、湿度差异产生变形，在骨架上需设通气孔。由于夹板门构造简单，可利用小料，外形简洁，便于工业化生产，故在一般民用建筑中广泛用作建筑的内门，如图6-9所示。

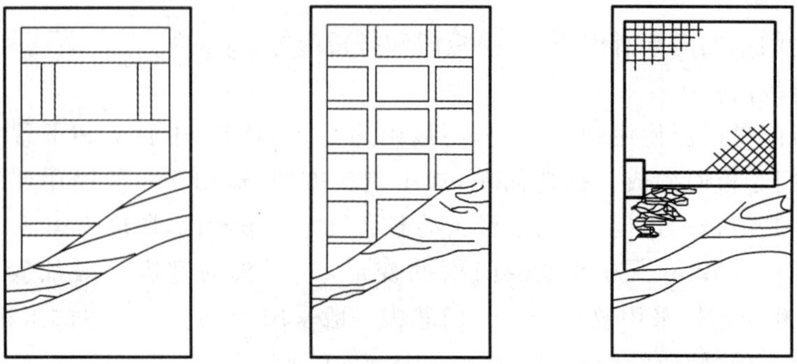

水平骨架　　双向骨架　　格状骨架

图 6-9　夹板门

[做一做]

请列表比较一下镶板门、夹板门、拼板门三者的异同点。

③拼板门

拼板门常用于车库、车间的外门。拼板门坚固耐久，材料截面较大，自重大。这种门也可不用门框，将门扇直接用门轴与墙体的预埋件相连。门扇由边挺、中挺、上、中、下冒头、门芯拼板组成。门芯拼板是用 35～45mm 厚的木板拼接而成，接口多用错口或企口相接。门轴是用钢板、圆钢焊接而成，预埋件是用混凝土和钢板做成，在砌墙时埋入适当部位，焊接门轴后可以承受门扇的较大荷载，如图 6-10 所示。

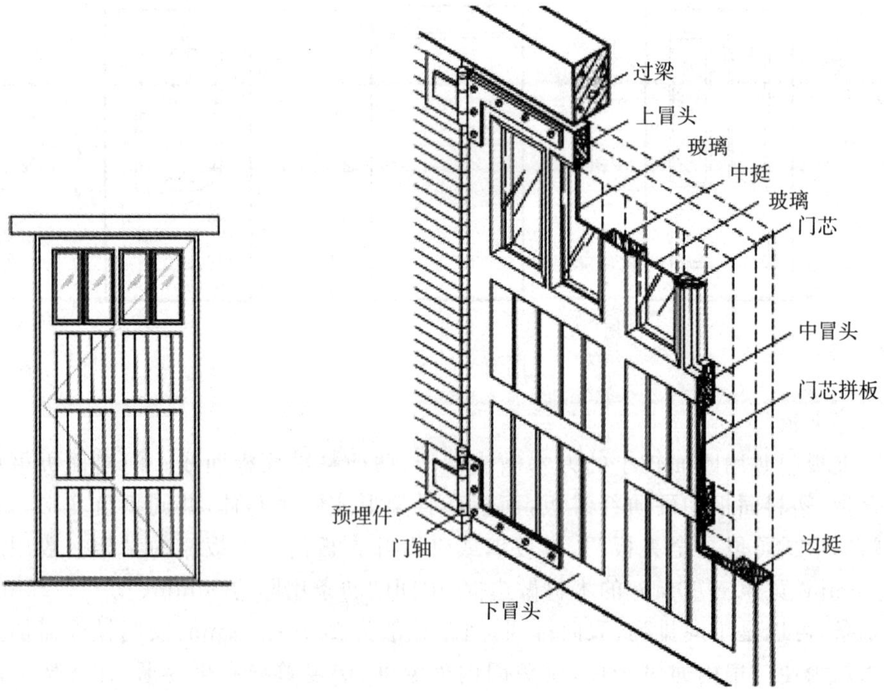

图 6-10　拼板门

(3)亮子和建筑五金

亮子一般采用中悬开启方式，也可采用上悬、平开及固定窗形式。

建筑五金主要有铰链、门锁、插销、拉手等，均为工厂定型产品，形式多种多样。在选型时，铰链需特别注意其强度，以防止变形，影响门的使用，拉手需结合建筑装修情况选型。

【实践训练】

课目一：木门制作与安装施工方案

(一)目的

掌握木门制作与安装的施工准备、技术措施及质量标准。

(二)环境要求

某市光明路住宅小区二期工程，外立面门均为木门，由业主指定分包，由某公司负责木门的制作和安装。

(三)步骤

1. 施工准备

(1)材料准备

①木门加工制作的型号、数量及加工质量必须符合设计要求，有出厂合格证，且应要求木门制作时的木材含水率不应大于12%。

②木门的防火、防腐剂、防虫处理应符合设计要求。

③小五金及其配件的种类、规格、型号必须符合图纸要求，并与门框扇相匹配，且产品质量必须是合格产品。

(2)主要机具

粗刨、细刨、裁口刨、单线刨、锯、锤子、斧子、改锥、线勒子、扁铲、塞尺、线坠、红线包、墨斗、木钻、小电锯、担子板、笤帚等。

(3)作业条件

①门框进入施工现场必须检查验收。门框和扇安装前应先检查型号、尺寸是否符合要求，有无窜角、翘扭、弯曲、劈裂、榫槽间结合处松散等情况，如有则应进行修理。

②木门框靠墙、靠地的一面应刷防腐涂料，其他各面及扇活均应涂刷清油一道，刷油后应通风干燥。

③刷好油的门应分类码放在存物架上，架子上面应垫平，且距地20～30cm，码放时框与框、扇与扇之间应垫木板条通风。如在露天堆放时，需用苫布盖好，不准日晒雨淋。

④门框的安装应符合图纸要求的型号及尺寸，并注意门扇的开启方向，以确定门框安装的裁口方向，安装高度应按室内50cm的水平线控制。

⑤门框安装应在抹灰前进行，门扇的安装宜在抹灰后进行。

2. 技术措施

(1)工艺流程

弹线找规矩→决定门框安装位置→决定安装标高→门框安装样板→门框安

装→门扇安装。

(2)施工方法

①结构工程经过监督站验收达到合格后,即可进行门安装施工。安装前要复查门洞口标高、尺寸。

②根据室内50cm的水平线检查门框安装的标高尺寸,对不符线的结构边棱进行处理。

③室内外门框应根据图纸位置和标高安装,为保证安装的牢固,在木门框上事先安装三个铁片,铁片两侧都用钢钉固定于墙内。

④木门框安装应在地面工程和墙面抹灰施工以前完成。

⑤弹线安装门框扇:应考虑抹灰层厚度,并根据门尺寸、标高、位置及开启方向,在墙上画出安装位置线。

⑥木门扇的安装:

a. 先确定门的开启方向及小五金型号、安装位置,对开门扇扇口的裁口位置及开启方向(一般右扇为盖口扇)。

b. 检查门口尺寸是否正确;边角是否方正,有无窜角,检查门口高度应量门的两个立边,检查门口宽度应量门口的上、中、下三点,并在扇的相应部位定点画线。

c. 将门扇靠在柜上划出相应的尺寸线,如果扇大,则应根据框的尺寸将大出的部分刨去,若扇小应绑木条,且木条应绑在装合页的一面,用胶粘后并用钉子打牢,钉帽要砸扁,顺木纹送入框内1~2mm。

d. 第一次修刨后的门扇应以能塞入口内为宜,塞好后用木楔顶住临时固定,按门扇与口边缝宽尺寸合适,画第二次修刨线,标出合页槽的位置(距门扇的上下端各1/10,且避开上、下冒头),同时应注意口与扇安装的平整。

e. 门扇第二次修刨,缝隙尺寸合适后,即安装合页。应先用线勒子勒出合页的宽度,根据上、下冒头1/10的要求,定出合页安装边线,分别从上、下边线往里量出合页长度,剔合页槽,以槽的深度来调整门扇安装后与框的平整,刨合页槽时应留线,不应剔的过大、过深。

f. 合页槽剔好后,即安装上、下合页,安装时应先拧一个螺丝,然后关上门检查缝隙是否合适?口与扇是否平整,无问题后方可将螺丝全部拧上拧紧。木螺丝应钉入全长1/3,拧入2/3,如木门为黄花松或其他硬木时,安装前应先打眼,眼的孔径为木螺丝直径的0.9倍,眼深为螺丝长的2/3,打眼后再拧螺丝,以防安装劈裂或将螺丝拧断。

g. 五金安装应符合设计图纸的要求,不得遗漏,一般拉手等距地高度为95~100cm,插销应在拉手下面,对开门装暗插销时,安装工艺同自由门。

h. 安装推拉玻璃门时,一般玻璃裁口在走廊内。厨房玻璃裁口在室内。

3. 质量标准

(1)主控项目

①通过观察、检查材料进场验收记录和复验报告等方法,检验木门的木材

品种、材质等级、规格、尺寸、框扇的线型及人造夹板的甲醛含量是否符合设计要求。

②木门应采用烘干的木材，含水率应符合《建筑木门、木窗》(JG/T122)的规定。

③木门的防火、防腐、防虫处理应符合设计要求。

④木门的结合处安装配件处不得有木节或已填补的木节。木门如有允许限值以内的死节及直径较大的虫眼时，应用同一材质的木塞加胶填补。对于清漆制品，木塞的木纹和色泽应与制品一致。

⑤门框和厚度大于60mm的门窗应用双榫连接，榫槽应采用胶料严密嵌合，并应用胶楔加紧。

⑥胶合板门(本工程的木门)、纤维板门和模压门不得脱胶。胶合板不得刨透表层单板，不得有戗槎。制作胶合板门、纤维板门时，边框和横楞应在同一平面上，面层、边框及横楞应加压胶结。横楞和上、下冒头应各钻两个以上的透气孔，透气孔应通畅。

⑦木门的品种、规格、类型、开启方向、安装位置及连接方式应符合设计要求。

⑧门框的安装必须牢固。木门框固定的数量、位置及固定方法应符合设计要求。

⑨木门扇必须安装牢固、并应开关灵活，关闭严密，无倒翘。

⑩木门配件的型号、规格、数量应符合设计要求，安装应牢固，位置应正确，功能应满足使用要求。

(2)一般项目

①木门表面应洁净，不得有刨痕、锤印。

②木门的割角、拼缝应严密平整。木框、扇裁口应顺直，刨面应平整。

③木门上槽、孔应边缘整齐，无毛刺。

④木门与墙体缝隙的填嵌材料应符合设计要求，填嵌应饱满。寒冷地区外门(或门框)与砌体间的空隙应填充保温材料。

⑤木门制作和木门安装的留缝限值的允许偏差和检验方法应符合表6-3和表6-4的规定。

表6-3

木门制作的允许偏差和检验方法					
项次	项　目	构件名称	允许偏差(mm)		检验方法
			普通	高级	
1	翘曲	框	3	2	将框、扇平放在检查平台上，用塞尺检查
		扇	2	2	

（续表）

木门制作的允许偏差和检验方法					
项次	项　目	构件名称			
2	对角线长度	框、扇	3	2	用钢尺检查，框量裁口里角，扇量外角
3	表面平整度	扇	2	2	用1米靠尺和塞尺检查
4	高度、宽度	框	0;－2	0;－1	用钢尺检查，框量裁口里角，扇量外角
		扇	＋2;0	＋1;0	
5	裁口、线条结合处高低差	框、扇	1	0.5	用钢直尺和塞尺检查
6	相邻棂子两端间距	扇	2	1	用钢直尺检查

表6-4

木门安装的留缝限值、允许偏差和检验方法							
项次	项　目		留缝限值(mm)		允许偏差(mm)		检验方法
			普通	高级	普通	高级	
1	门槽口对角线长度差		—	—	3	2	用钢尺检查
2	门框的正、侧面垂直度		—	—	2	1	用1m垂直检测尺检查
3	框与扇、扇与扇接缝高低差		—	—	2	1	用钢直尺和塞尺检查
4	门扇对口缝		1～2.5	1.5～2			用塞尺检查
5	工业厂房双扇大门对口缝		2～5	—	—	—	
6	门扇与上框间留缝		1～2	1～1.5	—	—	
7	门扇与侧框间留缝		1～2.5	2～2.5	—	—	
8	门扇与下框尖留缝		3～5	3～4	—	—	
9	双层门内外框间距		—	—	4	3	用钢尺检查
10	无下框时门扇与地面间距	外门	4～7	5～6	—	—	用塞尺检查
		外门	4～7	5～6	—	—	
	无下框时门扇与地面间距	卫生间门	8～12	8～10	—	—	
		厂房大门	10～20	—	—	—	

(3)成品保护

①安装过程中,须采取防水防潮措施。在雨季或湿度较大的地区应及时油漆门窗。

②调整修理门时不能硬撬,以免损坏门和小五金。

③安装工具应轻拿轻放,以免损坏成品。

④已装门框的洞口,不得再做运料通道,如必须用作运料通道时,必须做好保护措施。

(四)安全注意事项

①安装门用的梯子必须结实牢固,不应缺档,不应放置过陡,梯子与地面夹角以60°~70°为宜。严禁两人同时站在一个梯子上作业。高凳不能站其墙头,防止跌落。

②严禁穿拖鞋、高跟鞋、带钉易滑鞋或光脚进入施工现场,进入现场必须戴安全帽。

③材料要堆放平稳。工具要随手放入工具袋内,上下传递物件工具时不得抛掷。

④电器工具应安装触电保护器,以确保安全。

⑤应经常检查锤把是否松动,手电钻等电器工具是否有漏电现象,一经发现立即修理,坚决不能勉强使用。

课目二:木门油漆施工方案

(一)目的

掌握木门油漆的施工准备、技术措施及质量标准。

(二)环境要求

某市光明路住宅小区二期工程,外立面门均为木门,由业主指定分包,由某公司负责木门的制作和安装并油漆。

(三)步骤

1. 施工准备

(1)材料要求

光油、清油、铅油、混色油漆、清漆等。

填充料:石膏、大白、地板黄、红土子、黑烟子等。

稀释剂:汽油、煤油、松香水、酒精等。

(2)主要机具

油刷、砂纸、腻子板、钢皮刮板等。

(3)作业条件

在抹灰工程、地面工程、木装修工程、水暖电气等工程全部完工后,环境比较干燥,相对湿度不大于60%。

2. **技术措施**

(1)工艺流程

清理木器表面→上润油粉→磨砂纸打光→满刮第一遍腻子(砂纸磨光)→满刮第二遍腻子(细砂纸磨光)→刷调和漆一遍。

(2)施工方法

①基层清理:是涂刷油漆的重要工序,应首先将木器表面的尘灰、油污等杂质清除干净,做好各项准备工作。基层处理时,除清理基层的杂物外,还应进行局部的腻子嵌补,打砂纸时应顺着木纹打磨。

②上润油粉:上润油粉也是清漆涂刷的重要工序,施工时用棉丝蘸油粉抹在木器的表面上,用手来回揉擦,将油粉擦入到木材的察眼内。

③磨砂纸:将第一遍腻子多余的腻子打掉,并清除干净灰尘。注意保棱角,达到表面平整光滑,线脚平直,整齐一致。

④第二遍腻子:用开刀或胶皮刮板满刮第二遍腻子,要刮得薄,收得净,均匀平整。干后以1号砂纸手工打磨,然后补高强度腻子,腻子以挑不倒为准。

⑤调和漆:在涂刷面层前,应用漆片对有较大色差和木脂的节疤处进行打底。等干燥后砂纸打磨光滑,上调和漆一道。刷油漆时要手握油刷要轻自然,手指轻轻用力,以移动时不松动、不掉刷为准。操作时,按要求依照先上后下、先难后易、先左后右、先里后外的顺序和横刷竖顺操作方法施工。

3. **质量标准**

基层处理要按要求施工,腻子应刮实磨平,达到牢固,无粉化,起皮和裂缝。溶剂型涂刷应涂刷均匀,连接牢固,不得漏涂,透底起皮和反锈。厨房和卫生间应采用防水性腻子。后一遍油漆应在前一遍油漆干燥后进行,清理周围环境,防止尘土飞扬,注意成品保护。

(1)主控项目

溶剂型涂料油漆选用的涂料品种型号和性能应符合设计要求。检查方法:检查合格证,性能,环保检测报告和进场验收记录。

涂料的颜色,光泽应符合设计要求。检查方法:观察。

涂料应涂刷均匀,粘结牢固,不得漏涂,透底,起皮和反锈。检查方法:观察,手摸检查。基层腻子应平整,坚实牢固,无粉化起皮和裂缝。

(2)一般项目

溶剂型调和漆的涂料质量和检查方法,见下表:

表6-5 溶剂型调和漆的涂料质量和检查方法

项次	项　目	普通涂刷	高级涂刷	检查方法
1	颜色	均匀一致	均匀一致	观察
2	刷纹	刷纹通顺	无刷纹	观察
3	光泽、光滑	光泽基本均匀光滑无挡手	光泽均匀一致光滑	观察手摸

（续表）

项次	项　目	普通涂刷	高级涂刷	检查方法
4	流坠皱皮	明显处不允许均匀一致刷纹通顺	不允许	观察
5	分色线直线度允许偏差不大于(mm)	2	1	拉 5m 线用尺量

(3)成品保护

①刷油漆前应首先清理完施工现场的垃圾及灰尘，以免影响油漆质量。

②每遍油漆刷完后，所有的能活动的门扇都应该临时固定，防止油漆面相互粘接影响质量。必要时设置警告牌。

③刷油漆后立即将滴在地面上的油漆擦干净。

④油漆完成后应派专人负责看管，严禁碰摸。

(四)安全注意事项

(1)涂刷作业时，操作人员应佩戴相应的劳动保护设施，如防毒面具、口罩、手套等。

(2)因为油漆都有一定毒性，对呼吸道有较强的刺激作用，以免危害肺，皮肤等。

(3)施工中一定要注意做好通风。

本章思考与实训

1. 铝合金窗有哪些优缺点？
2. 铝合金窗安装与土建工程相互配合的技术措施有哪些？
3. 塑钢窗有哪些优缺点？
4. 塑钢窗安装的主要技术措施和质量标准有哪些？
5. 木门窗有哪些优缺点？
6. 木门的施工准备工作有哪些？
7. 木门安装的主要技术措施和质量标准有哪些？
8. 木门油漆的施工准备工作有哪些？

第七章　屋　顶

【内容要点】

1. 屋顶的形式与组成；
2. 平屋顶的构造层次做法；
3. 平屋顶的细部构造；
4. 坡屋顶的构造层次及做法。

【知识链接】

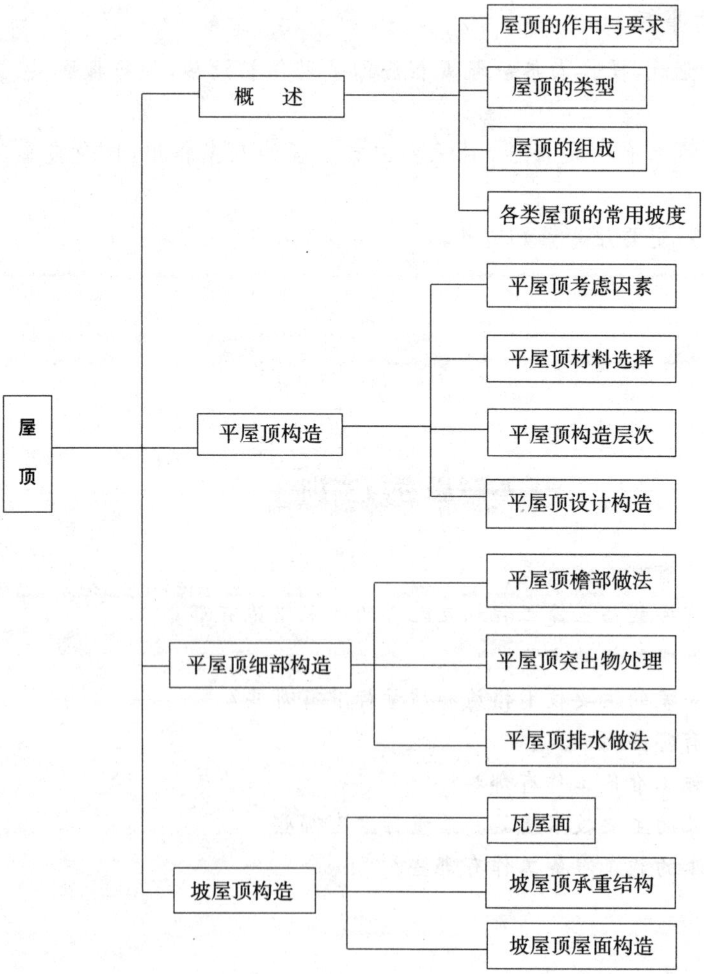

第一节 概 述

一、屋顶的作用与要求

屋顶是建筑物最上层起覆盖作用的外围护构件，用以抵抗雨雪、避免日晒等自然因素的影响。

屋顶由面层和承重结构两部分组成。它应该满足以下几点要求。

1. 承重要求

屋顶应能够承受积雪、积灰和上人所产生的荷载并顺利地传递给墙、柱。

2. 保温要求

屋面是建筑物最上部的围护结构，它应具有一定的热阻能力．以防热量从屋面过分散失。

3. 防水要求

屋顶积水(积雪)以后，应很快地排除，以防渗漏。屋面在处理防水问题时，应兼顾“导”和“堵”两个方面。所谓“导”，就是要将屋面积水顺利排除，因而应该有足够的排水坡度及相应的一套排水设施。所谓“堵”，就是要采用相应的防水材料，采取妥善的构造做法，防止渗漏。

4. 美观要求

屋顶是建筑物的重要装修内容之一。屋顶采取什么形式，选用什么材料和颜色均与美观有关。在解决屋顶构造做法时，应兼顾技术和艺术两大方面。

二、屋顶的类型

屋顶的类型很多，大体可以分为平屋顶，坡屋顶和其他形式的屋顶。各种形式的屋顶，其主要区别在于屋顶坡度的大小。而屋顶坡度又与屋面材料、屋顶形式、地理气候条件，结构选型、构造方法、经济条件等多种因素有关。

(一)屋顶坡度的表示方法

[想一想]

屋顶坡度的基本要素有哪些?

屋顶坡度的表示方法有以下几种：

1. 坡度

高度尺寸与水平尺寸的比值，常用“i”作标记，如 $i=5\%$、$i=25\%$等。

2. 角度

高度尺寸与水平尺寸所形成的斜线与水平尺寸之间的夹角，常用“α”标记，如 $\alpha=26°34''$、45°等。

3. 高跨比

高度尺寸与跨度的比值，如高跨比为 1∶4 等。

(二)常见的屋顶形式

1. 平屋顶

平屋顶通常指坡度在 2%～5%的屋顶。大量性民用建筑多采用与楼层基本类同的屋顶结构就形成平屋顶。采用平屋顶可以节省材料，扩大建筑空间，提高预制安装程度，同时屋顶上面可以作为固定的活动场所，如做成露台、屋顶花园、屋顶养鱼池等，图 7-1 为几种常见的平屋顶形式。

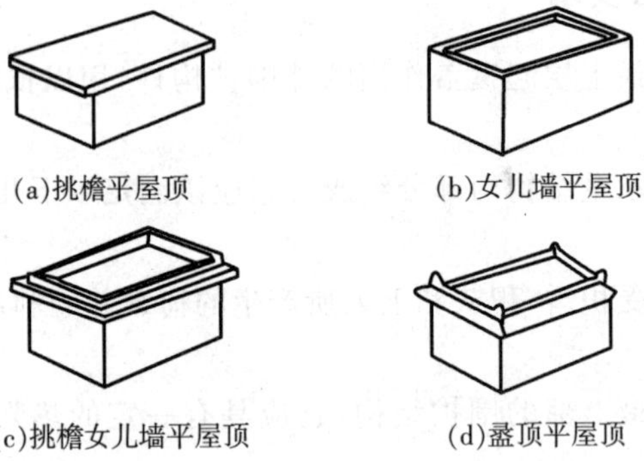

图 7-1　平屋顶的形式

2. 坡屋顶

坡屋顶通常是指屋面坡度大于10%的构造形式。坡屋顶是我国传统的建筑屋顶形式，在民居建筑中应用非常广泛，城市建设中为满足景观环境或建筑风格的要求也常采用。坡屋顶的坡度一般由屋架形成，其中：金属皮屋面的坡度一般为 10%～20%，波形瓦屋顶的坡度一般为 20%～40%，各种瓦屋面的坡度一般为 40%以上。坡屋顶常见的几种形式如图 7-2 所示。

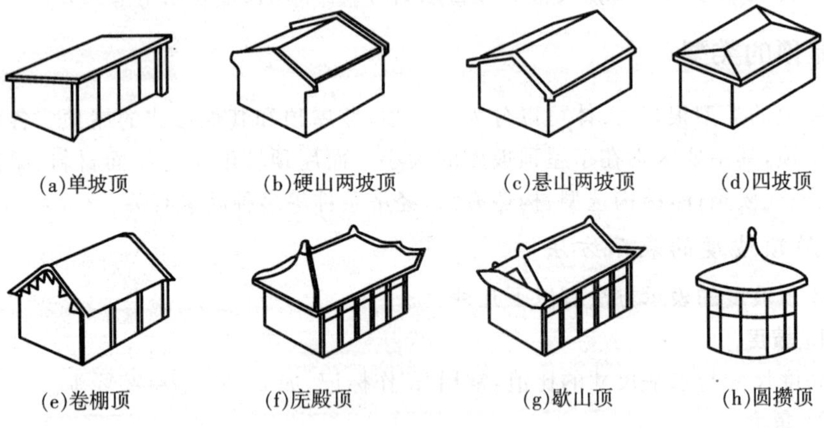

图 7-2　坡屋顶的形式

[想一想]

屋顶形式哪几种应用较为广泛?

3. 其他形式的屋顶

随着科学技术的发展，出现了许多新型的屋顶结构形式，这类屋顶多用于较大跨度的公共建筑，其屋顶坡度变化大、类型也很多，较多应用于特殊的平面中。常见的有网架、悬索、壳体、折板等类型，如图 7-3 所示。

三、屋顶的组成

屋顶承重结构：坡屋顶的屋顶承重结构包括屋架、檩条、椽条等部分；平屋顶的屋顶承重结构包括钢筋混凝土屋面板、加气混凝土屋面板等。

屋面部分：坡屋顶的屋面包括瓦、挂瓦条、油毡等部分组成；平屋顶的屋面则包括有油毡层、保温层或钢筋混凝土面层、防水砂浆面层等。

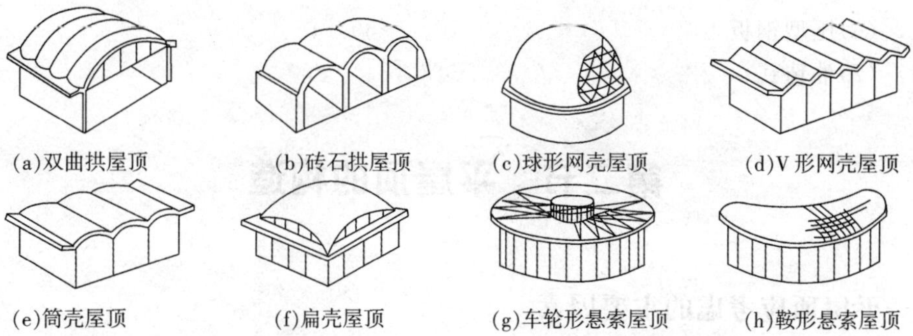

图 7－3　其他形式的屋顶形式

四、各类屋顶的常用坡度

1. 材料找坡

材料找坡是指屋顶坡度由垫坡材料形成，一般用于坡向长度较小的屋面。为了减轻屋面荷载，应选用轻质材料找坡，如水泥炉渣、石灰炉渣等。找坡层的厚度最薄处不小于 20mm，坡屋顶材料找坡的坡度宜为 2%。材料找坡的屋面板可以水平放置，天棚面平整。但材料找坡增加屋面荷载，材料和人工消耗较多。

2. 结构找坡

结构找坡是屋顶结构自身带有排水坡度，例如在上表面倾斜的屋架或屋面梁上安放屋面板，屋顶表面即呈倾斜坡面。又如在顶面倾斜的山墙上搁置屋面板时，也形成结构找坡。平屋顶结构找坡的坡度宜为 3%。结构找坡无需在屋面上另加找坡材料，构造简单，不增加荷载，但天棚顶倾斜，室内空间不够规整。这两种方法在工程实践中均有广泛的应用，如图 7－4 所示。

[想一想]

结构找坡与材料找坡有什么区别？

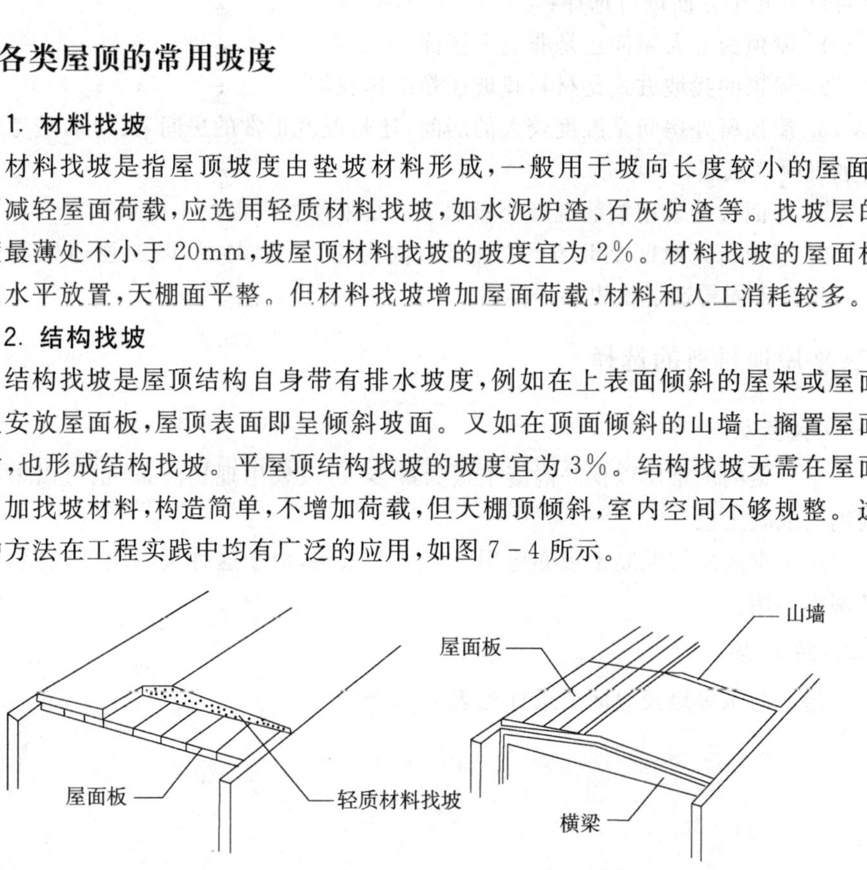

图 7－4　屋顶坡度的形成

《全国民用建筑工程设计技术措施》(2003 年)明确各种不同材料的屋面,其适用坡度如下

(1)平瓦(含混凝土瓦、烧结瓦) 20%～50%;

(2)波形瓦 10%～50%;

(3)卷材屋面、刚性防水层 2%～3%;

(4)种植土屋面 1%～3%;

(5)网架、悬索结构金属板 >4%;

(6)压型钢板 10%～35%;

(7)油毡瓦 >20%。

第二节 平屋顶的构造

一、平屋顶应考虑的主要因素

在选取平屋顶的构造层次及常用材料时,要考虑的因素比较多。特别应先针对以下几个方面进行选择:

1. 屋顶为上人屋面还是非上人屋面;

2. 屋顶的找坡方式是材料找坡还是结构找坡;

3. 屋顶所处房间是湿度较大的房间,还是湿度正常的房间,其目的是考虑是否加设隔蒸汽层;

4. 屋面板是采用钢筋混凝土板承重还是采用加气混凝土板承重;

5. 屋顶所处地区是北方(以保温做法为主)还是南方(以加强通风散热为主),地区不同构造层次也不一样。

[想一想]

钢筋加气混凝土板的刚性为什么欠缺?

二、平屋顶材料的选择

(一)承重层

平屋顶的承重层以钢筋混凝土板为最多、可以采用现场浇筑,也可以采用预制钢筋混凝土板。

过去钢筋加气混凝土板亦应用于屋顶承重层,由于这种板的刚度较差,现在已基本不用。

(二)防水层

屋面防水等级及设防要求详见表 7-1 所示。

表 7-1　屋面防水等级和设防要求

项目	屋面防水等级			
	Ⅰ级	Ⅱ级	Ⅲ级	Ⅳ级
建筑物类别	特别重要或对防水有特殊要求的建筑	重要的建筑和高层建筑	一般的建筑	非永久性建筑
防水层合理年限	25 年	15 年	10 年	5 年
设防要求	三道或三道以上防水设防，其中应有一道合成高分子防水卷材且只能有一道厚度不小于 2mm 的合成高分子防水涂膜	两道防水设防，其中应有一道卷材。也可采用压型钢板进行一道设防	一道防水设防，或两种防水材料复合使用	一道防水设防
防水层选用材料	宜选用合成高分子防水卷材、高聚物改性沥青防水卷材、合成高分子防水涂料、细石防水混凝土等材料	宜选用高聚物改性沥青防水卷材、合成高分子防水卷材、合成高分子防水涂料、高聚物改性沥青防水涂料、细石防水混凝土、平瓦等材料	应选用三毡四油沥青防水卷材、高聚物改性沥青防水卷材、合成高分子防水卷材、合成高分子防水涂料、高聚物改性沥青防水涂料、沥青基防水涂料、刚性防水层、平瓦、油毡瓦等材料	可选用二毡三油沥青防水卷材、高聚物改性沥青防水涂料、沥青基防水涂料、波形瓦等材料

［注］ (1)本规范中采用的沥青均指石油沥青，不包括煤沥青和煤焦油材料；(2)石油沥青纸胎油毡和沥青复合胎柔性防水卷材，系限制使用材料；(3)在Ⅰ、Ⅱ级屋面防水设防中，如仅做一道金属板材时，应符合有关技术措施。

上表中各类卷材和涂料防水材料的含义及代表性产品是：

1. 合成高分子防水卷材

以合成橡胶、合成树脂或它们两者的共混体为基料，加入适量的化学助剂和填充料等，经不同工序加工而成的可卷曲的片状防水材料；或把上述材料与合成纤维等复合形成两层或两层以上可卷曲的片状防水材料。如三元乙丙丁基橡胶防水卷材、聚氯乙烯防水卷材等。

2. 高聚物改性沥青防水卷材

以合成高分子聚合物改性沥青为涂盖层，纤维织物或纤维毡为胎体，粉状、粒状、片状或薄膜材料为覆面材料制成可卷曲的片状防水材料。如 SBS 弹性卷材、APP 塑性卷材等。

3. **沥青防水卷材**

用原纸、纤维织物、纤维毡等胎体材料浸涂沥青，表面撒布粉状、粒状或片状材料制成可卷曲的片状防水材料。如石油沥青卷材等。

4. **沥青基防水涂料**

以沥青为基料配制成的水乳型或溶剂型防水涂料。

5. **高聚物改性沥青防水涂料**

以沥青为基料，用合成高分子聚合物进行改性配制成的水乳型或溶剂型防水涂料。如 SBS 改性沥青防水涂料。

6. **合成高分子防水涂料**

以合成橡胶或合成树脂为主要成膜物质，配制成的单组分或多组分的防水涂料，如丙烯酸酯防水涂料。

7. **卷材粘合剂**

用于沥青卷材的粘合剂主要有冷底子油、沥青胶等。

冷底子油是将沥青稀释溶解在煤油、轻柴油或汽油中制成，涂刷在水泥砂浆或混凝土基层面作打底用。

沥青胶又称为玛蹄脂(mastic)，是在沥青中加入填充料如滑石粉、云母粉、石棉粉、粉煤灰等加工制成。沥青胶分为冷、热两种，每种又均有石油沥青胶及煤沥青胶两类。石油沥青胶适于粘结石油沥青类卷材，煤沥青胶则适于粘结煤沥青类卷材。

用于高聚物改性沥青防水卷材和高分子防水卷材的粘合剂主要为与卷材配套使用的各种溶剂型胶粘剂。如适用于改性沥青类卷材的 RA—86 型氯丁胶粘结剂、SBS 改性沥青粘结剂等；三元乙丙丁基橡胶卷材所用的聚氨酯底胶基层处理剂、CX—404 氯丁橡胶粘合剂；氯化聚乙烯卷材所用的 LYX－603 胶粘剂等。

[想一想]

屋顶找平层的作用都有哪些?

(三)找平层

铺贴卷材及涂料防水的找平层可采用 1∶3 水泥砂浆 20mm 厚、细石混凝土或混凝土随打随抹。水泥砂浆找平层宜掺抗裂纤维，其要求应遵守下列规定：

1. **找平层的厚度和技术要求**

应符合表 7－2 的规定。

表 7－2　找平层厚度和技术要求

类别	基层种类	厚度(mm)	技术要求
水泥砂浆找平层	整体混凝土	15～20	1∶2.5～1∶3(水泥∶砂)体积比，水泥强度等级不低于 32.5
	整体或板状材料保温层	20～25	
	装配式混凝土板、松散材料保温层	20～30	

（续表）

类别	基层种类	厚度(mm)	技术要求
细石混凝土找平层	松散材料保温层	30～35	混凝土强度等级C15
沥青砂浆找平层	整体混凝土	15～20	质量比为1∶8(沥青∶砂)
	装配式混凝土板、整体或板状材料保温层	20～25	

2. 找平层应设分格缝

缝宽宜为5～20mm,分格缝间距宜为3～4m,并嵌填密封材料。分格缝兼作排汽屋面的排汽道时,可适当加宽,并应与保温层连通。分格缝应留设在板端缝处,其纵横缝的最大间距不宜大于6m。

(四)保温隔热层

屋面保温层可采用板状材料或整体现喷保温层。

板状保温材料的质量应符合表7-3的要求。

表7-3 板状保温材料质量要求

项 目	质量要求					
	聚苯乙烯泡沫塑料		硬质聚氨酯泡沫塑料	泡沫玻璃	加气混凝土类	膨胀珍珠岩类
	挤压	模压				
表观密度(kg/m^3)	—	15～30	30	150	400～600	200～350
压缩强度(kPa)	250	60～150	150	—	—	—
抗压强度(MPa)	—	—	—	0.4	2.0	0.3
导热系数($W/(m^2 \cdot K)$)	0.030	0.041	0.027	0.062	0.220	0.087
70℃,48h后尺寸变化率(%)	2.0	4.0	5.0	—	—	—
吸水率(体积百分数)	1.5	6.0	3.0	0.5	—	—
外观	板材表面基本平整,无严重凹凸不平					

现喷硬质聚氨酯泡沫塑料的表观密度宜为35～40kg/m^3,导热系数小于0.030$W/(m^2 \cdot K)$,压缩强度大于150kPa,闭孔率大于92%。

确定保温层厚度的方法有度日数法及体形系数法两种:

1. 度日数法

度日数法指的是采暖期的室内温度与室外平均温度之差,乘以采暖日期的天数,其目的在于保温。

2. **体形系数法**

建筑物体形系数是指建筑物与室外大气接触的表面积与其所包围的体积之比(外墙面积中，不计入地面和不采暖楼梯间的内墙面积)，其目的在于节能。

《民用建筑节能设计标准》(JGJ26—95)规定：北京、西安等城市采暖居住建筑体形系数＞0.3时，屋顶传热系数应不超过0.80W/(m^2·K)；体形系数＞0.3时，屋面传热系数应不超过0.60W/(m^2·K)。

屋面保温材料厚度取值及组合方式如下：

100mm厚加气混凝土块加30～130mm厚聚苯板；

60mm厚C10陶粒混凝土块加50～150mm厚聚苯板；

40mm厚C20细石混凝土加50～150mm厚聚苯板；

120～240mm厚水泥聚苯颗粒板s；

90～200mm厚抹硅酸盐聚苯颗粒；

100～190mm厚憎水膨胀珍珠岩块；

150～240mm厚水泥膨胀蛭石块；

150～250mm厚特制加气混凝土保温块。

(五)隔汽层

在纬度40°以北地区且室内空气湿度大于75%，或其他地区室内空气湿度常年大于80%时，保温屋面应设置隔汽层。

设置隔汽层时，在屋面与墙面连接处，隔汽层应沿场面向上连续铺设，并与防水层相连，形成全封闭的整体。隔汽层可采用气密性、水密性好的单层卷材或防水涂料。采用卷材时，可用空铺法施工，卷材搭接宽度不得小于70mm；如果采用沥青基防水涂料时，其耐热度应比室内或室外的最高温度高出20～25℃。

隔汽层一般可以采用以下做法：

1.5mm厚聚合物水泥基复合防水涂料；

2mm厚氯丁橡胶改性沥青防水涂料；

2mm厚SBS改性沥青防水涂料；

1.2mm厚聚氨酯防水涂料；

0.8mm厚硅橡胶防水涂料；

1.2mm厚聚氯乙烯防水卷材(有较高要求时)。

(六)找坡层

当屋面结构层不起坡时，需设找坡层。找坡层宜选用轻质材料进行找坡，一般采用1∶1∶6(水泥∶沙子∶焦渣)体积比，振捣密实，表面抹光，最低处30mm厚(平均100mm厚)。亦可采用保温层兼作找坡层。

还可采用1∶8水泥膨胀珍珠岩或其他轻骨料混凝土(抗压强度不小于0.3MPa)。屋面坡度应不小于2%，檐沟及天沟的坡度应不小于1%，其沟底水落差不得超过200mm。

(七)保护层

不上人的防水卷材和防水涂膜屋面,设置涂料或粒料保护层。根据防水层材料的品种,按规定的用料表选定。

上人的防水卷材和防水涂膜屋面采用铺块材保护层。

[做一做]

请列表比较,上人与不上人保护层的做法有什么异同。

三、平屋顶的构造层次

平屋顶的构造层次与上人、不上人、材料找坡、结构找坡、架空面层、实体面层和有无隔汽层有关。

1. 不上人,材料找坡屋面

构造层次(由上而下):保护层—防水层(柔性)—找平层—找坡层—保温层—承重层。如图 7-4 所示。

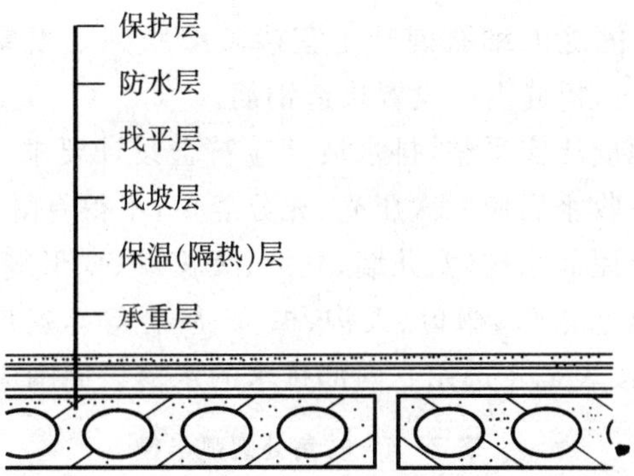

图 7-5 不上人卷材屋面的构造组成

2. 不上人,材料找坡,有隔汽层屋面

构造层次(由上而下):保护层—防水层(柔性)—找平层—找坡层—保温层—隔汽层—找平层—承重层。

3. 上人,材料找坡屋面

构造层次(由上而下):面层—隔离层—防水层(柔性)—找平层—找坡层—保温层—承重层。

4. 上人,材料找坡,有隔汽层屋面

构造层次(由上而下):面层—隔离层—防水层(柔性)—找平层—找坡层—保温层—隔汽层—找平层—承重层。

5. 不上人,倒置式,材料找坡层面

构造层次(由上而下):卵石保护层—耐碱玻纤网格布一层—1.0mm 厚钢板网—保温层—防水层—找平层—承重层。

倒置式屋面是将憎水性保温材料设置在防水层上面的屋面,这样做增加了屋面保温和节能效果。

四、平屋顶的设计构造

[想一想]

卷材防水屋面主要适用于哪些屋顶?

(一)卷材防水屋面

卷材防水屋面是利用防水卷材与粘结剂结合,形成连续致密的构造层来防水的一种屋顶。按其使用卷材有沥青类卷材防水屋面、高聚物改性沥青类卷材防水屋面、高分子类卷材防水屋面。卷材防水屋面由于其防水层具有一定的延伸性和适应变形的能力,又被称为柔性防水屋面。

卷材防水屋面较能适应温度、振动、不均匀沉陷等因素的变化作用,整体性好,不易渗漏,但施工操作较为复杂,技术要求较高。

1. 一般规定

(1)卷材防水屋面适用于防水等级为Ⅰ～Ⅳ级的屋面防水。

(2)屋面结构层为装配式钢筋混凝土板时,应采用细石混凝土灌缝,其强度等级不应小于C20,灌缝的细石混凝土宜掺微膨胀剂。当屋面板板缝宽度大于40mm或上窄下宽时,板缝内应设置构造钢筋。

(3)找平层表面应压实平整,排水坡度应符合设计要求。采用水泥砂浆找平层时,水泥砂浆抹平收水后应二次压光,充分养护,不得有酥松、起砂、起皮现象。

(4)基层与凸出屋面结构(女儿墙、立墙、天窗壁、变形缝、烟囱等)的连接处,以及基层的转角处(水落口、檐口、天沟、檐沟、屋脊等),均应做成圆弧。圆弧半径应根据卷材种类按表7.4选用。内部排水的水落口周围应做成略低的凹坑。

表7-4 转角处圆弧半径

卷材种类	圆弧半径(mm)
沥青防水卷材	100～150
高聚物改性沥青防水卷材	50
合成防水高分子卷材	20

(5)铺设屋面隔汽层和防水层前,基层必须干净、干燥。

干燥程度的简易检验方法,是将$1m^2$卷材平坦地干铺在找平层上查,找平层覆盖部位与卷材上未见水印即可铺设隔汽层或防水层。

(6)采用基层处理剂时,其配制与施工应符合下列规定:

①基层处理剂的选择应与卷材的材性相容。

②基层处理剂可采取喷涂法或涂刷法施工,喷涂应均匀一致。当喷、涂两遍时,第二遍喷、涂应在第一遍干燥后进行。待最后一遍喷、涂干燥后,方可铺贴卷材。

(7)卷材铺设方向应符合下列规定:

①屋面坡度小于3%时,卷材宜平行屋脊铺贴。

②屋面坡度在3%～15%之间时,卷材可平行或垂直屋脊铺贴。

③屋面坡度大于15%或屋面受震动时,沥青防水卷材应垂直屋脊铺贴;高聚

物改性沥青防水卷材和合成高分子防水卷材可平行或垂直屋脊铺贴。

④上下层卷材不得相互垂直铺贴。

(8)屋面防水层施工时，应先做好节点、附加层和屋面排水比较集中部位(屋面与水落口连接处、檐口、天沟、檐沟、屋面转角处、板端缝等)的处理，然后由屋面最低标高处向上施工。铺贴天沟、檐沟部位时，宜顺天沟、檐沟方向铺贴，减少搭接。

(9)卷材搭接的方法、宽度和要求，应根据屋面坡度、年最大频率风向和卷材的材性决定。

①铺贴卷材应采用搭接法，上下层及相邻两幅卷材的搭接缝应错开。平行于屋脊的搭接缝应顺流水方向搭接，垂直于屋脊的搭接缝应顺年最大频率风向搭接。

②各种卷材搭接宽度应符合表7-5的要求。

[问一问]

什么是叉接法搭接?

表7-5　卷材搭接宽度(mm)

<table>
<tr><th colspan="2" rowspan="2">铺贴方法
卷材种类</th><th colspan="2">短边搭接</th><th colspan="2">长边搭接</th></tr>
<tr><th>满粘法</th><th>空铺、点粘、条粘法</th><th>满粘法</th><th>空铺、点粘、条粘法</th></tr>
<tr><td colspan="2">沥青防水卷材</td><td>100</td><td>150</td><td>70</td><td>100</td></tr>
<tr><td colspan="2">高聚物改性沥青防水卷材</td><td>80</td><td>100</td><td>80</td><td>100</td></tr>
<tr><td colspan="2">自粘高聚物改性沥青防水卷材</td><td>60</td><td>—</td><td>60</td><td>—</td></tr>
<tr><td rowspan="4">合成高分子防水卷材</td><td>胶粘剂</td><td>80</td><td>100</td><td>80</td><td>100</td></tr>
<tr><td>胶粘带</td><td>50</td><td>60</td><td>50</td><td>60</td></tr>
<tr><td>单缝焊</td><td colspan="4">60，有效焊接宽度不小于25</td></tr>
<tr><td>双缝焊</td><td colspan="4">80，有效焊缝宽度10×2+空腹宽</td></tr>
</table>

③高聚物改性沥青防水卷材和合成高分子防水卷材的搭接缝，宜用材性相容的密封材料封严。

④叠层铺设的各层卷材，在天沟与屋面的连接处，应采用叉接法搭接，搭接缝应错开；接缝宜留在屋面或天沟侧面，不宜留在沟底。

(10)在铺贴卷材时，不得污染檐口的外侧和墙面。

2. 设计要点

(1)屋面防水等级为Ⅰ级或E级的多道防水设防时，采用复合防水设防。

(2)屋面防水卷材的选择应符合下列规定：

①根据当地历年最高气温、最低气温、屋面坡度和使用条件等因素，应选择

耐热度和柔性相适应的卷材。

②根据地基变形程度、结构形式、当地年温差、日温差和振动等因素，应选择拉伸性能相适应的卷材。

③根据屋面防水卷材的暴露程度，应选择与耐紫外线、耐老化保持率或耐霉烂性能相适应的卷材。

④自粘橡胶沥青防水卷材和自粘聚酯胎改性沥青防水卷材(铝箔覆面者除外)，不得用于外露的防水层。

⑤每道卷材防水层厚度的选用应符合表7-6的规定。

表7-6 卷材厚度选用表

屋面防水等级	设防道数	合成高分子防水卷材	高聚物改性沥青防水卷材	沥青防水卷材和沥青复合胎柔性防水卷材	自粘聚酯胎改性沥青防水卷材	自粘橡胶沥青防水卷材
Ⅰ级	三道或三道以上设防	不应小于1.5mm	不应小于3mm	—	不应小于2mm	不应小于1.5mm
Ⅱ级	两道设防	不应小于1.2mm	不应小于3mm	—	不应小于2mm	不应小于1.5mm
Ⅲ级	一道设防	不应小于1.2mm	不应小于4mm	三毡四油	不应小于3mm	不应小于2mm
Ⅳ级	一道设防	—	—	二毡三油	—	—

(3)平屋面宜采用结构找坡。当用材料找坡时，可用轻质材料或保温层找坡。

(4)天沟、檐沟纵向坡度不应小于1%；沟底水落差不得超过200mm。天沟、檐沟排水不得流经变形缝和防火墙。

(5)卷材防水层上有重物覆盖或基层变形较大时，应优先采用空铺法、点粘法或条粘法。但距屋面周边800mm内应满粘，卷材与卷材之间亦应满粘。

(6)水落管内径不应小于75mm；一根水落管的屋面最大汇水面积应由计算确定，但宜小于200m^2。亦可以按距离确定雨水管数量，有外檐天沟时，应不超过24m，无外檐天沟时，应不超过15m。屋面雨水管材料(雨水斗、雨水管)应选用UPVC材料。

水落管距离墙面不应小于20mm，其排水口距散水坡的高度不应大于200mm。水落管应用管箍与墙面固定。接头的承插长度不应小于40mm。水落管经过的带形线脚、檐口线等墙面凸出部位处宜用直管，并应预留缺口或孔洞。当必须采用变管绕过时，变管的接合角应为钝角。

(7)卷材防水节点设计应符合下列规定：

①应根据屋面的结构变形、温差变形、干缩变形和振动等因素，使节点设防能够满足基层变形的需要。

②应采用柔性密封、防排结合、材料防水与构造防水相结合的做法。

③应采用卷材、防水涂料、密封材料和刚性防水材料等互补并用的多道设防（包括设置附加层）。

(8)高低跨屋面设计尚应符合下列规定：

①高低跨变形缝处的防水处理应采用有足够适应变形能力的材料和构造措施，必要时应严密封闭。

②当高跨屋面为无组织排水时，低跨屋面受水冲刷的部位应加铺一层整幅卷材，再铺设300～500mm宽的板材加强保护；当有组织排水时，水落管下应加设钢筋混凝土的水簸箕。

[想一想]

高低跨变形缝处理的防水处理为什么要求严密封闭？

(9)单坡跨度大于9m的屋面设计尚应符合下列规定：

①屋面应采用结构找坡来满足排水坡度的要求，坡度不应小于3%。

②防水卷材采取满粘法施工时，找平层应做分格缝。

③无保温层的屋面，板端缝应采用空铺附加层或卷材直接空铺处理，空铺宽度宜为200mm。

(10)屋面保温层和找平层干燥有困难时，宜采用排汽屋面。排汽屋面的设计应符合下列规定：

①找平层设置的分格缝可兼做排汽道；铺贴卷材宜采用条粘法或点粘法。

②排汽道应纵横连通，并同与大气连通的排汽孔相通，排汽孔可设在檐口下或屋面排汽道交叉处。

③排汽道间距宜为6m，纵横设置；屋面面积每36m^{2}宜设置一个排汽孔；排汽管的直径应不小于40mm，排汽孔应做防水处理。

(11)上人屋面设计应符合下列规定：

①当上人屋面选用块体或细石混凝上面层时，应根据使用功能要求确定其面层厚度。

②块体或细石混凝土面层与防水层之间应做隔离层。

(12)屋面上设施处理应符合下列规定：

①设施基座与结构层相连时，防水层宜包裹设施基座的上部，并在地脚螺栓周围做密封处理。

②在防水层上放置设施时，设施下部的防水层应做附加增强层，必要时应在其上浇筑细石混凝土，其厚度应大于50mm。

③需经常维护的设施周围和屋面出入口至设施之间的人行道应铺设刚性保护层。

(13)卷材屋面应有保护层；易积灰屋面宜采用刚性保护层。当卷材本身无保护层时，应另做保护层（见图7-6），并宜符合下列规定：

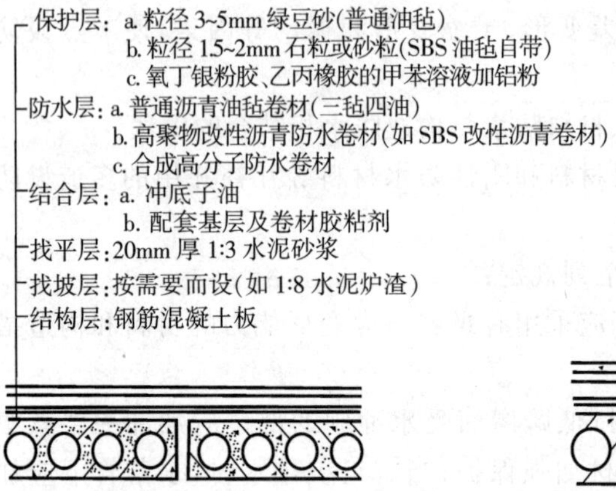

(a)不上人卷材防水屋面

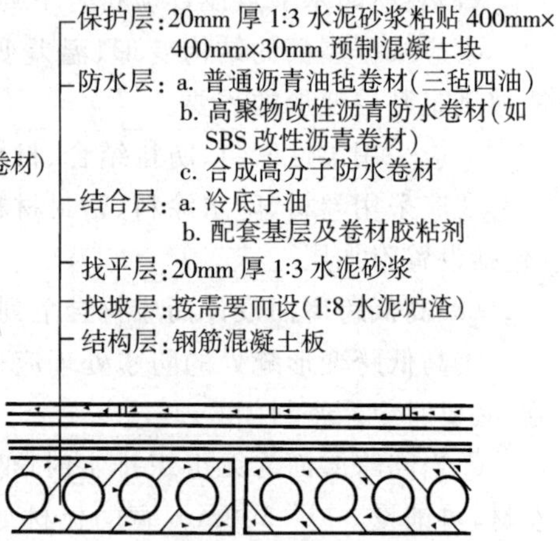

(b)上人卷材防水屋面

图 7－6　保护层做法

①可采用与卷材材性相容、粘结力强和耐风化的浅色涂料涂刷，或粘贴铝箔等做保护层。亦可采用 20mm 厚水泥砂浆、30mm 厚细石混凝土(宜掺微膨胀剂)或块材做保护层。

②热玛蹄脂粘结的沥青防水卷材保护层可选用粒径为 3～5mm，色浅、耐风化和颗粒均匀的绿豆砂；冷玛蹄脂粘结的沥青防水卷材保护层可选用云母或蛭石等片状材料。

(14)架空隔热屋面或倒置式屋面的卷材防水层上可不做保护层。

(二)涂膜防水屋面

涂膜防水屋面是用防水材料刷在屋面基层上，利用涂料干燥或固化以后的不透水性达到防水的目的。涂膜防水屋面具有防水、抗渗、粘结力强、耐腐蚀、耐老化、延伸率大、弹性好、不延燃、无毒、施工方便等诸多优点，已广泛用于建筑各部位的防水工程中。

[想一想]

涂膜防水屋面防水材料应用较多的是哪种?

1. 材料

主要有各种涂料和胎体增强材料两大类。

(1)涂料

防水涂料的种类很多，按其溶剂或稀释剂的类型可分为溶剂型、水溶型、乳液型等类，按施工时涂料液化方法的不同则可分为热熔型、常温型等类。

(2)胎体增强材料

某些防水涂料(如氯丁胶乳沥青涂料)需要与胎体增强材料(即所谓的布)配合，以增强涂层的贴附覆盖能力和抗变形能力。目前，使用较多的胎体增强材料为 0.1mm×6mm×4mm 或 0.1mm×7mm×7mm 的中性玻璃纤维网格布或中碱玻璃布、聚酯无纺布等。

2. 一般规定

(1)涂膜防水屋面主要适用于防水等级为Ⅲ级、Ⅳ级的屋面防水，也可用作

Ⅰ级、Ⅱ级屋面多道防水设防中的一道防水层。

(2)每道涂膜防水层厚度的选用应符合表 7－7 的规定。

表 7－7　涂膜厚度选用表

屋面防水等级	设防道数	高聚物改性沥青防水涂料	合成高分子防水涂料和高聚物水泥防水涂料
Ⅰ级	三道或三道以上设防	—	不应小于 1.5mm
Ⅱ级	两道设防	不应小于 3mm	不应小于 1.5mm
Ⅲ级	一道设防	不应小于 3mm	不应小于 2mm
Ⅳ级	一道设防	不应小于 2mm	—

(3)当屋面结构层采用装配式钢筋混凝土板时，板缝内应浇灌细石混凝土，其强度等级不应小于 C20；灌缝的细石混凝土中宜掺微膨胀剂。宽度大于 40mm 的板缝或上窄下宽的板缝中，应加设构造钢筋。板端缝应进行柔性密封处理，非保温屋面的板缝上应预留凹槽，并嵌填密封材料。

(4)基层施工，应符合卷材防水屋面的有关规定。

(5)防水涂膜应分层分遍涂布。待先涂的涂层干燥成膜后，方可涂布后一遍涂料。需铺设胎体增强材料，且屋面坡度小于 15％时可平行屋脊铺设；当屋面坡度大于 15％时，应垂直屋脊铺设，并由屋面最低处向上操作。胎体长边搭接宽度不得小于 50mm；短边搭接宽度不得小于 70mm。采用两层胎体增强材料时，上下层不得互相垂直铺设，搭接缝应错开。其间距不应小于幅宽故 1/3，见图 7－7。

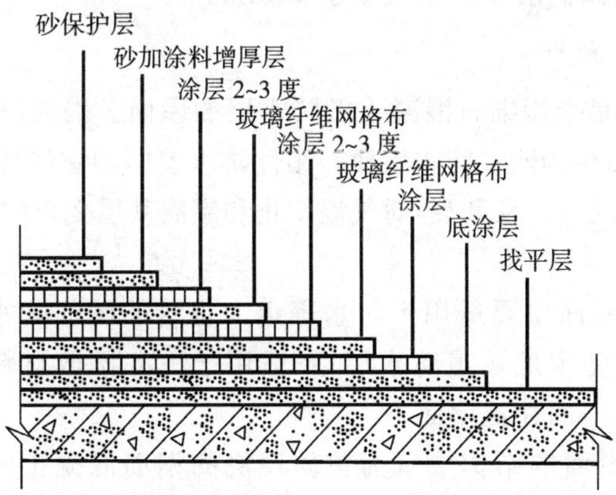

图 7－7　全部涂层的做法

(6)天沟、檐沟、檐口、泛水等部位，均应加铺有胎体增强材料的附加层。水落口周围与屋面交接处，应做密封处理，并加铺两层有胎体增强材料的附加层。涂膜伸入水落口的深度不得小于 50mm。涂膜防水层的收头应用防水涂料多遍涂刷或用密封材料封严。

[想一想]

为什么涂膜伸入水落口的深度不得小于 50mm?

(7)在涂膜实干前，不得在防水层上进行其他施工作业。涂膜防水屋面上不得直接堆放物品。

3. 设计要点

(1)按屋面防水等级和设防要求选择防水涂料。对易开裂、渗水的部位,应做密封处理,并应增设一层或一层以上带有胎体增强材料的附加层。

(2)涂膜防水层的基层,应符合水泥砂浆或细石混凝土找平层的规定。找平层应设分格缝,缝宽宜为 20mm,并应留设在板的支承处,其间距不宜大于 6m。分格缝应嵌填密封材料。转角处应抹成圆弧形,其半径不宜小于 50mm。

(3)涂料品种的选择应符合下列规定:

①根据当地历年最高气温、最低气温、屋面坡度和使用条件等因素,应选择与耐热度、低温柔性相适应的涂料。

②根据地基变形程度、结构形式、当地年温差、日温差和振动等因素,应选择与延伸性能相适应的涂料。

③根据屋面防水涂膜的暴露程度,应选择与耐紫外线、耐老化保持率相适应的涂料。

(4)屋面排水坡度,结构找坡宜为 3%,材料找坡宜为 2%,当屋面坡度大于 25%时,不宜采用沥青基防水涂料及成膜时间过长的涂料。

(5)隔汽层设置厚度与卷材防水屋面相同。

(6)应沿找平层分格缝增设带胎体增强材料的空铺附加层、其宽度宜为 100mm。

(7)涂膜防水屋面应设置保护层。保护层材料可采用细砂、云母、蛭石、浅色涂料、水泥砂浆或块材等。采用水泥砂浆或块材时,应在涂膜与保护层之间设置隔离层。水泥砂浆保护层厚度不宜小于 20mm。

[想一想]

混凝土刚性屋面的做法应注意哪些方面?

(三)刚性防水屋面

刚性防水屋面是指用细石混凝土做防水层的屋面。因混凝土属于脆性材料,抗拉强度较低,故而称为刚性防水屋面。刚性防水屋面的主要优点是构造简单,施工方便,造价较低;缺点是易开裂,对气温变化和屋面基层变形的适应性较差。

1. 一般规定

(1)刚性防水屋面主要适用于防水等级为Ⅲ级的屋面防水,也可用作Ⅰ、Ⅱ级屋面多道防水设防中的一道防水层;不适用于设有松散材料保温层的屋面以及受较大振动或冲击的建筑屋面。

(2)刚性防水屋面的结构层宜为整体现浇的钢筋混凝土。当屋面结构层采用装配式钢筋混凝土板时,应用细石混凝土灌缝,其强度等级不应小于 C20,灌缝的细石混凝土宜掺微膨胀剂。当屋面板板缝宽度大于 40mm 或上窄下宽时,板缝内应设置构造钢筋;板端缝应进行密封处理。

(3)刚性防水层与山墙、女儿墙以及凸出屋面结构的交接处均应做柔性密封处理。

(4)细石混凝土防水层与基层间宜设置隔离层。

(5)防水层的细石混凝土宜掺膨胀剂、减水剂、防水剂等外加剂,并用机械搅拌,机械振捣。

(6)刚性防水层应设置分格缝，分格缝内应嵌填密封材料，如图 7－8(a)、(b)。

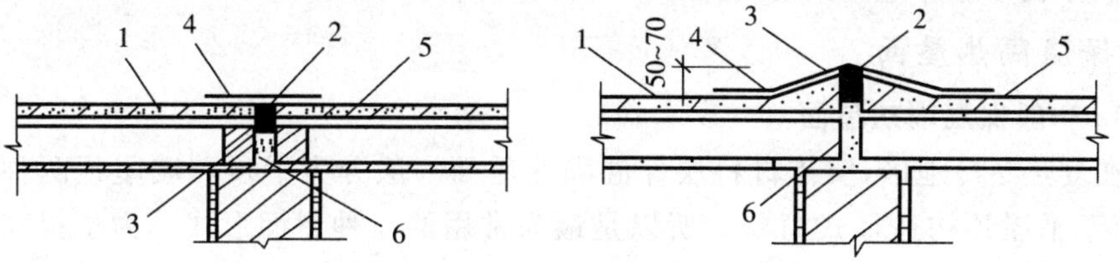

(a)分隔缝构造

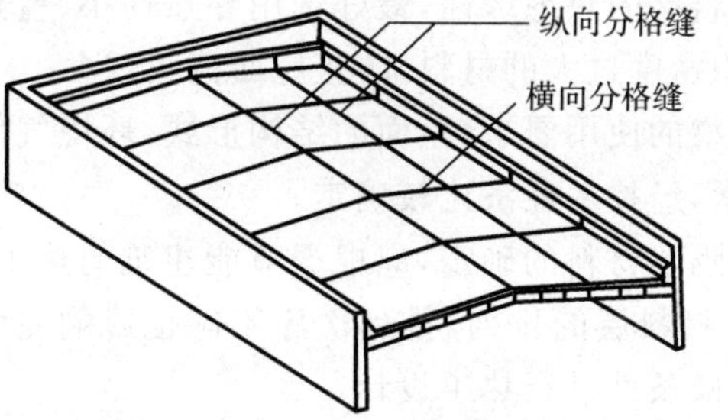

(b)分隔缝位置

1—刚性防水层；2—密封材料；3—背衬材料；4—防水卷材；5—分隔缝；6—细石混凝土

图 7－8 刚性防水屋面分隔缝

(7)天沟、檐沟应用水泥砂浆找坡，找坡厚度大于 20mm 时，宜采用细石混凝土。

(8)刚性防水层内严禁埋设管线。

(9)刚性防水层施工气温宜为 5～35℃，并应避免在负温度或烈日暴晒下施工。

2. 设计要点

(1)选择刚性防水设计方案时，应根据屋面防水设防要求、地区条件和建筑结构特点等因素，经技术经济比较后确定。

(2)刚性防水屋面的坡度宜为 2%～3%，并应采用结构找坡。

(3)细石混凝土防水层的厚度不应小于 40mm，并应配置直径为 4～6mm、间距为 100～200mm 的双向钢筋网片。钢筋网片在分格缝处应断开，其保护层厚度不应小于 10mm。

普通细石混凝土、补偿收缩混凝土的强度等级不应小于 C20。补偿收缩混凝土的自由膨胀率应为 0.05%～0.1%。

(4)防水层的分格缝应设在屋面板的支承端、屋面转折处、防水层与凸出屋面结构的交接处，并应与板缝对齐。

普通细石混凝土和补偿收缩混凝土(自由膨胀率应为 0.05%～0.1%)防水层的分格缝其纵横间距不宜大于 6m。

(5)隔离层可采用纸筋灰、麻刀灰、低强度等级砂浆、干铺卷材等材料。

(6)块体刚性防水层应用 1∶3 水泥砂浆铺砌；块体之间的缝宽应为 12～

15mm;坐浆厚度不应小于 25mm;面层应用 1∶2 水泥砂浆,其厚度不应小于 12mm,水泥砂浆中应掺入防水剂。

[想一想]

夏热冬冷地区具体指哪些地区?

(四)保温隔热屋面

1. 一般保温隔热屋面

在夏热冬冷地区,实体材料层保温隔热屋面一般分为平顶和坡屋顶两种形式,由于平屋顶构造形式简单．所以是最为常用的一种屋面形式。为了提高屋面的保温隔热性能,应遵照以下设计原则:

(1)为了提高材料层的热绝缘性,最好选用导热性小、蓄热性大的材料,同时要考虑不宜选用容积密度过大的材料,防止屋面荷载过大。

(2)应根据建筑物的使用要求、屋面的结构形式、环境气候条件、防水处理方法和施工条件等因素,经技术经济比较确定。

(3)屋面的保温隔热材料的确定,应根据节能建筑的热工要求确定保温隔热层厚度,同时要注意材料层的排列,排列次序不同也影响屋面热工性能,应根据建筑的功能、地区气候条件进行热工设计。

(4)屋面保温隔热材料不宜选用吸水率较大的材料,以防止屋面湿作业时,保温隔热层大量吸水,降低热工性能。如果选用了吸水率较高的热绝缘材料,屋面上应设置排气孔以排除保温隔热材料层内不易排出的水分。

设计时可根据建筑热工设计计算确定其他节能屋面的传热系数 K 值、热阻 R 值和热惰性指标 D 值等,使屋面的建筑热工要求满足节能标准的要求。

2. 倒置式屋面

所谓倒置式屋面就是将传统屋面构造中保温隔热层与防水层“颠倒”,即将保温隔热层设在防水层上面,故有“倒置”之称,所以称“侧铺式”或“倒置式”屋面,构造图如图 7-9 所示。由于倒置式屋面为外隔热保温形式,外隔热保温材料层的热阻作用对室外综合温度首先进行了衰减,使其后产生在屋面材料上的内部温度分布低于传统保温隔热屋顶内部温度分布,屋面所蓄有的热量始终低于传统屋面保温隔热方式,向室内散热也小,因此,是一种隔热保温效果更好的节能屋面构造形式。

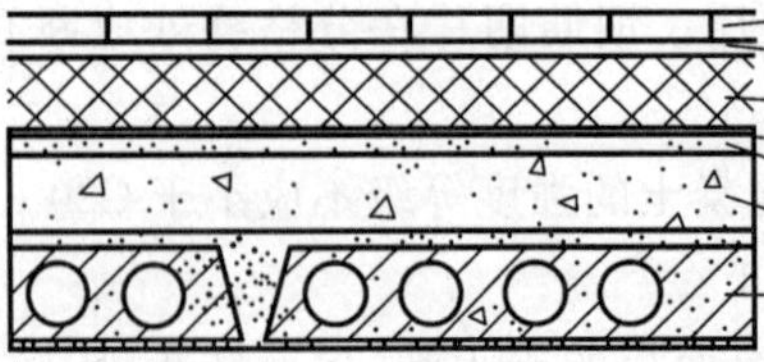

图 7-9　倒置式屋面

倒置式屋面主要特点如下:

(1)能有效延长防水层使用年限

“倒置式屋面”将保温层设在防水层之上,大大减弱了防水层受大气、温差及太阳光紫外线照射的影响，使防水层不易老化，因而能长期保持其柔软性、延伸性等性能。据国外有关资料介绍，可延长防水层使用寿命2～4倍。

[想一想]

将保温层设在防水层之上，对屋顶的耐久性有什么好处？

(2)保护防水层免受外界损伤

由于保温材料组成不同厚度的缓冲层，使卷材防水层不易在施工中受外界的机械损伤，同时又能衰减各种外界对屋面冲击产生的噪声。

(3)排水方便，防水层不易鼓泡

保温材料找坡一般不小于2%，雨水可以自然排走。因此进入屋面体系的水和水蒸气不会在防水层上冻结，也不会长久凝聚在屋面内部，而能通过多孔材料蒸发掉。同时也避免了传统屋面防水层下面水汽凝结、蒸发，造成防水层鼓泡而被破坏的质量通病。

(4)施工简便，易于维修

倒置式屋面省去了传统屋面中的隔汽层及保温层上的找平层，施工简化，更加经济。即使个别地方出现渗漏，只要揭开几块保温板，就可以进行维修。

综上所述，倒置式屋面具有良好的防水、保温隔热功能，特别是对防水层起到保护、延缓老化、延长使用年限的作用，同时还具有施工简便、速度快、耐久性好，可在冬季或雨季施工等优点。在国外被认为是一种可以克服传统做法缺陷而且比较完善与成功的屋面构造设计。

倒置式屋面的构造要求保温隔热层应采用吸水率低的材料，如聚苯乙烯泡沫板、沥青膨胀珍珠岩等。而且在保温隔热层上应用混凝土、水泥砂浆或干铺卵石做保护层，以免保温隔热材料受到破坏。保护层采用混凝土板或地砖等材料时，可用水泥砂浆铺砌；用卵石做保护层时，在卵石与保温隔热材料层间应铺一层耐穿刺、耐久性及防腐性能好的纤维织物。倒置式屋面的施工时应注意以下几个问题：

(1)要求防水层表面应平整，平屋顶排水坡度增大到3%，以防积水；

(2)沥青膨胀珍珠岩配合比为：每立方米珍珠岩中加入100kg沥青，搅拌均匀，入模成型时严格控制压缩比，一般为1.8～1.85；

(3)铺设板状保温材料时，拼缝应严密，铺设应平稳；

(4)铺设保护层时，应避免损坏保温层和防水层；

(5)铺设卵石保护层时，卵石应分布均匀，防止超厚，以免增大屋面荷载；

(6)当用聚苯乙烯泡沫塑料等轻质材料做保温层时，上面应用混凝土预制块或水泥砂浆做保护层。

3. 通风屋面

通风屋面在我国夏热冬冷地区和夏热冬暖地区广泛地采用，尤其是在气候炎热多雨的夏季，这种屋面构造形式更显示出它的优越性。由于屋盖由实体结构变为带有封闭或通风的空气间层结构，大大地提高了屋盖的隔热能力。通过实验测试表明，通风屋面和实砌屋面相比，虽然两者的热阻相等，但它们的热工性能有很大的不同，以重庆市荣昌节能试验建筑为例，在自然通风条件下，实砌屋面内表面温度平均值为35.1℃，最高温度达38.7℃；而通风屋面为33.3℃，最高温度为36.4℃。在连续空调情况，通风屋面内表面温度比实砌屋面平均低

2.2℃。而且,通风屋面内表面温度波的最高值比实砌屋面要延后3～4h,显然通风屋面具有隔热好、散热快的特点,如图7-10。

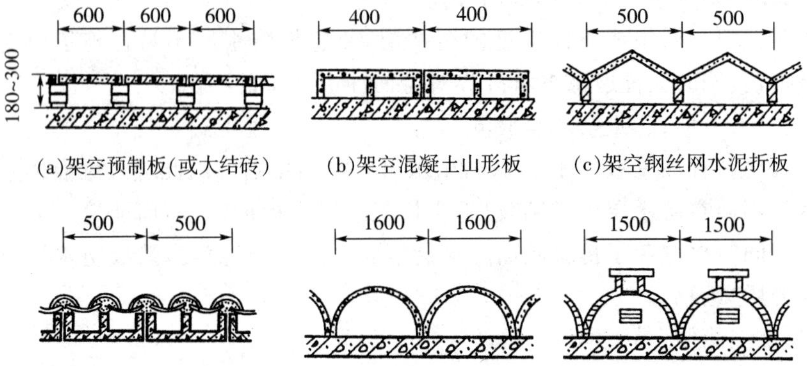

图7-10 架空通风隔热

在通风屋面的设计施工中应考虑以下几个问题:

(1)通风屋面的架空层设计应根据基层的承载能力,架空板便于生产和施工,构造形式要简单;

(2)通风屋面和风道长度不宜大于15m,空气间层以200mm左右为宜;

(3)通风屋面基层上面应有保证节能标准的保温隔热基层,一般按冬季节能传热系数进行校核;

(4)架空隔热板与山墙间应留出250mm的距离;

(5)支座的布置应整齐划一,条形支座应沿纵向平直排列,点式支座应沿纵横向排列整齐通风顺畅无阻;

(6)架空隔热层施工过程中,要做好已完工防水层的保护工作。

4. 种植屋面

[想一想]

种植屋面的构造为什么要区分地区?

在我国夏热冬冷地区和华南等地过去就有"蓄土种植"屋面的应用实例,通常我们称之为种植屋面。目前在建筑中此种屋顶的应用更加广泛,利用屋顶植草栽花,甚至种灌木、堆假山、设喷水形成了"草场屋顶"或屋顶花园,是一种生态型的节能屋面。由于植被屋顶的隔热保温性能优良,已逐步在广东、广西、四川、湖南等地被人们广泛应用。植被屋面分覆土种植和无土种植两种。

(1)覆土种植

覆土种植是在钢筋混凝土屋顶上覆盖种植土壤100～150mm厚,种植植被隔热性能比架空其通风间层的屋顶还好,内表面温度大大降低。

(2)无土种植

无土种植具有自重轻、屋面温差小、有利于防水防渗的特点,它是采用蛭石或者是木屑代替土壤,质量减轻了而隔热性能反而有所提高,且对屋面构造没有特殊的要求,只是在檐口和走道板处须防止蛭石或木屑在雨水外溢时被冲走。据实践经验,植被屋顶的隔热性能与植被覆盖密度、培植基质(蛭石或木屑)的厚度和基层的构造等因素有关,还可种植红薯、蔬菜或其他农作物。但培植基质较厚，所需水肥较多，要经常管理。草被屋面则不同，由于草的生长力和耐气候变化性强，可粗放管理，基本可依赖自然条件生长。草被品种可就地选用，亦可采用碧绿色的天鹅绒草和其他观赏花木。种植屋面不仅绿化了环境，还能吸收遮挡太阳辐射进入室内，同时还吸收太阳热量用于植物的光合作用、蒸腾作用和呼吸作用，改善了建筑热环境和空气质量，辐射热能转化成植物的生物能和空气的有益成分，实现太阳辐射资源性的转化。通常种植屋面钢筋混凝土屋面板温度控制在月平均温度左右，具有良好的夏季隔热、冬季保温特性和良好的热稳定性。表7-8为四川省建科院对种植屋面进行热工测试的数据，可供参考。

表7-8　有、无种植层的热工实测值表

项目	单位	无种植层	有蛭石种植层	差值
外表面最高温度	℃	61.6	29.0	32.6
外表面温度波幅	℃	24.0	1.6	22.4
内表面最高温度	℃	32.2	30.2	2.0
内表面温度波幅	℃	1.3	1.2	0.1
内表面最大热流	W/m^2	153.6	2.2	13.1
内表面平均热流	W/m^2	9.1	5.27	14.34
室外最高温度	℃	36.4	36.4	36.4
室外平均温度	℃	29.1	29.1	29.1
最大太阳辐射强度	W/m^2	862	862	862
平均太阳辐射强度	W/m^2	215.2	215.2	215.2

在进行种植屋面设计时应注意以下几个主要问题：

(1)种植屋面一船由结构层、找平层、防水层、蓄水层、滤水层、种植层等构造层组成。

(2)种植屋面应采用整体浇筑或预制装配的钢筋混凝土屋面板作结构层，其质量应符合国家现行各相关规范的要求。结构层的外加荷载设计值(除结构层自重以外)应根据其上部具体构造及活荷载计算确定。

(3)防水层应采用设置涂膜防水层和配筋细石混凝土刚性防水层两道防线的复合防水设防的做法，以确保其防水质量。

(4)在结构层上做找平层，找平层宜采用1∶3(质量比)水泥砂浆，其厚度根据屋面基层种类(按照屋面工程技术规范)规定为15～30mm，找平层应坚实平整。找平层宜留设分格缝，缝宽为20mm，并嵌填密封材料，分格缝最大间距为6m。

(5)栽培植物宜选择长日照的浅根植物，如各种花卉、草等，一般不宜种植根深的植物。

(6)种植屋面坡度不宜大于3%，以免种植介质流失。

(7)四周挡墙下的泄水孔不得堵塞，应能保证排水。

图7-11是一种种植屋面的构造形式。

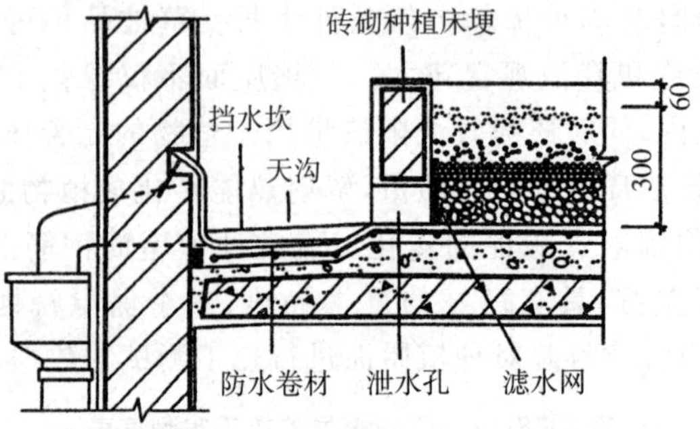

图 7 - 11　种植屋面的构造形式

对于上图做如下说明：

(1)上图种植层面用于Ⅲ级防水层面；侧置屋面用于Ⅰ、Ⅱ级防水层面。

(2)分仓缝间距<6m，应设在板的支承端。

(3)预制板设边缝和开间墙上缝，板缝嵌油膏深 20mm，分仓缝应与板缝对齐。

(4)保温板可选用挤塑型聚苯乙烯。

(5)保护层可用：①25mm 厚不泥砂浆上铺地面砖或钢筋混凝土预制板；②60mm 厚砾石层下铺无纺布。

[想一想]

种植屋面的构造为什么要做特殊要求？

5. 蓄水屋面

蓄水屋面就是在屋面上贮一薄层水用来提高屋顶的隔热能力。水在屋顶上能起隔热作用的主要原因：

(1)水在蒸发时要吸收大量的汽化热，而这些热量大部分从屋面吸收的太阳辐射中摄取，所以大大减少了经屋顶传入室内的热量，相应地降低了屋面的内表面温度。

(2)利用水的蒸发耗热作用，而蒸发量的大小与室外空气的相对湿度和风速之间的关系最密切。相对湿度的最低值发生在 14～15 时左右。我国南方地区中午前后风速较大，故在 14 时左右水的蒸发作用最强烈，从屋面吸收而用于蒸发的热量最多。而这个时刻内的屋顶室外综合温度恰恰最高，即适逢屋面传热最强烈的时刻。这时就是在一般的屋顶上喷水、淋水，亦会起到蒸发耗热而削弱屋顶的传热作用。因此在夏季气候干燥、白天多风的地区，用水隔热的效果必然显著。

蓄水屋顶的缺点：

(1)在夜里屋顶蓄水后外表面温度始终高于无水屋面，这时很难利用屋顶散热。

(2)屋顶蓄水增加了屋顶静荷重。

(3)为防止渗水，还要考虑屋面的防水措施。

以图 7 - 12 为例，在设计和施工时应注意以下问题：

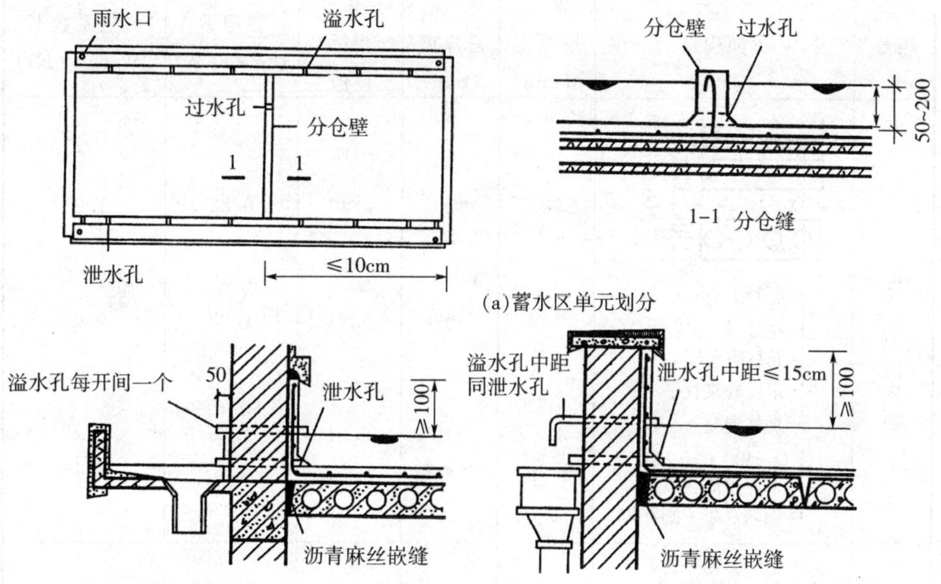

(a)蓄水区单元划分

(b)溢水孔与泄水孔

(c)女儿墙与泛水

图 7-12 蓄水屋面

(1)蓄水屋顶的蓄水深度以 50～100mm 为合适,因水深超过 100mm 时屋面温度与相应热流值下降不很显著,水层深度以保持在 200mm 左右为宜。

(2)屋盖的荷载:当水层深度 $d=200$mm 时,结构基层荷载等级采用 3 级(即允许荷载 $P=300\ \mathrm{kg/m^2}$);当水层深度 $d=150$mm 时,结构基层荷载等级采用 2 级(即允许荷载 $P=250\ \mathrm{kg/m^2}$)。

(3)刚性防水层:工程实践证明,防水层的做法采用 40mm 厚、C20 细石混凝土加水泥用量 0.05%的三乙醇氨,或水泥用量 1%的氯化铁、1%的亚硝酸钠(浓度为 98%)、内设 ϕ4.200mm×200mm 的钢筋网,防渗漏性最好。

(4)分格缝或分仓缝:分隔缝的设置应符合屋盖结构的要求,间距按板的布置方式而定。对于纵向布置的板,分格缝内的无筋细石混凝土面积应小于 $50\mathrm{m^2}$;对于横向布置的板,应按开间尺寸以不大于 4m 设置分格缝。

(5)泛水:泛水对渗漏水影响很大,应将防水层混凝土沿檐墙内壁上升,高度应超过水面 100mm。由于混凝土转角处不易密实,宜在该处填设如油膏之类的嵌缝材料。

(6)所有屋面上的预留孔洞、预埋件、给水管、排水管等,均应在浇筑混凝土防水层前做好,不得事后在防水层上凿孔打洞。

(7)混凝土防水层应一次浇筑完毕,不得留施工缝,立面与平面的防水层应一次做好。防水层施工气温宜为 5～35℃,应避免在负温或烈日曝晒下施工,刚性防水层完工后应及时养护,蓄水后不得断水。

6. 节能屋面

各地节能屋面的构造见表 7-9,供设计参考。

编号	屋面构造	保温层厚度δ(mm)	屋面总厚度(mm)	热惰性指标D值	热阻R (m²·K/W)	传热系数K [W/(m²·K)]
加气混凝土保温屋面	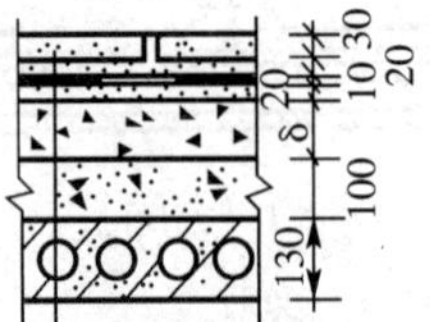 混凝土板 砂垫层 卷材防水层 水泥砂浆找平层 加气混凝土 (ρ_0=500,λ_0=0.24) 水泥焦渣找坡层 钢筋混凝土圆孔板	100	410	5.17	0.82	1.03
		150	460	5.91	1.03	0.85
		200	510	6.61	1.23	0.72
乳化沥青珍珠岩保温屋面	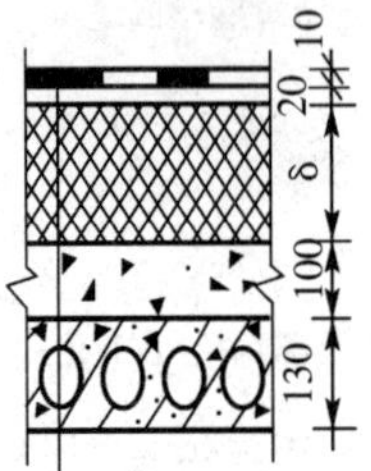 卷材防水层 水泥砂浆找平层 乳化沥青珍珠岩板 (ρ_0=400,λ_0=0.14) 水泥焦渣找坡层 钢筋混凝土圆孔板	100	360	5.09	1.06	0.83
		120	380	5.50	1.21	0.74
		140	400	5.88	1.35	0.67
		160	420	6.26	1.49	0.61
		180	440	6.67	1.64	0.56
		200	460	7.06	1.78	0.52
憎水型珍珠岩保温屋面	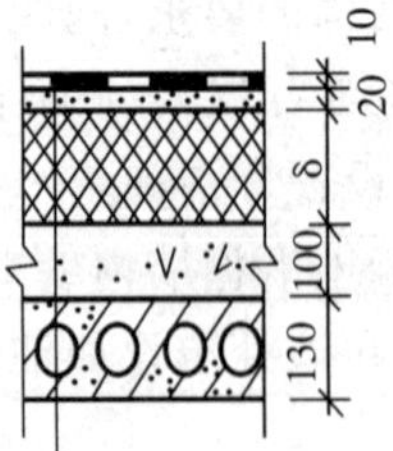 卷材防水层 水泥砂浆找平层 憎水型珍珠岩板 (ρ_0=250,λ_0=0.10) 水泥焦渣找坡层 钢筋混凝土圆孔板	60	320	4.16	0.95	0.91
		80	340	4.50	1.15	0.77
		100	360	4.84	1.35	0.67
		120	380	5.18	1.55	0.59
		140	400	5.52	1.75	0.53
		160	420	5.86	1.95	0.48

（续表）

编号	屋面构造	保温层厚度 δ(mm)	屋面总厚度 (mm)	热惰性指标 D 值	热阻 R ($m^2\cdot K/W$)	传热系数 K [$W/(m^2\cdot K)$]
聚苯板保温层	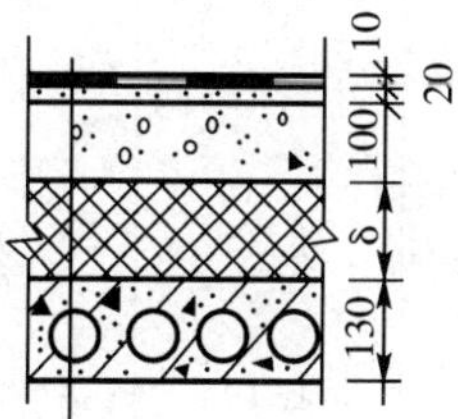 卷材防水层 水泥砂浆找平层 水泥焦渣找坡层 聚苯板 (ρ_0=20,λ_0=0.063) 钢筋混凝土圆孔板	50	310	3.57	1.14	0.76
		60	320	3.65	1.30	0.69
		70	330	3.74	1.46	0.62
		80	340	3.83	1.62	0.56
		90	350	3.91	1.78	0.52
		100	360	4.00	1.94	0.48
挤塑型聚苯板保温屋面	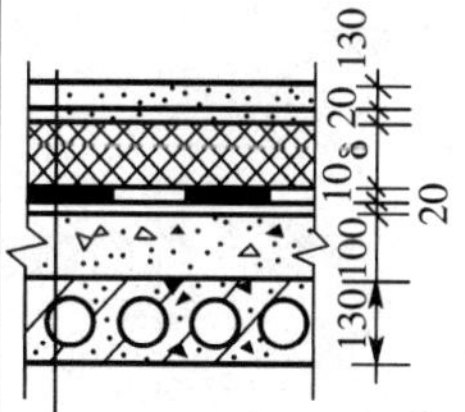 混凝土板 砂垫层 挤塑型聚苯板 (ρ_0=35,λ_0=0.04) 卷材防水层 水泥砂浆找平层 水泥焦渣找坡层 钢筋混凝土圆孔板	30	340	4.05	1.15	0.77
		40	350	4.17	1.40	0.65
		50	360	4.29	1.65	0.56
		60	370	4.41	1.90	0.49
		70	380	4.52	2.15	0.43
		80	390	4.64	2.40	0.39

（续表）

编号	屋面构造	保温层厚度 δ(mm)	屋面总厚度 (mm)	热惰性指标 D值	热阻 R ($m^2 \cdot K/W$)	传热系数 K [$W/(m^2 \cdot K)$]
水泥聚苯板保温屋面	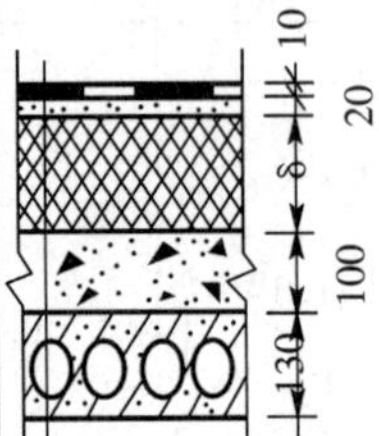 卷材防水层 水泥砂浆找平层 水泥聚苯乙烯泡沫塑料板 (ρ_0=300,λ_0=0.14) 水泥焦渣找坡层 钢筋混凝土圆孔板	100	360	4.78	1.06	0.83
		120	380	5.13	1.21	0.74
		140	400	5.45	1.35	0.67
		160	420	5.77	1.49	0.61
		180	440	6.12	1.64	0.56
		200	460	6.44	1.78	0.56
彩色钢板聚苯乙烯泡沫夹芯保温屋面	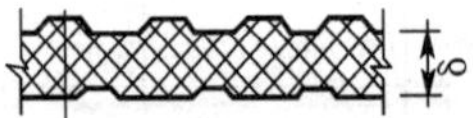 彩色钢板 聚苯乙烯泡沫板 (ρ_0=20~30,λ_0=0.039) 彩色钢板	40	40	0.37	1.03	0.85
		60	60	0.55	1.54	0.59
		80	80	0.74	2.05	0.45
彩色钢板聚氨酯硬泡沫夹芯保温屋面	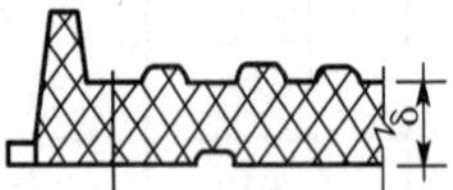 彩色钢板 聚氨酯硬质泡沫板 (ρ_0=30~45,λ_0=0.029) 彩色钢板	40	40	0.50	1.38	0.65
		60	60	0.75	2.07	0.45
		80	80	0.99	2.76	0.34

（续表）

编号	屋面构造	保温层厚度 δ(mm)	屋面总厚度 (mm)	热惰性指标 D 值	热阻 R ($m^2 \cdot K/W$)	传热系数 K [$W/(m^2 \cdot K)$]
浮石砂保温层	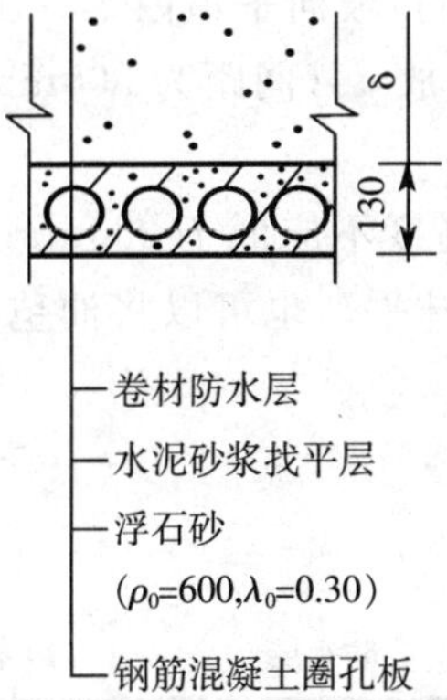	200	460	4.69	0.79	1.06
		250	510	5.41	1.02	0.85
		300	560	6.17	1.19	0.75
		350	610	6.94	1.36	0.66
		400	660	7.66	1.52	0.60
		450	710	8.42	1.69	0.54

第三节　平屋顶的细部构造

一、平屋顶的檐部做法

檐部做法指的是墙身与屋面交接处的做法。这部分构造不但应满足技术方面(如排水、保温)的要求，也要考虑建筑艺术方面的要求。檐部常见的做法如下：

1. 女儿墙的构造

女儿墙的构造如图 7－13。

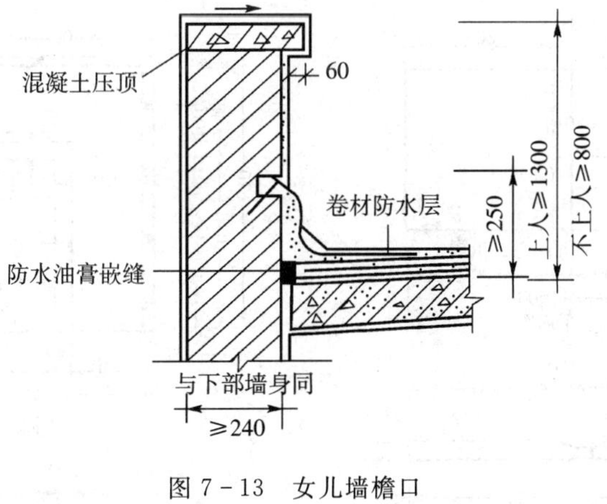

图 7－13　女儿墙檐口

上人的平屋顶一般要做女儿墙。女儿墙用以保护人员的安全，并对建筑立面起装饰作用，其高度一般不小于 1300mm(从屋面板上皮计起)。

不上人的平屋顶也应做女儿墙，其作用除立面装饰外，还固定油毡，其高度应不小于 800mm(从屋面板上皮计起)。

女儿墙的厚度可以与下部墙身相同，但不应小于 240mm。当女儿墙的高度超出抗震设计规范中规定的数字时，应有锚固措施，其常用做法是将下部的构造往上伸到女儿墙压顶，形成锚固柱，其最大间距为 3900mm。

[想一想]

女儿墙檐部为什么要做艺术要求?

女儿墙的材料为普通砖、粘土多孔砖或加气混凝土块时，墙顶部应做压顶。压顶宽度应超出墙厚，每侧 60mm，并做成内低、外高，坡向平顶内部。压顶用细石混凝土浇筑，内放钢筋，沿墙长放 3 根 $\phi6$，沿墙宽放 $\phi4$(间距为 300mm)，以保证其强度和整体性，其作用相当于圈梁。

屋顶卷材遇有女儿墙时，应将卷材沿墙上卷，高度不应低于 250mm，然后固定在墙上预埋的木砖、木块上，并用 1:3 水泥砂浆抹平。也可以将油毡上卷，压在压顶板的下皮，伸入墙内为墙厚的 1/2。

2. 挑檐板的构造

挑檐板的构造，如图 7-14。

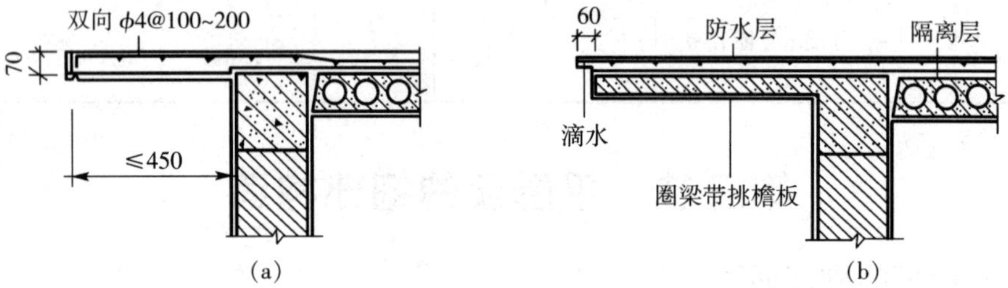

图 7-14 檐口构造

挑檐板可以现浇，也可以预制，目前预制的较多。预制挑檐板是将板安放在屋顶板上并用 1∶3 水泥砂浆找平，并要妥善解决挑檐板的锚固问题。图 7-15 介绍了挑檐板的锚固做法。

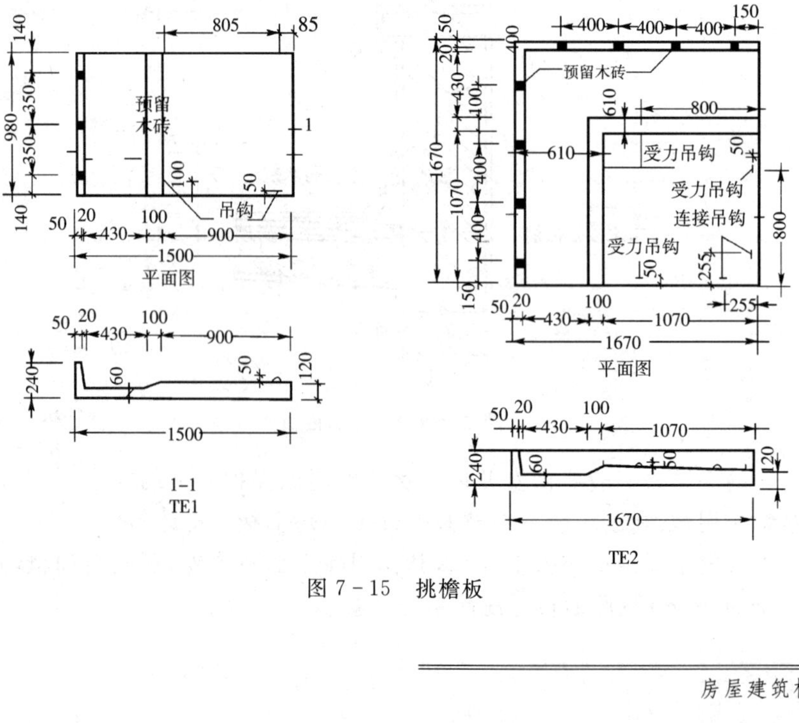

图 7-15 挑檐板

3. **挑檐与女儿墙混合**

挑檐与女儿墙混合，如图 7－16。

为丰富檐部的立面形式，还可以采用女儿墙与檐沟相结合的做法，其相关尺寸分别与女儿墙或挑檐板吻合，排水方式以槽沟排水为主，檐沟卷材应做钉接固定。

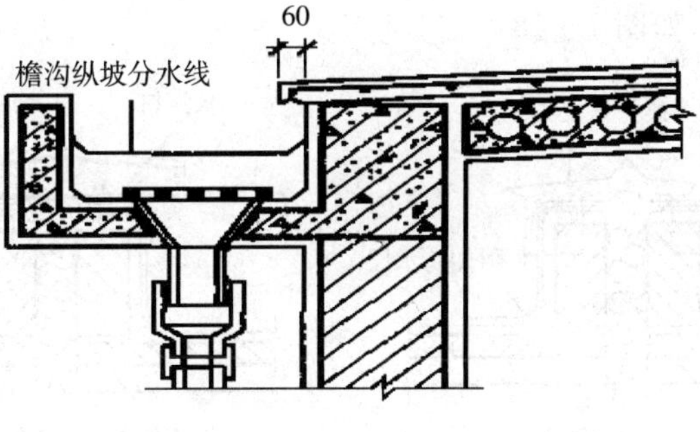

图 7－16　挑檐沟外排水檐口

4. **斜板挑檐**

[想一想]

为什么檐沟卷材应做钉接固定？

斜板挑檐，如图 7－17。

为丰富檐部的立面形式，还可以采用在女儿墙与挑檐板之间铺放斜板，形成斜板挑檐。斜板的外侧可以用瓦檐或其他材料作装饰。

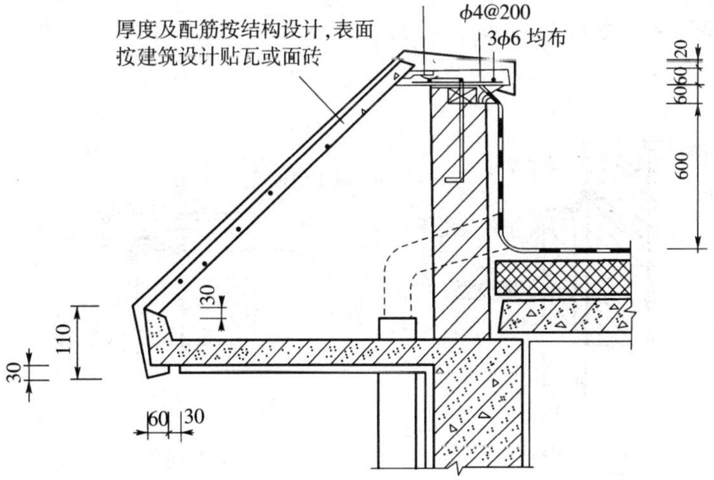

图 7－17　平屋顶坡檐构造

二、平屋顶的突出物处理

[想一想]

不等高屋面变形的设置应注意哪些问题?

1. 变形缝

等高屋面变形缝的做法是:在缝两边的屋面板上砌筑矮墙,以挡住屋面雨水。矮墙高 250mm,半砖墙厚。屋面卷材防水层与矮墙面的连接处理类同于泛水构造,缝内嵌填沥青麻丝。矮墙顶部可用镀锌铁皮盖缝,也可铺一层卷材后用混凝土盖板压顶,如图 7-18。

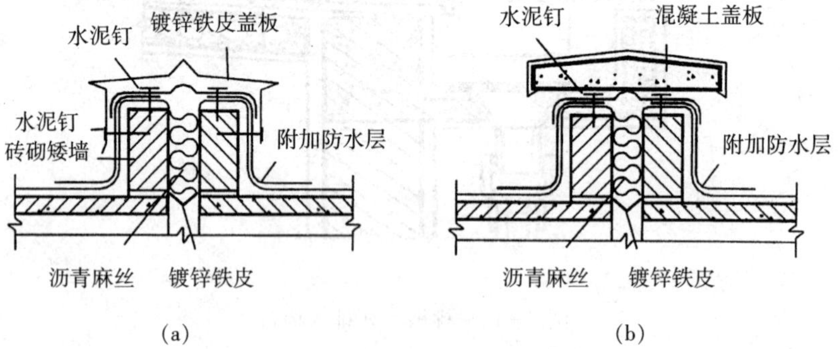

图 7-18 等高屋面变形缝

高低屋面变形缝则是在低侧屋面板上砌筑矮墙。当变形缝宽度较小时,可用镀锌铁皮盖缝并固定在高侧墙上,做法同泛水构造;也可以从高侧墙上悬挑钢筋混凝土板盖缝,如图 7-19(a)、(b)。

2. 烟囱、管道

凡管道、烟囱等伸出屋面的构件必须在屋顶上开孔时,为了防止漏水应将油毡向上翻起,抹以水泥砂浆或再盖上镀锌铁皮,起挡水作用。泛水高度应不小于 250mm。

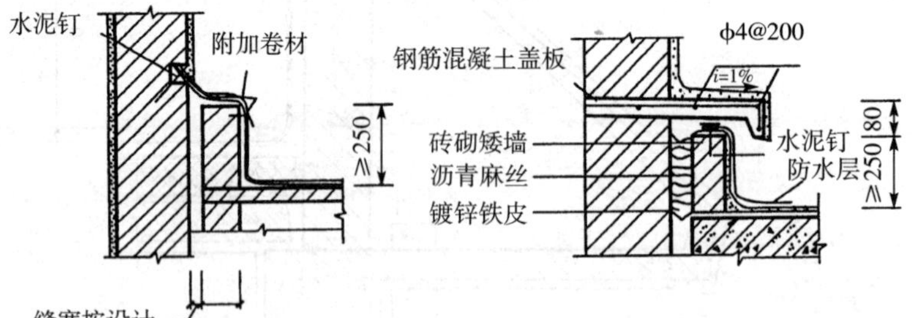

图 7-19 高低屋面变形缝

3. 出入孔

平屋顶上的出入孔是为了检修而设,开洞尺寸应不小于 700mm×700mm。

为了防漏，应将板边上翻或用砖墙砌出，亦做泛水，上盖木板，以遮挡风雨。泛水高度应不小于 250mm。

泛水指屋顶上沿所有垂直面所设的防水构造。凸出于屋面之上的女儿墙、烟囱、楼梯间、变形缝、检修孔、立管等的壁面与屋顶的交接处是最容易漏水的地方，必须将屋面防水层延伸到这些垂直面上，形成立铺的防水层，称为泛水，如图 7-20。

[想一想]

两种变形缝各应用于什么部位?

不上人屋面需设屋面检修孔，见图 7-21。

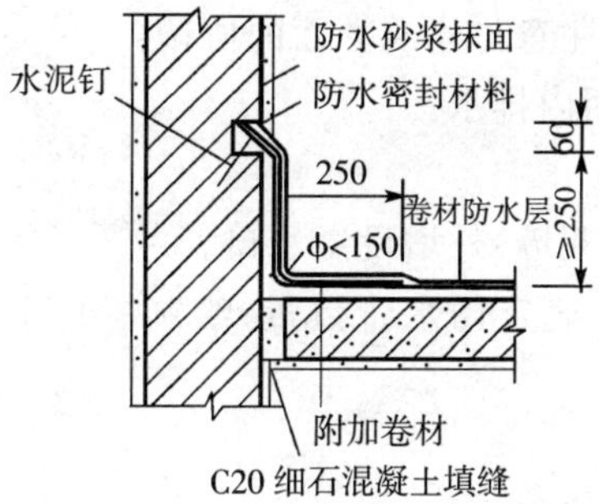

图 7-20　卷材防水屋面泛水构造

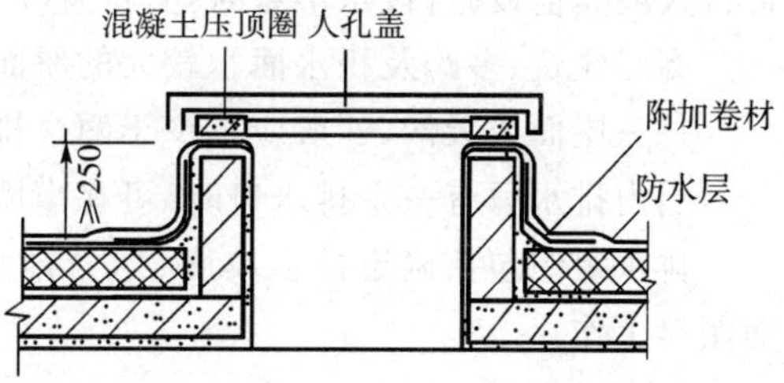

图 7-21　屋面检修孔

出屋面楼梯间一般需设屋顶出入口，如不能保证顶部楼梯间的室内地坪高出室外，就要在出入口设挡水的门槛。屋面出入口处的构造类同于泛水构造，参见图 7-22。

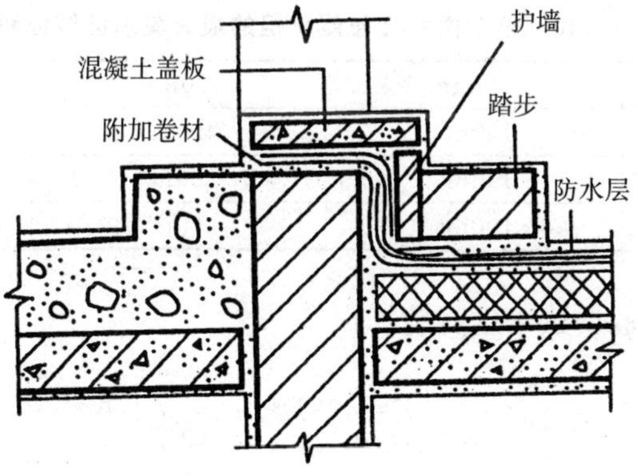

图 7-22　屋面出入口

三、平屋顶排水的做法

1. 排水方案的确定

为了使屋面做好防止雨水渗漏，除做到严密的防水层外，还应将屋面雨水迅速地进行排除。屋面的排水方式有两种：

(1)无组织排水

雨水从屋面排至檐口，自由落下，这种做法叫无组织排水。这种做法虽然简单，但檐口排下的雨水容易淋湿墙面和污染门窗，一般只用于檐部高度在5m以下的建筑物中。

(2)有组织排水

它将屋面雨水通过集水口—雨水斗—雨水管排除。雨水管安在建筑物外踏上的，叫有组织的外排水；雨水管从建筑物内部穿过的，叫有组织的内排水。

屋面排水宜优先采用内排水。采用外排水时，须注意防止雨水倾泻浸墙，危害行人或其他设施；设水落管时，其位置和颜色应注意与建筑立面的协调。

高层建筑、多跨及积水面积较大的屋面应采用内排水。

每一屋面或天沟，一般应不少于两个排水口。

当内排水只有一个排水口时，可在山墙(或女儿墙)外增设溢水口。

排水组织包括确定排水坡度、划分排水分区、确定雨水管数量、绘制屋顶平面图等工作。

2. 排水坡度

平屋顶上的横向排水坡度为2%，纵向排水坡度为1%。

天沟的纵向坡度一般不宜小于：

外排水　0.5%(1∶200)

内排水　0.8(1∶125)

［想一想］

屋面排水分区为什么应按雨水管内径和明暗管进行设计?

3. 排水分区

屋面排水分区一般按每个排水管能排除150m²～200m²的面积来划分。详表如7-10所示。

表7-10　一个雨水立管能承担的最大集水区域面积

雨水管内径	100mm	150mm	200mm
外排水明管	$150m^2$	$400m^2$	$800m^2$
内排水明管	$120m^2$	$300m^2$	$600m^2$
内排水暗管	$100m^2$	$200m^2$	$400m^2$

有时还参考经验公式来进行验算：

$$F=438D^2/h$$

式中：F——允许的排水面积，m^2。

D——雨水管的直径，mm。

h——每小时计算的降水量，mm。

以北京地区为例：每小时降水量为126mm(最大值)，D选用100mm直径的硬质塑料雨水管。

$$F=438\times100^2/126=347m^2$$

4. 雨水管的构造

图 7－23 介绍了雨水管、雨水斗、下水口的构造。

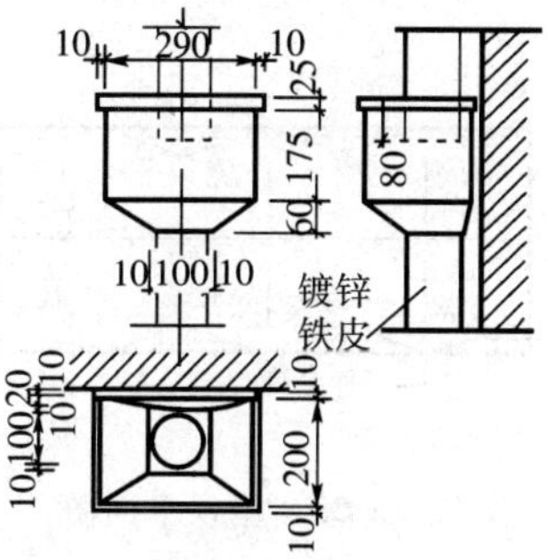

图 7－23　雨水斗

两个雨水口(雨水管)之间距，一般不宜大于表 7－11 中规定的数字。

表 7－11　两个雨水口(即雨水管)间的距离

外排水		内排水	
有外檐天沟	无外檐天沟	明装雨水管	暗装雨水管
24m	15m	15m	15m

雨水管应尽量均匀布置，充分发挥其排水能力，如图 7－24。

排水口距女儿墙端部(山墙)不宜小于 0.5m，且以排水口为中心，半径 0.5m 范围内的屋面坡度

不应小于 3%，排水口加防护罩防堵。加罩后的流水进口高度不应高过沿沟底面。

外装雨水管采用硬质塑料制作。暗装雨水管应采用铸铁管或钢管，管壁内外浸涂防腐涂料。立管宜一至二层或 6m 左右设一清扫口(掏堵口)，一般中心距楼地面 1m。

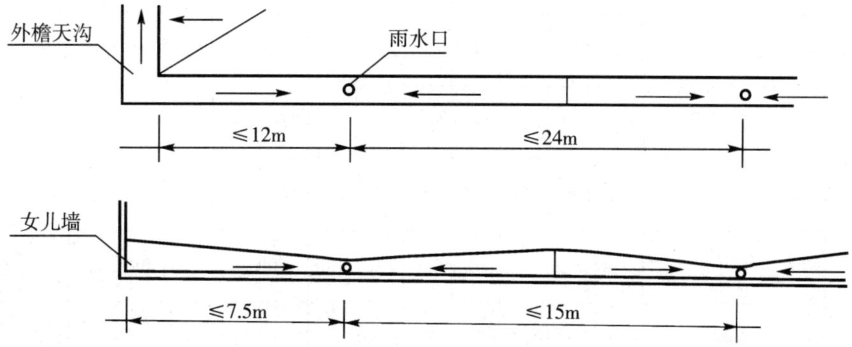

图 7－24　雨水管的布置

5. **屋顶平面图**

屋顶平面图应表明排水分区、排水坡度、雨水管位置、穿出屋顶的突出物的位置等，如图 7－25。

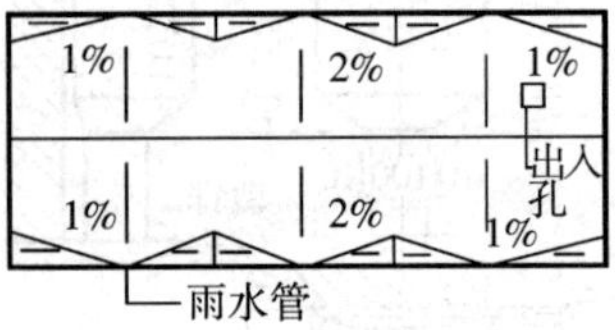

图 7－25　屋顶平面图

[想一想]

屋顶平面图主要应标注什么尺寸？

表 7－12 和表 7－13 提供了有关屋面排水的资料，可供读者参考。

表 7－12　每个雨水口的允许收水面积

降雨强度	L/S(每 $100m^2$)		1.5	1.8	2.0	2.5	3.0	3.5	4.0	4.5	5.0	6.0	7.0	8.0	9.0	10.0
	mm/h		55	65	70	90	110	125	145	160	180	215	250	290	325	360
漏斗形式	Ⅰ型	涌水高度(mm)	70	70	75	75	75	75	80	80	80	80	80	80	80	80
		允许面积(m^2)	720	600	570	450	380	320	300	260	240	200	170	150	130	120
	Ⅱ型	涌水高度(mm)	70	70	75	75	80	80	80	80	80	80	—	—	—	—
		允许面积(m^2)	310	310	300	240	210	180	150	140	120	100	—	—	—	—

表 7－13　水落管允许收水面积

降雨强度	L/S(每 $100m^2$)	1.5	1.8	2.0	2.5	3.0	3.5	4.0	4.5	5.0	6.0	7.0	8.0	9.0	10.0
	mm/h	55	65	70	90	110	125	145	160	180	215	250	290	325	360
立管直径(mm)	75	440	370	350	270	220	190	170	150	130	110	—	—	—	—
	100	190	670	620	480	400	350	300	270	240	200	170	150	130	120
	125	1250	1060	980	760	620	550	470	420	380	310	270	230	210	190
	150	1790	1520	1410	1090	890	780	680	610	550	450	390	340	350	270
	200	3190	2700	2500	1950	1590	1400	1210	1090	970	810	700	600	530	480

第四节　坡屋顶的构造

一、瓦屋面

1. 瓦屋面的一般规定

(1)平瓦屋面适用于防水等级为Ⅱ级、Ⅲ级、Ⅳ级的屋面防水,油毡瓦屋面适用于防水等级为Ⅱ级、Ⅲ级的屋面防水,金属板材屋面适用于防水等级为Ⅰ级、Ⅱ级、Ⅲ级的屋面防水。

(2)平瓦、油毡瓦可铺设在钢筋混凝土或木基层上,金属板材可直接铺设在檩条上。

(3)平瓦、油毡瓦屋面与山墙及凸出屋面结构的交接处,均应做泛水处理。

(4)在大风或地震地区,应采取措施使瓦与屋面基层固定牢固。

(5)瓦屋面严禁在雨天或雪天施工,五级风及其以上时不得施工。油毡瓦的施工环境气温宜为5～35℃。

(6)瓦屋面完工后,应避免屋面受物体冲击,严禁任意上人或堆放物件。

2. 瓦屋面的设计要点

[想一想]

防水等级为Ⅰ级、Ⅱ级、Ⅲ级的屋面防水设计时要注意哪些问题?

(1)平瓦单独使用时,可用于防水等级为Ⅲ级、Ⅳ级的屋面防水;平瓦与防水卷材或防水涂膜复合使用时,可用于防水等级为Ⅱ级、Ⅲ级的屋面防水。

油毡瓦单独使用时,可用于防水等级为Ⅲ级的屋面防水;油毡瓦与防水卷材或防水涂膜复合使用时,可用于防水等级为Ⅱ级的屋面防水。金属板材应根据屋面防水等级选择性能相适应的板材。

(2)具有保温隔热的平瓦、油毡瓦屋面,保温层可设置在钢筋混凝土结构基层的上部;金属板材屋面的保温层可选用复合保温板材等形式。

(3)瓦屋面的排水坡度,应根据屋架形式、屋面基层类别、防水构造形式、材料性能以及当地气候条件等因素,经技术经济比较后确定,并宜符合表7-14的规定。

(4)基层与凸出屋面结构的交接处以及屋面的转角处,应绘制出细部构造详图。

(5)当平瓦屋面坡度大于50%或油毡瓦屋面坡度大于150%时,应采取固定加强措施。

(6)平瓦屋面应在基层上面先铺设一层卷材,其搭接宽度不宜小于100mm,并用顺水条将卷材压钉在基层上;顺水条的间距宜为500mm,再在顺水条上铺钉挂瓦条。

表7-14　瓦屋面的排水坡度

板材种类	屋面排水坡度
平瓦	≥20
油毡瓦	≥20
金属板材	≥10

(7)平瓦可采用在基层上设置泥背的方法铺设,泥背厚度宜为30～50mm。

(8)油毡瓦屋面应在基层上面先铺设一层卷材，卷材铺设在木基层上时，可用油毡钉固定卷材；卷材铺设在混凝土基层上时，可用水泥钉固定卷材。

(9)天沟、檐沟的防水层，可采用防水卷材或防水涂膜，也可采用金属板材。

二、坡屋顶的承重结构

坡屋顶的承重结构形式很多，承重结构形式的选择应根据建筑物的结构形式、对跨度的要求、屋面材料、施工条件以及对建筑形式的要求等因素综合决定。经常采用的类型有：

1. 人字形木屋架

这种屋架适合有内墙或内部柱子的建筑物，支点的间距（跨度）应在4m～5m之间。屋架间距应在2m以内。这种屋架没有下弦杆件，不能从下弦直接做吊顶（图7－26）。

2. 三角形木屋架

三角形木屋架是一种常用屋架形式，适合于跨度在15m及15m以下的建筑物中。木屋架的高度与跨度之比约在1/4～1/5之间，木材的断面可以用圆木或方木。断面尺寸为$b=120mm \sim 150mm$，$h=180mm \sim 240mm$之间。这种屋架可以做成两坡顶和四坡顶，应用较广泛（图7－27）。

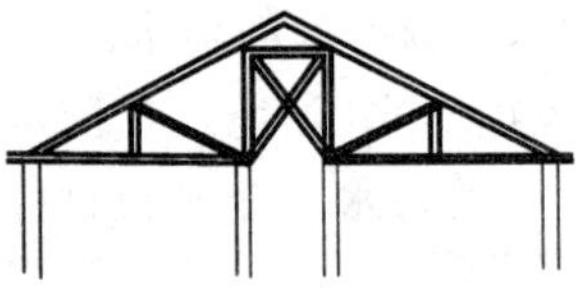

图7－26　人字形木屋架

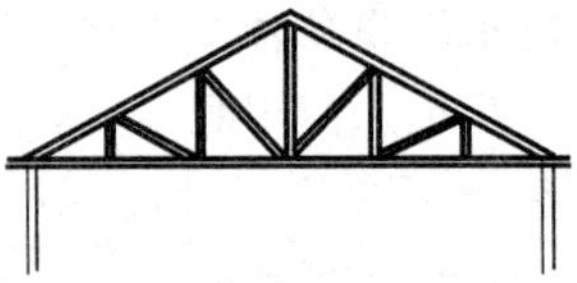

图7－27　三角形木屋架

3. 钢木组合屋架

这种屋架是将木屋架中的受拉杆件采用钢材代替，这样可以充分发挥钢材的受力特点，在构造上是合理的。这种屋架适用于跨度在15m～20m之间、屋架的间距不大于4m的建筑物。高度与跨度的比值为1/4～1/5（图7－28）。

[想一想]
钢筋混凝土屋架适用于何种屋顶？

4. 钢筋混凝土组合屋架

这种屋架是采用钢筋混凝土与型钢两种材料组成的，上弦及受压杆件均采用钢筋混凝土，下弦及受拉杆件均采用型钢。这种屋架适用于12m～18m跨度的建筑（图7－29）。

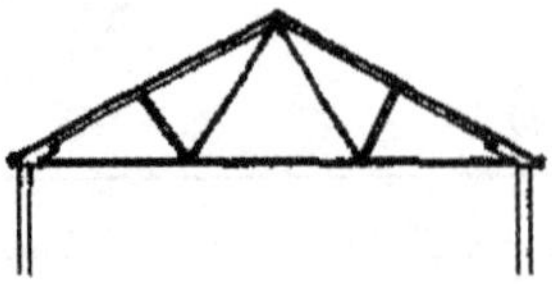

图7－28　钢木组合屋架

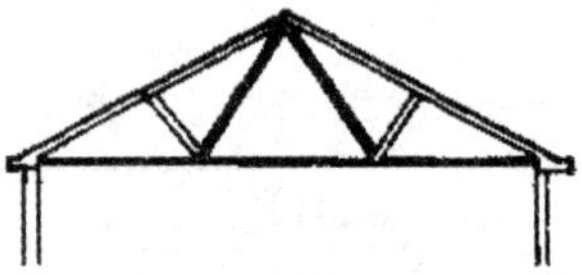

图7－29　钢筋混凝土组合屋架

5. 硬山承重体系

这种做法在开间一致的横墙承重的建筑中经常采用，做法是将横向承重墙的上部按屋顶要求的坡度砌筑，上面铺钢筋混凝土屋面板或加气混凝土屋面板；也可以在横墙上搭檩条，然后铺放屋面板，再做屋面（见图 7－30）。这种做法通称“硬山搁檩”。硬山承重体系将屋架省略，其构造简单，施工方便，因而采用较多。

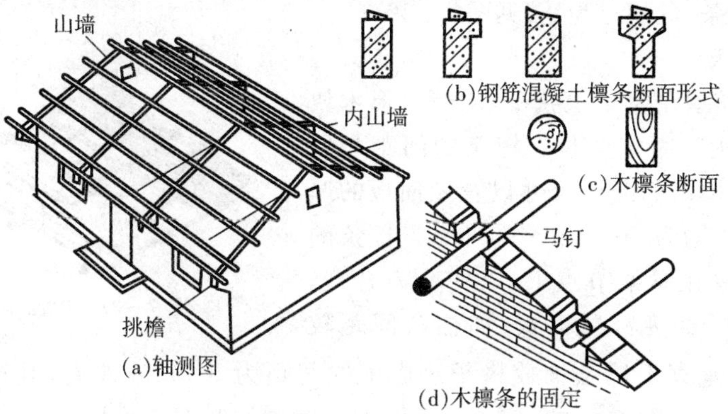

图 7－30　硬山承重体系

三、坡屋顶的屋面构造

（一）木屋架的布置

木屋架的结构布置应与建筑物开间相适应，间距一般在 3m～4m 之间；如建筑内部有走廊，应尽量利用走廊作中间支点。为使木屋架在安装和使用过程中有较好的稳定性，应该设置垂直剪刀撑，使两榀屋架之间形成整体。一般每隔一间作支撑一道，屋架跨度小于 8m，又铺有屋面板时，垂直支撑可以适当减少。当屋架跨度在 8m～12m 时，在跨中设置一道垂直支撑。如跨度大于 12m 时，应设置两道支撑，布置在跨度的 1/3 附近，如图 7－31。

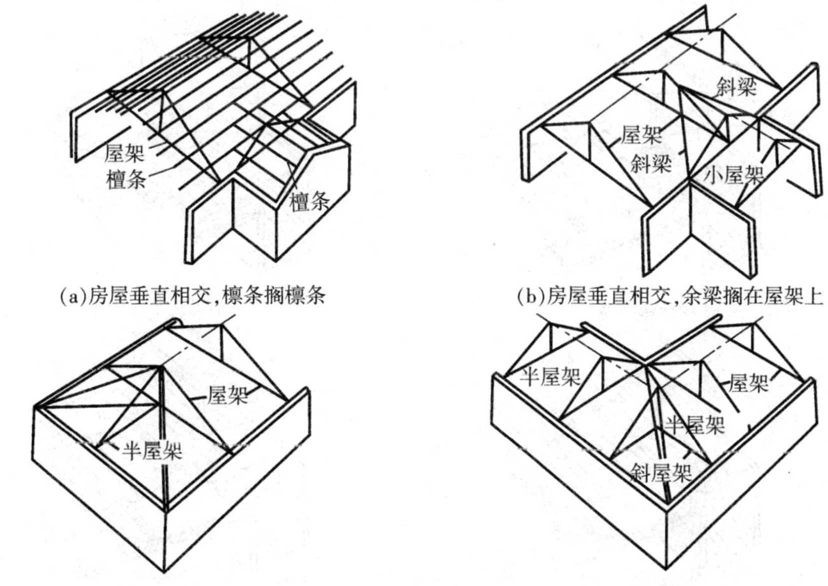

图 7－31　木屋架的布置

(二)屋面构造

在木屋架上常做瓦层面，其构造层次在檩条上铺设望板，上放油毡、顺水压毡条、挂瓦条，最外层为瓦(见图 7－32)。

1. 檩条

檩条支承在屋架上弦上，用三角形木块(俗称“檩托”)固定就位。檩条的间距与屋架的间距、檩条的断面尺寸以及屋面板的厚度有关。一般为 700mm～900mm。檩条的位置最好放在屋架节点上，以使受力合理。檩条上可以直接钉屋面板；如檩条间距较大，也可以垂直于檩条铺放椽子。椽子的间距为 500mm 左右，其截面尺寸为 50mm×50mm 的方木或 ϕ50mm 的圆木。檩条的截面常采用 50mm×70mm～80mm×140mm。

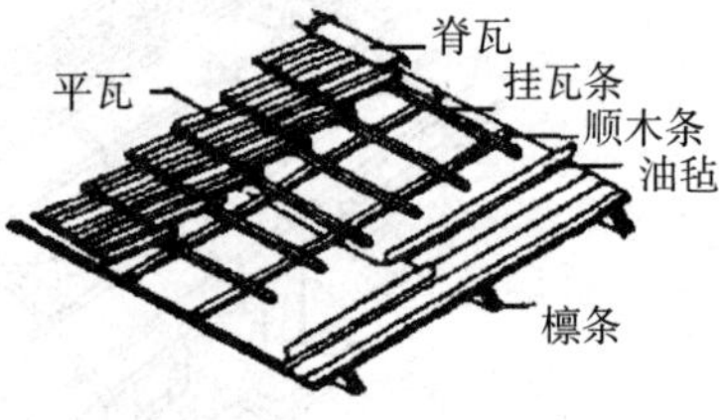

图 7－32　屋面构造

2. 屋面板

屋面板也叫“望板”，一般采用 15mm～20mm 厚的木板钉在檩条上。屋面板的接头应在檩子上，不得悬空。屋面板的接头应错开布置，不得集中于一根檩条上。为了使屋面板结合严密，可以做成企口缝。

[想一想]

为什么油毡在屋檐处应搭入铁皮天沟内?

3. 油毡

层面板上应干铺油毡一层。油毡应平行于屋檐，自下而上铺设，纵横搭接宽度应不小于 100mm，用热沥青粘牢。遇有山墙、女儿墙及其他屋面突出物，油毡应沿墙上卷，距屋面高度应大于或等于 200mm，钉在预先砌筑在突出物上的木条、木砖上，油毡在屋檐处应搭入铁皮天沟内(图 7－33)。

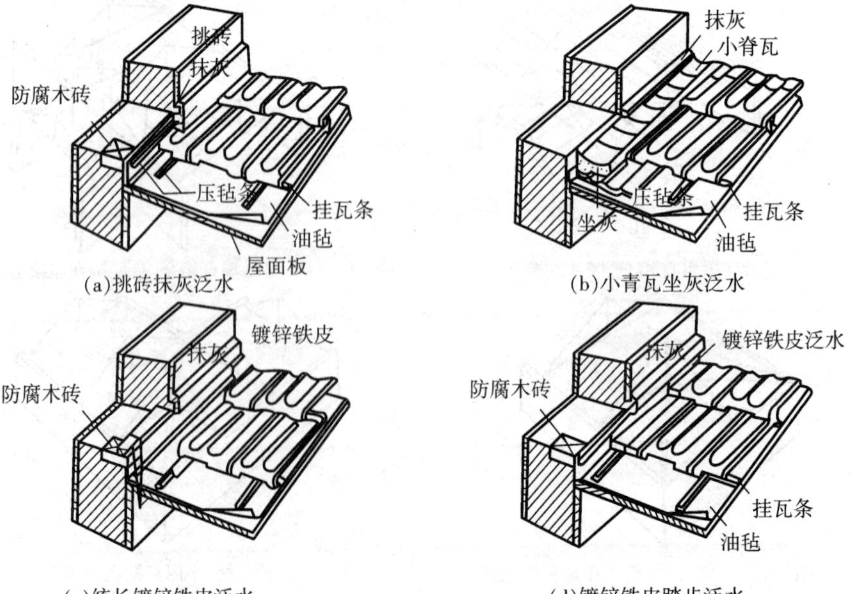

图 7－33　瓦与墙面交接部位之油毡做法

4. 顺水条

这是钉在望板上的木条，断面为 24mm×6mm，共目的是压油毡，方向为顺水流方向，故称为“顺水压毡条”。顺水条的间距为 400mm～500mm。

5. 挂瓦条

挂瓦条钉在顺水条上，与顺水条方向垂直，断面为 20mm×30mm，间距应与平瓦的尺寸相适应，一般间距 280mm～330mm。屋檐三角木为 50mm×70mm，一般在每两根顺水条之间锯出三角形泄水孔一个。

6. 平瓦

顶上部的瓦为平瓦或挂瓦。平瓦有陶瓦（颜色有青、红两种）和水泥瓦（颜色为灰白色）两种。图 7－34 为瓦的形式。

[做一做]

请列表比较常见的几种瓦的应用。

(1)陶瓦

陶瓦尺寸：宽 240mm，长 380mm，厚 20mm。

青红陶瓦的脊瓦尺寸：宽 190mm，长 445mm，厚 20mm。

(2)水陶瓦

水泥瓦尺寸：宽 235mm，长 385mm，厚 15mm。

水泥瓦的脊瓦尺寸：宽 190mm，长 445mm，厚 20mm。

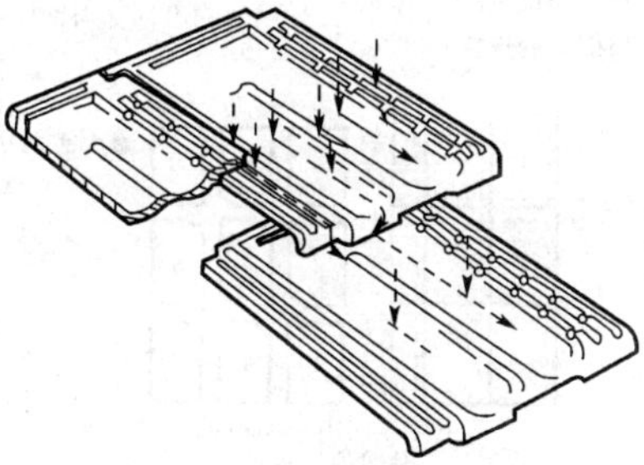

图 7－34　瓦的形状

铺瓦时应由檐口向屋脊铺挂。上层瓦搭盖下层瓦的宽度不得小于 70mm。最下一层瓦应伸出封檐板 80mm。一般在檐口及屋脊处，用一道 20 号铅丝将瓦拴在搓瓦条上，在屋脊处用一道 20 号铅丝将瓦拴在挂瓦条上，在屋脊处用脊瓦铺 1∶3 水泥砂浆铺盖严。

7. 石棉水泥瓦

石棉水泥瓦是在坡屋顶中经常采用的屋面材料。它的特点是自重轻、面积大、接缝少、防水性能好，适用于坡度较小的屋顶。这种瓦的表面呈波浪形，有以下三种规格：

(1)人波瓦

宽 994mm，长 2800mm，厚 8mm。

(2)中波瓦

宽 745mm，长 2400mm、1800mm、1200mm，厚 6.5mm。

(3)小波瓦

宽 720mm，长 1800mm，厚 6mm。

[想一想]

什么情况下水泥石棉瓦锯角、加毡垫？

石棉水泥瓦脊瓦的尺寸为：宽 230mm×2，长 780mm，厚 6mm。

石棉水泥瓦可以直接钉铺在檩条上，因此檩条的间距应与瓦条相适应；如檩条上有屋面板，则檩条间距可不受此限制。瓦的上下搭接至少为 100mm。横向搭接应顺主导方向，大波瓦搭一波半，小波瓦搭一波半到二波半，上下两排瓦的搭接缝应错开，否则应锯角，以免出现四块瓦重叠。瓦钉应加毡垫，钉在瓦的波峰处，并与檩条拧紧。在屋脊处还要加盖脊瓦（图 7－35）。

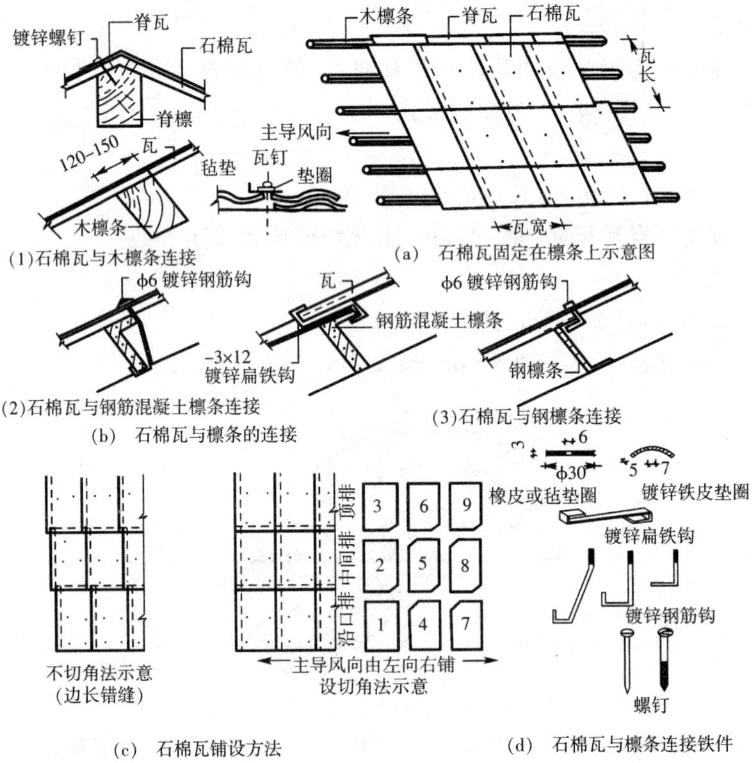

图 7－35 石棉瓦屋顶

8. 瓦垄铁皮

瓦垄铁皮屋面也是经常采用的屋面材料。它的形式、构造特点和水泥石棉瓦相似。瓦的宽度一般为 650mm～750mm，长度按平铁规格有 1830mm、2134mm 两种。瓦垄铁的上下搭接为 80mm～200mm，横向搭接要顺着主导风向，搭压一垄半。

四、坡屋顶的檐部和山墙构造

（一）挑檐板的构造

挑檐的做法与屋架的类型有关。木屋架的挑檐有以下几种做法：

1. 在屋架的下弦支撑处，另加附木挑出，从附木上吊小龙骨。钉板条或木丝板，并抹灰或喷浆，利用附木钉封檐板（图 7－36）。

2. 从屋架上弦加挑檐板。将屋架上弦延长、挑出墙身，在挑檐椽下端钉封檐板和吊龙骨，并在挑檐处作檐口顶棚，做法同上(图 7－37)。

[想一想]

屋檐的做法与屋架的做法有什么关系?

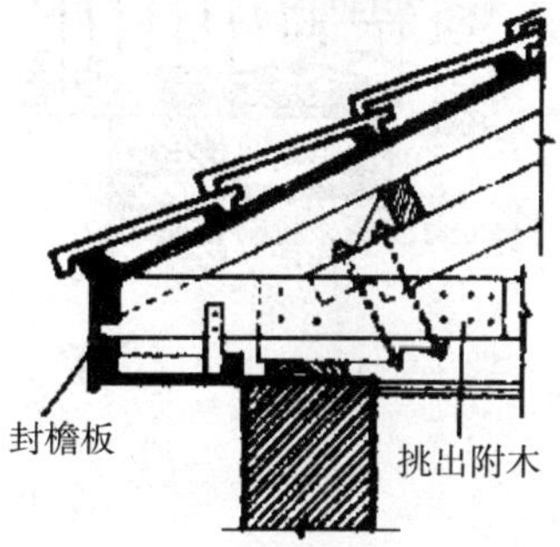

图 7－36　瓦垄铁皮

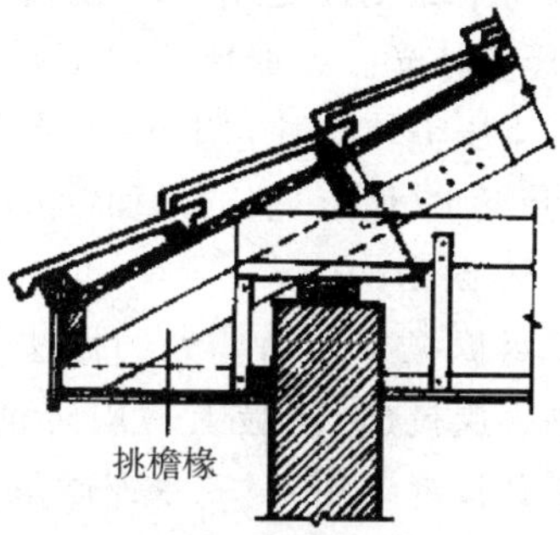

图 7－37　挑檐椽挑檐

3. 下弦用钢材的钢木屋架，其挑檐做法也在支座处加附木挑出。附木的端部钉檐檩，檐檩的外面钉檐板，下部钉板条，抹灰(图 7－38)。

4. 封檐的构造：在挑檐较小的情况下，可以用封檐的做法，即将砖墙逐层挑出几皮，挑出的总宽度一般不大于墙厚的 1/2。平瓦铺在屋檐檐口处。坐浆抹在挑砖上(图 7－39)。

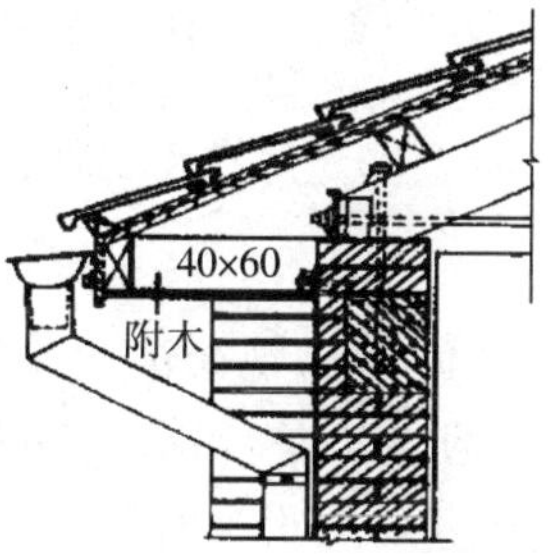

图 7－38　钢木屋架檐部做法

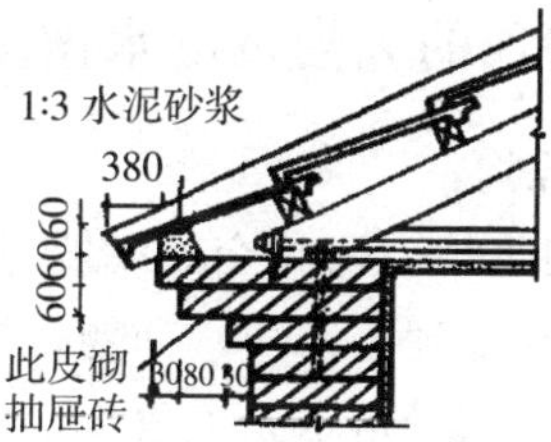

图 7－39　封檐的构造

5. 硬山搁檩：挑檐是横向承重的内墙和山墙，在檐口的部位安放挑梁，将梁压砌在墒内。梁的端头钉放檐檩，下面钉板条、抹灰。檐檩外面再钉封檐板，硬山搁檐不用屋架，是经常采用的做法，它的挑檐做法与木屋架挑檐类似(图 7－40)。

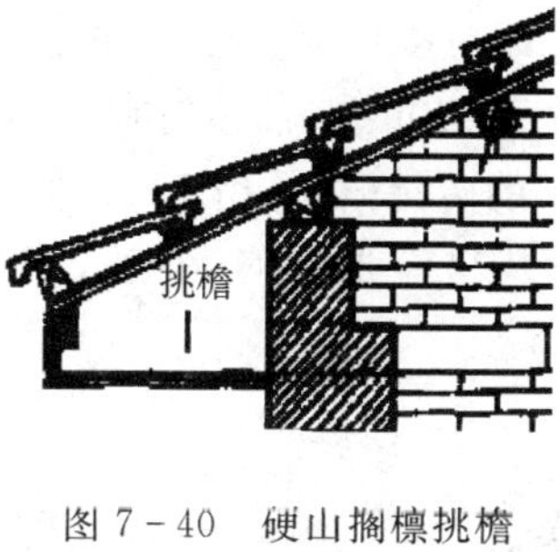

图 7－40　硬山搁檩挑檐

(二) 山墙的构造

1. 悬山构造

屋顶在山墙外挑出墙身的做法叫“悬山”。即，先将靠山墙一间的檩条按要求挑出墙外，端头钉封檐板，下面钉龙骨、板条、抹灰。封檐板与平面瓦屋面交接处，用 C15 混凝土压实、抹光(图 7－41)。

2. 硬山构造

将山墙砌起，高出屋面不少于 200mm，在山墙与平瓦交接处用 C20 细石混凝土作成斜坡，压实抹光。山墙墙顶用预制或现制的钢筋混凝土压檐块盖住，用 1∶3 水泥砂浆抹出滴水，其泛水(坡度)流向屋面(图 7-42)。

3. 封山构造

封檐檐口在山墙处的做法是把纵向墙的墙顶逐层挑出，使最上一皮砖稍微高出屋面，与平瓦接缝处用 1∶3 水泥砂浆抹平(图 7-43)。

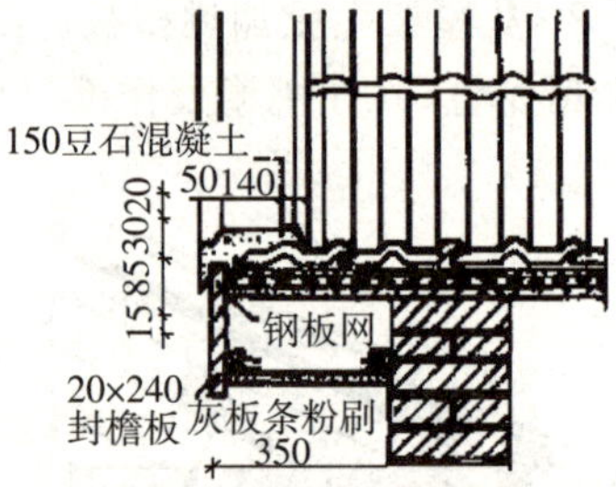

图 7-41　悬山山墙构造

[想一想]

山墙强顶用预制或现制的钢筋混凝土压檐块盖住有什么意义?

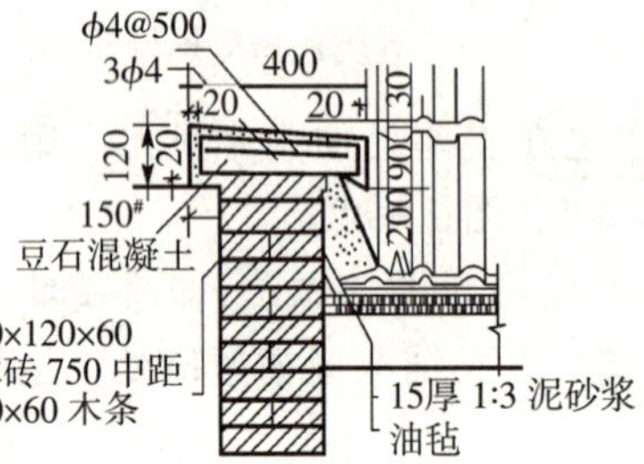

图 7-42　硬山山墙构造

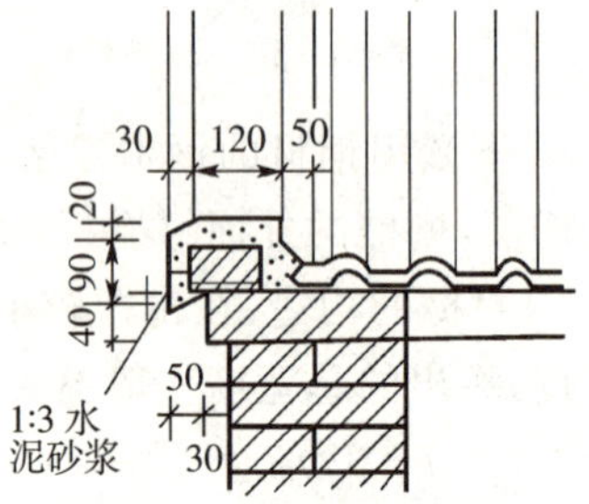

图 7-43　封山山墙构造

五、坡屋顶的天沟及泛水做法

1. 天沟

在两个坡屋面相交处或坡屋顶在檐口有女儿墙时即出现天沟。这里雨水集中，要特殊处理它的防水问题。屋面中间天沟的一般做法是：沿天沟两侧通长钉三角木条，在三角木条上放 26 号铁皮 V 形天沟，其宽度与收水面积的大小有关，其深度应不小于 150mm(图 7-44)。

2. 屋面泛水

在屋面与墙身交接处，要做泛水。泛水的做法是把油毡沿墙上卷，高出屋面大于或等于 200mm，油毡钉在木条上，木条钉在预埋的木砖上。木条以上通常砌出 60mm 的砖挑檐，并用 1∶3 水泥砂浆抹出滴水。在屋面与墙交接处用 C15 细石混凝土找出斜坡，压实、抹光(图 7-45)。

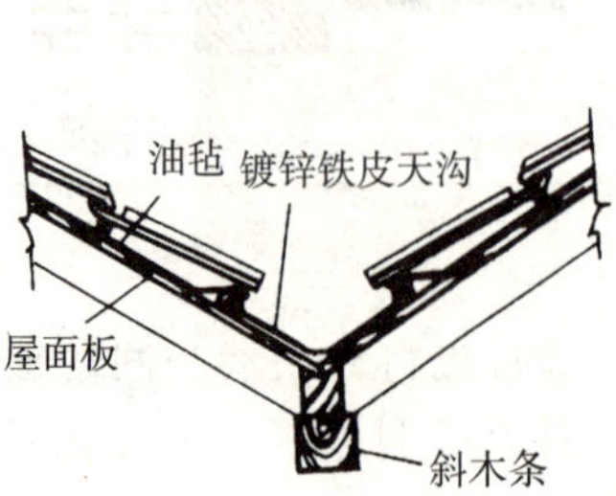

图 7-44　天沟做法

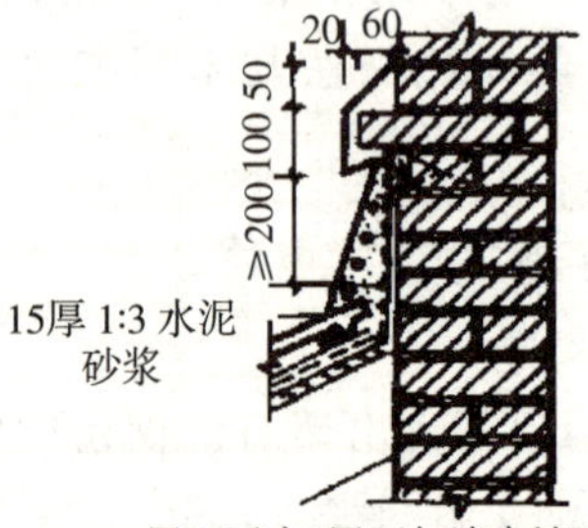

屋面泛水(屋面与墙身坡面交接)

图 7-45　屋面泛水构造

3. 女儿墙天沟

这种天沟与上述做法相似。油毡卷起高度要在 250mm 以上，亦用砖挑檐抹出滴水，檐沟断面如图 7－46 所示。屋面板要沿天沟做出一定的宽度，在其下面用方木托住。

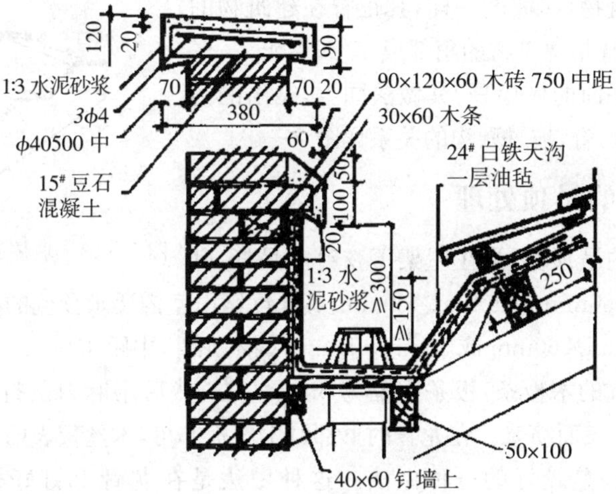

图 7－46　女儿墙处天沟

4. 檐沟和水落管

檐沟是用白铁皮做成的半圆形或方形的沟，平行于檐口，钉在封檐扳上，与板相接处用油毡盖住，并以热沥青粘严。铁皮檐沟的下口插入水落管，水落管一般是用硬质塑料做成圆形或方形断面的管子。水落管用铁卡子(间距小于或等于 1200mm)固定在墙上，距墙为 30mm，下口距地面或散水表面 50mm(图 7－47)。

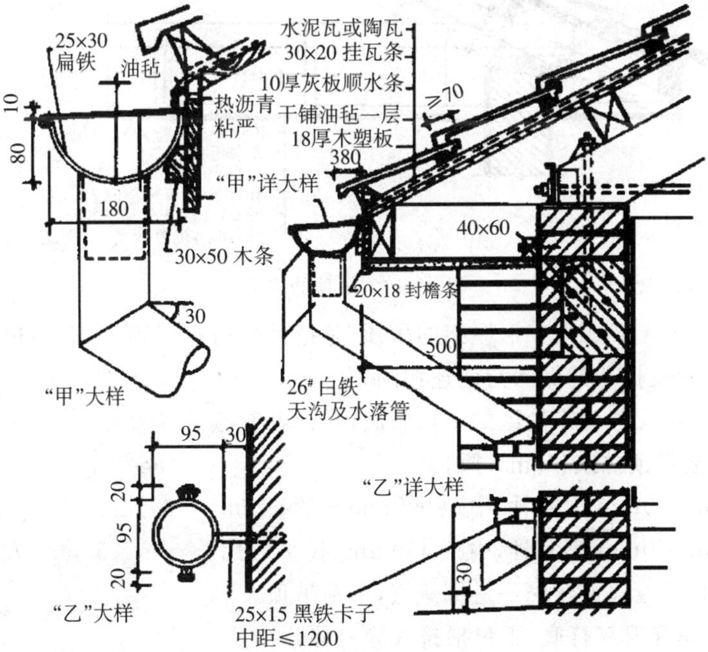

图 7－47　檐沟和水落管

六、坡屋顶的屋顶平面图

两坡顶的建筑物，如两边坡度一样，其屋脊在建筑物的宽度中间位置。

四坡顶建筑物，如坡度一样，其正脊在建筑物的宽度中间，其斜脊是建筑物的角部成45°线引出。

[想一想]

脊、坡、檐、沟之间有何关系？

对于组合平面的坡屋顶，其做法同上，突出的为脊，凹进的为沟。脊、坡、檐、沟的关系详图7-48。

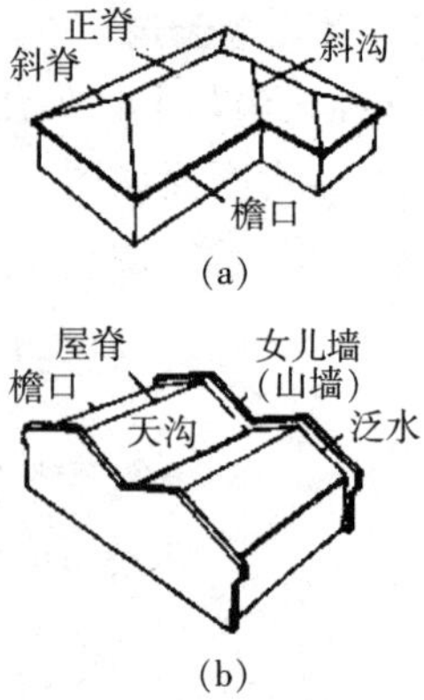

图7-48 坡屋顶的屋顶平面图

七、木屋架下的吊顶处理

木屋架下的吊顶棚，是在屋架下弦钉木吊杆，其断面为50mm×50mm或40mm×60mm，其长度则由室内要求顶棚的高度来决定。吊杆的下端钉40mm×60mm或50mm×50mm的木龙骨，中距400mm～600mm，龙骨下钉24mm×6mm的木板条，板条间隔为5mm左右；然后用麻刀灰打底，白灰砂浆找平，纸筋灰罩面，表面喷浆。在龙骨的下部钉木丝板亦可，木丝板表面喷浆。

钢丝网吊顶是较好的一种做法。这种做法是在龙骨上钉好板条后，加钉一层钢丝网，用麻刀灰打底，混合砂浆找平，纸筋灰罩面。

[问一问]

木屋架下的吊顶要有哪几个步骤？

在能保证室内空间要求的条件下，也可以不设吊杆，而将龙骨直接钉在屋架下弦上(图7-49)。

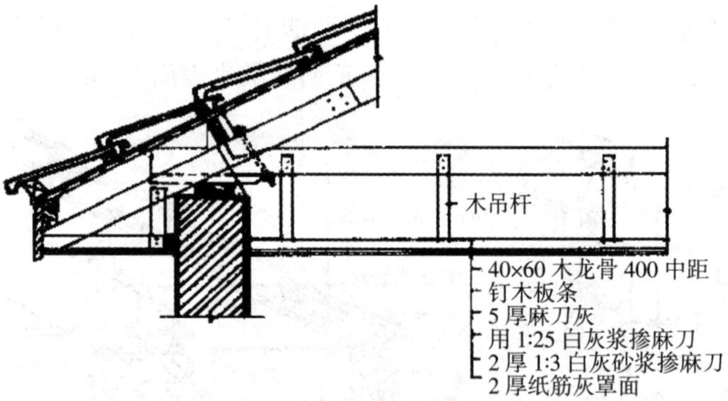

图7-49 吊顶的构造

采用钢木屋架或人字形屋架的吊顶，是把吊杆钉在屋架上弦上，也可以钉在檩条上，龙骨及抹灰的做法与前述相同。

下面介绍几种北京地区的吊顶做法，供读者参考。

1. 苇箔吊顶抹灰(10mm厚)

50mm×70mm大龙骨，中距900mm～1200mm。

50mm×50mm小龙骨，中距450mm，找平后用50mm×50mm方木吊挂钉牢，再用12号镀锌铁丝隔一道绑一道，苇箔吊顶。

3mm厚麻刀灰打底(不包括挤入缝内部分)

1∶2.5白灰膏砂浆挤入底灰中。

5mm 厚 1∶2.5 白灰膏砂浆。

2mm 厚纸筋灰罩面。

喷大白浆。

2. 板条吊顶抹灰(10mm 厚)

50mm×70mm 大龙骨,中距 900mm~1200mm。

50mm×50mm 小龙骨(底面刨光),中距 450mm,找平后用 50mm×50mm 方木吊挂钉牢,再用 12 号镀锌铁丝隔一道绑一道。

钉木板条,离缝 7mm~10mm. 端头离缝 5mm。

3mm 厚麻刀灰掺 10@水泥打底。

1∶2.5 白灰膏砂浆挤入底灰中。

2mm 厚纸筋灰罩面。

喷大白浆。

3. 木丝板吊顶(25mm 厚)

50mm×70mm 大龙骨,中距 900mm~1200mm。

50mm×50mm 小龙骨(底面刨光),中距 450mm,找平后用 50×50mm 方木吊挂钉牢,再用 12 号镀锌铁丝隔一道绑一道。

钉 25mm 厚木丝板。

喷大白浆。

八、其他要求

[想一想]

压型钢板屋面的泛水板与凸出屋面的墙体搭接高度不应小于多少?

1. 平瓦的瓦头挑出封檐板的长度宜为 50mm~70mm;金属板檐口挑出的长度不应小于 200mm,见图 7-50(c)。

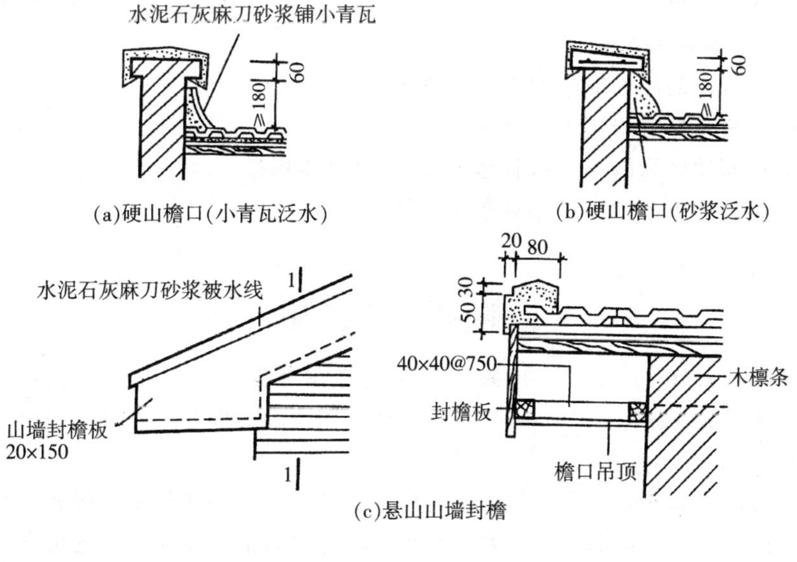

图 7-50　山墙檐口构造

2. 平瓦屋面上的泛水，宜采用水泥石灰砂浆分次抹成，配合比宜为1∶1∶4，并应加1.5%的麻刀。烟囱与屋面的交接处在泛水面中部应抹出分水线，并应高出两侧各30mm。压型钢板屋面的泛水板与凸出屋面的墙体搭接高度不应小于300mm，安装应平直，见图7-50(a)、(b)。

3. 瓦伸入天沟、檐沟的长度应为50～70mm。

4. 平瓦屋面的脊瓦下端距坡面瓦的高度不宜大于80mm；脊瓦在两被面瓦上的覆盖宽度，每边不应小于40mm，见图7-51。

沿山墙封檐的一行瓦，宜用1∶2.5的水泥砂浆做出泛水线，将瓦封固。

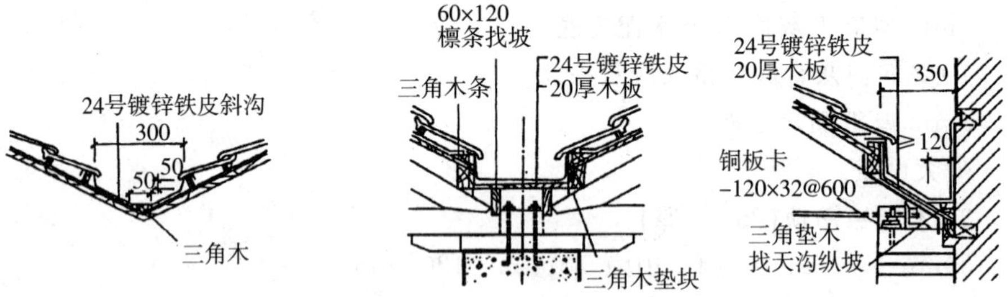

(a)三角形天沟(双跨屋面)　(b)矩形天沟(双跨屋面)　(c)高低跨屋面天沟

图7-51　天沟、斜沟构造

九、坡屋面排水方式的选择

[想一想]

坡屋面排水方式的选择应注意什么?

1. 应优先选用外排水方式。

2. 下列情况之一，应选用有组织排水：

(1)年降雨量大于或等于900mm的地区(多雨地区)，檐口高度为8～10m，天窗跨度为9～12m，相邻屋面高差大于或等于4m的高处檐口。

(2)年降雨量小于900m的地区(少雨地区)，檐口高度为5～8m，天窗跨度为6～9m，相邻屋高差大于或等于3m的高处檐口。

(3)积灰多的屋面应采用无组织排水。

(4)多跨厂房宜采用天沟外排水。

(5)严寒地区为防止雨水管冰冻堵塞，宜采用内排水。

(6)湿陷性黄土地区应尽量采用外排水。

本章思考与实训

1. 卷材屋面的泛水、天沟、檐口、雨水口等细部构造的要点是什么?

2. 何谓刚性防水屋面? 刚性防水屋面的构造层有哪些? 各层如何做法? 注意为什么要设隔离层?

3. 刚性防水屋面容易开裂的原因何在? 可以采取哪些措施预防开裂?

4. 何为有组织排水? 何为无组织排水? 它们的优缺点和适用范围是什么?

5. 设计屋顶应满足哪些要求?

6. 平屋顶的保温有哪些构造做法? 各适用于何种条件?

第八章　变 形 缝

【内容要点】

1. 变形缝的作用、类型和要求；
2. 变形缝构造。

【知识链接】

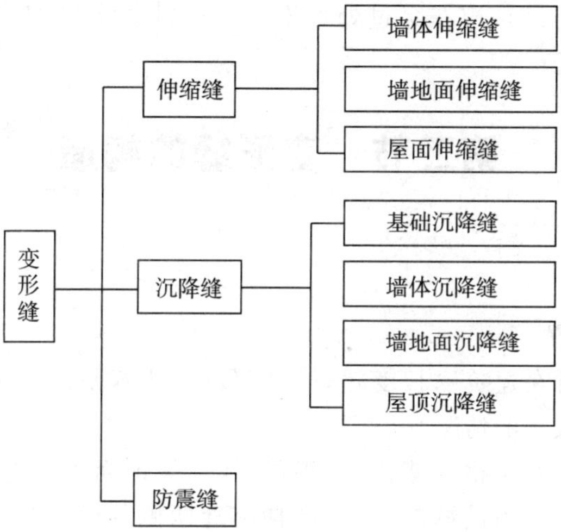

第一节　变形缝的作用、类型和要求

一、变形缝的作用

建筑物由于温度变化、地基不均匀沉降及地震等因素的影响，使结构内部产生附加应力和变形，当这种应力较大而又处理不当时，会引起建筑构件产生变形，造成建筑物出现裂缝甚至倒塌。为了避免和减少对建筑物的破坏，预先在这些变形敏感部位将结构撕开，预留缝隙，以保证各部分建筑物在这些缝隙中有足够的变形宽度而不会造成建筑物的损坏。这种将建筑物垂直分割开来的预留缝称为变形缝。

二、变形缝的类型

[想一想]

变形缝包括哪几种缝？有何异同点？

变形缝按其作用的不同分为伸缩缝、沉降缝、防震缝三种。

三、变形缝的要求

伸缩缝又叫温度缝，是为了防止因温度影响引起破坏而设置的变形缝；沉降缝是为了防止因建筑物各部分不均匀沉降引起的破坏而设置的变形缝；防震缝是为了地震作用引起建筑物的破坏而设置的变形缝。

虽然各种变形缝的功能不同，但它们的构造要求基本相同，即缝的构造要保证建筑物各独立部分能自由变形，互不影响；不同部位的变形缝要根据需要分别采取防水、防火、保温、防虫等安全防护措施。高层建筑及防火要求高的建筑物，室内变形缝应做防火处理。变形缝内不应敷设电缆、可燃气体管道和易燃、可燃液体管道，必须穿过时，应在穿过处加不燃烧材料套管，并用不燃烧材料将套管两端空隙紧密填塞。

第二节　变形缝的构造

一、伸缩缝构造

1. 伸缩缝设置

伸缩缝应设置在建筑物长度超过一定限度；建筑平面复杂，变化较多；建筑中结构类型变化较大的情况。

伸缩缝要求把建筑物的墙体、楼板层、屋顶等地面以上部分全部断开，并在两个部分之间留出适当的缝隙，以保证伸缩缝两侧的建筑构件能在水平方向自由伸缩。基础部分因受温度变化影响较小，不需断开。

缝宽一般为 20mm～40mm，通常采用 30mm。伸缩缝的最大间距与建筑结构类型和屋面保温材料有直接关系。表 8－1 和表 8－2 分别列出了各种砌体结构和钢筋混凝土结构房屋伸缩缝的最大间距。砖混结构的建筑伸缩缝最好设置在平面图形有变化处，以利于隐蔽处理。框架结构的伸缩缝结构一般采用悬臂梁方案，也可采用双梁双柱方式，但施工较复杂。

表 8－1　砌体结构房屋伸缩缝的最大间距

砌体类别	屋盖或楼盖的类别		间距/(m)
各类砌体	整体式或装配式钢筋混凝土结构	有保温层或隔热层的屋盖、楼盖	50
		无保温层或隔热层的屋盖	40
	装配式无檩条体系钢筋混凝土结构	有保温层或隔热层的屋盖、楼盖	60
		无保温层或隔热层的屋盖	50
	装配式有檩条体系钢筋混凝土结构	有保温层或隔热层的屋盖	75
		无保温层或隔热层的屋盖	60

（续表）

砌体类别	屋盖或楼盖的类别	间距/m
粘土砖、空心砖砌体	粘土瓦或石棉水泥瓦屋面 木屋盖或楼盖	100
石和硅酸盐砌体	砖石屋盖或楼盖	80
混凝土砌块砌体		75

［注］ (1)层高大于5m混合结构单层房屋，其伸缩缝间距可按表中数值乘以1.3采用，但当墙体采用硅酸盐砖、硅酸盐砌块和混凝土砌块砌筑时，不得大于75mm；(2)温差较大且变化频繁地区和严寒地区不采暖的房屋及构筑物墙体的伸缩缝最大间距，应按表中数值予以适当减小后采用。

表8-2 钢筋混凝土结构伸缩缝的最大间距 （单位：m）

结　构	类　型	室内或土中	露　天
排架结构	装配式	100	70
框架结构 框架—剪力墙结构	装配式	75	50
	现浇式	55	35
剪力墙结构	装配式	65	40
	现浇式	45	30
挡土墙及地下室 墙壁等类结构	装配式	40	30
	现浇式	30	20

［注］ (1)当采用适当留出施工后浇带、顶层加强保温隔热等构造或施工措施时，可适当增大伸缩缝的间距；(2)当屋面无保温或隔热措施时，或位于气候干燥地区、夏季炎热且暴雨频繁地区时，或施工条件不利(如材料的伸缩较大)时，宜适当减小伸缩缝的间距；(3)当有充分依据或经验时，表中数值可以适当加大或减小。

2. 伸缩缝构造

伸缩缝是在建筑物的同一位置将基础以上的建筑构件在垂直方向全部分开，并在两部分之间留出适当的缝隙，以达到伸缩缝两侧的建筑构件能在水平方向自由伸缩的目的。

(1)墙体伸缩缝构造

墙体伸缩缝一般做成平缝、错口缝、企口缝和凹缝等截面形式，如图8-1所

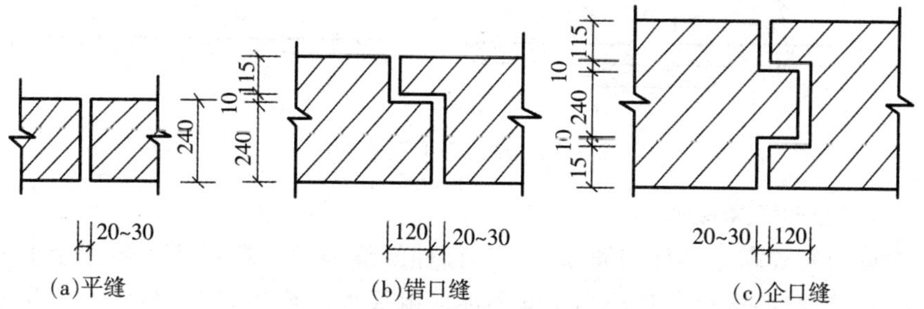

图8-1 砖墙伸缩缝的截面形式

示。变形缝外墙外一侧常用浸沥青的麻丝或木丝板及泡沫塑料条、橡胶条、油膏等有弹性的防水材料塞缝;内墙可用具有一定装饰效果的金属片、塑料片或木盖缝条覆盖,如图 8-2 所示。

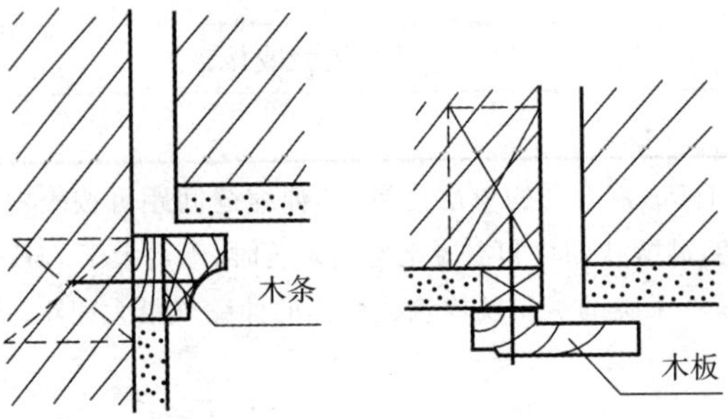

图 8-2　内墙伸缩缝构造

(2)楼地面伸缩缝构造

楼板层变形缝的位置和大小应与墙体、屋面变形缝一致。在构造上要求面层和结构层完全脱开,在上下表面做盖缝条,盖缝条应能满足缝两侧构件自由变形,且能满足防水要求,在缝内填塞有弹性的松软材料,用金属调节片封缝;地面变形缝的位置大小应根据建筑物的使用情况而定,如图 8-3 所示。

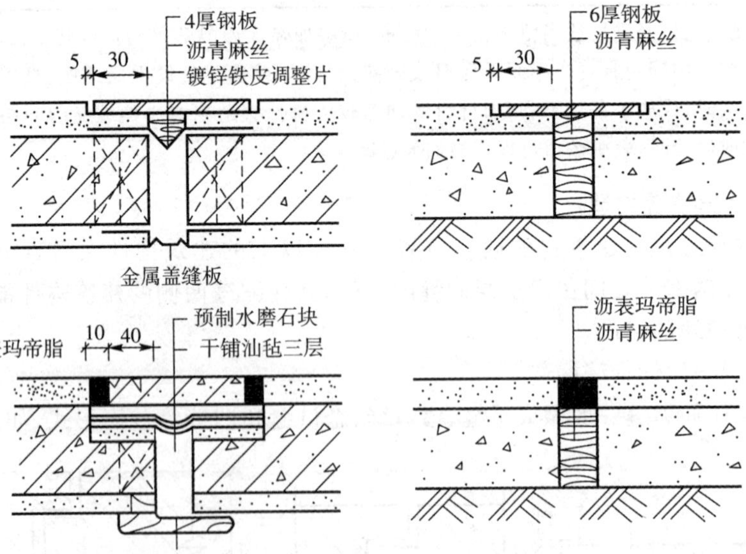

图 8-3　楼地面伸缩缝构造

(3)屋面伸缩缝构造

常见的有等高屋面伸缩缝和高低屋面伸缩缝两种。卷材防水屋面变形缝构造:屋面变形缝的构造处理原则是既不能影响屋面的变形,又要防止雨水从变形缝处渗入室内。

等高屋面变形缝的做法是：在缝两边的屋面板上砌筑矮墙，挡住屋面雨水。矮墙常为半砖墙厚。屋面卷材防水层与矮墙面的连接处理类同泛水构造，缝内嵌填沥青麻丝。矮墙顶部可用镀锌铁皮或混凝土盖板压顶，见图 8－4，8－5 所示。

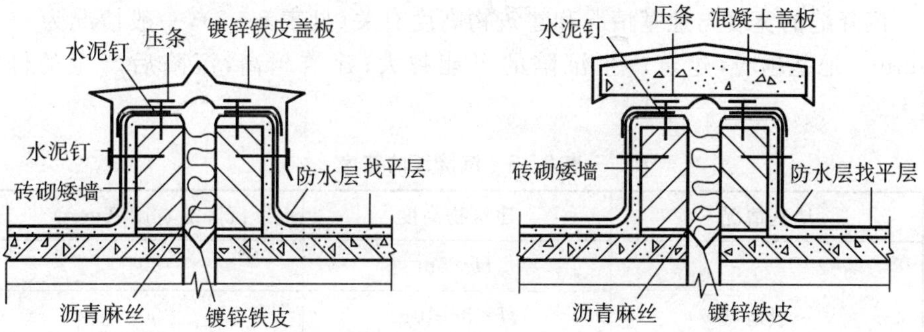

图 8－4　不上人等高屋面伸缩缝构造

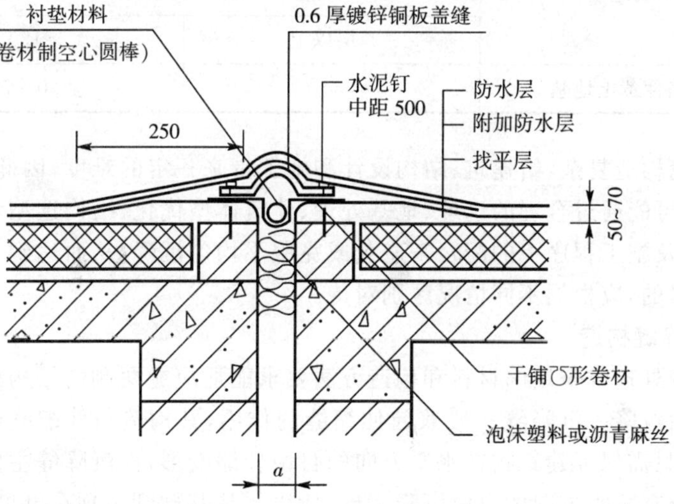

图 8－5　上人屋面伸缩缝构造

高低屋面变形缝则是在低侧屋面板上砌筑矮墙。当变形缝宽度较小时，可用镀锌铁皮盖缝并固定在高侧墙上，做法同泛水构造；也可以从高侧墙上悬挑钢筋混凝土板盖缝。

二、沉降缝构造

1. 沉降缝设置

沉降缝是为了预防建筑物各部分由于不均匀沉降引起的破坏而设置的变形缝。沉降缝与伸缩缝不同在于从建筑物基础底面至屋顶全部断开。凡属于下列情况的，应考虑设置沉降缝：

[想一想]

1. 为什么要设置沉降缝?

2. 在哪些情况下要设置沉降缝?

(1)当建筑物建造在不同的地基上，并难以保证均匀沉降时；

(2)同一建筑物相邻部分高度相差很大，或荷载相差悬殊，或结构形式不同时；

(3)当相邻基础的结构形式，基础宽度和埋深相差很大时；

(4)新建建筑物和原有建筑物相连时；

(5)建筑物平面复杂，高度变化较多，有可能产生不均匀沉降时。

沉降缝的宽度与地基情况和建筑物高度有关(见表8-3)，一般情况为50～70mm。地基越弱，建筑产生沉陷的可能越大；建筑越高，沉陷后产生的倾斜越大。

表8-3　沉降缝的宽度

地基情况	建筑物高度	沉降缝宽度/(mm)
一般地基	$H<5$m	30
	$H=5\sim10$m	50
	$H=10\sim15$m	70
软弱地基	2～3层	50～80
	4～5层	80～120
	5层以上	>120
湿陷性黄土地基		≥30～70

沉降缝构造复杂，给建筑、结构设计和施工带来一定的难度，因此，在工程设计时，应尽可能通过合理的选址、地基处理、建筑体型优化、结构选型和计算方法的调整，以及施工程序上的配合来避免或克服不均匀沉降，从而达到不设或尽量少设缝的目的，应根据不同情况区别对待。

2. 沉降缝构造

沉降缝处理时采用的材料和构造方法要求能适应缝两侧的结构构件在垂直方向的自由沉降。沉降缝一般兼起伸缩缝的作用，其构造与伸缩缝不同之处在于，伸缩缝只需保证建筑物在水平方向的自由伸缩变形，而沉降缝主要应满足建筑物各部分在垂直方向的自由沉降变形，所以要从基础到屋顶全部断开。同时，沉降缝也应兼顾伸缩缝的作用，应在设计时满足伸缩和沉降双重要求。盖缝条及调节片构造必须能保证在水平方向和垂直方向变形。

(1)基础沉降缝的结构处理

沉降缝的基础也应该断开，并应避免因不均匀沉降造成的相互影响。对于砖混结构墙下条形基础通常有双墙偏心基础、挑梁基础和交叉式基础三种处理形式(如图8-5)。对于框架结构通常也有双柱下偏心基础、挑梁基础、柱交叉布置等三种处理形式。

(2)墙体、楼地面、屋顶沉降缝构造处理

墙体沉降缝常用镀锌铁皮盖缝，其盖缝条应满足水平伸缩和垂直沉降的要求，见图8-6所示。

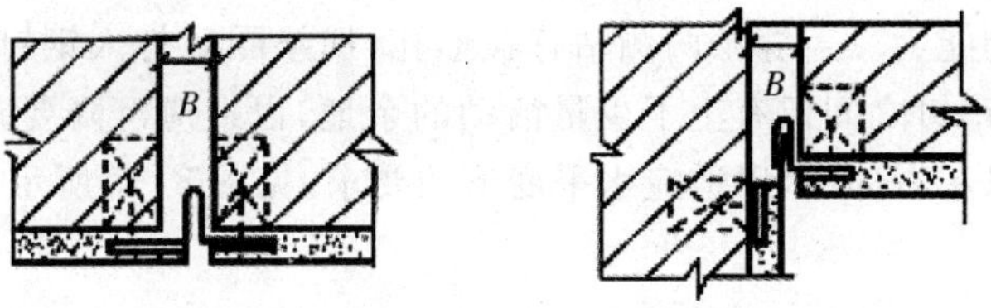

图 8－6　外墙沉降缝构造

楼地面、屋顶沉降缝的盖缝与伸缩缝构造基本相同。屋顶沉降缝应充分考虑不均匀沉降对屋面、泛水带来的影响，可用镀锌铁皮做调节。楼板层应考虑沉降对地面交通和装修带来的影响。顶棚盖缝处理要注意变形方向。当地下室出现变形缝时，为使变形缝处能保持良好的防水性，必须做好地下室墙身及地板层的防水构造。

三、防震缝构造

1. 防震缝设置

在我国抗震设防烈度在 7 度及 7 度以上地区，必须考虑地震对建筑物的影响。为此，我国制定了相应的建筑抗震设计规范，对多层砌体房屋，应优先采用横墙承重或纵横墙混合承重的结构体系，在地震设防烈度为 7～9 度的地区，有下列情况之一的要设置防震缝：

(1)建筑物立面高差在 6m 以上；

(2)建筑物平面形体复杂；

(3)建筑物有错层且楼板高差较大；

(4)建筑物各部分的结构刚度、重量相差悬殊时，应设置防震缝。

防震缝同伸缩缝、沉降缝统一布置，并满足防震缝的要求。一般情况下，防震缝基础可不分开，但在平面复杂的建筑中，当与震动有关的建筑物相连部分的刚度差别很大时，也需将基础分开。缝的两侧一般应布置双柱或双墙，以加强防震缝两侧房屋的整体刚度，防震缝的宽度一般为 50mm～100mm。

对多层和高层钢筋混凝土结构房屋，应尽量选用合理的建筑结构方案，不设防震缝。当必须设置防震缝时，其最小宽度要符合下列要求：

(1)当高度不超过 15m 时，缝宽 70mm。

(2)当高度超过 15m 时，按不同设防烈度增加缝宽：

6 度地区，建筑每增高 5m，缝宽增加 20mm；

7 度地区，建筑每增高 4m，缝宽增加 20mm；

8 度地区，建筑每增高 3m，缝宽增加 20mm；

9 度地区，建筑每增高 2m，缝宽增加 20mm。

2. 防震缝构造

建筑物的抗震，一般只考虑水平地震作用的影响，所以，防震缝构造及要求与伸缩缝相似，但墙体不应做成错口缝和企口缝形式。由于防震缝一般较宽，通常采取覆盖的做法，盖缝板应满足牢固性、防风和防水等要求，同时，还应具有一定的适应变形的能力。盖缝条两侧钻有长形孔，加垫圈后打入钢钉，钢钉不能钉实，应给盖板和钢钉之间留有上下少量活动的余地，以适应沉降要求。盖板呈 V 形或 W 形，可以左右伸缩，以适应水平变形的要求，见图 8－7 所示。

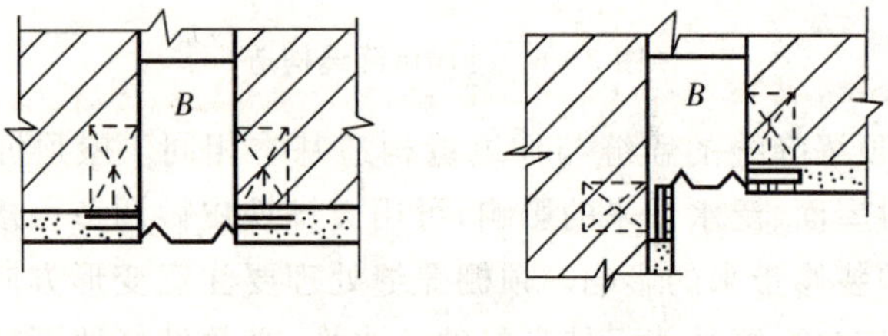

图 8－7　外墙防震缝构造

【实践训练】

课目：变形缝的制作与安装施工方案

(一)目的和环境要求

掌握变形缝制作与安装的施工方法和质量标准。某市朝阳园住宅小区二期工程，变形缝处采用 26 号镀锌白铁皮、2mm 厚薄钢板盖缝处理。

(二)主要机具和作业条件

一般应配备电烙铁或烙铁、烙铁钳、剪子、圆钢管、咬口机、剪板机、电焊机、折尺、直尺、画线规等。屋面找平层施工和外墙面找平完成后，经隐蔽工程检查验收合格。

(三)施工方法

(1)工艺流程

画线下料→裁剪→成形→刷油漆→安装

(2)制作安装

首先要熟悉图纸和相应的图集，认真考虑安装方法。

①画线下料：依照图纸尺寸规格，做好画线放样工作，为节约材料宜合理进行裁剪；画线后经复合尺寸无误后先剪出样板，然后依照样板成批下料，先裁大料、后配小料，下料要做到尺寸准确，裁口垂直平正。如实际需要的形状较多时，应分类制作样板，需要焊接的部位应在安装后量好尺寸再行焊接。屋面、外墙缝口上盖板一般用 24～26 号白铁皮制作。室内地面一般为钢板，或根据设计要求选用其他材料制作。

②变形缝的薄铁板罩制成后，先将其表面的污迹灰尘除净，然后在内外涂刷防锈漆一道；用镀锌薄铁板制作的罩，刷调和漆之前，应先刷锌磺类或磷化底漆；

交活后再刷色铅油二道。

③变形缝铁板罩安装前，应检查缝口伸缩片、缝内填充的沥青麻丝、油膏嵌缝等工序的完成情况，经检查确无漏项时，再进行安装；安装前要上下吊线变形缝与外墙、变形缝与挑檐等交接处，先用 50mm 元钉钉牢，用锡焊死钉头，经检查合格后，刷罩面漆一道。

④楼地面变形逢装置与钢筋混凝土主体结构用膨胀螺栓固定。一般有两种情况：先固定变形缝装置，后做楼地面装修时，钢筋混凝土主体结构应按构造详图的要求向上做翻边或向下凹槽。当先做楼地面装修层后固定变形缝装置时，将由生产厂家配合提供准确的槽口尺寸，并在项目中交代。

（四）质量标准

（1）保证项目

①变形缝的制作必须符合设计要求。接缝无开焊，咬口无开缝，以防产生漏水隐患；

②变形缝的安装必须牢固，钢钉间距固定方法正确。

（2）基本项目

①变形缝的上下连接紧密，承插方向、长度、正视应基本顺直，弯曲的结合角度应成钝角。

②使用镀锌铁皮制作时，应涂刷锌磺类或磷化底漆，涂刷要均匀，不得有漏刷。如用薄钢板制作时，两面都涂刷两道防锈漆；颜色均匀、无脱皮、漏刷。

（五）成品保护

（1）涂刷油漆应按要求进行，涂完和安装完成的成品要防止碰撞。

（2）安装后涂刷最后一道罩面漆时，应注意防止污染墙面。

（六）应注意的质量问题

（1）安装时没有找垂直，产生正视不顺直。

（2）安装时没有清理砂浆找平层，接缝开焊，咬口开缝，形成单摆浮搁，产生漏水隐患。

（七）安全事项

（1）搬运铁皮（钢板）要戴手套或用布纸垫包边口锐利部分，以免伤手。

（2）堆放在屋面和外墙作业面上，应平稳，防止倾斜坠落。

（3）不准在垂直方向的上下两层同时进行作业，以免铁皮（钢板）掉落伤人。

（4）严禁与酸碱等物一起存放。

本章思考与实训

1. 变形缝的施工方法如何?
2. 变形缝的质量标准及成品保护有哪些?
3. 伸缩缝在建筑物不同位置时,如何进行缝处理?
4. 建筑中哪些情况应设置沉降缝?
5. 伸缩缝、沉降缝、防震缝各有什么特点? 哪些变形缝能相互替代?

第九章　建筑设计概述

【内容要点】

1. 建筑设计的内容，建筑设计与结构设计、建筑设备设计的关系：

2. 建筑设计的依据；

3. 建筑设计的基本程序和各阶段的主要内容；

4. 平面设计的内容，使用房间、辅助房间、交通联系部分的设计以及建筑平面组合设计的概念及其设计依据；

5. 剖面设计的内容，建筑师的各种活动对建筑的形状、高度、层数与空间的要求，建筑空间利用的概念；

6. 建筑体型和立面设计的原则，建筑构图的规律及建筑体型与立面设计的方法。

【知识链接】

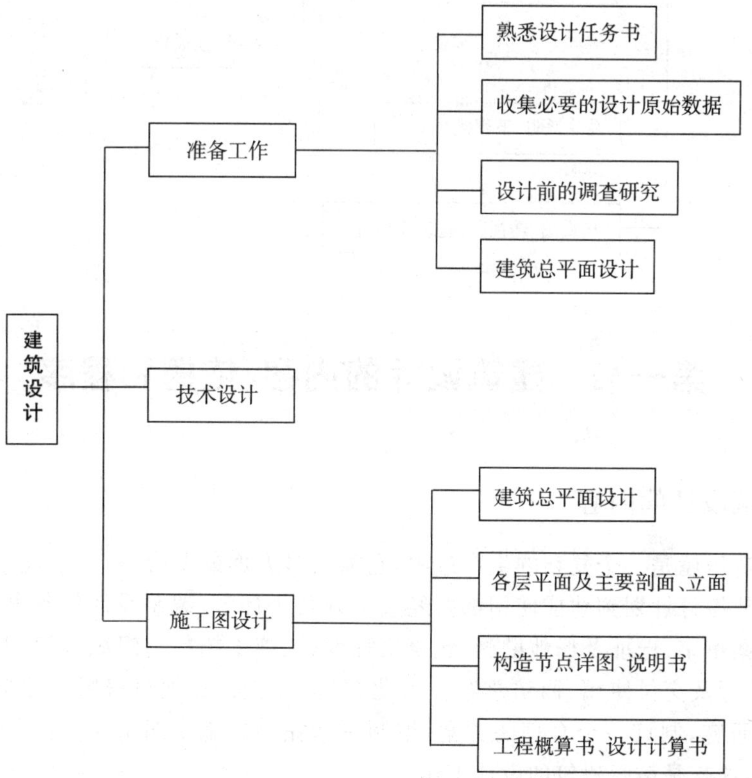

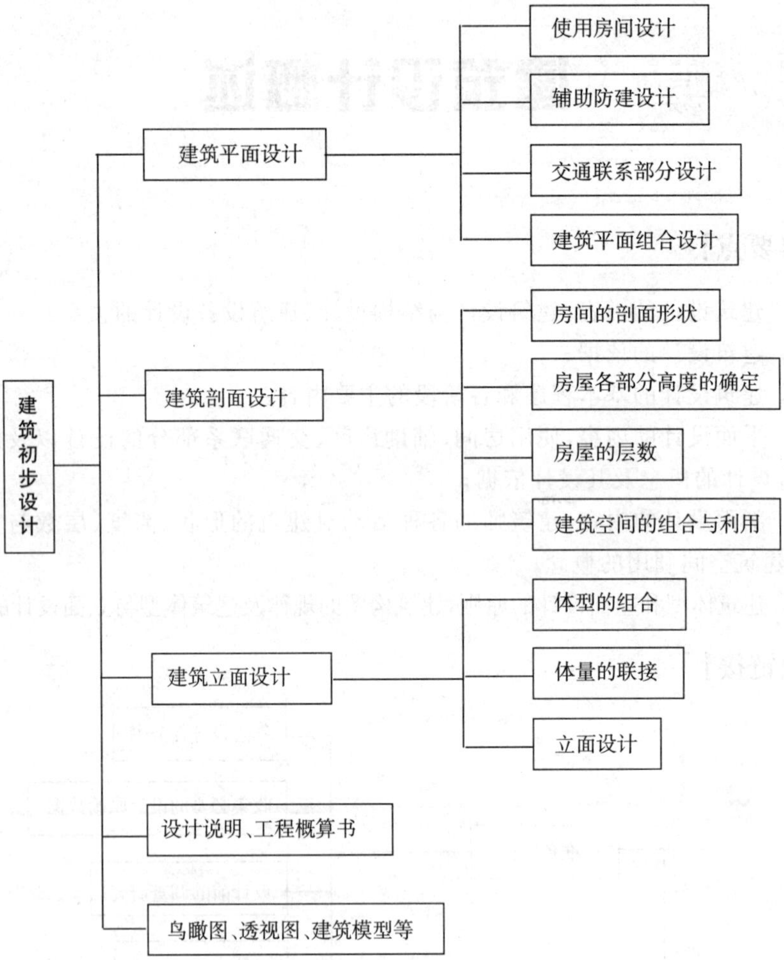

第一节　建筑设计的内容、依据和程序

一、建筑设计的内容

建造房屋是一个复杂的生产过程，它需要多方面的配合，一般情况下一项建筑工程从拟订计划到建成使用都要经过下列几个环节：编制设计任务书、设计指标及方案审定、选址及场地勘测、建筑工程设计、施工招标与组织、配套及装修工程、试运行及交付使用、回访总结。因此在施工之前，必须对房屋的建造做一个总体的研究，制订一个合理的方案，编制一套完整的施工图纸和文件，为施工提供依据，这就是房屋建筑的设计工作。

房屋的设计工作，包括建筑设计、结构设计和设备设计三个方面的内容。

(一)建筑设计

建筑设计只是整个房屋设计工作中的一个组成部分,它是指建筑工程设计中由建筑师承担的那一部分设计工作。建筑设计可以是一个单项建筑物的建筑设计,也可以是一个建筑群的总体设计。设计人员根据审批下达的设计任务书和国家有关的政策规定,综合分析其建筑功能、建筑规模、建筑标准、材料供应、施工水平、地段特点和气候条件等因素,运用科学技术知识和美学方案,正确处理各种要求之间的相互关系,为创造良好的空间环境提供方案和建造蓝图。建筑设计在整个工程设计中起着主导和先行的作用,它包括建筑空间环境的组合设计和构造设计两部分内容。

1. 建筑空间环境的组合设计

通过建筑空间的限定、塑造和组合,综合解决建筑物的功能、技术、经济和美观等问题,主要通过建筑总平面设计、建筑平面设计、建筑剖面设计、建筑体型与立面设计来完成。需要注意的是:建筑的总平面、平面、立面以及剖面设计并不是相互对立的设计步骤,因此在设计过程中必须综合考虑、整体设计。

2. 建筑空间环境的构造设计

主要是确定建筑物各构造组成部分的材料及构造方式。包括对基础、墙体、楼地层、楼梯、屋顶和门窗等构配件进行详细的构造设计,这也是建筑空间环境组合设计的继续和深入。

(二)结构设计

结构设计是根据建筑设计方案选择切实可行的结构布置方案,进行结构计算及构件设计,一般由结构工程师完成。

[想一想]

从建筑构造设计的角度考虑,为什么建筑设计需要结构设计和设备设计的配合?

(三)设备设计

设备设计主要包括给水排水、电气照明、采暖、通风、空调和动力等方面的设计,由有关专业的工程师配合建筑设计来完成。

房屋建筑的整个设计工作就是在建筑、结构和设备三个专业的相互协调配合下,经过反复分析比较,逐步修改完成的。

二、建筑设计的依据

建筑设计是房屋建造过程中的一个重要环节,其工作是将有关设计任务的文字资料转变为图纸。在这个过程中,还必须贯彻国家的建筑方针和政策,并使建筑与当地的自然条件相适应。因此,建筑设计也是一个循序渐进的科学决策过程,必须在一定的基础上有依据地进行。

现将建筑设计过程中所涉及的一些主要依据分述如下。

(一)满足使用功能的要求

1. 人体尺度和人体活动所需的空间尺度

人体尺度及人体活动所占的空间尺度是确定民用建筑内部各种空间尺度的主要依据。图 9-1 所示为中等身材男子的人体基本尺度和人体基本动作尺度。

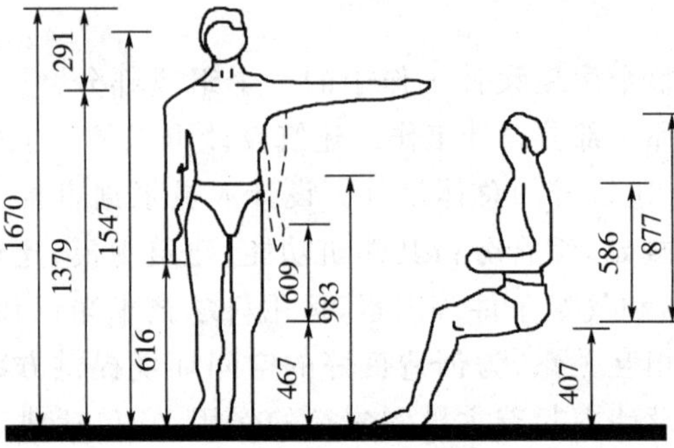

(a)人体基本尺度

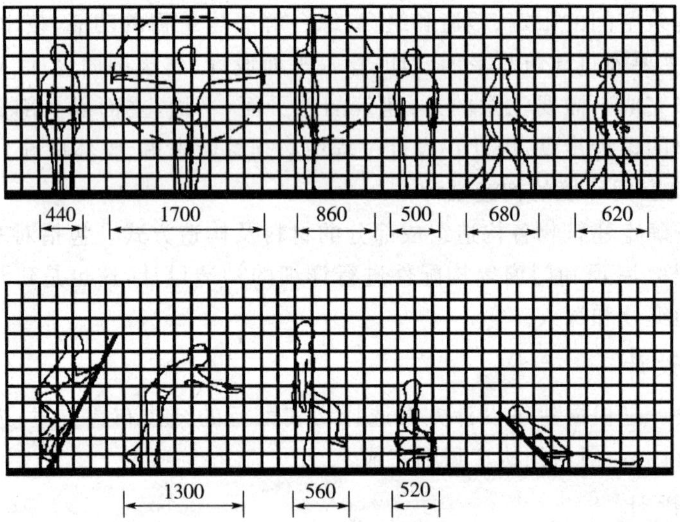

(b)人体基本动作尺度

图 9-1　中等身材男子的人体基本尺度和人体基本动作尺度

2. 家具、设备尺寸和使用空间

房间内家具设备的尺寸，以及人们使用它们所需的活动空间是确定房间内部使用面积的重要依据。

(二)满足自然条件的要求

1. 气候条件

温度、湿度、日照、雨雪、风向和风速等气候条件对建筑物的设计有较大的影响。例如湿热地区，房屋设计要考虑隔热、通风和遮阳等问题；干冷地区，通常又希望把房屋的体型尽可能设计得紧凑一些，以减少外围护面的散热，有利于室内采暖、保温。

日照和主导风向通常是确定房屋朝向和间距的主要因素，风速是高层建筑、电视塔设计中考虑结构布置和建筑体型的重要因素，雨雪量的多少对选用屋顶形式和构造有一定影响。在设计前，需要收集当地上述有关的气象资料，作为设计的依据。

如图 9－2 所示为我国部分城市的风向频率玫瑰图，图中实线部分表示全年风向频率，虚线部分表示夏季风向频率，风向是指由外部吹向中心。风向频率玫瑰图(简称风玫瑰图)是依据该地区多年来统计的各个方向吹风的平均日数的百分数按比例绘制而成，一般用 16 个罗盘方位表示。

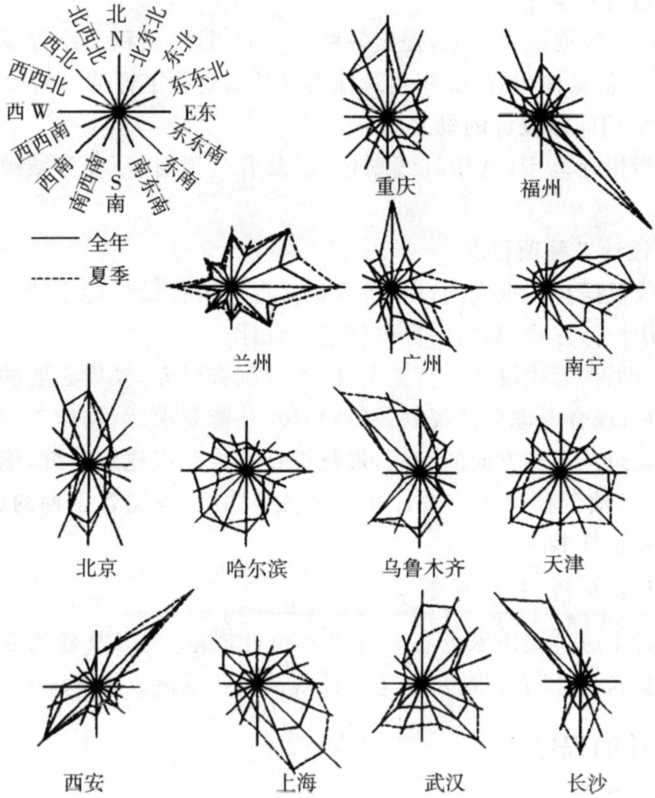

图 9－2　我国部分城市风向频率玫瑰图

2. 地形、地质和地震烈度

基地地形的平缓或起伏、地质构成、土壤特性和地耐力的大小对建筑物的平面组合、结构布置和建筑体型都有明显的影响。坡度较陡的地形，常结合地形错层建造房屋，复杂的地质条件，要求房屋的构成和基础的设置采取相应的结构构造措施。

地震烈度表示地面及房屋建筑遭受地震破坏的程度。在地震烈度 6 度以下地区，地震对建筑物的损坏影响较小；9 度以上的地区，由于地震过于强烈，从经济因素及耗用材料考虑，除特殊情况外，一般应尽可能避免在这些地区建设。房屋抗震设防的重点是指 6、7、8、9 度地震烈度的地区。

3. 水文条件

水文条件是指地下水位的高低以及地下水的性质，直接影响到建筑物的基础和地下室，设计时应采取相应的防水和防腐措施。

[做一做]

通过查阅资料，找出学校所在地的相关气象资料和地质条件。

（三）满足设计文件的有关要求

1. 相关批文

建设单位主管部门有关建设任务使用要求、建筑面积、单方造价和总投资的批文以及国家有关部、委或各省、市、地区规定的有关设计定额和指标。

2. 工程设计任务书

由建设单位根据使用要求，提出各种房间的用途、面积大小以及其他的一些要求，工程设计的具体内容、面积建筑标准等都需要和主管部门的批文相符合。

3. 城建部门同意设计的批文

内容包括用地范围（常用红线划定）以及有关规划、环境等城镇建设对拟建房屋的要求。

4. 委托设计工程项目表

建设单位根据有关批文向设计单位正式办理委托设计的手续。规模较大的工程还常采用投标方式，委托中标单位进行设计。

设计人员根据上述设计的有关文件，通过调查研究，收集必要的原始数据和勘测设计资料；综合考虑总体规划、基地环境、功能要求、结构施工、材料设备、建筑经济以及建筑艺术等方面的问题，进行设计并绘制成建筑图纸，编写主要设计意图说明书；其他工种也相应设计并绘制各类图纸，编制各工种的计算书、说明书以及概算和预算书。

（四）满足技术和设计标准要求

建筑设计中应遵循国家的各种标准和设计规范、规程及各地或各部门颁发的标准。如建筑设计防火规范、住宅设计规范及建筑模数协调统一标准等。

三、建筑设计的程序

建筑设计过程也就是贯彻国家的方针政策，不断进行调查研究，合理解决建筑物的功能、技术、经济和美观问题的过程。为保证设计质量，避免发生差错和返工，建筑设计必须根据逐步深入，循序渐进的原则分阶段进行，建筑设计阶段按工程复杂程度、规模大小及审批要求，通常分为初步设计、技术设计、施工图设计三个阶段。对于一般或比较简单的工程，也可以把前两个阶段合并，采用扩大初步设计和施工图设计两个阶段。

（一）设计前的准备工作

1. 熟悉设计任务书

(1)落实设计任务，掌握必要的批文

建设单位必须具有以下批文才可向设计单位办理委托设计手续。

① 主管部门的批文

任何设计任务，均需建设单位（甲方）提出报告，经其上级主管部门批准，批文应明确建设项目的使用要求、建筑面积、单方造价和投资总额等问题。

② 城市建设部门同意设计的批文

为了加强城市的管理及进行统一规划，一切设计都必须事先得到城市建设部门的批准。批文必须明确指出用地范围(常用红线划定)，以及有关规划、环境及个体建筑的要求。

(2)熟悉工程设计任务书

设计任务书是经上级主管部门批准提供给设计单位进行设计的依据性文件，一般包括以下内容。

①建设项目总的要求、用途、规模及一般说明。

②建设项目的组成，单项工程的面积，房间组成，面积分配及使用要求。

③建设项目的投资及单方造价，土建设备及室外工程的投资分配。

④建设基地大小、形状、地形，原有建筑及道路现状，并附地形测量图。

⑤供电、供水、采暖及空调等设备方面的要求，并附有水源、电源的使用许可文件。

⑥设计期限及项目建设进度计划安排要求。

2. 调查研究

除设计任务书提供的资料外，还应当收集必要的设计资料和原始数据，包括：

(1)访问使用单位对建筑的使用要求，调查同类建筑物实际使用情况；

(2)了解建筑材料供应和结构施工等技术条件；

(3)基地勘察：根据当地城市建设管理部门所规定的建筑红线进行现场踏勘，了解基地和周围环境的现状，考虑拟建建筑总平面布置的可能性；

(4)收集与设计项目有关的定额指标及已建成的同类型建筑的资料；

(5)了解当地文化传统、生活习惯及风土人情等等。

(二)设计阶段的划分

在设计准备过程以及设计的各个阶段中，设计人员都需要认真学习并贯彻国家有关建设的方针和政策，同时也需要学习并分析有关设计项目的国内外图纸、文字资料等设计经验。建筑设计过程按工程复杂程度、规模大小及审批要求，划分为不同的设计阶段，一般分为两阶段设计或三阶段设计。

两阶段设计是指初步设计和施工图设计两个阶段，一般的工程多采用两阶段设计。对于大型民用建筑工程或技术复杂的项目，应采用三阶段设计，即初步设计、技术设计和施工图设计。

1. 初步设计阶段

初步设计阶段是建筑设计的第一阶段。它的主要任务是提出设计方案，即在已定的基地范围内，按照设计任务书所拟的房屋使用要求，综合考虑技术经济条件和建筑艺术方面的要求，提出设计方案。

初步设计的内容包括确定建筑物的组合方式，选定所用的建筑材料和结构方案，确定建筑物在基地的位置，说明设计意图，分析设计方案在技术、经济上的合理性，并提出概算书。

初步设计的图纸和设计文件包括：

(1)建筑总平面图。其内容包括建筑物在基地上的位置、标高、道路、绿化以及基地上设施的布置和说明等，比例尺一般采用1：500～1：2000。

(2)各层平面及主要剖面、立面图。这些图纸应标出建筑物的主要尺寸，房间的面积、高度以及门窗位置，部分室内家具和设备的布置等，比例尺一般采用1：100～1：200。

(3)说明书。对设计方案的主要意图，主要结构方案及构造特点，建筑材料及装修标准以及主要技术经济指标等进行说明。

(4)工程概算书。

(5)根据设计任务的需要，可能辅以建筑透视图或建筑模型。

建筑初步设计一般需要提供几个方案。送甲方及有关部门审议、比较后，确定最后的实施方案。这一方案批准下达后，便是下一阶段设计的依据文件。

2. 技术设计阶段

技术设计的主要任务是在初步设计的基础上进一步解决各种技术问题。技术设计的图纸和文件与初步设计大致相同，但更详细些。具体内容包括整个建筑物和各个局部的具体做法，各部分之间确切的尺寸关系，内外装修的设计，结构方案的计算和具体内容，各种构造和用料的确定，各种设备系统的设计和计算，各技术工种之间各种矛盾的合理解决，设计预算的编制等。

3. 施工图设计阶段

施工图设计是建筑设计的最后阶段，是提交施工单位进行施工的设计文件。它的主要任务是满足施工要求，解决施工中的技术措施、用料及具体做法。

施工图设计的内容包括：确定全部工程尺寸和用料，绘制建筑、结构、设备等全部施工图纸，编制工程说明书、结构计算书和预算书。

施工图设计的图纸及设计文件包括：

(1)建筑总平面。比例尺1：500，建筑基地范围较大时，也可用1：1000；当采用1：2000时，应详细标明基地上建筑物、道路、设施等所在位置的尺寸、标高，并附说明。

(2)各层建筑平面、各个立面及必要的剖面。比例尺一般采用1：100，1：200。

(3)建筑构造节点详图。主要为檐口、墙身和各构件的连接点，楼梯、门窗以及各部分的装饰大样等，根据需要，可采用1：2，1：5，1：10，1：20等比例。

(4)各工种相应配套的施工图。如基础平面图和基础详图、楼板及屋面平面图和详图，结构施工图，给排水、电器照明以及暖气或空气调节等设备施工图。

(5)建筑、结构及设备等的说明书。

(6)结构及设备的计算书。

(7)工程预算书。

[想一想]

两阶段设计和三阶段设计的含义和适用范围有什么异同?

【实践训练】

课目一:如何编制设计任务书

设计任务书又称计划任务书,它是基本建设程序中一个重要环节,是确定建设项目及其建设方案,包括建设规模、建设依据、建设布局和建设进度的重要文件,也是编制设计文件的主要依据。一般情况下,大型建设项目由建设单位(甲方)委托专业设计单位、工程咨询单位编制,而中小型建筑的设计任务书则由建设单位组织专业技术人员完成。设计任务书的主要依据是批准的项目建议书和经过充分论证、审议的可行性研究报告。

(一)设计任务书编制的主要内容

民用建设项目的编制内容主要包括建设方案的规模、标准、技术、结构、功能安排等。

1. 介绍现场地理情况,包括地址、面积、界址、地形、地貌、需避让的建筑、构筑物、河流、名贵树木等。

2. 介绍场外的环境情况,包括道路河流、周边建筑的体量和高度、用途和风貌、人文景观等。

3. 分阶段实施滚动开发的大致区域范围。

4. 规划和建筑风貌趋向;

5. 市场定位:包括建筑标准档次的定位和客户类型的定向。

6. 规划设计控制指标,包括综合容积率、各种用途建筑比例、建筑覆盖率、建筑限高、绿化率、集中绿化率等。

7. 住宅设计指标:包括户型面积控制范围,大中小户型的比例,车辆泊位与户数的比例等。

8. 公共建筑设计指标:包括建筑占地和高度的控制范围,功能,经营方式,服务范围等。

9. 如为住宅小区设计应包含样板区,样板房,售楼处的设计要求,包括区域位置、展示要求、临时的还是永久的等。

10. 设计深度要求:分概念性方案设计、建筑方案和初步方案(即扩初)设计三种,注明除符合规范规定的深度外有何特殊的设计深度要求。

11. 作品表达方式:明确各个阶段应该提交的成果,包括文本、模型、展板、电子文件等形式及规格。

12. 完成期限:注意尽量给予充足的时间,一般情况下不得少于30～40个工作日。

(二)设计任务书的跟踪补充

1. 在设计过程中,甲方可以对设计任务书作书面补充,但如果引起设计返工,甲方应实事求是地给以经济补偿和延长设计时限。

2. 当设计进入扩初阶段时，甲方应重新审视原来的设计任务书，按照建筑方案的审批意见，同时吸取会审专家的优化建议，补充完善设计任务书，重新递交设计单位。

(三)设计任务书应附以下附件

1. 当地规划部门出具的规划选址意见书。

2. 标有规划红线的1∶500地形图(地处郊区的附1∶1000的地形图)，并在所有红线拐角点处标上城市坐标(当时如无此条件的，必须在设计进入扩初前补上)。

设计任务书编制完成后，建设单位应首先组织专业技术人员及决策人员审查，通过后即可向上级主管部门报批。

课目二:工程实例

某旅馆工程方案设计任务书

(一)项目名称

××××旅馆

(二)设计指导思想

适用、经济、安全、节能、环保，优先采用先进技术、先进设备、先进工艺及新型建筑材料。严格控制建筑面积、建设标准和总投资、严禁超面积、超标准、超投资。

(三)设计总体要求

1. 符合国家建设法律法规及有关建筑安装工程施工及验收规范；

2. 符合××市规划要求；

3. 符合××旅游酒店业务需求、办公需要、学习生活需要。

(四)地理位置

××市滨江大道东、紫云一路南、紫云二路北、滨江三路西。

(五)地块尺寸

100米×150米(详见附图)

(六)地面标高

绝对标高吴淞高程19.00米。

(七)建设方案

1. 滨江旅游酒店总床位为150床，总建筑面积为5000平方米。

2. 总投资2000万元，主要内容

(1)5000平方米的房屋建筑及装饰；

(2)属工程性质范畴内的各种系统的设备和安装；

(3)室外道路、场坪、管网、照明、绿化；

(4)规划、设计、监理费用，各项政府规费。

(八)平面设计

1. 总平面布置

总平面要求合理用地、充分用地、节约用地,严格按照规划要求布置,构成平面和谐、空间发展的内涵和外延。

2. 工程主要技术经济指标按照国家规定执行。

(1)客房部分(建筑面积约2700平方米)

①单床间10间,房间净面积为10～12平方米/间。

②双床间及双人床间60间,房间净面积为22～24平方米/间。

③双(两)套间10间,房间净面积为35～40平方米/套。

④客房内设卫生间,设备包括浴盆、洗脸盆、坐式恭桶三件,设壁柜。

⑤标准层设服务台15～20平方米,服务员用盥洗,厕浴15平方米,储藏15平方米。

(2)公共用房部分(建筑面积约1000平方米)

①中餐厨房180平方米,其中主副食加工50～60平方米,主副食库杂库等40～60平方米,其他如工作人员更衣,浴厕,值班备餐等面积自定。

②西餐厨房45平方米

③中餐厅180平方米,小餐厅(至少中西餐厅各一个),数量及面积自定。

④酒吧45平方米,邮电20平方米,外币兑换20平方米,理发25平方米,书店30平方米,商场100平方米,麻将室20平方米。

⑤多功能厅120平方米。

⑥能设两台弹子房一间,面积自定。

⑦门厅、休息厅自行设计。

(3)辅助管理用房部分(建筑面积约700平方米),其中:

消防控制室25平方米,广播天线25平方米,电话机房25平方米,服务配电8平方米×2,通风机房8平方米×2,总台办公45平方米,商务中心45平方米,总经理室45平方米,其他办公(财务部、人事部、考勤、保卫室)25平方米×4,锅炉房150平方米,空调机房100平方米,洗衣房75平方米。

(4)停车场:考虑室外停车,其中旅游车1～5辆,小轿车5～8辆。

(5)体育健身用房(地):考虑设置

①室外网球场1～2个。

②游泳池一个,面积自定。

③服务用房,如更衣室、储藏室等面积自定。

3. 其他主要技术经济指标按照国家和滨江市规定结合实际情况确定。

(九)主要设备设计

1. 电梯容量、布置、数量、速度、控制按照设计规范。

2. 空气调节冬天温度、夏天温度及设备布置、范围、控制方式按照设计规范。

3. 多功能厅银幕、音响、数据、视频按照设计规范。

4. 炊事餐饮设备按照设计规范结合使用要求。

5. 大楼内部及场地整体监控设备按照设计规范结合使用要求配置。

6. 其他设备按照设计规范结合使用要求配置。

(十)细节设计

所有细节全部按照国家设计规范设计,要求功能完备、方便使用、安全可靠、经济合理。

(十一)设计成果要求

1. 设计说明,包括工程概况、场地现状分析、设计构思、总体布局设计说明、各专业(建筑、结构、暖通、给排水、强电、弱电、消防等)设计说明、关键技术说明、技术经济指标等。

2. 方案图册:3份。

3. 设计图纸/展板(幅面规格:图册为A3,展板为A0,至少7张),包括环境关系图、总平面、主要平、立、剖面图、功能分析图、交通分析图、绿化分析图、日照分析图、透视效果图等。

4. 模型(单体建筑比例为1/300,如由外地或国外设计单位应考虑运输的问题)。

5. 同时要求提供下列技术文件,包括

(1)电子文件(包含全部投标设计文件内容);

(2)演示光盘(VCD或Powerpoint格式等);

(3)1/1000环境模型。

6. 展板字体字号要求:按标题、正文分别采用宋体2号、仿宋3号。

7. 其他要求:根据项目情况,如需要将另行通知。

(十二)设计周期

以上设计内容请于2007年10月30日完成,并于2007年10月30日17:00前送达××××旅馆筹备办。

联系人:××××

电　话:×××××××××××××

传　真:×××××××××××××××

2007年9月1日

附件一:拨地测量表及界址点成果表

附件二:用地红线及限高要求(电子文件)

课目三:学生公寓方案设计任务书的编写

(一)要求内容

假设学校拟建一幢可供500名学生使用的学生公寓,踏勘学校环境选择适当基地并搜集相关设计所需资料,编写一份方案设计任务书。

(二)要求

(1)介绍基地周边情况;

(2)拟出建筑物各项建筑设计指标；

(3)注明设计深度要求；

(4)写明各阶段设计成果要求。

第二节　建筑平面设计

一幢建筑物是由若干个单体空间有机地组合起来的整体空间，任何空间都具有三维性。因此，在进行建筑设计的过程中，人们常从平面、剖面、立面三个不同方向的投影来综合分析建筑物的各种特征，并通过相应的图示来表达其设计意图。

建筑的平面、剖面、立面设计三者是密切联系而又互相制约的。平面设计是关键，它集中反映了建筑平面各组成部分的特征及其相互关系、使用功能的要求、是否经济合理。同时还不同程度地反映建筑空间艺术构思及结构布置关系等。在进行方案设计时，应先从平面入手，综合考虑平、立、剖三者的关系，按完整的三度空间概念去进行设计。

一、建筑平面设计内容

各类建筑房间的使用性质和组成类型不尽相同。但无论何种建筑物，从组成平面各部分的使用性质来分析，均可归纳为使用部分和交通联系部分。使用部分是指各类建筑物中的主要使用房间和辅助使用房间。交通联系部分是建筑物中各房间之间、楼层之间和室内与室外之间联系的空间。

建筑平面设计的任务，就是充分研究几个部分的特征和相互关系，以及平面与周围环境的关系，在各种复杂的关系中找出平面设计的规律，使建筑物满足功能、技术、经济、美观的要求，它包括单个房间平面设计及平面组合设计。

单个房间设计是在整体建筑合理而适用的基础上，确定房间的面积、形状、尺寸以及门窗的大小和位置。

平面组合设计是根据各类建筑的功能要求，抓住使用房间、辅助房间、交通联系部分的相互关系，结合基地环境及其他条件，采取不同的组合方式将各单个房间合理地组合起来。图 9－3 所示为某庭院式中学教学楼底层平面。

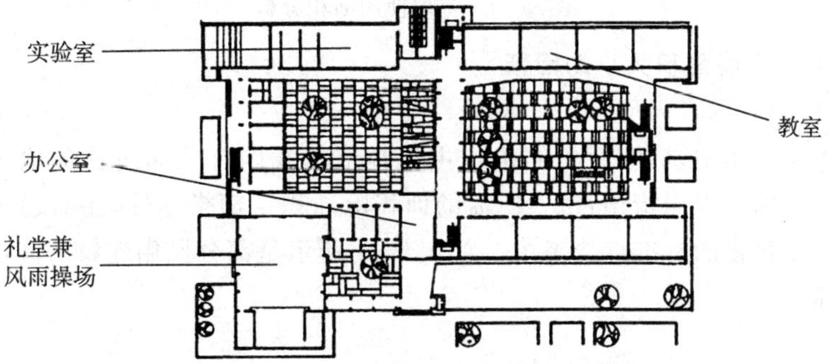

图 9－3　某庭院式中学教学楼底层平面

二、主要使用房间设计

主要使用房间按功能不同可分为:生活用房间、工作学习用房间和公共活动房间。一般说来,生活、工作和学习用的房间要求安静,少干扰,由于人们在其中停留时间相对地较长,因此希望能有较好的朝向,公共活动房间的主要特点是人流比较集中,通常进出频繁,因此室内人们活动和通行面积的组织比较重要,特别是人流的疏散问题较为突出。

对使用房间平面设计的要求主要有:

(1)房间的面积、形状和尺寸要满足室内使用活动和家具、设备合理布置的要求;

(2)门窗的大小和位置,应考虑房间的出入方便,疏散安全,采光通风良好;

(3)房间的构成应使结构布置合理,施工方便,有利于房间之间的组合,所用材料要符合相应的建筑标准;

(4)室内空间以及顶棚、地面、各个墙面和构件细部,要考虑人们的使用和审美要求。

(一)房间面积

1. 房间的面积组成

(1)家具和设备所占用的面积;

(2)人们使用家具设备及活动所需的面积;

(3)房间内部的交通面积。

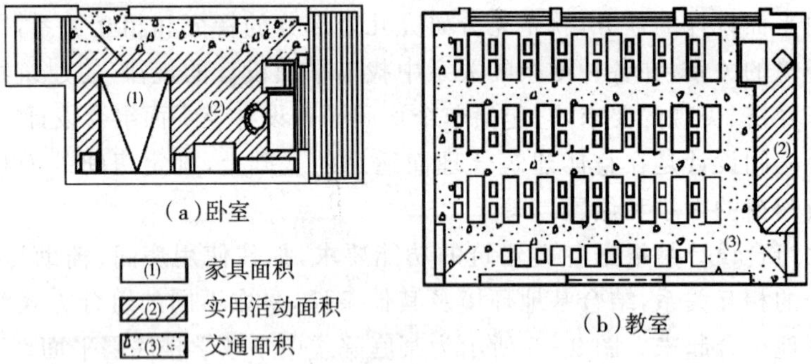

图 9-4 室内使用面积分析

2. 影响房间面积大小的因素

(1)容纳人数

在实际工作中,房间面积的确定主要是依据我国有关部门及各地区制定的面积定额指标。应当指出:每人所需的面积除面积定额指标外,还需通过调查研究并结合建筑物的标准综合考虑。如表 9-1 所示是部分民用建筑房间面积定额参考指标。

表 9-1　部分民用建筑房间面积定额参考指标

建筑类型	房间名称	面积定额(m^2/人)	备　注
中小学	普通教室	1～1.2	小学取下限
办公楼	一般办公室	3.5	不包括走道
	会议室	0.5	无会议桌
		2.3	有会议桌
铁路旅店站	普通候车室	1.1～1.3	
图书馆	普通阅览室	1.8～2.5	4～6 座双面阅览桌

有些建筑的房间面积指标未作规定，使用人数也不固定，如展览室、营业厅等。这就要求设计人员根据设计任务书的要求，对同类型、规模相近的建筑物进行调查研究，通过分析比较得出合理的房间面积。

(2)家具设备及人们使用活动面积

家具、设备数量及布置方式，人们使用它们所需的活动面积均与人的数量和人体尺度有关，且直接影响到房间使用面积的大小。

[做一做]

请画出自己宿舍的室内使用面积分析图。

(二)房间形状

民用建筑常见的房间形状有矩形、方形、多边形、圆形等。一般功能要求的民用建筑房间形状常采用矩形，其主要原因如下：

(1)矩形平面体型简单，墙体平直，便于家具布置，室内有效面积大；

(2)结构布置简单，便于施工；

(3)矩形平面便于统一开间、进深、有利于平面及空间的组合，用地经济。

在有特殊功能要求的前提下也可采用其他形状。对于一些单层大空间，如观众厅、杂技场及体育馆等房间，它们的形状则首先应满足这类建筑的特殊功能及视听要求，如图 9-5 所示为这些房间的平面形状举例。

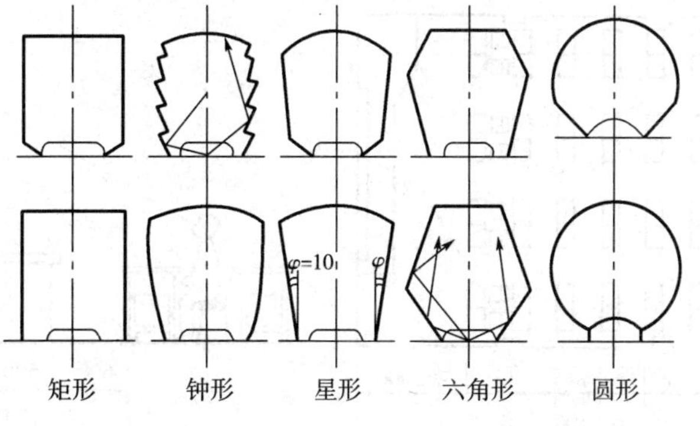

图 9-5　单层大空间房间的平面形状

房间形状的确定，不仅仅取决于功能、结构和施工条件，也要考虑房间的空间艺术效果，使其形状有一定的变化，具有独特的风格，在空间组合中，还往往将圆形、多边形及不规则形状的房间与矩形房间组合在一起，形成强烈的对比，丰富建筑造型。

[想一想]

你所在的学校里教室平面形式有哪几种？采用的原因是什么？

(三)房间平面尺寸

房间尺寸是指房间的面宽和进深，而面宽常常是由一个或多个开间组成。一般从以下几方面进行综合考虑。

1. 满足家具设备布置及人们活动的要求

如卧室的平面尺寸应考虑床的大小、家具的相互关系，提高床位布置的灵活性。卧室之间不应穿越，卧室应用直接采光、自然通风。图 9-6 为卧室平面布置示例。

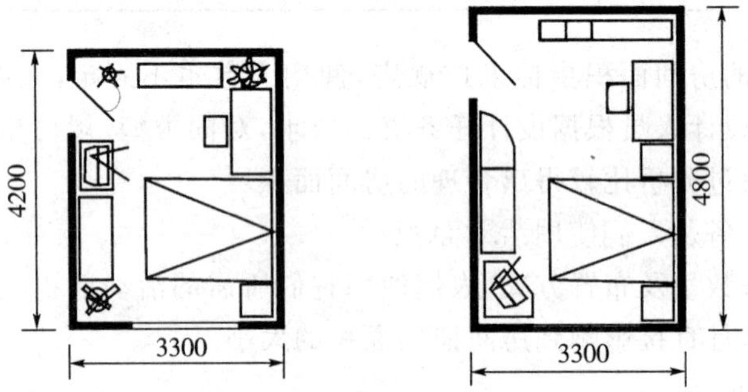

图 9-6 卧室平面布置示例

2. 满足视听要求

有的房间如教室、会堂、观众厅等的平面尺寸除满足家具设备布置及人们活动要求外，还应保证有良好的视听条件。

以教室为例，从视听的功能考虑，平面尺寸应满足以下要求：第一排座位距黑板的距离≥2.00m；后排距黑板的距离不宜大于 8.50m；为避免学生过于斜视，水平视角应≥30°。教室的视线要求与平面尺寸关系如图 9-7 所示。

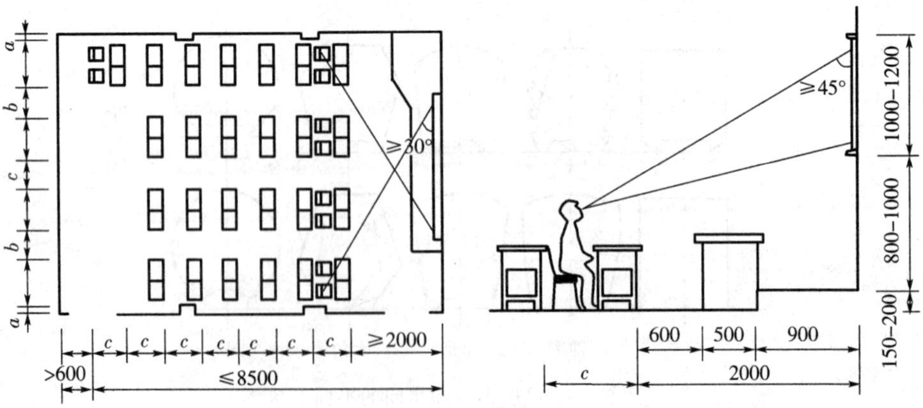

图 9-7 教室的视线要求与平面尺寸关系

3. 良好的天然采光

一般房间多采用单侧或双侧采光，因此，房间的深度常受到采光的限制。一般单侧采光时进深不大于窗上口至地面距离的2倍，双侧采光时进深可较单侧采光时增大一倍。采光方式与进深的关系如图9-8所示。

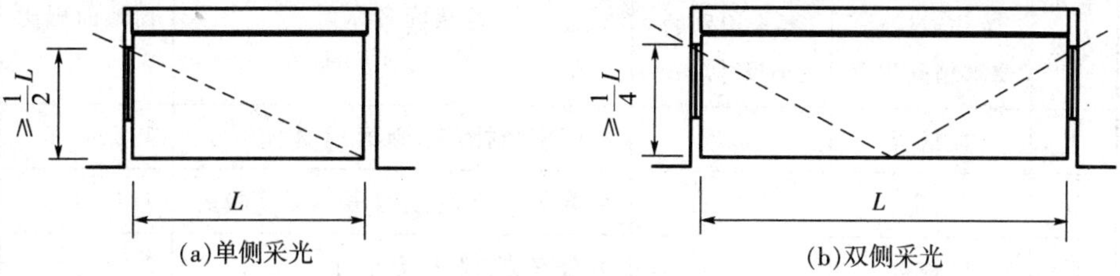

图9-8　采光方式与进深的关系

4. 经济合理的结构布置

因为结构的跨度有它经济合理的范围，如钢筋混凝土楼板的跨度在4m以内，梁的跨度在6～8m左右比较经济，如果没有特殊要求，房间的开间和进深尺寸应控制在梁板结构的经济跨度以内。

5. 符合建筑模数协调统一标准

一般民用建筑常采用墙体承重的梁板式结构和框架结构体系，房间的开间、进深尺寸应尽量符合建筑模数的要求，减少结构构件的规格和类型，以方便施工。

(四)房间的门窗设置

1. 门的宽度及数量

房间中门的最小宽度，是由人、家具和设备的尺度以及通过人流股数决定的。一般单股人流通行最小宽度取550mm，一个人侧身通行需要300mm宽。因此，门的最小宽度一般为700mm。卧室的门应考虑一人携带物品通行，卧室常取900mm，厨房可取800mm。住宅入户门考虑家具尺寸增大的趋势，常取1000mm，普通教室、办公室等的门应考虑一人正在通行，另一人侧身通行，常采用1000mm。当房间面积较大，活动人数较多时，应该相应增加门的宽度或门的数量。为了开启方便和少占使用面积，通常采用双扇门(1200～1800mm)或四扇门(2400～3600mm)。

根据防火规范的要求，当房间使用人数超过50人，且面积超过60m^{2}时，应该分别在房间两端设置两个门。对于一些大型公共建筑如影剧院的观众厅、体育场的比赛大厅等，门的数量和总宽度应按每100人600mm宽计算，并结合人流通行方便分别设双扇外开门于通道处，且每扇门宽度不应小于1400mm。

2. 窗的面积

窗口面积大小主要根据房间的使用要求、房间面积及当地日照情况等因素来考虑。根据不同房间的使用要求，建筑采光标准分为五级，每级规定相应的窗地面积比，即房间窗口总面积与地面积的比值，见表9-2所示为民用建筑采光等级表。

表 9-2 民用建筑采光等级表

采光等级	视觉工作特征		房间名称	窗地面积比
	工作或活动要求精确程度	要求识别的最小尺寸(mm)		
Ⅰ	极精密	0.2	绘图室、制图室、画廊、手术室	1/3～1/5
Ⅱ	精密	0.2～1	阅览室、医务室、健身房、专业实验室	1/4～1/6
Ⅲ	中精密	1～10	办公室、会议室、营业厅	1/6～1/8
Ⅳ	粗糙	>10	观众厅、居室、盥洗室、厕所	1/8～1/10
Ⅴ	极粗糙	不作规定	贮藏廊、走廊、楼梯间	

3. 门窗位置

(1)门窗位置应尽量使墙面完整，便于家具设备布置和充分利用室内的有效面积。

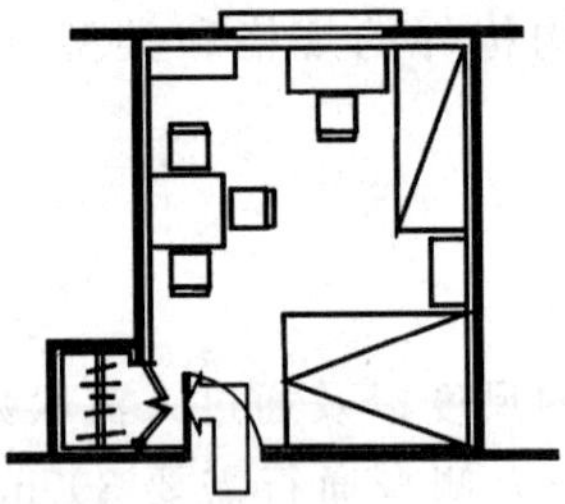

(a)合理　　(b)不合理

图 9-9　门位置对家居布置的影响

(2)门窗位置应有利于采光、通风。房间的自然通风由门窗来组织，门窗在房间中的位置决定了气流的走向，影响到室内通风的范围。因此，门窗位置应尽量使气流通过活动区，加大通风范围，并应尽量使室内形成穿堂风，见图 9-10。

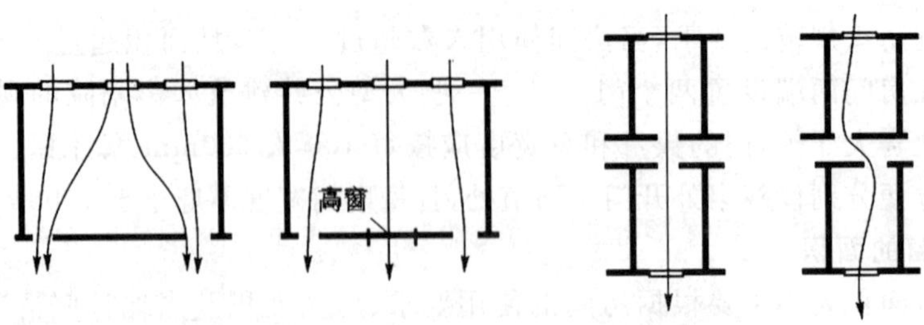

图 9-10　房间中门窗的位置对通风的影响

(3)门的位置应方便交通，利于疏散。

(4)门的开启方向不影响交通，便于安全疏散，防止紧靠在一起的门扇相互碰撞，如图 9-11 为紧靠在一起的门的开启方向。

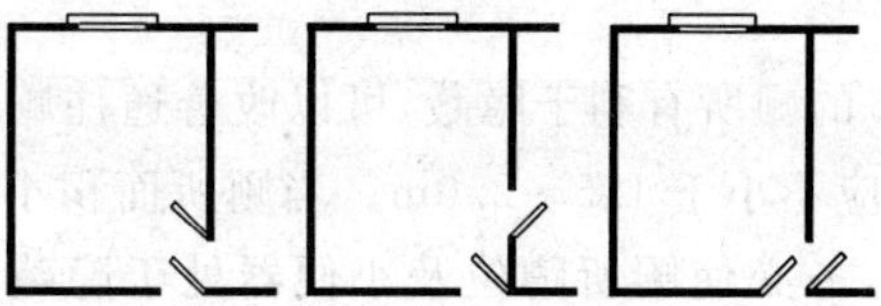

图 9－11　紧靠在一起的门的开启方向比较

三、辅助房间设计

辅助使用房间的设计原理、原则和方法与主要使用房间基本相同。

(一)厕所

1. 厕所设备及数量

厕所卫生设备有大便器、小便器、洗手盆和污水池等。卫生设备的数量及小便槽的长度主要取决于使用人数、使用对象及使用特点。一般民用建筑每一个卫生器具可供使用的人数见表 9－3 所示部分民用建筑厕所设备数量参考指标。具体设计中可以此表为依据,并结合调查研究最后确定其数量。

表 9－3　部分民用建筑厕所设备数量参考指标

建筑类型	男小便器/人/个	男大便器/人/个	女大便器/人/个	洗手盆或龙头/人/个	男女比例	备　注
旅馆	20	20	12			男女比例按设计要求
宿舍	20	20	15	15		男女比例按实际使用情况
中小学	40	40	25	100	1∶1	小学数量应稍多
火车站	80	80	50	150	2∶1	
办公楼	50	50	30	50～80	3∶1～5∶1	
影剧院	35	75	50	140	2∶1～3∶1	
门诊部	50	100	50	150	1∶1	总人数按全日门诊人次计算
幼托		5～10	5～10	2～5	1∶1	

[注]　一个小便器折合 0.6m 长小便槽。

2. 厕所设计的一般要求

(1)厕所在建筑物中常处于人流交通线上并与走道及楼梯间相联系,应设前室,以前室作为公共交通空间和厕所的缓冲地,并使厕所隐蔽一些。

(2)大量人群使用的厕所,应有良好的天然采光与通风。少数人使用的厕所允许间接采光,但必须有抽风设施。

(3)厕所位置应有利于节省管道,减少立管并靠近室外给排水管道。同层平面中男、女厕所最好并排布置,避免管道分散。多层建筑中应尽可能把厕所布置在上下相对应的位置。

3. 厕所布置

应设前室，带前室的厕所有利于隐蔽，可以改善通往厕所的走道和过厅的卫生条件。前室的深度应不小于 1.5～2.0m。当厕所面积小，不可能布置前室时，应注意门的开启方向，务必使厕所蹲位及小便器处于隐蔽位置。厕所布置形式如图 9－12 所示。

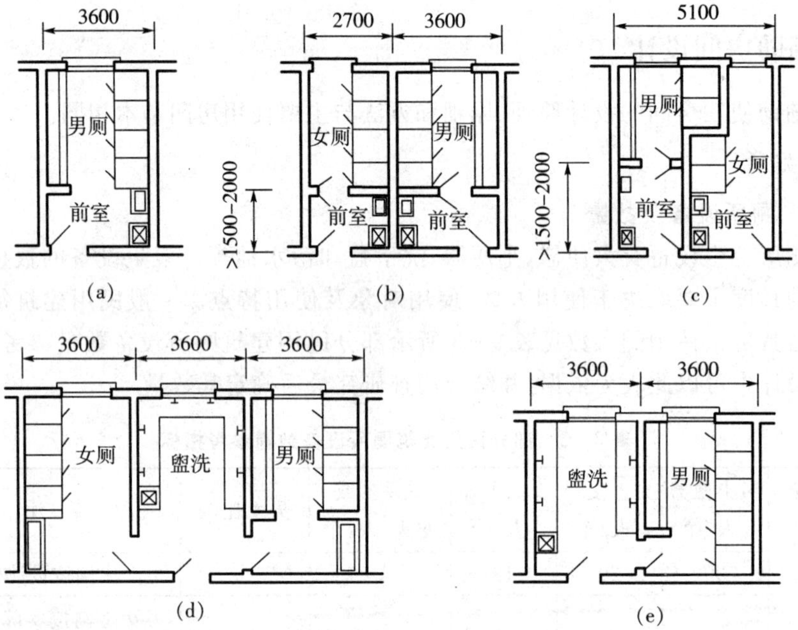

图 9－12　厕所布置形式

(二)浴室、盥洗室

浴室和盥洗室的主要设备有洗脸盆、污水池、淋浴器及浴盆等。除此以外，公共浴室还设有更衣室，其中主要设备有挂衣钩、衣柜、更衣凳等。设计时可根据使用人数确定卫生器具的数量，同时结合设备尺寸及人体活动所需的空间尺寸进行布置。

浴室、盥洗室常与厕所布置在一起，称为卫生间，按使用对象不同，卫生间又可分为专用卫生间及公共卫生间。专用卫生间布置如图 9－13(a)所示，公共卫生间布置实例如图 9－13(b)所示。

[想一想]

教学楼的公共卫生间是什么形式？画出示意图。

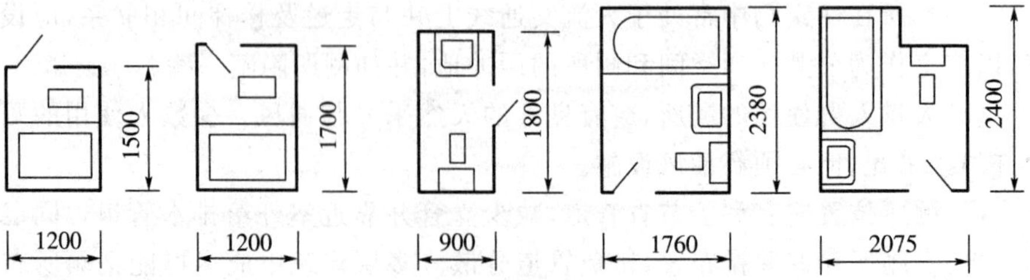

(a)专用卫生间

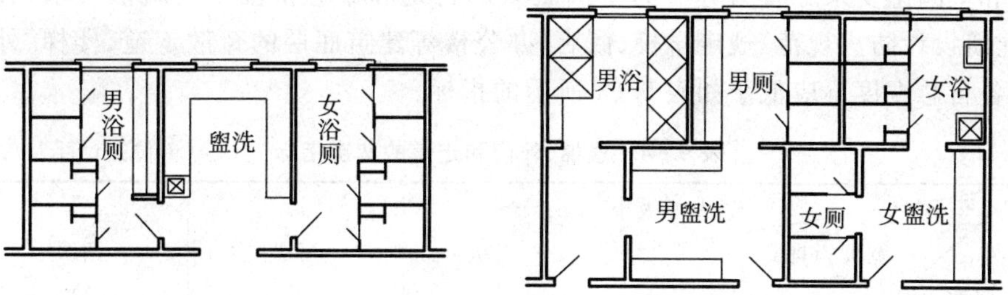

(b)公共卫生间

图 9-13　卫生间布置图

(三)厨房

厨房设计应满足以下几方面的要求：

1. 厨房应有良好的采光和通风条件。

2. 尽量利用厨房的有效空间，布置足够的贮藏设施，如壁柜、吊柜等。为方便存取，吊柜底距地高度不应超过 1.7m。除此以外，还可充分利用案台、灶台下部的空间贮藏物品。

3. 厨房的墙面、地面应考虑防水、便于清洁等，其地面应比一般房间地面低 20～30mm。

4. 厨房室内布置应符合操作流程，并保证必要的操作空间。厨房的布置形式有单排、双排、L 形、U 形、半岛形和岛形几种。如图 9-14 所示。

[算一算]

采用双排布置形式的厨房，其最小房间尺寸应为多少?

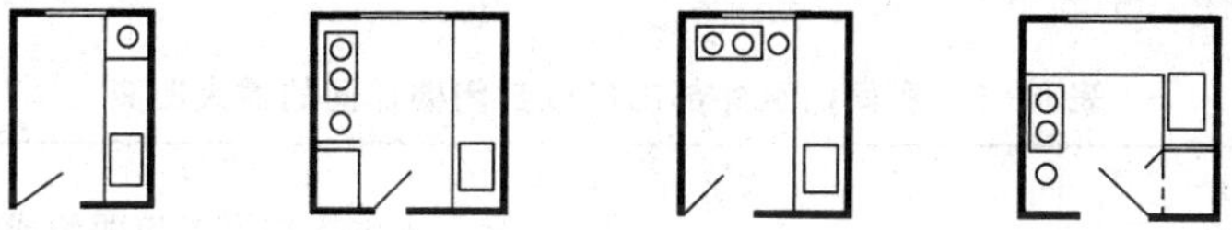

(a)单排　(b)双排　(c)L 形　(d)U 形

图 9-14　厨房平面布置类型

四、交通联系部分的设计

交通联系部分包括水平交通空间(走道)，垂直交通空间(楼梯、电梯、自动扶梯及坡道)，交通枢纽空间(门厅、过厅)等。

(一)走道

1. 走道的类型

走道又称为过道、走廊，有内廊和外廊之分。按走道的使用性质不同，可以分为以下三种情况。

(1)完全为交通需要而设置的走道；

(2)主要作为交通联系同时也兼有其他功能的走道；

(3)多种功能综合使用的走道，如展览馆的走道应满足边走边看的要求。

2. 走道的宽度和长度

走道的宽度和长度主要根据人流和家具通行、安全疏散、防火规范、走道性质和空间感受来综合考虑。为了满足人的行走和紧急情况下的疏散要求，我国《建筑设计防火规范》规定学校、商店、办公楼等建筑底层的疏散走道、楼梯、外门的各自总宽度不应低于如表 9－4 所示的指标。

表 9－4 楼梯、外门和走道的宽度指标 （单位：m/百人）

层数 \ 宽度指标 \ 耐火等级	一、二级	三级	四级
一、二层	0.65	0.75	1.00
三层	0.75	1.00	
≥四层	1.00	1.25	

综上所述，一般民用建筑常用走道的宽度如下：

教学楼　内廊 2.10～3.00m、外廊 1.8～2.1m。

门诊部　内廊 2.40～3.00m、外廊 3.00m（兼候诊）。

办公楼　内廊 2.10～2.40m、外廊 1.50～1.80m。

旅　馆　内廊 1.50～2.10m、外廊 1.50～1.80m。

作为局部联系或住宅内部走道的宽度不应小于 0.90m。

走道的长度应根据建筑物的性质、耐火等级及防火规范来确定。按照《建筑设计防火规范》的要求，最远房间出入口到楼梯间安全出入口的距离必须控制在一定的范围内，见表 9－5。

表 9－5 房间门至外部出口或封闭楼梯间的最大距离 （单位：m）

名　称	位于两个外部出口或楼梯之间的房间			位于袋形走道两侧或尽端的房间		
	耐火等级			耐火等级		
	一、二级	三级	四级	一、二级	三级	四级
托儿所	25	20		20	15	
医院、疗养院	35	30		20	15	
学校	35	30	25	22	20	
其他民用建筑	40	35	25	22	20	15

［注］ 敞开式外廊可增加5m。

3.走道的采光和通风

走道的采光和通风主要依靠天然采光和自然通风。内走道一般是通过直接和间接采光，如过道、走道尽头开窗，利用楼梯间、门厅或走道两侧房间设高窗来解决等。

（二）楼梯

1. 楼梯的形式

楼梯的形式主要有单跑梯、双跑梯（平行双跑、直双跑、L形、双分式、双合式、剪刀式）、三跑梯、弧形梯和螺旋楼梯等形式。

2. 楼梯的宽度和数量

楼梯的宽度和数量主要根据使用性质、使用人数和防火规范来确定。一般供单人通行的楼梯宽度应不小于850mm，双人通行楼梯宽度为1100～1200mm。一般民用建筑楼梯的最小净宽度应满足两股人流疏散的要求，但住宅内部楼梯可减小到850～900mm。

楼梯的数量应根据使用人数及防火规范要求来确定，必须满足关于走道内房间门至楼梯间的最大距离的限制，见表9-5。在通常情况下，每一幢公共建筑均应设两个楼梯。对于使用人数少或除幼儿园、托儿所、医院以外的二、三层建筑，当其符合表9-6所示的条件时，也可以只设一个疏散楼梯。

（三）门厅

门厅作为交通枢纽，其主要作用是接纳、分配人流，室内外空间过渡及各方面交通（过道、楼梯等）的衔接。同时，根据建筑物使用性质的不同，门厅还兼有其他功能，如医院门厅常设挂号、收费、取药的房间，旅馆门厅兼有休息、会客、接待、登记和小卖部等功能。除此以外，门厅作为建筑物的主要出入口，其不同空间处理可体现出不同的意境和形象。因此，民用建筑中门厅是建筑设计重点处理的部分。

1. 门厅的大小

门厅的大小应根据各类建筑的使用性质、规模及质量标准等因素来确定，设计时可参考有关面积定额指标。部分民用建筑门厅面积参考指标见表9-6所示。

表9-6 部分民用建筑门厅面积参考指标

建筑名称	面积定额	备 注
中小学校	0.06～0.08m^2/每个学生	
食堂	0.08～0.18m^2/每座	包括洗手、小卖部
城市综合医院	11m^2/每日百人次	包括衣帽和询问
旅馆	0.2～0.5m^2/床	
电影院	0.13m^2/每个观众	

2. 门厅的布局

门厅的布局可分为对称式与非对称式两种，如图9-15所示，门厅设计时应注意：

（1）门厅应处于总平面中明显而突出的位置。

（2）门厅内部设计要有明确的导向性，同时交通流线组织简明醒目，减少相互干扰。

(3)重视门厅内的空间组合和建筑造型要求。

[做一做]
观看教学楼的走道、楼梯、门厅各采用的都是什么形式,试着画出它们各自的简图。

(4)门厅对外出口的宽度按防火规范的要求不得小于通向该门厅的走道、楼梯宽度的总和。

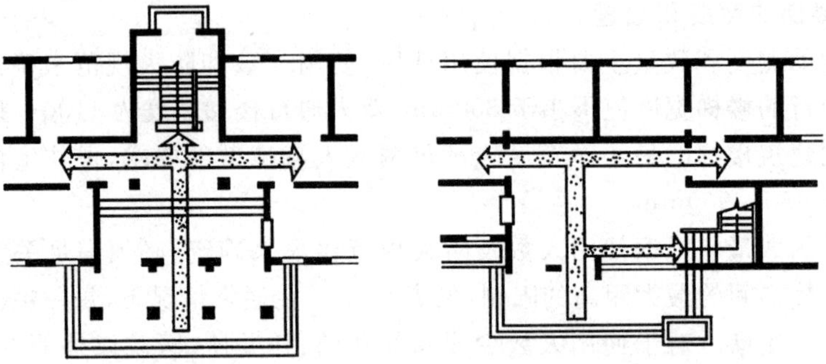

(a)对称式　　(b)不对称式

图 9-15　门厅的布局方式

五、建筑平面组合设计

(一)平面组合设计的任务

建筑平面组合设计就是将建筑平面中的使用部分、交通联系部分有机地联系起来,使之成为一个使用方便、结构合理、体型简洁、构图完整、造价经济及与环境协调的建筑物。具体如下:

(1)根据建筑功能和业主要求,合理安排平面中各组成部分的位置。

(2)组织好建筑物内部和内外之间方便、安全的交通联系,保证各交通空间通行方便,简捷明确。

(3)要考虑结构选型、施工和所用材料的可行性、经济性和建筑安全性。

(4)为建筑立面和体型设计创造有利条件,打下良好基础。

(5)与环境有机结合,注意节约用地。

(二)平面组合设计要求

1. 功能合理、紧凑

不同类型的建筑,其性质、使用功能要求也不同,在平面组合时,要根据性质、规模、环境的不同特点,进行功能分析,使之分区明确,联系方便,满足功能合理的基本要求。在分析功能关系时,常借助于功能分析图来形象地表示各类建筑物的功能关系及联系顺序,如图 9-16 所示。设计时,常按照功能分析图把性质相似,联系紧密,形状、大小接近的空间组合在一起,形成不同的功能分区,并按照水平方向及垂直方向进行组合,使其成为一幢满足使用要求的功能合理的建筑物。

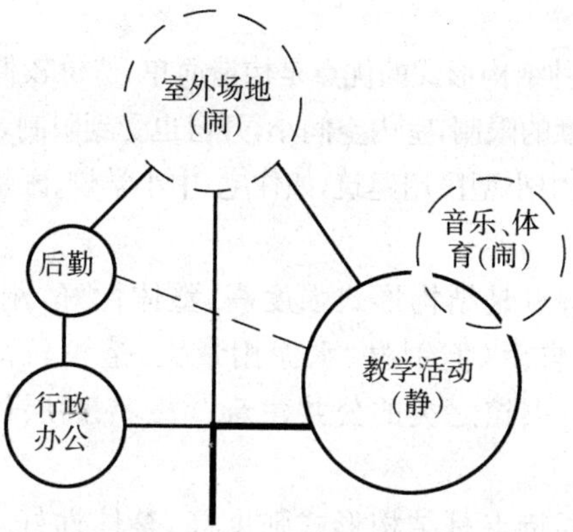

图 9-16　教学楼功能分析图

具体设计时,应根据建筑物不同的功能特征,从以下 4 个方面进行分析:

(1)主次关系

组成建筑物的各房间,按使用性质及重要性,必然存在着主次之分。在平面组合时应分清主次、合理安排。平面组合中,一般是将主要使用的房间布置在朝向较好的位置,靠近主要出入口,并有良好的采光通风条件,次要房间可布置在条件较差的位置。

(2)内外关系

各类建筑物的组成房间中,有的对外联系密切,直接为公众服务,有的对内关系密切,供内部使用。一般是将对外联系密切的房间布置在交通枢纽附近,位置明显便于直接对外,而将对内性强的房间布置在较隐蔽的位置。用于饮食的建筑物,餐厅是对外的,人流量大,应布置在交通方便、位置明显处,而对内性强的厨房等部分则布置在后部,次要入口面向内院较隐蔽的地方。

(3)联系与分隔

在分析功能关系时,常根据房间的使用性质如“闹”与“静”、“清”与“污”等方面进行功能分区,使其既分隔而互不干扰,且又有适当的联系。如教学楼中的多功能厅、普通教室和音乐教室,它们之间联系密切,但为防止声音干扰,必须适当隔开。教室与办公室之间要求方便联系,但为了避免学生影响教师的工作,也需适当隔开。

(4)使用顺序与交通组织

有些建筑,不同性质的房间和各部分在多数情况下,他们的使用过程有一定的先后顺序,流线型较强。如交通类建筑火车站、汽车站等,旅客进站的流线为:旅客—问讯—售票—候车—检票—站台—上车。这类建筑的平面组织应根据流线分析,按照流线,使流线简捷、通畅,不迂回逆行,尽量避免相互交叉。

2. 结构经济合理

建筑结构构成建筑空间、创造建筑环境、形成建筑形象的重要手段,结构的合理性同时也关系到建筑的经济型,因此在建筑的设计中,结构是影响建筑平面形式的重要因素。目前民用建筑常用的结构类型有:混合结构、框架结构、剪力墙结构、框剪结构和空间结构。

[做一做]

1. 画出实验楼的功能分析图。

2. 对食堂的平面流线进行分析。

(1)混合结构

多为砖混结构。这种结构形式的优点是构造简单、造价较低,其缺点是房间尺寸受钢筋混凝土梁板经济跨度的限制,室内空间小,开窗也受到限制,仅适用于房间开间和进深尺寸较小、层数不多的中小型民用建筑,如住宅、中小学校、医院及办公楼等。

[做一做]
列表比较常用的结构类型,分析它们的优缺点。

(2)框架结构

框架结构的主要特点是结构形式强度高,整体性好,刚度大,抗震性好,平面布局灵活性大,开窗较自由,但钢材、水泥用量大,造价较高。适用于开间、进深较大的商店、教学楼、图书馆之类的公共建筑以及多、高层住宅、旅馆等。

(3)剪力墙结构

剪力墙结构的主要特点是结构形式强度高,整体性好,刚度大,抗震性好,其缺点是房间尺寸受钢筋混凝土梁板经济跨度的限制,室内空间小,开窗也受到限制,适用于房间开间和进深尺寸较小、层数较多的中小型民用建筑。

(4)框剪结构

框剪结构的主要特点是结合了框架结构和剪力墙结构的优点。

(5)空间结构

这类结构用材经济,受力合理,并为解决大跨度的公共建筑提供了有利条件。如薄壳、悬索和网架等结构。

3. 设备管线布置简洁、集中

民用建筑中的设备管线主要包括给水排水,空气调节以及电气照明等所需的设备管线,它们都占有一定的空间。在满足使用要求的同时,应尽量将设备管线集中布置、上下对齐,方便使用,有利施工和节约管线,如图 9-17 所示为旅馆卫生间管线集中布置的举例。

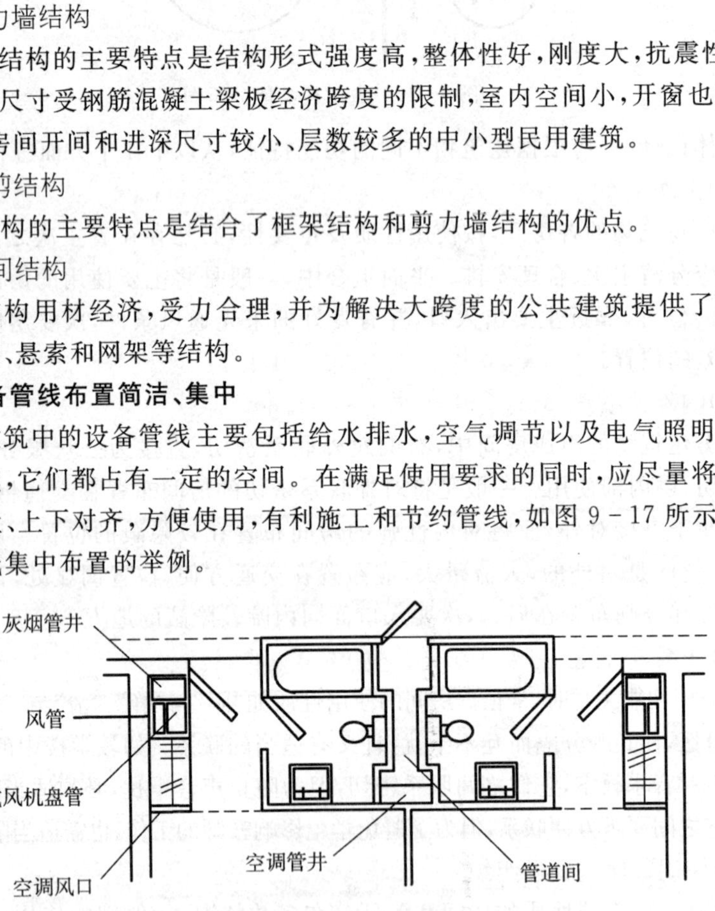

图 9-17 旅馆卫生间管线布置

4. 体型简洁、构图完整

建筑造型影响到建筑的平面组合。当然,造型本身是离不开功能要求的,它一般是内部空间的直接反映。但是,简洁、完美的造型要求以及不同建筑物的外部性格特征又会反过来影响到建筑的平面布局及平面形状。

(三)平面组合形式

平面组合就是根据使用功能特点及交通路线的组织,将不同房间组合起来,常见的平面组合形式如下:

1. **走道式组合**

走道式组合的特点是使用房间与交通联系部分明确分开，各房间沿走道一侧或两侧并列布置，房间门直接开向走道，通过走道相互联系；这种形式可以保证使用房间的安静和不受干扰，结构简单，施工方便。因此如学校、宿舍、医院和旅馆等建筑一般都适合采用这种组合形式。

通常走道式组合又可分为内走道与外走道两种组合(图 9-18)。

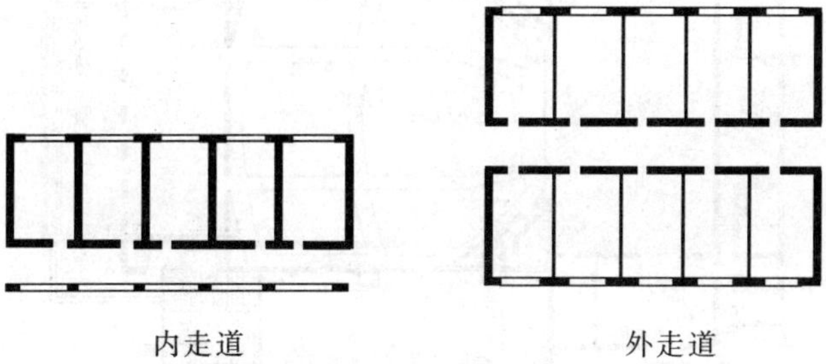

图 9-18　走道平面形式组合

(1)外走道

这种形式可保证主要房间有好的朝向和良好的采光通风条件，但这种布局造成走道过长，交通面积大。

(2)内走道

组合各房间沿走道两侧布置，平面紧凑，外墙长度较短，对寒冷地区建筑热工有利。但这种布局难免出现一部分使用房间朝向较差，且走道采光通风较差，房间之间相互干扰较大。

2. **套间式组合**

套间式组合是空间互相传套、直接连通的一种空间组合形式。它将使用空间与交通空间组合在一起形成整体，其平面布置紧凑，面积利用率高，房间之间联系方便，但各房间使用不灵活，相互干扰大。适用于住宅、展览馆、火车站、航空站等建筑，如图 9-19。

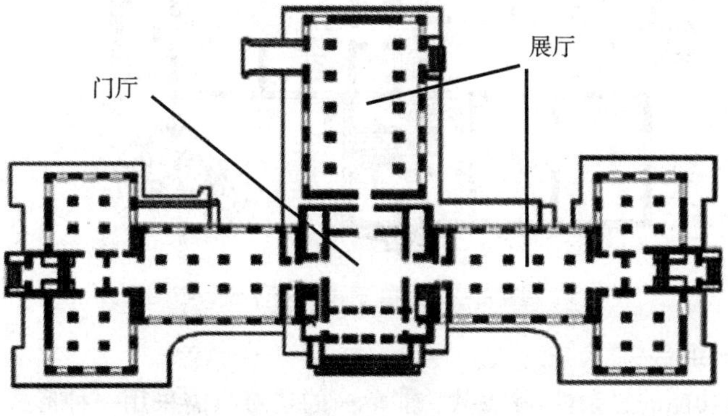

图 9-19　套间式组合平面

3. 大厅式组合

大厅式组合是以公共活动的大厅为主体，其他辅助房间环绕布置四周。这种组合的特点是主体房间体量巨大，人流集中，大空间使用功能具有一定的特点（如满足视听要求）等，适用于影剧院、体育馆等建筑类型，如图 9-20。

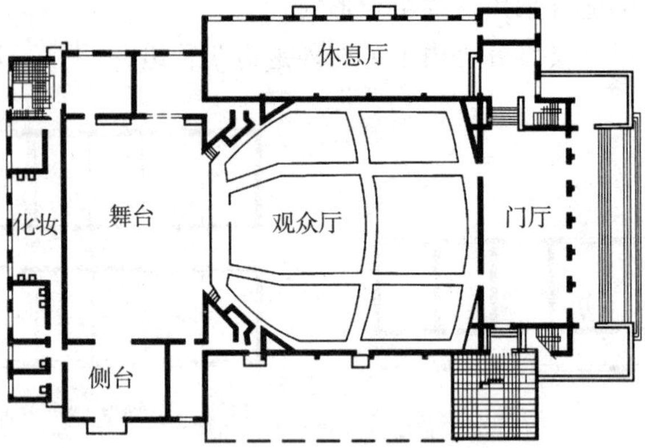

图 9-20　大厅式组合平面

4. 单元式组合

单元式组合是将关系密切的房间组合在一起成为一个相对独立的单元，并用水平交通或垂直交通联系各个单元的组合形式。它最大的特点是：功能分区明确，平面布置紧凑，布局灵活，能适应不同的地形，满足朝向要求，形成多种不同组合形式，因此，广泛用于如住宅、学校、幼托、医院等类型的建筑，如图 9-21。

图 9-21　单元式组合平面

5. 混合式组合

由于建筑功能的复杂性，除少数功能单一的建筑只需采用一种形式外，大多数建筑都是以一种组合形式为主，采用两种以上的混合式平面组合形式，如图 9-22。

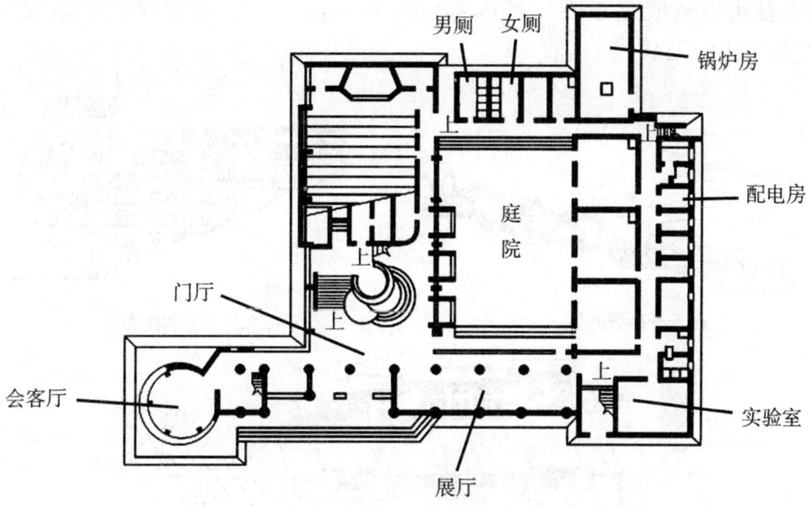

图 9－22　混合式平面

[试一试]

对照图 9－22，试着找出这个建筑平面中有几种平面组合形式。

（四）建筑平面组合与总平面的关系

1. 基地的大小、形状和道路布置

基地的大小和形状直接影响到建筑的平面布局、外轮廓形状和尺寸。基地内的道路布置及人流方向是确定出入口和门厅平面位置的主要因素。因此在平面组合设计中，应密切结合基地的大小、形状和道路布置等外在条件，使建筑平面布置的形式、外轮廓形状和尺寸以及出入口的位置等符合城市总体规划的要求。

如图 9－23 为某大学附中教学楼的总平面图，该教学楼位于学校的主轴线上，建筑布局较好地控制了校园空间的划分与联系。

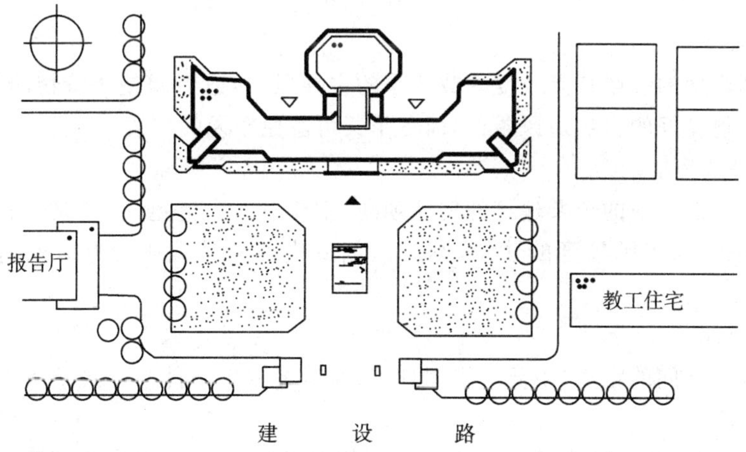

图 9－23　教学楼总平面

2. 基地的地形条件

基地地形若为坡地时，则应将建筑平面组合与地面高差结合起来，以减少土

方量，而且可以造成富于变化的内部空间和外部形式。坡地建筑的布置方式有以下几种(图 9 - 24)。

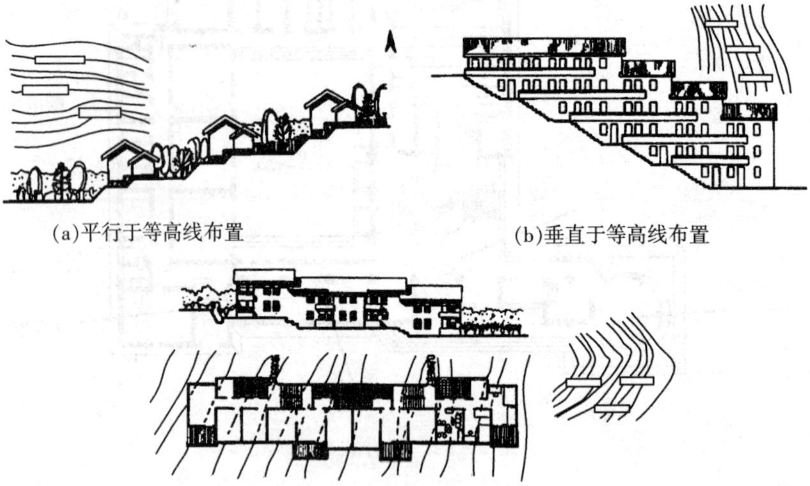

(a)平行于等高线布置　　(b)垂直于等高线布置

(c)斜交于等高线布置

图 9 - 24　坡地建筑平面布置方式

(1)地面坡度在 25%以上时，建筑物适宜平行于等高线布置。

(2)地面坡度在 25%以下时，建筑物应结合朝向要求布置。

3. 建筑物的朝向和间距

(1)朝向

① 日照

我国大部分地区处于夏季热、冬季冷的状况。为保证室内冬暖夏凉的效果，建筑物的朝向应为南向，南偏东或偏西少许角度(15°)。在严寒地区，由于冬季时间长、夏季不太热，应争取日照，建筑朝向以东、南、西为宜。

② 风

根据当地的气候特点及夏季或冬季的主导风向，适当调整建筑物的朝向，使夏季可获得良好的自然通风条件，而冬季又可避免寒风的侵袭。

③ 基地环境

对于人流集中的公共建筑的房屋朝向，主要考虑人流走向，道路位置和邻近建筑的关系，对于风景区的建筑，则应以创造优美的景观作为考虑朝向的主要因素。

(2)间距

建筑物之间的距离，主要应根据日照、通风等卫生条件与建筑防火安全要求来确定。

除此以外，还应综合考虑防止声音和视线干扰，绿化、道路及室外工程所需要的间距以及地形利用、建筑空间处理等问题。建筑物的日照间距如图 9 - 25 所示。

日照间距的计算公式：

$$L=\frac{H}{\tan\alpha}$$

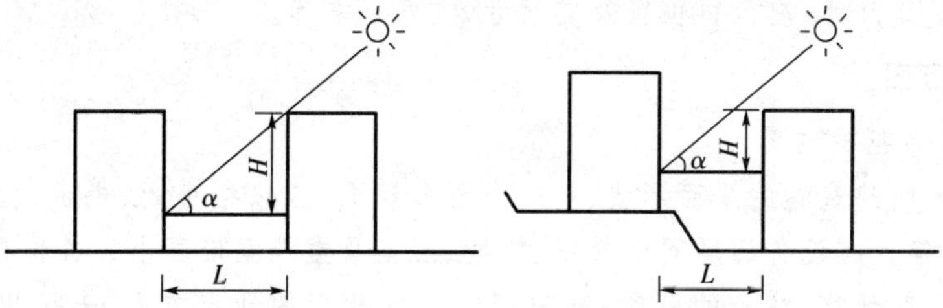

图 9-25　建筑物的日照间距

式中，L——房屋水平间距；

H——南向前排房屋檐口至后排房屋底层窗台的垂直高度；

α——当房屋正南向时冬至日正午的太阳高度角。

我国大部分地区日照间距约为(1.0～1.7)H_0。愈往南日照间距愈小，愈往北则日照间距愈大，这是因为太阳高度角在南方要大于北方的原因。

对于大多数的民用建筑，日照是确定房屋间距的主要依据，因为在一般情况下，只要满足了日照间距，其他要求也就能满足。但有的建筑由于所处的周围环境不同，以及使用功能要求不同，房屋间距也不同，如教学楼为了保证教室的采光和防止声音、视线的干扰，间距要求应大于或等于 2.5H，而最小间距不小于 12m。又如医院建筑，考虑卫生要求，间距应大于 2.0H，对于 1～2 层病房，间距不小于 25m；3～4 层病房，间距不小于 30m；对于传染病房与非传染病房的间距，应不小于 40m。为节省用地，实际设计采用的建筑物间距可能会略小于理论计算的日照间距。

【实践训练】

课目一：建筑平面图应表达的内容

(一)总平面图

1. 应包括的内容

(1)新建建筑物的平面形状、建筑物的层数(组合体型时应按部位标注层地坪的绝对标高值及主要出入口的位置)等。

(2)原有建筑物、构筑物、拟建建筑物和拆除建筑物的轮廓。

(3)新建道路与原有道路、拟建道路、绿地、花池和水池等。

(4)纵向坡度、绝对标高值和方向标志等。

2. 应标注的内容

(1)新建建筑物的外包尺寸及与基地原有建筑、道路和场地等的关系尺寸。

(2)基地尺寸(以 m 为单位，精确至小数点后 2 位)。

(3)室外整坪的标高(以 m 为单位,精确至小数点后 2 位)。

(4)首层地坪的绝对标高值。

(5)道路尺寸,出入口位置及其尺寸,方向标志等。

(二)平面图

1. 应包括的内容

(1)表明建筑物的平面形状、房间布置和朝向,应包括房间、走道、楼梯、厕所和卫生间等。有设备的房间如教室、厕所、浴室及盥洗室应画出设备位置。

(2)表明墙体、柱子的做法,画出门窗位置及门的开启方向,表示出台阶、坡道、雨水管、暖气管沟、检查井和采光井等投影。

(3)表示剖面图的剖切位置与剖视方向,外墙剖面图的剖切位置也可以在平面图中绘出。

(4)表明室内地坪标高,首层还应表示室外地坪标高,首层平面图应绘有方向标志。

(5)表示出外专业对土建专业的要求,如配电箱、消火栓和预留洞口等位置。

(6)应绘有轴线、轴线编号、尺寸线。

(7)各种投影可见部分只表示一次。如首层表示台阶、散水、花台和管沟等表示雨罩、阳台等;顶层平面应表示出屋顶出入孔(虚线)的位置。

2. 平面图应标注的内容

(1)建筑物的各部分尺寸,纵、横方向均应标注 3 道尺寸,即门窗洞口、墙垛与轴线的关系尺寸、轴线间尺寸及总外包尺寸。

(2)内门的尺寸及其定位尺寸(洞口与临近墙体轴线的关系)。

(3)每道墙均应有墙厚尺寸,其注法是与轴线的相关尺寸,柱子应有断面尺寸及与轴线的关系尺寸。

(4)注出轴线编号,横向墙体用阿拉伯数字顺序编写,纵向墙体用汉语拼音字母正楷书写(其中 I、O、Z 除外)。

(5)注出房间名称或以编号形式注出(应在图外注出编号含义)。

(6)标高以"m"为单位,精确至小数点后 3 位,尺寸以"m"为单位。图中不必注出"m"、"mm"等字样。

(7)标注门、窗代号,可以选用标准图号,也可以自行编号。采用后者时,表中注明出处。

(8)墙体外侧构造做法(散水、台阶、雨罩、挑檐、窗台等)的尺寸。

(9)剖面图的剖切位置及编号,可用甲—甲、A—A、I—I 等方式注写。

(10)其他必须注出的问题,如材料图例,详图索引等。

课目二:建筑平面设计与表达

(一)内容

学生宿舍楼平面方案设计

在上一节我们编制了学校学生宿舍建筑设计任务书，请你按照任务书要求设计出学生宿舍楼平面和房间（单间宿舍）平面布置图，并画出相应施工图。

（二）要求

1. 平面比例 1∶100，房间布置图比例 1∶50；

2. 平面的总尺寸、柱网尺寸或开间、进深尺寸；

3. 功能分区和主要房间的名称（少数房间，如卫生间、厨房等可以用室内布置代替房间名称）；

4. 要反映出入口及水平和垂直交通的关系。

5. 要反映结构受力体系中承重墙、柱网、剪力墙等位置关系；

6. 图纸表达应满足建筑施工图绘制要求。

第三节　建筑剖面设计

建筑剖面设计是建筑设计的基本组成内容之一，它与平面设计是从两个不同方面来反映建筑物内部空间的关系。平面设计着重解决内部空间在水平方向上的问题，而剖面设计是根据建筑物的用途、规模、环境条件及人们的使用要求，解决建筑物在高度方向的布置问题。内容包括：确定建筑物的层数和房间的剖面形式，决定建筑各部分在高度方向的尺寸，进行建筑空间组合，处理室内空间并加以利用等。

一、房间的剖面形状

房间的剖面形状分为矩形和非矩形两类，大多数民用建筑均采用矩形，这是因为矩形剖面简单、规整、便于竖向空间的组合，容易获得简洁而完整的体型，同时结构简单，施工方便。非矩形剖面常用于有特殊要求的房间。房间的剖面形状主要是根据使用要求和特点来确定的，同时也要结合具体的物质技术、经济条件及特定的艺术构思考虑，使之既满足使用又能达到一定的艺术效果。

（一）使用要求

1. 视线要求

对有视听要求的房屋，为了保证良好的视觉条件，即视线无遮挡，需要将座位逐排升高，使室内地面形成一定的坡度。地面的升起坡度主要与设计视点的位置及视线升高值有关，另外，第一排座位的位置、排距等对地面的升起坡度也有影响。

设计视点是指按设计要求所能看到的极限位置，以此作为视线设计的主要依据。不同功能的建筑，设计视点的选择不一致。如电影院定在银幕底边的中点；体育馆定在篮球场边线或边线上空 300～500mm 处，等等。设计视点选择是否合理，是衡量视觉质量好坏的重要标准，直接影响到地面升起的坡度和经济性。图 9－26 表示剧院和体育馆设计视点与地面坡度的关系。

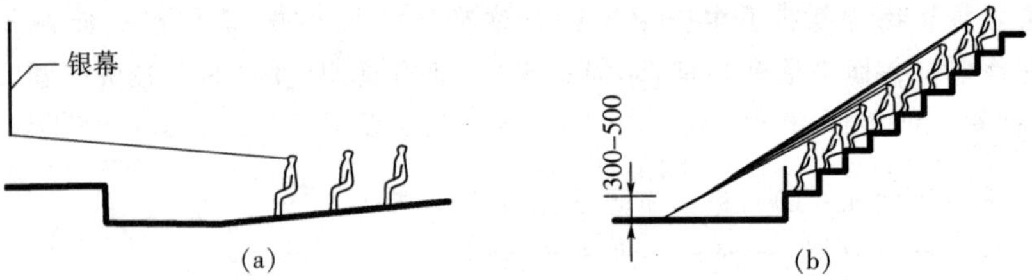

图 9－26　设计视点与地面坡度的关系

视线升高值 C 的确定与人眼到头顶的高度和视觉标准有关，当错位排列（即后排人的视线擦过前面隔一排人的头顶而过）时，C 值取 60mm；当对位排列（即后排人的视线擦过前排人的头顶而过）时，C 值取 120mm。以上两种座位排列法均可保证视线无遮挡的要求，如图 9－27 所示为阶梯教室的地面升高剖面图。在一般情况下，当地面坡度大于 1：6 时，应做成台阶形。

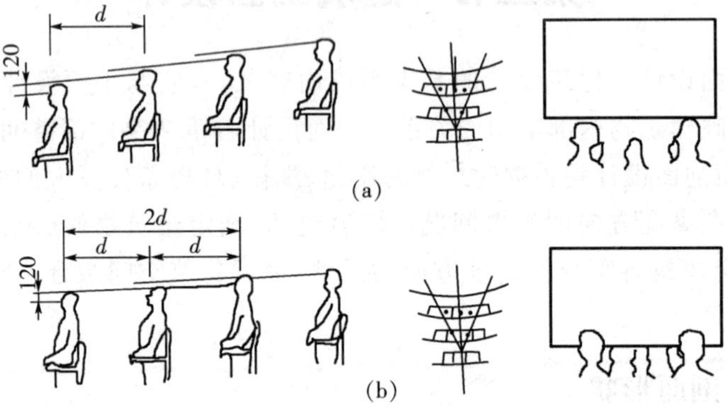

图 9－27　视觉标准与地面升起的关系

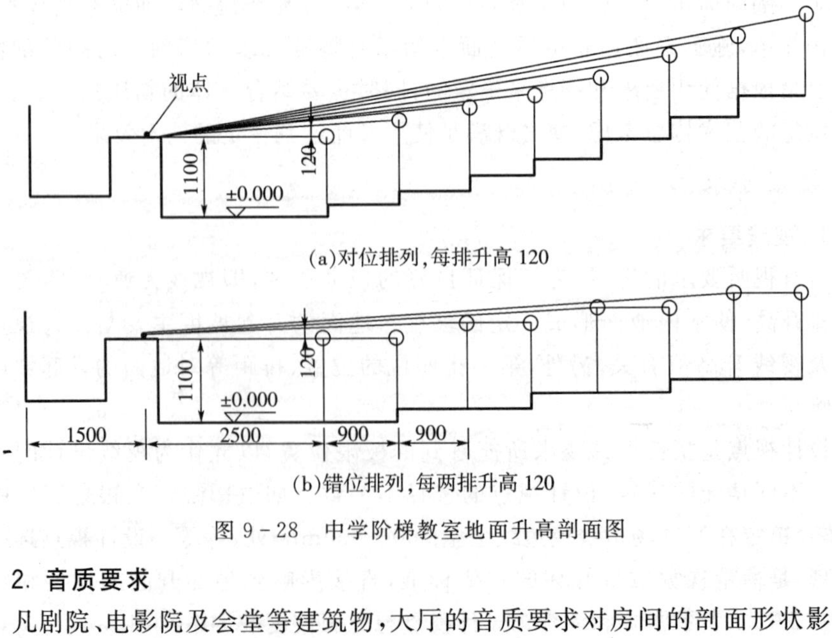

图 9－28　中学阶梯教室地面升高剖面图

2. 音质要求

凡剧院、电影院及会堂等建筑物，大厅的音质要求对房间的剖面形状影响很大。为保证室内声场分布均匀，防止出现空白区、回声和聚焦等现象，在剖面设计中要注意对顶棚、墙面和地面的处理。为有效地利用声能，加强各处的直达声，必须使大厅地面逐渐升高，除此以外，顶棚的高度和形状是保证听得清楚、声音真实的一个重要因素。它的形状应使大厅各座位都能获得均匀的反射声，同时能加强声压不足的部位。一般说来，凹面易产生聚焦，声场分布不均匀，凸面是声扩散面，不会产生聚焦，声场分布均匀。为此，大厅顶棚应尽量避免采用凹曲面或拱顶。

图 9-29 所示为观众厅的几种剖面形状示意图。

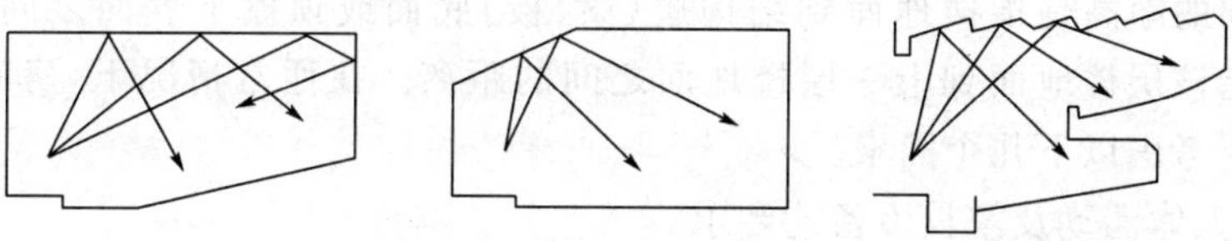

(a)平顶棚　(b)降低舞台门顶棚　(c)波浪形顶棚

图 9-29　观众厅的几种剖面形状示意图

(二)结构、材料和施工的影响

不同的结构类型对房间的剖面形状起着一定的影响，大跨度建筑的房间剖面由于结构形式的不同而形成独特的内部空间特征。但由于矩形的剖面形状规整、简单、有利于采用梁板式结构布置，同时施工也较简单，因此在能够满足使用要求的前提下，宜优先考虑采用矩形剖面。

(三)室内采光、通风的要求

[想一想]

校园里有哪几种不同形式的剖面建筑？它们各自的结构是什么？

1. 采光要求

室内光线的强弱和照度是否均匀，除了和平面中窗户的宽度及位置有关外，还和窗户的高低有关。房间里光线的照射深度，主要靠侧窗的高度来解决。进深越大，要求侧窗上沿的位置越高，即相应房间的净高也要高一些。当房间进深大，侧窗不能满足上述要求时，常设置各种形式的天窗，从而形成了各种不同的剖面形状。

有的房间虽然进深不大，但具有特殊要求，如展览馆中的陈列室，为使室内照度均匀、稳定、柔和并减轻和消除眩光的影响，避免直射阳光损害陈列品，常设置各种不同形式的采光窗。

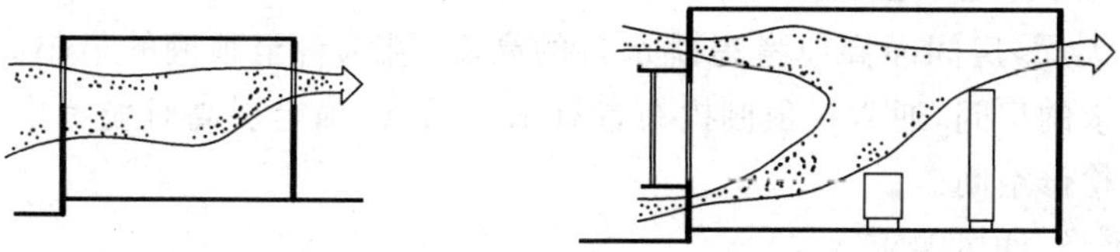

(a)教室　(b)营业厅

图 9-30　通风对建筑剖面的影响

2. 通风要求

温湿和炎热地区的民用房屋，经常利用空气的气压差，对室内组织穿堂风。

如在内墙上开设高窗，或在门上设置亮子，使气流通过内外墙的窗户，组织室内通风。一些商店，也常在营业厅外墙橱窗上下的墙面部分，加设通风铁栅和玻璃百页的进出风口以组织室内通风，从而改善营业厅内的通风和采光条件。而对于厨房一类房间，由于在操作过程中常散发出大量蒸汽、油烟等，可在顶部设置排气窗以加速排除有害气体。

二、房屋各部分高度的确定

1. 房间的净高和层高

房间的净高是指楼地面到结构层（梁、板）底面或顶棚下表面之间的距离。层高是指该层楼地面到上一层楼地面之间的距离。在通常情况下，房间高度的确定主要考虑以下几个因素。

(1)人体活动及家具设备的要求

在一般情况下，室内最小净高应使人举手不接触顶棚为宜。为此，房间净高应不低于 2.20m。

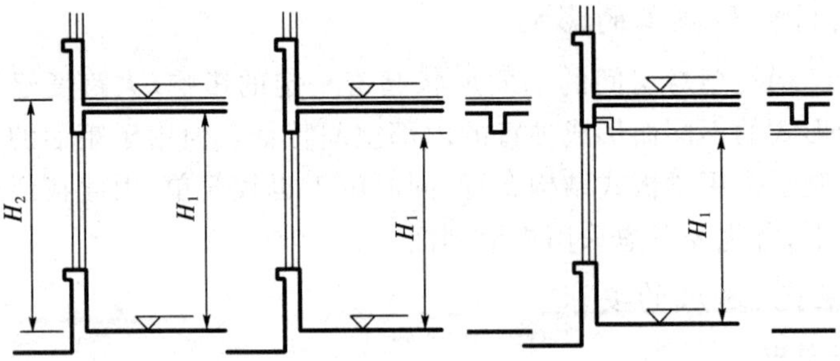

H_1—净高　H_2—层高

图 9-31　层高与净高

不同类型的房间，对房间的净高要求也不相同。卧室使用人数少、面积不大，常取 2.7～3.0m，但不应小于 2.4m；教室使用人数多，面积相应增大，一般取 3.3～3.6m；公共建筑的门厅是联系各部分的交通枢纽，也是人们活动的集散地，人流较多，高度可较其他房间适当提高。

房间的家具设备以及人们使用家具设备的必要空间，也直接影响到房间的净高和层高。如学生宿舍通常设有双层床，则层高不宜小于 3.3m；医院手术室净高应考虑手术台、无影灯以及手术操作所必要的空间，净高不应小于 3.0m；游泳馆比赛大厅，房间净高应考虑跳水台的高度、跳水台至顶棚的最小高度；对于有空调要求的房间，通常在顶棚内布置有水平风管，确定层高时应考虑风管尺寸及必要的检修空间。

(2)采光、通风要求

房间的高度应有利于天然采光和自然通风。房间里光线的照射深度，主要靠窗户的高度来解决，进深越大，要求窗户上沿的位置越高，即相应房间的净高也要高一些。当房间采用单侧采光时，通常窗户上沿离地的高度，应大于房间进深长度的一半。当房间允许两侧开窗时，房间的净高不小于总深度的 1/4。

房间的通风要求，室内进出风口在剖面上的高低位置，也对房间净高有一定影响。潮湿和炎热地区的民用房屋，经常利用空气的气压差来组织室内穿堂风，如在内墙上开设高窗，或在门上设置亮子等改善室内的通风条件，在这些情况下，房间净高就相应要高一些。

除此以外，容纳人数较多的公共建筑，尚应考虑房间正常的气容量，以保证必要的卫生条件。

(3)结构高度及其布置方式的影响

在房间的剖面设计中，梁、板等结构构件的厚度，墙、柱等构件的稳定性，以及空间结构的形状、高度对剖面设计都有一定影响。

例如预制梁板的搭接，由于梁底下凸较多，楼板层结构厚度较大，相应房间的使用空间降低，如改用花篮梁的梁板搭接方式，楼板结构层的厚度减小，在层高不变的情况下，提高了房间的使用空间。

空间结构的高度和剖面形状是多种多样的，可以结合实际用途和要求确定高度。

(4)建筑经济效果

层高是影响建筑造价的一个重要因素。实践表明，普通砖混结构的建筑物，层高每降低 100mm 可节省投资 1%。因此，在满足使用要求和卫生要求的前提下，适当降低层高可相应减小房屋的间距，节约用地，减轻房屋自重，改善结构受力情况，节约材料。

(5)室内空间比例

一般地说，面积大的房间高度要高一些，面积小的房间则可适当降低高度。同时，不同的比例尺度给人以不同的心理效果，高而窄的比例易使人产生兴奋、激昂、向上的情绪，且具有严肃感。但过高就会觉得不亲切甚至可产生恐惧感；宽而矮的空间使人感觉宁静、开阔、亲切，但过低又会使人产生压抑、沉闷的感觉。如图 9－32 所示为不同空间比例给人以不同感受的示例。

图 9－32　不同空间比例给人不同的感受

2. 窗台高度

窗台高度与使用要求、人体尺度、家具尺寸及通风要求有关。大多数的民用建筑，窗台高度主要考虑方便人们工作、学习，保证书桌上有充足的光线。一般常取窗台高度为 900～1000mm，这样窗台距桌面高度控制在 100～200mm 之间，保证了桌面上充足的光线，并使桌上纸张不致被风吹出窗外。

对于有特殊要求的房间，如设有高侧窗的陈列室，为消除和减少眩光，应避免陈列品靠近窗台布置。实践中总结出窗台到陈列品的距离要使保护角大于14°。为此，一般将窗下口提高到离地2.5m以上，厕所、浴室窗台可提高到1.8m左右。托儿所、幼儿园窗台高度应考虑儿童的身高及较小的家具设备，医院儿童病房为方便护士照顾病儿，窗台高度均应较一般民用建筑低一些，如图9－33所示为部分民用建筑窗台的高度。

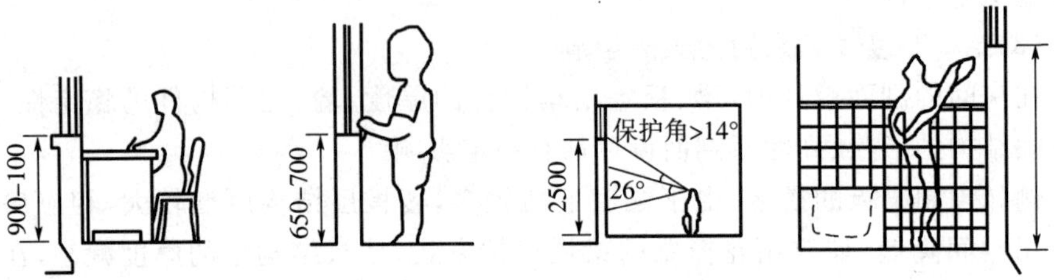

(a)一般民用建筑　(b)儿童用房　(c)展览建筑　(d)卫生间

图9－33　部分民用建筑窗台的高度

公共建筑的房间如餐厅、休息厅、娱乐活动场所，以及疗养建筑和旅游建筑，为使室内阳光充足和便于观赏室外景色，丰富室内空间，常将窗台做得很低，甚至采用落地窗。

3. 室内外地面高差

一般民用建筑，为防止室外雨水流入室内，并防止墙身受潮，常把室内地坪适当提高。根据地基的承载能力和建筑物自重的情况，房屋建成后也总会有一定的沉降量，这也是考虑室内外地坪高差的因素。有的公共建筑，如纪念性建筑或一些大型会场等，从建筑物的造型要求考虑，常提高底层地坪的标高，以增高房屋外的台基和增多室外的踏步，从而使建筑物显得更加宏伟庄重。建筑设计常取底层室内地坪相对标高为±0.000，低于底层地坪为负值，高于底层地坪为正值，逐层累计。

三、房屋的层数

影响房屋层数的因素有以下几个方面：

1. 使用要求

住宅、办公楼和旅馆等建筑，可采用多层和高层。

对于托儿所、幼儿园等建筑，考虑到儿童的生理特点和安全，同时为便于室内与室外活动场所的联系，其层数不宜超过3层。医院门诊部为方便病人就诊，层数也以不超过3层为宜。

影剧院、体育馆等一类公共建筑都具有面积和高度较大的房间，人流集中，为迅速而安全地进行疏散，宜建成低层。

2. 建筑结构、材料和施工要求

建筑结构类型和材料是决定房屋层数的基本因素。如一般混合结构的建筑是以墙或柱承重的梁板结构体系，一般为1～6层。常用于一般大量性民用建筑，如住宅、宿舍、中小学教学楼、中小型办公楼、医院和食堂等。

多层和高层建筑，可采用梁柱承重的框架结构、剪力墙结构或框架剪力墙结构等结构体系。

空间结构体系，如薄壳、网架、悬索等则适用于低层大跨度建筑，如影剧院、体育馆、仓库及食堂等。

3. 地震烈度

地震烈度不同，对房屋的层数和高度要求也不同。砌体房屋总高度和层数限值见表 9－7；钢筋混凝土房屋最大适用高度见表 9－8。

表 9－7　砌体房屋总高度和层数限值　　（单位：m）

砌体类型	最小墙厚	地震烈度							
		6		7		8		9	
		高度	层数	高度	层数	高度	层数	高度	层数
粘土砖	0.24	24	8	21	7	18	6	12	4
混凝土小砌块	0.19	21	7	18	6	15	5	不宜采用	
混凝土中砌块	0.20	18	6	15	9		3		
粉煤灰中砌块	0.24	18	6	15	5	9	3		

表 9－8　钢筋混凝土房屋最大适用高度　　（单位：m）

结构类型	地震烈度			
	6	7	8	9
框架结构	60	55	45	25
框架－抗震墙结构	130	120	100	50

4. 建筑基地环境与城市规划要求

房屋的层数与所在地段的大小、高低起伏变化有关。不能脱离一定的环境条件，特别是位于城市街道两侧、广场周围及风景园林区等，必须重视建筑与环境的关系，做到与周围建筑物、道路、绿化等协调一致。同时要符合当地城市规划部门对整个城市面貌的统一要求。

四、建筑剖面的组合方式与利用

1. 建筑剖面的组合

建筑剖面的组合，就是根据内部使用要求，结合基地环境等条件将各种不同形状、大小、高低的空间组合起来，使之成为使用方便、结构合理、体型简洁完美的整体。如图 9－34 所示，即为大小、高低不同的空间组合形式。

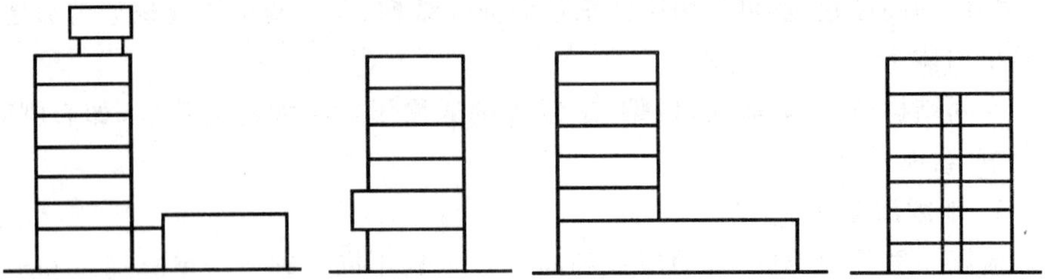

图 9-34　大小、高低不同的空间组合

当建筑物内部出现高低差，或由于地形的变化使房屋几部分空间的楼地面出现高低错落时，可采用错层的方式使空间取得和谐统一。具体处理方式如下：

(1)以踏步或楼梯联系各层楼地面以解决错层高差，如图 9-35 所示。

(2)以室外台阶解决错层高差。

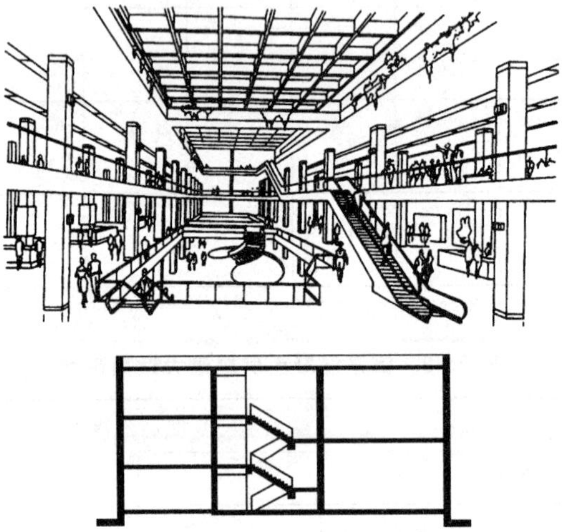

图 9-35　以楼梯解决错层高差

2. 建筑空间的利用

(1)夹层空间的利用

在公共建筑中的营业厅、体育馆、影剧院、候机楼等，由于功能要求其主体空间与辅助空间的面积和层高不一致，因此常采取在大空间周围布置夹层的方式，以达到利用空间及丰富室内空间的效果。如图 9-36 所示为夹层空间利用的实例。

(2)房间上部空间的利用

房间上部空间主要是指除人们日常活动和家具布置以外的空间。如住宅中常利用房间上部空间设置搁板、吊柜作为贮藏之用等。

(3)结构空间的利用

在建筑物中墙体厚度的增加，墙体所占用的室内空间也相应增加，因此充分利用墙体(结构)空间可以起到节约空间的作用。通常多利用墙体空间设置壁柜、窗台柜，利用角柱布置书架及工作台。

(4)楼梯间及走道空间的利用

民用建筑走道主要用于人流通行，其面积和宽度都较小，高度也相应要求低些，可充分利用走道上部多余的空间布置设备管道及照明线路。在居住型的建筑中常利用走道上空布置贮藏空间。一般民用建筑楼梯间底层休息平台下至少有半层高，可作为布置贮藏室及作辅助用房和出入口之用。同时，楼梯间顶层有一层半的空间高度，也可以利用其部分空间布置一个小贮藏间。走道及楼梯间空间的利用示例如图 9-36 所示。

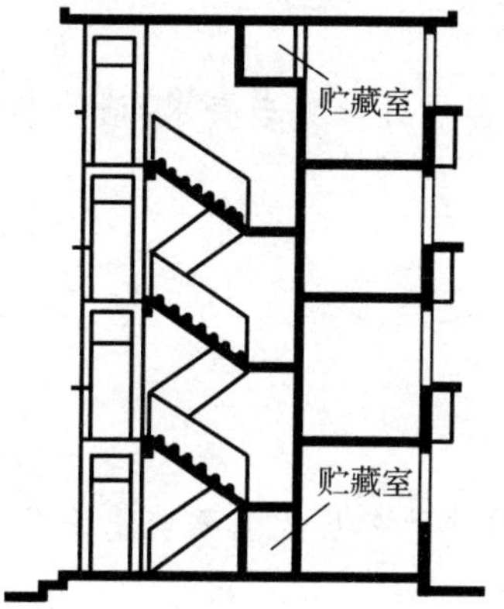

(a)楼梯间上下空间作贮藏室

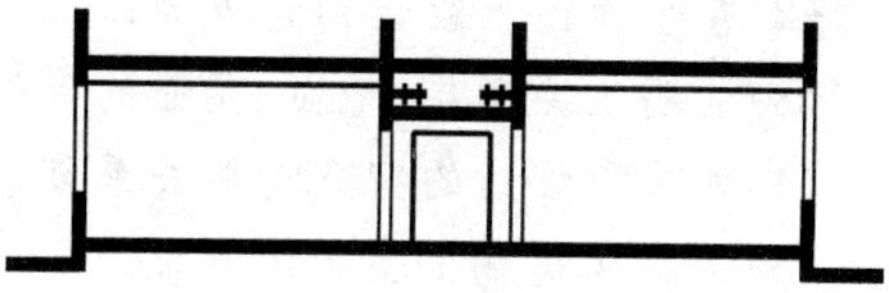
(b)老道上空作技术层

图 9-36　走道及楼梯间空间的利用

【实践训练】

课目一：建筑剖面图应表达的内容

(一)剖面图应包括的内容

(1)表明建筑物的层次及各层间关系(窗台、窗口和窗上部)。

(2)表明墙体、楼层、檐部、散水、台阶及楼梯等构造关系，特别注意过梁、承重梁、圈梁等不得遗漏。

(3)画出轴线并进行编号。

(4)选择好地面、楼面、顶棚、踢脚及代号。

(5)详图索引代号。

(二)剖面图应标注的内容

(1)垂直方向的尺寸，包括外部尺寸与内部尺寸两部分。外部尺寸为 3 道，即窗台、窗口、窗上部，室内外高差及细部尺寸(意义同墙段与洞口尺寸)；室内外高差及层间尺寸(意义同轴线间尺寸)；总外包尺寸(总高度，从室外地坪至檐部)；内部尺寸为门、窗等的尺寸。

(2)水平方向的尺寸，只标注轴线间尺寸，轴线圆内应编号。

(3)室内地坪、室外地坪、各层楼面和檐口顶部的标高。

(4)标注出各处做法的代号。

(5)注出必要的详图索引编号。

(6)其他必须注出的问题，如材料图例、详图索引等。

课目二：建筑剖面设计与表达

(一)内容

学生宿舍楼剖面设计

上一节同学们绘制出了学生宿舍的平面图，根据设计任务书要求，请绘制出相应的施工剖面图。比例要求1∶100。

(二)要求

(1)至少有一个剖面应剖到楼梯处；

(2)在平面图上绘出剖切方向；

(3)注明主要楼层、地面、屋面的标高关系；

(4)如果所设计的宿舍功能关系复杂，需注明层次及各层的主要功能关系；

(5)满足建筑施工图制图要求。

第四节　建筑体型及立面设计

建筑的外观形象包括体型和立面两个部分，它给人们留下很深的印象。体型设计主要是对建筑外形总的体量、形状、比例、尺度等方面的确定，并针对不同类型建筑采用相应的体型组合方式，体型组合对建筑形象的总体效果具有重要影响，而立面设计是对建筑体型的各个立面进行深入刻画和处理，使整个建筑形象趋于完善。

建筑体型和立面设计是整个建筑设计的重要组成部分。它是在内部空间及功能合理的基础上，在物质技术条件的制约下考虑到所处的地理位置及环境的协调，对外部形象从总的体型到各个立面以及细部，根据建筑艺术表现的要求和建筑形式美的构图规律，进行加工创造而成的。建筑外部体型和立面反映内部空间的特征，但也不等同于内部空间设计完成后的简单加工处理，应和建筑平、剖面设计同时进行，并贯穿整个设计的始终。

一、建筑体型和立面设计的原则

1. 反映建筑物功能要求和建筑个性特征

各类建筑由于使用功能的千差万别，室内空间全然不同，在很大程度上决定了建筑的不同外部体型及立面特征。例如住宅建筑，重复排列的阳台、尺度不大的窗户，形成了生活气息浓郁的居住建筑性格特征，如图9－37所示为某小区住宅楼示例。体育场建筑，外观上体现出内部的大空间以及看台结构。行政办公大楼建筑，具有庄重、雄伟的外观特征。

图 9－37 某小区住宅楼

2. **反映结构、材料与施工技术特点**

建筑不同于一般的艺术品，它必须运用大量的建筑材料，并通过一定的结构施工技术等手段才能建成。因此，建筑体型及立面设计必然在很大程度上受到物质技术条件的制约并反映出结构、材料和施工的特点，例如图 9－38 所示是北京亚运会游泳馆。

图 9－38 北京亚运会游泳馆

3. **适应基地环境和城市规划的要求**

建筑本身就是构成城市空间和环境的重要因素，它不可避免地要受到城市规划、基地环境的某些制约，所以建筑基地的地形、地质、气候、方位、朝向、形状、大小、道路、绿化以及与原有建筑群的关系等，都对建筑外部形象有极大影响。

例如美国建筑大师莱特设计的流水别墅，建于幽雅的山泉峡谷之中，建筑凌跃于奔泻而下的瀑布之上，与山石、流水、树林融为一体，如图 9－39 所示即为流水别墅实例。

图 9－39 流水别墅

4. 适应社会经济条件

中国作为发展中国家，由于环境和资源的限制，经济并不富裕，我国现阶段的建筑方针是：适用、经济、在可能条件下注意美观。因此，建筑设计应本着勤俭的精神，严格掌握质量标准，尽量节约资金。一般对于大量性建筑，标准可以低一些，而国家重点建造的某些大型公共建筑，标准则可高些。

二、建筑构图基本规律

建筑是艺术，其鉴赏过程是通过视觉画面来进行的。任何一幢建筑物从整体到立面均由不同部分、不同材料组成，各部分既有区别，又有联系。它们通过一定的规律组合成为一个整体。这些规律即为建筑构图法则，其中主要是统一与变化，均衡与稳定、韵律、对比、比例和尺度等。对建筑形式美的理解，首先表现在对建筑实体的感性认识上，结合构图基本法则，来体会建筑立面和形体的表象之中的美的规律。

(一)统一与变化

统一与变化是建筑构图的一条重要原则，它是一切形式美的基本规律，具有广泛的普遍性和概括性。

1. 以简单的几何形体求统一

圆柱体、圆锥体、长方体、正方体、球体等形体由于它们的形状简单、明确与肯定，很自然取得统一。古代杰出的建筑如我国的天坛，埃及的金字塔、印度的泰姬·玛哈尔陵等，均因采用上述简单、肯定的几何形状构图而达到了高度完整、统一的境地。

图 9-40 埃及金字塔

2. 主从分明，以陪衬求统一

复杂体型的建筑物根据功能的要求常包括有主要部分和从属部分，如果不加以区别对待，则建筑必然显得平淡、松散，缺乏统一性。在外形设计中，恰当地处理好主要与从属、重点与一般的关系，使建筑形成主从分明，以次衬主，就可以加强建筑的表现力，取得完整统一的效果，如图9－41示为以低衬高的示例。

图9－41　以低衬高

(二)均衡与稳定

一幢建筑物由于各体量的大小、高低、材料的质感、色彩的深浅、虚实变化不同，常表现出不同的轻重感。一般说来，体量大的、实体的、材料粗糙及色彩暗的，感觉上要重些；体量小的、通透的、材料光洁和色彩明快的，感觉上要轻一些。研究均衡与稳定，就是要使建筑形象显得安定、平稳。

1. 均衡

主要研究建筑物各部分前后左右的轻重关系，对于建筑构图来说主要有静态均衡和动态均衡两种基本形式。

(1)静态均衡

包括两种基本形式：对称和非对称。对称的建筑是绝对均衡的，如图9－42所示，以中轴线为中心并加以重点强调，两侧对称容易取得完整统一的效果，给人以端庄、雄伟、严肃的感觉，常用于纪念性建筑或者其他需要表现庄严、隆重的公共建筑，如印度泰姬·玛哈尔陵。不对称均衡，是将均衡中心(视觉上最突出的主要出入口)偏于建筑的一侧，利用不同体量、材质、色彩、虚实变化等的平衡达到不对称均衡的目的，它与对称形式的均衡相比较，不对称形式的均衡显然要轻巧活泼得多，如图9－43图所示美国古根海姆美术馆。

图9－42　印度泰姬·玛哈尔陵

图9－43　美国古根海姆美术馆

(2)动态均衡

除静态均衡外，有很多现象是依靠运动来求得平衡的，这种形式的均衡称之为动态均衡。如美国的肯尼迪国际机场TWA航站楼(见图9－44)似大鸟展翅的形体，表明了建筑形体的稳定感与动态感的高度统一，这也是一种从静中求动的建筑形式美。

图9－44　美国肯尼迪机场TWA航站楼

2. 稳定

如果说均衡所涉及的主要是建筑构图中各要素左与右、前与后之间相对轻重关系的处理，那么稳定所涉及的则是建筑物整体上下之间的轻重关系处理。一般来说上面小，下面大，由底部向上逐层缩小的手法可获得稳定感，如埃及的金字塔。

(三)韵律与对比

1. 韵律

韵律是物体的各要素重复或渐变所形成的一种状态，这种有规律的变化和有秩序的重复所形成的节奏，能产生以条理性、重复性、连续性为特征的韵律感，给人以美的感受。

(1)连续的韵律

连续的韵律是运用一种或几种建筑要素的连续、重复排列所产生的韵律感。各组成部分保持着恒定的距离和关系，可以无限地连绵延长。

(2)渐变的韵律

渐变的韵律是将某些要素，如体量的大小、高低、色彩的冷暖、浓淡，质感的粗细、轻重等进行有规律的增减。由于这种变化是取渐变的形式以造成统一而和谐的韵律感，故称为渐变的韵律。

(3)起伏的韵律

渐变的韵律如果按照一定的规律时增时减，或具有不规则的节奏感即为起伏的韵律。这种形式活泼而富有运动感(见图 9-45)。

图 9-45　起伏韵律
(悉尼歌剧院)

(4)交错的韵律

各要素按一定规律交织、穿插而形成交错的韵律。各要素间相互制约，一隐一显，表现出一种有组织的变化，这种手法在建筑构图中更加强调相互穿插的处理，形成一种丰富的韵律感。

另外，建筑物由于使用功能的要求和结构技术的影响也存在着很多重复的因素，如建筑形体、空间、构件，乃至门窗、阳台、凹廊、雨篷和色彩等，这就为建筑造型提供了很多有规律的依据，在建筑构图中，有意识地对自然界一切事物和现象加以模仿和运用，从而出现了以具有条理性、重复性和连续性为特征的韵律美。

2. 对比

建筑造型设计中的对比，具体表现在体量的大小、长短、高低、粗细的对比，形状的方圆、锐钝的对比，线条的曲直、横竖的对比，以及方向、虚实、色彩、质地和光影等方面的对比。在同一因素之间通过对比，相互衬托，就能产生出不同的形象效果。对比强烈，则变化大，感觉明显，建筑中很多重点突出的处理手法往往是采取强烈对比的结果；对比小，则变化小，易于取得相互呼应、和谐、协调统一的效果。因此，在建筑设计中恰当地运用对比的强弱是取得统一与变化的有效手段。体量形状的对比实例，如巴西首都巴西利亚的国会大厦，如图 9-46 所示，体型处理运用了竖向的两片板式办公楼与横向体量的政府宫的对比，上院和下院一正一反两个碗状的议会厅的对比，以及整个建筑体型的直与曲、高与低、虚与实的对比，给人留下强烈的印象。此外，这组建筑还充分运用了钢筋混凝土的雕塑感、玻璃窗洞的透明感以及大型坡道的流畅感，从而协调了整个建筑的统一气氛。

(四)比例与尺度

1. 比例

比例是指长、宽、高 3 个方向之间的大小关系。无论是整体或局部以及整体与局部之间，局部与局部之间都存在着比例关系。如整幢建筑与单个房间长、宽、高之比，门窗或整个立面的高宽比，立面中的门窗与墙面之比，门窗本身的高宽比等。良好的比例能给人以和谐、完美的感受；反之，比例失调就无法使人产生美感。

图 9-46　体量对比(巴西国会大厦)

一般来说，抽象的几何形状以及若干几何形状之间的组合，处理得当就可获得良好的比例而易于为人们所接受。在建筑的外观上，矩形最为常见，建筑物的轮廓、门窗和开间等都形成不同的矩形，如果这些矩形的对角线有某种平行或垂直、重合的关系，将有助于形成和谐的比例关系。以对角线相互重合、垂直及平行的方法，使窗与窗、窗与墙面之间保持相同的比例关系。

2. 尺度

尺度是研究建筑物整体和局部构件给人感觉上的大小与其真实大小之间的关系。抽象的几何形体显示不了尺度感，但一经尺度处理，人们就可以感觉出它的大小来。在建筑设计过程中，常常以人或与人体活动有关的一些不变因素如门、台阶和栏杆等作为比较标准通过与它们的对比而获得一定的尺度感。

在建筑设计中，尺度的处理通常有 3 种方法：

(1)自然的尺度

以人体大小来度量建筑物的实际大小，从而给人的印象与建筑物真实大小一致。常用于住宅、办公楼和学校等建筑。

(2)夸张的尺度

运用夸张的手法给人以超过真实大小的尺度感。常用于纪念性建筑或大型公共建筑，以表现庄严、雄伟的气氛。

(3)亲切的尺度

以较小的尺度获得小于真实的感觉，从而给人以亲切宜人的尺度感。常用来创造小巧、亲切、舒适的气氛，如庭院建筑等。如图 9－47 所示为苏州留园的实例。

图 9－47　苏州留园（亲切尺度）

三、建筑体型的组合与连接

（一）体型组合

不论建筑体型的简单与复杂，都是由一些基本的几何形体组合而成的，基本上可以归纳为单一体型和组合体型两大类。设计中不论采用哪种体型组合方式，都应遵循一个共同的原则：多样统一、主从分明、有机结合。使各要素之间紧密有秩序地连接在一起，从而形成一个统一和谐的整体。

1. 单一体型

单一体型是指整幢房屋基本上是一个比较完整的、简单的几何形体。这类体型的特点是平面和体型都较为完整单一，复杂的内部空间都组合在一个完整的体型中，平面形式多采用对称的正方形、三角形、圆形等单一的几何形状，如图 9－48 所示，单一体型的建筑没有明显的主从关系和组合关系，常给人以造型统一、简洁大方、轮廓鲜明和强烈的印象。

2. 单元组合体型

一般民用建筑如住宅、学校和医院等常采用单元组合体型。图 9－49 所示是单元组合体型建筑。它是将几个独立体量的单元按一定方式组合起来的。它具有以下特点：

图 9－48　单一体型（上海体育馆）

图 9－49　单元组合体型（某幼儿园）

（1）组合灵活。结合基地大小、形状、朝向、道路走向、地形起伏变化，建筑单元可随意增减，高低错落，既可形成简单的一字形体型，也可形成锯齿形、台阶式等体型。

（2）建筑物没有明显的均衡中心及体型的主从关系。这就要求单元本身具有良好的造型。由于单元的连续重复，形成了强烈的韵律感。

3. 复杂体型

这类体型应遵循构图法则进行组合处理，一般将建筑的主体部分作为整个建筑重点与核心来处理，其他部分从属于主体。突出重点，宾主分明，将组成整体的各要素之间巧妙地连接成一个有机的整体。一般有以下几种形式：

（1）对称式布局

有明显的中轴线，主体部分位于中轴线上，通过加大提高主体部分的体量来突出主体。主要用于需要庄重、肃穆感觉的建筑，例如政府机关、法院、博物馆、纪念堂等。如图 9－50 所示。

图 9－50　对称式布局(上海博物馆)

(2)不对称的布局

组成整体的各要素之间是按不对称均衡的原则展开的，它的重点总是偏于一侧。这种布局方式容易适应不同的基地地形，还可以适应多方位的视角。如图 9－51 所示。

(3)挖除法

对于一些新建筑，需要按层分段进行平面的调整，因此建筑在体型处理上采取在垂直方向通过切割、加减等方法来使建筑物获得类似“雕塑”的效果。常用于高层和超高层的建筑以及一些需要在地面以上利用室外空间或者需要采顶光的建筑。如图 9－52 所示。

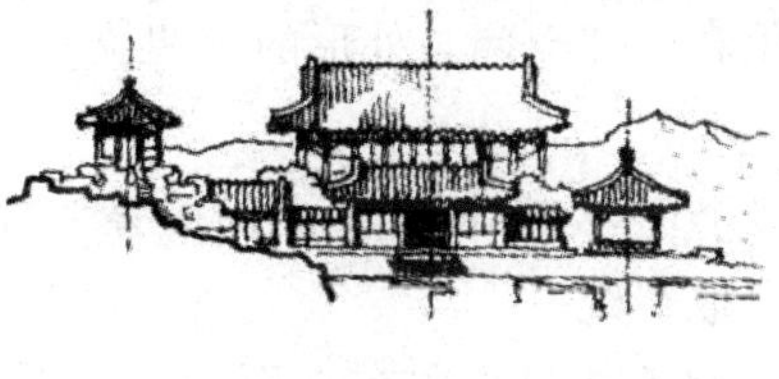

图 9－51　不对称布局(承德避暑山庄)

图 9－52　挖除法

(二)体量的连接

1. 直接连接

在体型组合中，将不同体量的面直接相连称为直接连接。这种方式具有体型分明、简洁、整体性强的优点，常用于功能要求各房间联系紧密的建筑。

2. 以走廊或连接体相连

这种方式的特点是各体量之间相对独立而又互相联系，走廊的开敞或封闭、单层或多层，常随不同功能、地区特点、创作意图而定，使建筑物给人以轻快、舒展的感觉。

3. 咬接

各体量之间相互穿插，体型较复杂，但组合紧凑，整体性强，较前者易于获得有机整体的效果，是组合设计中较为常用的一种方式。

常见的体量连接形式如图 9－53 所示。

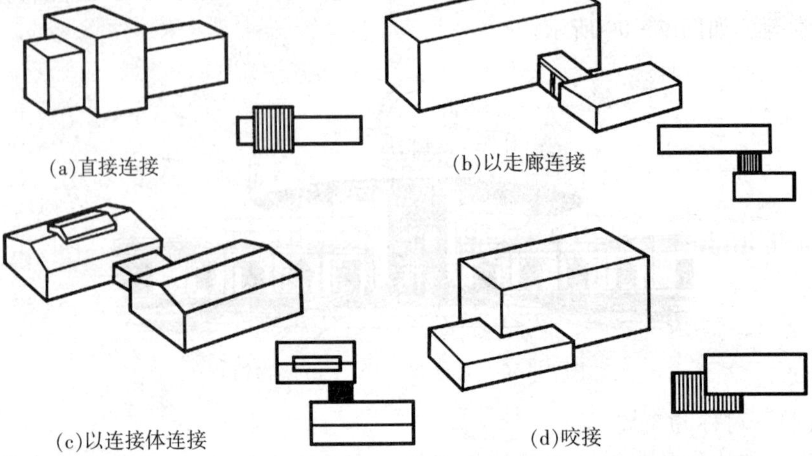
(a)直接连接　　(b)以走廊连接　　(c)以连接体连接　　(d)咬接

图 9-53　体量连接形式

四、立面设计

[想一想]

为什么要做立面设计?常采用哪些方法?

建筑立面是表示房屋四周的外部形象。立面设计和建筑体型组合一样，也是在满足房屋使用要求和技术经济条件的前提下，运用建筑构图的规律，紧密结合平面、剖面的内部空间组合下进行的。建筑立面是由许多部件组成的，这些部件包括门窗、墙柱、阳台、阳板、雨篷、檐口、勒脚和花饰等。立面设计就是恰当地确定这些部件的尺寸大小、比例关系以及材料色彩等。通过形的变换、面的虚实对比、线的方向变化等，求得外形的统一与变化和内部空间与外形的协调统一。

1. 立面设计的注意事项

(1)在推敲建筑立面时不能孤立地处理某个面，应保持建筑立面的整体性，必须注意几个面的相互协调和相邻面的衔接以取得统一。

(2)建筑造型是一种空间艺术，研究立面造型不能只局限在立面的尺寸大小和形状上，应考虑到建筑空间的透视效果。

2. 立面设计方法

(1)注重尺度和比例的协调性

建筑物能否正确地表现出其真实大小，很大程度上取决于立面处理。建筑的立面处理与建筑功能、材料性能和结构类型是分不开的，建筑立面常借助于门窗、细部等的尺度处理反映出建筑物的真实大小。

(2)掌握虚实的对比和变化

虚实与凹凸的处理对于建筑外观效果有极大的影响。建筑立面中“虚”的部分是指窗、门窗洞口、空廊、门廊及凹廊等，给人以轻巧、通透的感觉;“实”的部分主要是指墙、柱、屋面和栏板等，给人以厚重、封闭的感觉。以虚为主、虚多实少的处理手法能获得轻巧、开朗的效果;以实为主、实多虚少的处理手法能产生稳定、庄严、雄伟的效果。在建筑立面处理中，可以利用建筑的功能特点将虚的部分和实的部分相对集中、巧妙穿插，使建筑无整体上构成良好的虚实对比关系。

如图 9-54 所示。

同时由于功能和构造上的需要，建筑外立面常出现一些凹凸部分。凸的部分一般有阳台、雨篷、遮阳板、挑檐、凸柱和突出的楼梯间等，凹的部分有凹廊、门洞等。通过凹凸关系的处理可以加强光影变化，增强建筑物的体积感，丰富立面效果，住宅立面的凹凸虚实处理如图 9-55 所示。

图 9-54 建筑的虚实对比处理

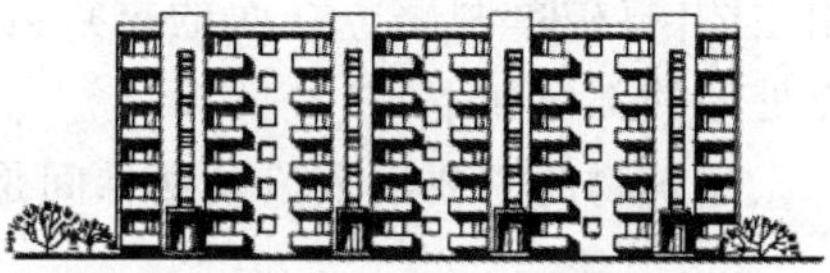

图 9-55 建筑立面的凹凸光影效果

(3)注意立面线条的组织

建筑立面客观上存在着各种线条，如立柱、墙垛、窗台、遮阳板、檐口、通长的栏板、窗间墙和分格线等。任何线条本身都具有一种特殊的表现力和多种造型的功能。垂直线条处理立面具有挺拔、高耸、向上的气氛；水平线条处理立面使人感到舒展与连续、宁静与亲切；斜线处理具有动态的感觉；粗线条表现厚重、有力；细线条具有精致、柔和的效果；直线表现刚强、坚定；曲线则显得优雅、轻盈。设计者应根据不同类型建筑个性特征，对这些线条加以组织、调整，给人以不同的感受，如图 9-56 所示。

(a)竖直线条划分

(b)水平线条划分

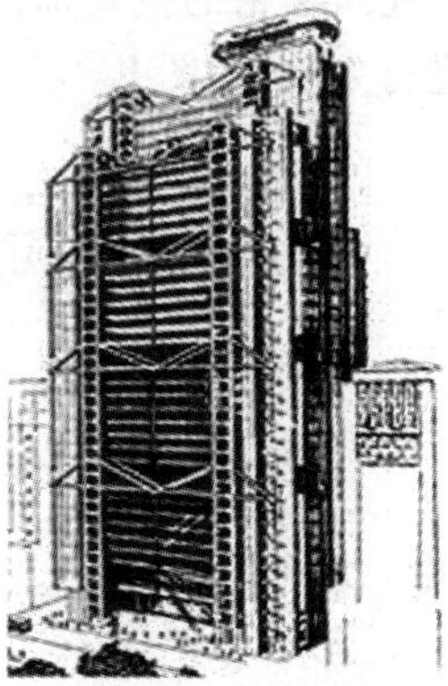

(c)竖直水平线条混合划分

图 9-56 立面线条组织

(4)注意材料色彩和质感的对比

色彩和质感是材料表面的固有属性。不同的色彩给人以不同的感受，如暖色调使人感到兴奋，冷色调使人感到宁静，运用不同色彩的处理，可以表现出不同建筑物的性格、地方特点及民族风格。同时由于建筑立面材料的质感不同，也会给人以不同的感觉。如天然石材和砖的质地粗糙，具有厚重及坚固感；金属及光滑表面的材料使人感觉轻巧、细腻。对于一般建筑来讲，其色彩、质感的处理主要通过建筑材料本身所固有的色彩、质感之间相互衬托、对比来获得效果。

(5)注重立面的重点与细部

根据功能和造型的需要，在建筑物某些局部位置进行重点和细部处理，可以突出主体、打破单调感。立面的重点处理常常是通过对比手法取得的。建筑物重点处理的部位如下。

①建筑物的主要出入口及楼梯间是人流最多的部位，如图 9-57 所示。

图 9-57　某建筑入口处理

②根据建筑造型上的特点，重点表现有特征的部分，如体量中的转折、转角、立面的突出部分及上部结束部分，如车站钟楼、商店橱窗和房屋檐口等。

③为了使建筑物于统一中有变化，避免单调以达到一定的美观要求，也常在反映该建筑性格的重要部位，如对住宅的阳台、凹廊，公共建筑中的柱头、檐口等部位进行处理，如图 9-58 所示。

(a)中国美术馆檐口　　(b)中央民族文化宫檐口

图 9-58　檐口的局部处理

在立面设计中，对于体量较小或当人们接近时才能看得清的部分，如墙面勒脚、花格、漏窗、檐口细部、窗套、栏杆、遮阳板、雨篷、花台及其他细部装饰等的处理称为细部处理。

细部处理必须从整体出发，接近人体的细部应充分发挥材料色泽、纹理、质感和光泽度的美感作用。对于位置较高的细部，一般应着重于总体轮廓和注意色彩、线条等大的效果，而不宜刻画得过于细腻。

【实践训练】

课目一:建筑设计欣赏与分析

美国国家美术馆东馆

美国国家美术馆东馆是原国家美术馆的扩建工程,它包括展出艺术品的展览馆、视觉艺术研究中心和行政管理机构用房三个部分,由美籍华人建筑师贝聿铭设计,1978 年落成,造价 9500 万美元,被建筑界誉为“现代艺术与建筑充满创意的结合”,“现代建筑设计的典范”。这座建筑的设计有三个最主要特色:一是建筑造型与所处环境自然融化;二是空间处理独具匠心;三是建筑材料考究和建筑内部设计精巧。

基地简介:作为原国家美术馆的扩建工程,新馆选址在老馆东侧,两馆均位于华盛顿中心绿地北侧,中心绿地沿东西方向延伸,唯一条鲜明的轴线贯穿,东端是著名的国会山,西端是庄严的林肯纪念堂。同时它南临林荫广场,北面斜靠宾夕法尼亚大道。整个基地地形为一块面积 3.64 公顷的梯形。而西馆为 1937 年动工,1941 年建成,为古典式的建筑,布局严谨,外形上采取古罗马式结构,中央穹顶较低而两翼较长,南北两侧列圆立柱,整个建筑气势恢宏,图 9-59。

图 9-59 东馆鸟瞰

总平面分析(图 9-60):由于地形的不规则性,附近为古典风格的公共建筑,业主又提出了许多特殊要求。贝聿铭综合考虑这些因素,决定继续发展老馆的东西轴线,将老馆的东西轴线继续向东延长,与宾夕法尼亚大街相交,由该点在平面上作一条对角线把梯形分成两个三角形,从而成功地获得了最大的建筑美学和空间利用效果。西北部面积较大,是等腰三角形,底边朝西馆,这一部分是向公众开放的展览厅;东南部是直角三角形,主要为艺术家使用,包括一个高级视觉研究中心、图书馆和行政管理机构用房。对角线上筑实墙,两部分在第四层相通。这种划分使两大部分在体形上有明显的区别,但又不失为一个整体。

图 9-60　美国国家美术东馆总平面

展览馆入口宽阔醒目,它的中轴线在西馆的东西轴线的延长线上,加强了两者的联系。两者之间有一个 7000 平方米的小广场,全部用鹅卵石铺砌成,仿佛圆形向心状"石地毯",中央不对称地设置了喷泉和小瀑布,此外还有的晶体状玻璃天窗,它们组织在一个中心位于轴线上的圆内。不仅加强了新老馆的共同轴线,而且也活跃了广场(国家画廊广场)气氛。广场下面是连通东西两馆的公共大厅,由广场中央的三棱镜地面采光窗采光,图 9-61。

图 9-61　东馆入口及广场

建筑平面(图 9-62):展览馆以三角形大厅作为中心,它是整个东馆的心脏和精华所在,展览室围绕它布置。观众通过楼梯、自动扶梯、平台和天桥出入各个展览室。透过大厅开敞部分还可以看到周围建筑,从而辨别方向。厅内布置树木、长椅,通道上也布置一些艺术品。大厅高 25m,顶上是 25 个三棱锥组成的钢网架天窗。自然光经过天窗上一个个小遮阳镜折射、漫射之后,落在华丽的大理石墙面和天桥、平台上,非常柔和。东馆的展览室可以根据展品和管理者的意图调整平面形状和尺寸,有些房间还可以调整天花高度,这样就避免了大而无当,而取得真正的灵活性,使观众觉得艺术品的安放各得其所。

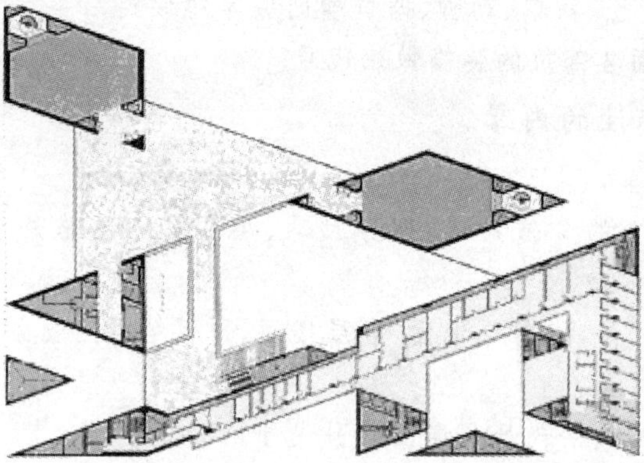

图 9-62　东馆平面

建筑体型与立面：东馆的外部型体（图 9-63）整个是挖除切割而得，与老馆的对称型体截然不同，但采用了与老馆完全相同的大理石外饰面材料，外表光洁柔和，而且大部分檐口高度与老馆协调一致。与老馆相向的西立面，是整个建筑立面处理至关重要的部位，直角三角形部分只留下一条棱，视觉上起主要作用的是等腰三角形的底边部分，从而形成了一个基本对称的立面造型，同时其升起与凹下的部分与老馆东立面的进退在尺度上彼此呼应，互相协调。

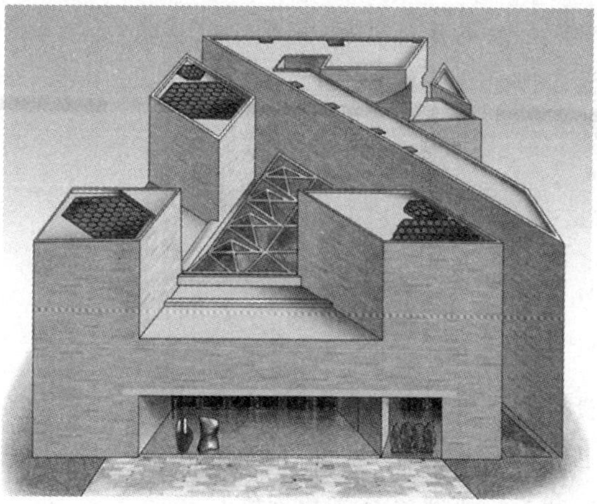

图 9-63　东馆型体轴测图

东馆落成后，当时的美国总统卡特在它的开幕仪式上称："它不但是华盛顿市和谐而周全的一部分，而且是公众生活与艺术情趣之间日益增强联系的象征"，称贝聿铭是"不可多得的杰出建筑师"。建筑评论家发表文章称它"几乎完全的成功"，"三角形的凯旋"，"中心绿地上的杰作"，贝聿铭 1979 年因此获得美国建筑师协会的金奖。

课目二：建筑立面图的表达

（一）立面图应包括的内容

1. 立面图应以表示建筑的外形轮廓为主，但是也需要表达清楚门窗、阳台、台阶、室外楼梯、花坛、雨罩、勒脚、搪口和门头等的形式。

2. 表示出立面各部位的装修做法代号。

(二)立面图应标注的内容

1. 两端轴线编号。

2. 垂直方向上的3道尺寸,即分尺寸、层高尺寸及总外包尺寸(参考剖面图)。

3. 标注出室外地坪、首层地面、各层楼面、顶板结构上表面、檐口和屋脊上皮的有关相对标高。

4. 标注出材料做法代号及详图索引代号。

课目三:建筑立面的设计和表达

(一)内容

学生宿舍楼体型及立面设计

在上两节的实训项目中,我们已经绘制出了学生宿舍楼的平面和剖面,请根据学生宿舍楼的建筑特征,设计其相应的立面,并画出相应建筑施工图。

(二)要求

1. 至少绘制出两个主要建筑立面,比例1∶100;

2. 表示出立面各部分的装修做法;

3. 图纸符合建筑施工图深度要求。

本章思考与实训

1. 建筑工程设计包括哪几个方面的内容?

2. 平面设计包含哪些基本内容?

3. 确定房间面积大小时应考虑哪些因素?

4. 建筑物如何争取好的朝向?建筑物之间的间距如何确定?

5. 如何确定房间的剖面形状?

6. 影响体型及立面设计的因素有哪些?

第十章　工业建筑

【内容要点】

1. 工业建筑的分类、结构类型及组成；
2. 单层工业厂房外墙及门窗的构造；
3. 单层工业厂房屋顶的构造；
4. 单层工业厂房天窗的构造。

【知识链接】

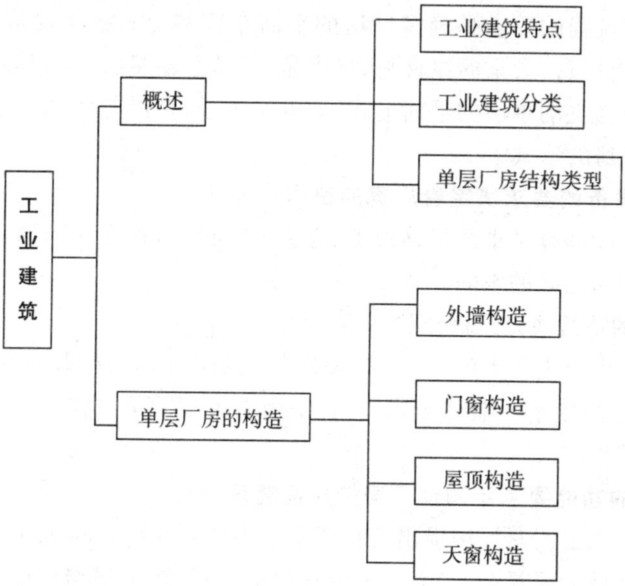

第一节 概 述

一、工业建筑的特点

工业建筑是指各类工厂为了工业生产需要而建造的各种不同用途的建筑物和构筑物的总称。通常把生产用的建筑物称为工业厂房，在工业厂房内按生产工艺的要求完成某些工序或单独生产某些产品的生产单位称为生产车间。工业厂房除了必须满足生产工艺要求，能够布置和保护生产设备外，还必须创造良好的生产环境和劳动保护条件，以保证产品质量，保护工人的身体健康，提高劳动效率。

工业建筑与民用建筑在设计原则、建筑技术和建筑用料等方面有许多相同之处，但由于其基建投资多、占地面积大，而且要受生产工艺条件的制约，故在建筑平面空间布置、建筑结构、建筑构造及施工等方面，尚有如下特点：

1. 工艺流程要求决定着厂房的平面布置和形式

生产工艺流程的要求是确定厂房的平面布置和形式的主要依据之一，如重型机械、冶金类厂房，大量的原材料、半成品、成品运输量大，体积和质量大，就要求以水平交通为主的单层的平面形式；如电子工业，产品体积相对较小，质量轻，适合于多层厂房的形式。

2. 生产设备的要求决定着厂房的空间尺度

厂房内一般都有笨重的机器设备、起重运输设备(吊车)等，这就要求厂房内有较大的面积和宽敞的空间。

3. 厂房的荷载决定厂房结构

工业建筑由于生产上的需要，要承受较大的静、动荷载、振动或撞击力等，故厂房的结构往往大而重，技术要求高，常采用由大型的承重构件组成的钢筋混凝土结构或钢结构。

4. 厂房的功能要求不同使厂房的构造复杂

不同的生产工艺对厂房提出的功能要求不同，因此，厂房在采光、通风、防水排水等构造处理上要复杂，如冶金和机械加工车间，除了根据设计要求选择侧窗及天窗形式外，还应确定合理的构造做法以满足生产的需要；对有恒温恒湿要求的生产车间，则根据产品的需要制定保温、隔热等构造措施。

二、工业建筑的分类

[做一做]

列表比较不同类型的厂房，分析其异同点。

现代工业企业由于生产任务、生产工艺的不同而种类繁多，对工业建筑也有不同的要求，所以工业建筑类型很多，通常按不同的特征进行分类。

1. 按用途分

(1)主要生产厂房

主要生产厂房是指生产全厂主要成品和半成品的厂房，如机械制造厂的铸造车间、锻造车间、机械加工车间和装配车间等。

(2)辅助生产厂房

辅助生产厂房是指为主要生产厂房服务的厂房，如机械制造厂的机修车间、工具车间等。

(3)动力用厂房

动力用厂房是指为全厂提供能源的厂房，如发电站、锅炉房、变电站、煤气站、氧气站、空气压缩站等。

(4)储藏用房

储藏用房是指贮存各种原材料、半成品和成品的仓库，如金属材料库、油料库、成品及半成品仓库等。

(5)运输工具用房

运输工具用房是指用于停放和检修各种运输工具的库房，如机车库、汽车库等。

(6)其他用房

其他用房是指为全厂生产生活服务的房屋和设施，如办公室、宿舍、水泵房、污水处理站等。

2. 按生产状况分

(1)冷加工厂房

冷加工厂房是指在正常温度、湿度条件下进行生产的厂房。如机械加工、机械装备、机修等车间。

(2)热加工厂房

热加工厂房是指在高温状态下生产并在生产过程中散发大量热量及烟雾、灰尘等的厂房，如炼钢、铸造、轧钢等厂房。

(3)恒温恒湿厂房

恒温恒湿厂房是指在生产过程中保持温度和湿度稳定的厂房，如纺织车间和精密仪器车间等。

(4)洁净厂房

洁净厂房是指在生产过程中需要在无尘无菌、无污染的高度洁净状态下进行生产的厂房，如药品生产车间、集成电路车间等。

(5)其他特种状况的厂房

其他特种状况的厂房是指有爆炸可能、有大量侵蚀性物质、有放射性物质、有电磁波干扰等特种状况的厂房。这类厂房在选择建筑材料、构造处理时需根据需要做特殊处理。

3. 按层数分

(1)单层厂房

主要用于一些生产设备或震动较大，原材料或产品比较重的冶金、重型及中型机械等厂房。

(2)多层厂房

适用于垂直方向组织生产和工艺流程的生产车间，以及设备和产品都较轻的车间，如食品、电子等产品生产车间。

(3)混合层次厂房

在同一厂房内既有单层也有多层的厂房，如某些化学工业、热电站的主厂房等。

［问一问］

什么是工业建筑？一般有哪些分类？

三、单层厂房的结构类型和组成

1. 单层厂房的结构类型

在厂房建筑中，支承各种荷载作用的构件所组成的骨架，通常称为结构。单层厂房结构按其承重结构的材料分为混合结构、钢筋混凝土结构和钢结构等类型，单层厂房按其主要承重结构的形式分为排架结构和刚架结构二大类。

排架结构形式是指由屋面梁(或屋架)、柱和基础组合，排架柱上部与屋架铰接，排架柱下部与基础刚接的结构形式。排架结构是目前单层厂房最基本的、应用比较普遍的结构形式，其跨度可超过 30m，高度达 20～30m 或更高，吊车吨位可达 150 吨以上。根据生产工艺和使用要求，排架结构可设计成如图 10－1 所示的单跨结构和多跨结构。多跨结构还可以采用如图 10－2 所示的不等高的锯齿形等形式。排架结构具有构造简单、施工方便的特点。

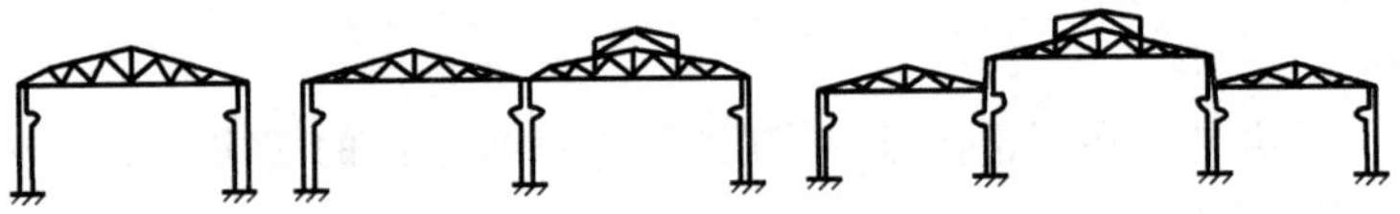

图 10－1　排架类型

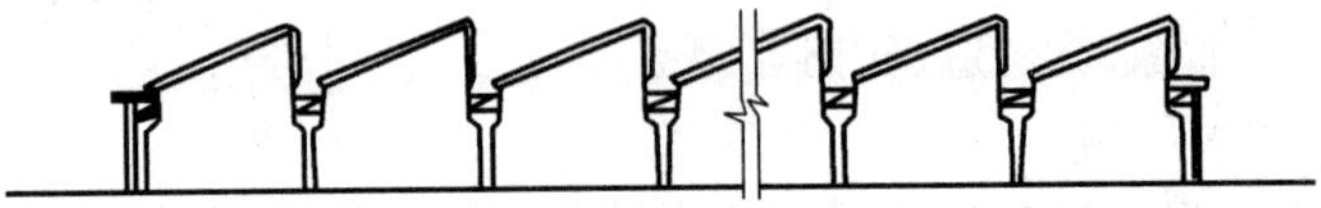

图 10－2　锯齿形厂房

刚架结构形式的特点是梁柱合一，刚接成一个构件，柱下部与基础铰接，顶节点可为铰接或刚接，目前常用的刚架结构是装配式门式刚架。

顶节点为铰接时，称为三铰门式刚架，如图 10－3(a)所示，顶节点为刚接时称为二铰门式刚架，如图 10－3(b)所示。门式刚架可以做成单跨或多跨结构，如图 10－3(c)所示，其顶部一般为人字形，也可做成弧形。

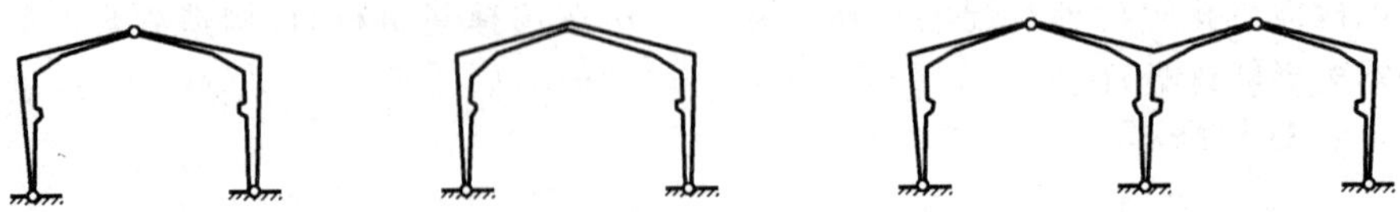

(a)三铰门刚架　(b)铰门式刚架　(c)多跨结构

图 10－3　单层厂房门式刚架结构类型

刚架结构具有构件种类少，制作较简单，结构轻巧，室内有较大空间的优点，但由于横梁在荷载作用下会产生水平推力，产生跨变，在梁柱节点处易产生早期裂缝。所以门式刚架一般适用于吊车起重量不超过10吨，高度不超过10m，跨度不超过16～34m的金工，机修，装配等车间或仓库。

2. 单层厂房的结构组成

单层工业厂房由承重结构和围护结构两部分组成，如图10-4所示。

[想一想]

1. 单层工业厂房的结构形式有哪些？

2. 单层工业厂房由哪些构件组成？

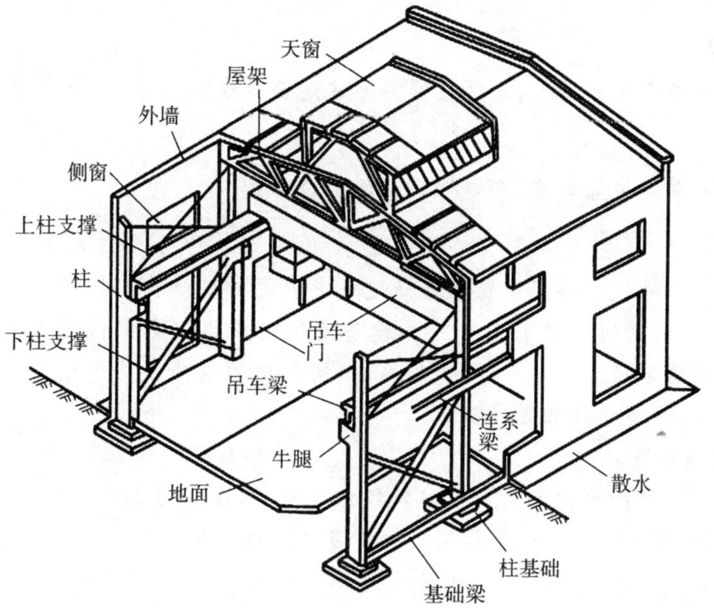

图10-4 单层工业厂房组成

(1)承重结构

承重结构是指支承各种荷载作用的构件所组成的骨架。单层厂房的承重结构由横向排架和纵向联系构件以及支撑所组成。横向排架主要由柱、基础和屋架(或屋面大梁)构成一种骨架体系，它主要承受作用在屋盖上的屋面荷载(包括屋面板、屋架自重，防水材料、保温材料，雪、积灰及施工荷载等)和水平风荷载，并通过屋架传给柱子；其次要承受吊车在横向启动和刹车时所产生的横向水平冲力(由吊车梁传到柱子上)；还要承受由墙体传给柱子的水平荷载及墙体重量(通过墙梁传给柱子)；最后将所承受的荷载传给基础。横向排架的特点是把屋架(或屋面大梁)视为刚度很大的横梁，屋架(或屋面大梁)与柱子铰接，柱子与基础刚接。由吊车梁、基础梁、连系梁(或圈梁)、大型屋面板等联系横向排架的纵向联系构件，保证了横向排架的稳定性，并将作用在山墙上的风力和吊车纵向制动力传给柱子。此外，为了保证厂房的整体性和稳定性，往往还要设置支撑系统。如图10-4所示，从厂房荷载传递路线中可以看出，组成骨架的柱基础、柱子、吊车梁、屋架(或屋面大梁)是厂房的主要承重构件

(2)围护结构

围护结构由外墙、抗风柱、墙梁、基础梁等构件组成，这些构件所承受的荷载主要是墙体和构件的自重，及作用在墙上的风荷载。

【实践训练】

课目:标注单层工业厂房定位轴线

(一)目的

根据单层厂房的特点,选择柱网并标注定位轴线。

(二)要求

某装配车间平面轮廓,确定该厂房的定位轴线。

(三)步骤

厂房定位轴线的标定定位轴线是建筑中确定主要结构或构件的位置及其标志尺寸的基线,同时也是施工放线和设备安装的依据。定位轴线有横向定位轴线和纵向定位轴线之分。在厂房中,纵、横向定位轴线的设置是在柱网布置的基础上进行的,并与柱网布置一致。

1. 柱网布置

厂房承重柱的纵向和横向定位轴线垂直相交,在平面上排列所构成的网格,称为柱网,如图10-5所示。柱网布置就是确定横向定位轴线间的尺寸(柱距)和纵向定位轴线间的尺寸(跨度)的尺寸。

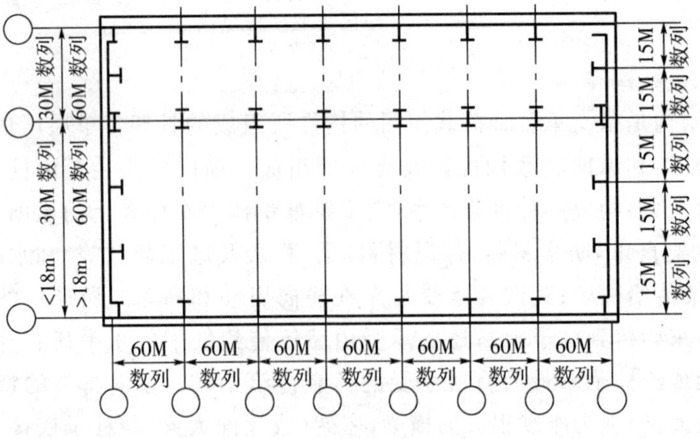

图10-5 单层厂房柱网

《厂房建筑模式协调标准》(GBJ6—86)对单层厂房柱网尺寸有如下规定:

厂房的跨度在18m或18m以下时,应采用扩大模数30M数列,即9、12、15、18m;在18m以上时,应采用扩大模数60M数列,即24、30、36m等。当跨度在18m以上,工艺布置有明显优越性时,也可采用扩大模数30M数列。

单层厂房的柱距应采用扩大模数60M数列,根据我国情况,采用钢筋混凝土或钢结构时,常采用6m柱距;厂房山墙处抗风柱柱距宜采用扩大模数15M数列,即4.5、6、7.5m等。

2. 单层厂房定位轴线的标定

单层厂房定位轴线的标定应使结构合理、构造简单，能够减少建筑构件的类型和规格，增加其通用性和互换性，扩大预制装配化程度，提高厂房建筑的工业化水平。轴线的标定位置通常由厂房的主要构件的布置情况决定。横向定位轴线一般通过屋面板、基础梁、吊车梁及纵向构件标志尺寸端部的位置，其间尺寸即为纵向构件的标志尺寸。纵向定位轴线一般通过屋架或屋面大梁等横向构件标志尺寸端部的位置，其间尺寸即为横向构件的标志尺寸。下面介绍钢筋混凝土排架结构单层厂房中常见情况下柱与定位轴线的关系。

[想一想]

1. 什么是单层工业厂房的定位轴线？轴号如何编写？
2. 什么是柱网？
3. 什么是厂房的柱距和跨度？

(1)纵向定位轴线

纵向定位轴线主要用来标定厂房横向构件的标志端部，如屋架的标志尺寸以及大型屋面板的边缘。厂房纵向定位轴线应视其位置不同而具体确定。

① 墙、边柱与纵向定位轴线的关系

单层厂房为使连系梁、圈梁、墙板等纵向构件统一，通常使外纵墙的内缘与边柱的外延重合。故一般情况下，纵向边柱外缘和纵墙内边线应与纵向定位轴线重合。

当厂房设置吊车，为使吊车规格与厂房结构相协调，纵向定位轴线的标定就与厂房内的吊车设置情况有关。如图 10－6 所示，因吊车为工业定型产品，其跨度尺寸与厂房跨度尺寸的关系为 $S=L-2e$，其中 S 为吊车跨度，即吊车轨道中心线间的距离；L 为厂房跨度，即厂房两相邻纵向定位轴线间的距离；e 为吊车轨道中心线至定位轴线间的距离，$e=h+C+B$，h 为厂房上柱截面宽度，C 为安全缝隙(上柱内缘至吊车桥架端部的缝隙宽度)，B 为轨道中心线至吊车桥架端部的距离。一般情况下，$e=750$mm，当吊车起重量大于 500kN 时，e 值可取 1000mm；为保证吊车运行的安全要求，C 值必须满足厂房内所安装吊车的最小要求，但 C 和 B 的尺寸随吊车起重量的增加而逐步扩大，不同生产厂家的产品，其 C 值也会有差异，B 值也会随厂房结构情况而变，一般情况下：

吊车起重量 $Q<300$kN 时，$C\geqslant80$mm，$B\leqslant260$mm；

吊车起重量 $Q<300\sim500$kN 时，$C\geqslant80$mm，$B\leqslant300$mm；

吊车起重量 $Q\geqslant750$kN 时，$C\geqslant100$mm，$B\leqslant350\sim400$mm。

由于吊车形式、起重量、厂房跨度、高度和柱距的不同，以及是否安装吊车梁走道板等条件的不同，外墙、边柱与纵向定位轴线的关系有以下两种：

封闭结合：$h+C+B<e$ 时，可采用纵向定位轴线、边柱外缘和外墙内缘三者重合的“封闭结合”形式。这种布置外墙和屋面板之间封闭，适用于无吊车或只有悬挂吊车和柱距为 6m、吊车起重量不大的厂房且无吊车梁走道板的厂房，如图 10－7(a)所示。

非封闭结合：由于吊车起重量≥300kN 时，C 已不能满足≥80mm 的要求，因此，在纵向定位轴线不变的情况下，需要把边柱外延自定位轴线移出一个联系尺寸 a_c，使 $e+a_c\geqslant h+C+B$。当厂房外墙采用墙板时，为了与墙板模数协调，联系尺寸应为 300mm 或其整数倍数，但当外墙为砌体时，联系尺寸可采用 50mm

或其整数倍数，如图 10－7(b)所示。

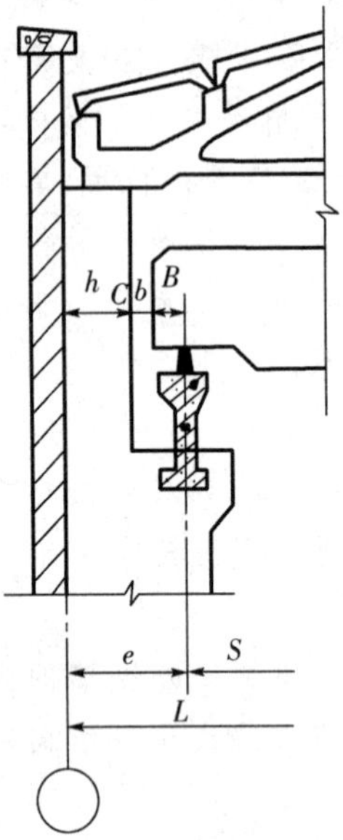

图 10－6　吊车与纵向边柱定位轴线关系

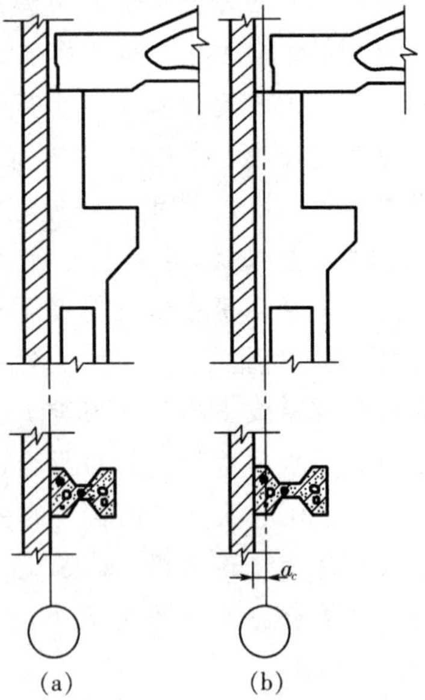

图 10－7　墙、边柱与纵向定位轴线关系

综上所述，当纵向定位轴线与柱子外缘间有联系尺寸时，屋架标志尺寸端部定位线仍然对齐定位轴线，屋面板边缘与墙体之间出现空隙并不能封闭，称为“非封闭结合”，此时屋顶上部空隙需作构造处理。处理方法一般有挑砖、加铺补充小板及结合檐沟构造处理三种方法，如图 10－8 所示。

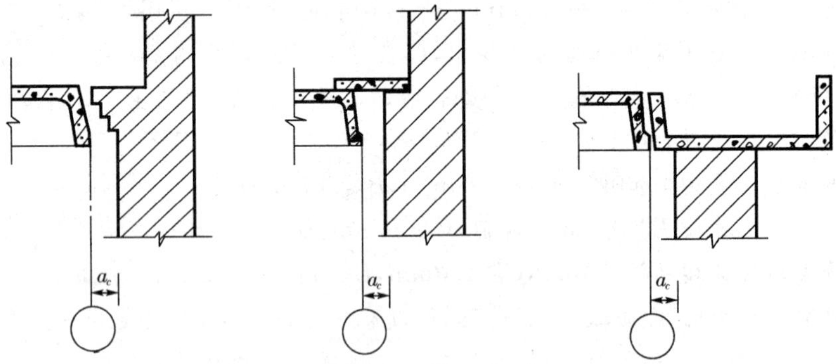

图 10－8　屋面联系尺寸形成间隙的封闭作法

当厂房采用承重墙结构时，承重外墙的墙内缘与纵向定位轴线间的距离宜为半块砌体的倍数，或使墙体的中心线与纵向定位轴线相重合，如图 10－9 所示。若为带壁柱的承重墙，其内缘与纵向定位轴线相重合，或与纵向定位轴线相间半块或半块砌体的倍数如图 10－10 所示。

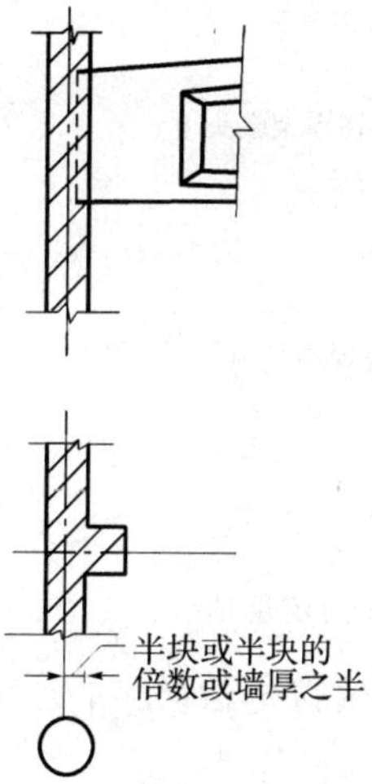

图 10－9　承重外墙与纵向定位轴线关系

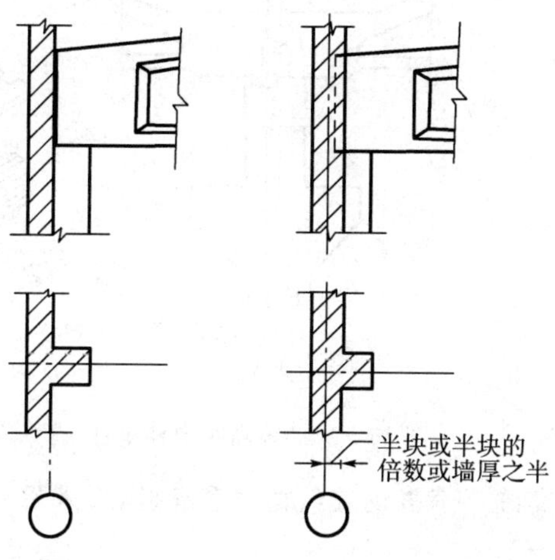

图 10－10　带壁承重墙与纵向定位轴线关系

② 中柱与纵向定位轴线的关系

a. 无变形缝时的等高跨中柱

等高厂房的中柱宜设单柱和一条纵向定位轴线，柱的中心线宜与纵向定位轴线相重合，如图 10－11(a)所示。

等高厂房的中柱，当相邻跨内的桥式吊车起重量在 30t 以上，厂房柱距较大或有其他构造要求时需设置插入距。中柱可采用单柱，并设两条纵向定位轴线，其插入距 a_i 应符合 3M 数列，如图 10－11(b)所示。

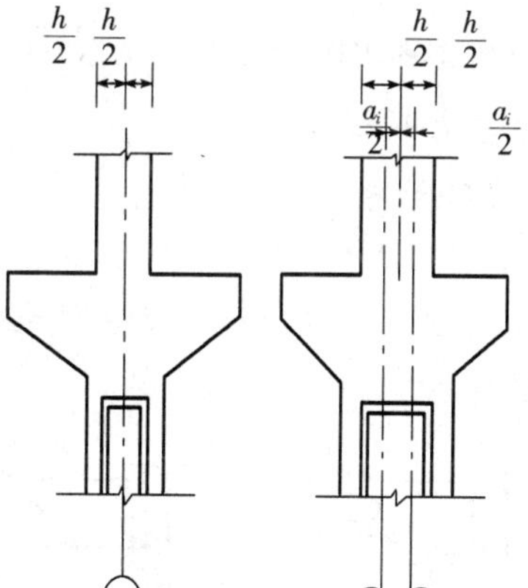

图 10－11　等高跨厂房中柱单柱

b. 设变形缝时的等高跨中柱

当等高跨厂房设有纵向伸缩缝时，可采用单柱并设两条纵向定位轴线，如图 10－12 所示。

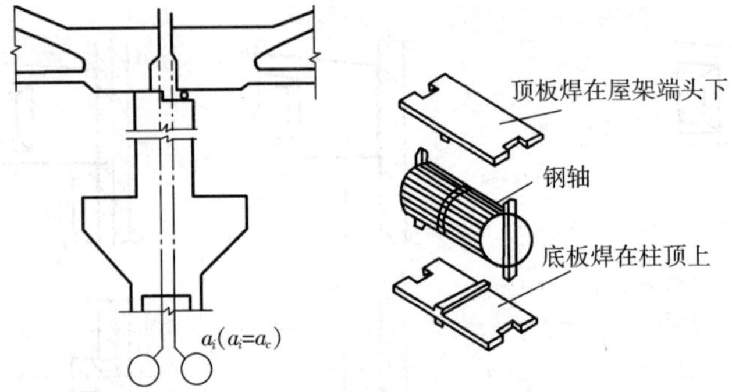

图 10－12　等高跨中柱单柱(有纵向伸缩缝)的纵向定位轴线

高跨厂房需设置纵向防震缝时,应采用双柱及两条纵向定位轴线,如图 10－13 所示。

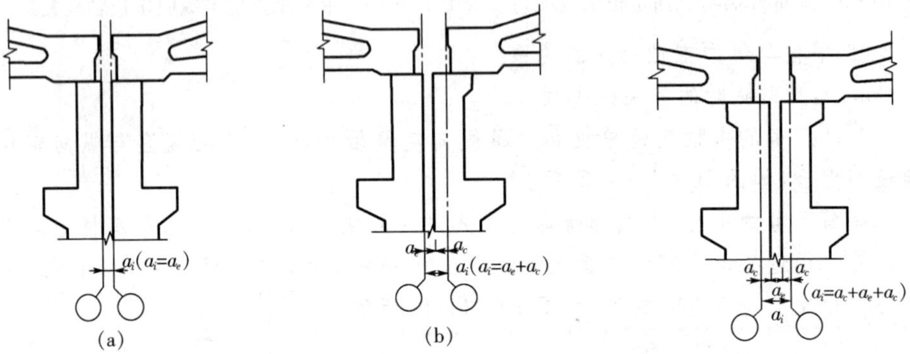

图 10－13　高跨中柱(有防震缝)的纵向定位轴线

c. 无变形缝时的不等高跨中柱

高跨采用封闭结合,且高跨封墙底面高于低跨屋面,宜采用一条纵向定位轴线,若封墙底面低于低跨屋面,宜采用两条纵向定位轴线,如图 10－14(a)、(b)所示。

当高跨采用非封闭结合,上柱外缘与纵向定位轴线不能重合,应采用两条纵向定位轴线,如图 10－14(c)、(d)所示。

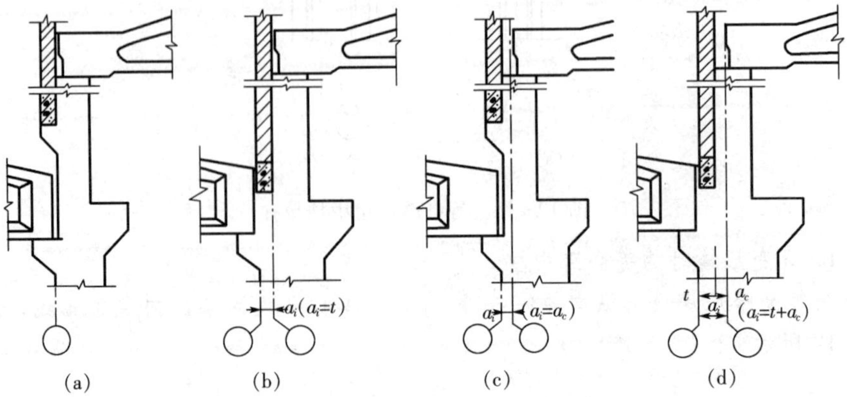

图 10－14　不等高跨中柱(无变形缝)的纵向定位轴线

d. 有变形缝时的不等高跨中柱

等高跨处采用单柱并设纵向伸缩缝时，应采用两条纵向定位轴线，并设插入距，如图 10－15 所示。当厂房不等高跨处需设置防震缝时，应采用双柱和两条纵向定位轴线的定位方法，柱与纵向定位轴线的定位规定与边柱相同，如图 10－16 所示。

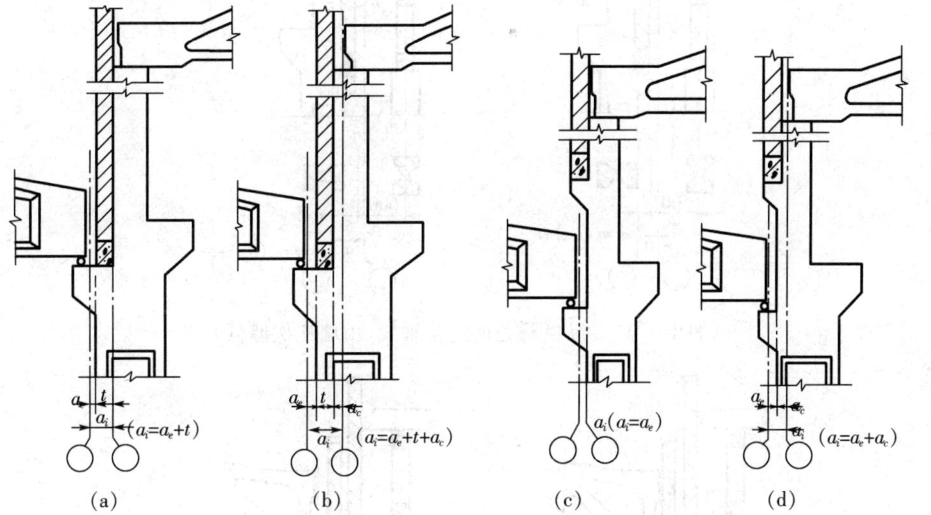

图 10－15　等高跨中柱单柱(设伸缩缝)的纵向定位轴线

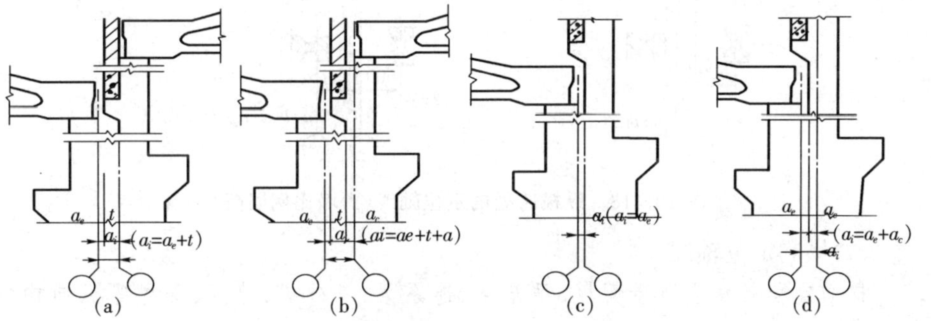

图 10－16　不等高跨中柱(设防震缝)纵向定位轴线

③ 纵横跨相交处与定位轴线的关系

纵横跨交接处一般设有变形缝，使两侧结构各自独立，所以纵横跨分别有各自的柱列和定位轴线，可按各自的柱列和定位轴线关系，遵循各自原则定位。

a. 当山墙比侧墙低，且长度等于或小于侧墙时，采用双柱单墙处理，墙体属于横跨，如图 10－17 所示。

b. 当山墙比侧墙短而高时，应采用双柱双墙(至少在低跨柱顶及其以上部分用双墙)，并设置伸缩缝或防震缝，如图 10－18 所示。

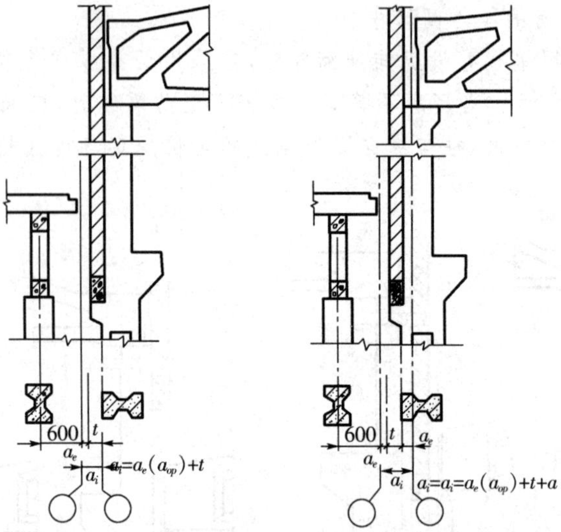

图 10-17　纵横跨处的定位轴线(山墙比例墙低)

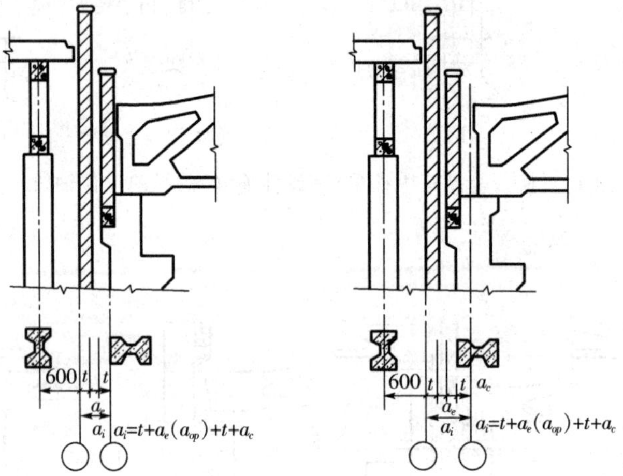

图 10-18　纵横跨处的定位轴线(山墙比例墙高)

(2)横向定位轴线

横向定位轴线应与屋面板、吊车梁、连系梁、基础梁、墙板、支撑等纵向构件的标志长度一致,并尽可能与屋架及柱的中心线重合。

① 中间柱与横向定位轴线的关系

中间柱的横向定位轴线通过柱子中心线。中间柱两侧结构布置一般对称,屋架中心线的位置和厂房的纵向构件的标志尺寸位置均在柱中心线位置,如图10-19所示。

[问一问]

1. 单层工业厂房横向定位轴线如何确定?

2. 什么是封闭结合? 什么是非封闭结合?

3. 厂房的跨度与吊车的跨度有什么关系?

② 横向边柱、山墙与横向定位轴线的关系

当山墙为非承重墙时,横向定位轴线与山墙内缘线和抗风柱外缘线相重合且横向边柱的中心线应自定位轴线向内移600mm,如图10-20所示。横向边柱内移600mm,主要是保证抗风柱上伸至屋架上弦或屋面大梁上翼处所需的空隙尺寸,此时屋面板仍然为标准长度,将挑出屋架600mm。

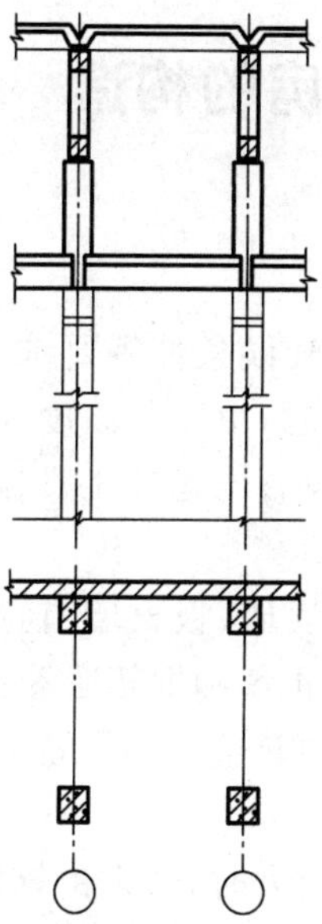

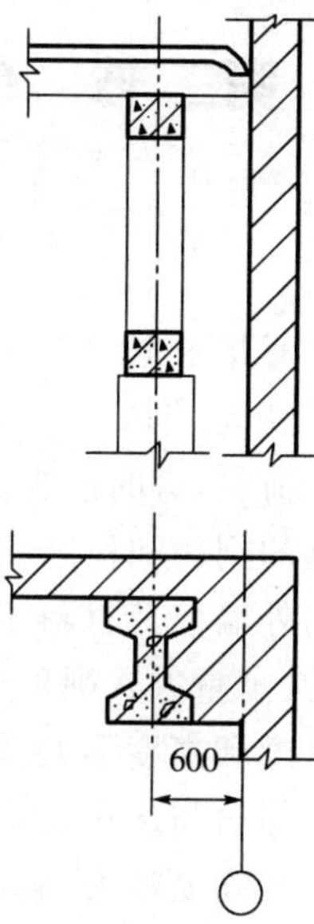

图 10－19　中间柱与横向定位轴线关系　　图 10－20　横向边柱、山墙与横向定位轴线关系

当山墙为承重墙时，横向定位轴线自山墙内缘向墙内移墙体砌筑材料的半块或半块的倍数或墙厚的一半，使屋面板直接搁置于山墙上，其内移的尺寸即为屋面板的搁置长度，如图 10－21 所示。

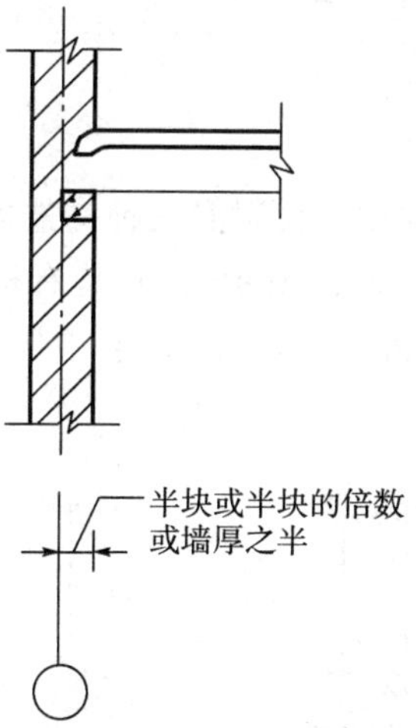

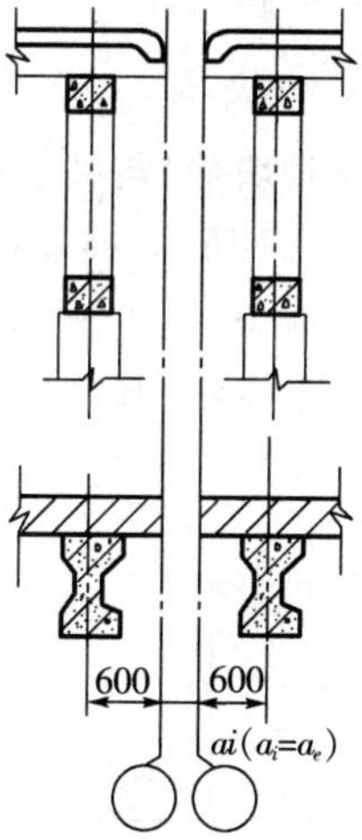

图 10－21　承重山墙与横向定位轴线　　图 10－22　变形缝两侧与横向定位轴线的关系

③ 变形缝两侧柱与横向定位轴线的关系

在横向伸缩缝、防震缝处，应采用双柱和两条横向定位轴线的定位方法，柱的中心线自定位轴线向缝的两侧各内移 600mm，双轴线间加插入距 a_i，也为变形缝的宽度尺寸 a_e 如图 10－22 所示。此定位方法，既保证了双柱间有一定的距离且有各自的基础杯口，以便于柱的安装，同时又保证了厂房结构不致因设有伸缩缝或防震缝而改变屋面板、吊车梁等纵向构件的规格，施工简单。

第二节　单层工业厂房的构造

一、外墙构造

厂房外墙主要是根据生产工艺、结构条件和气候条件等要求来设计的。厂房外墙根据要求满足挡风、挡雨，保温、隔热的同时，由于其高度和长度比较大，要承受较大的风荷载，有时还要受到厂房内机器设备与运输工具振动的影响，因此墙身须有足够的刚度和稳定性。

单层厂房的外墙按其材料不同分为砖墙、砌块墙、板材墙、轻质板材墙和开敞式外墙等；按其承重方式则可分为承重墙、承自重墙和框架墙等。

当厂房的跨度和高度不大，没有或只有较小的起重运输设备时，一般可采用承重墙直接承受屋盖与起重运输设备等荷载。

当厂房跨度和高度较大，起重运输设备吨位较大时，通常由钢筋混凝土排架柱来承受屋盖与起重运输等荷载，而外墙只承受自重，仅起围护作用，这种墙称为承自重墙。

某些高大厂房的上部墙体及厂房高低跨交接处的墙体，往往采用架空支承在排架柱上的墙梁来承担，这种墙称为框架墙。

承自重墙和框架墙是厂房外墙的主要形式。承重墙的构造与民用建筑房屋相似，不重复讲述。

（一）砖墙及砌块墙

1. 砖墙（砌块墙）与柱子的相对位置

如图 10－23 所示，砖墙（砌块墙）与柱子的相对位置有四种构造方案：

第一种是墙体砌筑在柱的外侧（如图 10－23(a)所示）。它具有构造简单、施工方便、热工性能好、基础梁与连系梁便于标准化等优点，一般单层厂房多采用此方案。

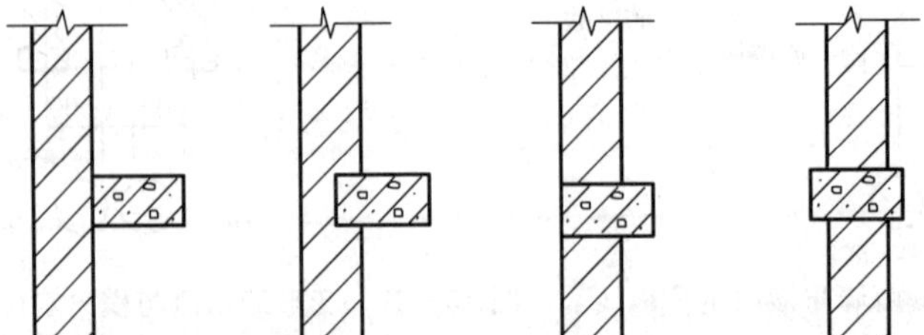

(a)　(b)　(c)　(d)

图 10－23　厂房外墙与柱的相对位置

第二种方案是将柱部分嵌入墙体内（如图 10－23(b)所示）。它比前者稍节省建筑面积，可增加柱子的刚度，对抗震有利，但要部分砍砖，施工较麻烦。同时基础梁和连系梁等构配件也相对复杂化。

第三、四种方案是将柱全部嵌入墙体内，如图 10－23(c)、(d)所示，构造复杂，施工不便，砍砖多，框架结构外露易产生冷桥。且基础梁和连系梁等构配件不宜实现定型化和统一化。一般仅用于厂房的露天跨，扩建跨，及较温暖地区等不要求保温厂房中。

2. 墙体的细部构造

(1)基础梁与基础的连接

基础梁支承在柱基础上，为了避免影响开门及满足防潮的要求，基础梁顶面标高至少应低于室内地坪 50mm，比室外地坪至少高 100mm。

柱下基础的埋深直接影响到基础梁与柱下基础的连接方式。当基础杯口顶面距室内地坪为 500mm 时，则基础梁可直接搁置在杯口上，如图 10－24(a)所示。

当基础杯口顶面距室内地坪大于 500mm 时，可设置 C15 混凝土垫块搁置在杯口顶面，垫块的宽度当墙厚为 370mm 时为 400mm，当墙厚为 240mm 时为 300mm，如图 10－24(b)所示。

当基础很深时，也可设置高杯口基础或在柱上设牛腿来搁置基础梁，如图 10－24(c)、(d)所示。

[想一想]

1. 单层厂房外墙与柱、屋架的连接构造。

2. 为使基础梁与柱基础同步沉降，对基础梁应采取何种措施？

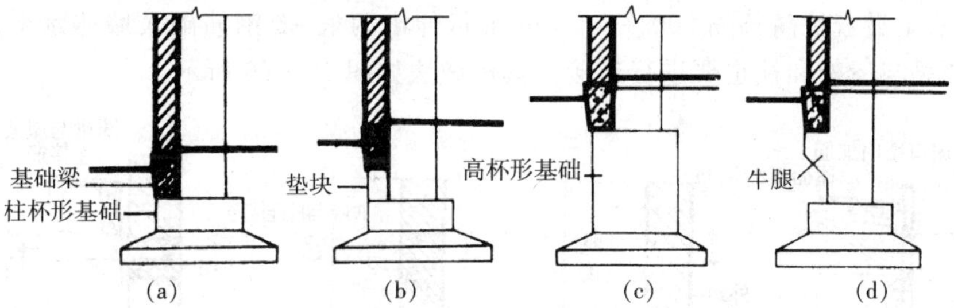

图 10－24　基础梁设置

为保证基础梁与柱下基础有共同的沉降，基础梁底的回填土一般不需要夯实，并留有不少于 100mm 的空隙。在寒冷地区为防止土壤冻胀致使基础梁隆起而开裂，则应在基础下及周围填铺一定厚度的砂或炉渣等松散材料，也可以在基础梁下预留一定的空隙，同时在外墙周围做散水坡，如图 10－25 所示。这种方法同样适用于湿陷性土壤或湿胀性土壤。

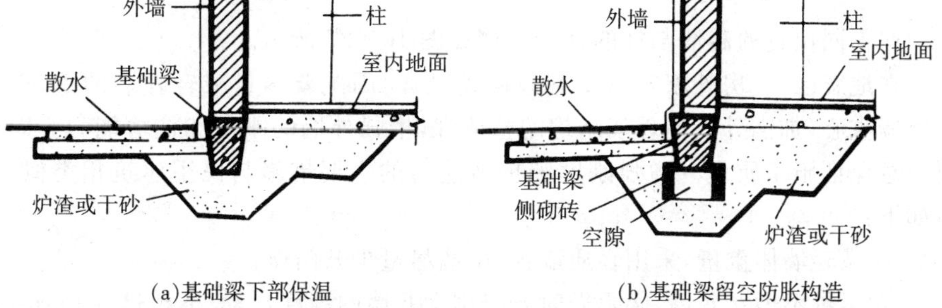

(a)基础梁下部保温　(b)基础梁留空防胀构造

图 10－25　基础下部保温防胀措施

(2)连系梁、圈梁与柱的连接

连系梁是柱与柱之间在纵向的水平连系构件，可以提高厂房结构及墙身的刚度和稳定性。分为承重和非承重两种。

非承重连系梁：其主要作用是增强厂房的纵向刚度，传递山墙传来的风荷载到纵向列柱中去，减少砖墙或砌块墙的计算高度以满足其允许高厚比，同时承受墙上的水平风荷载。但它不起将墙体重量传给柱子的作用，因此它与柱的连接应做成只能传递水平力而不传递竖向力，一般现浇非承重连系梁是利用柱中的预留钢筋与柱子整浇在一起，而不将连系梁搁置在柱的牛腿上。

承重连系梁：除起非承重连系梁的作用外，还承受墙体重量并传给柱子，因此它应搁置在柱的牛腿上用焊接或螺栓连接，一般用于厂房高度大、刚度要求高、地基较差的厂房中。

根据厂房高度、荷载和地基等情况，应将一道或几道连系梁沿厂房四周兜通做成圈梁，以增加厂房结构的整体性，抵抗由于地基不均匀变形或较大震动荷载所引起的内力。布置圈梁时，还应与厂房立面结合起来，尽可能兼做过梁使用。

(3)墙与柱和屋架的连接

为保证外墙的整体性和稳定性，墙与柱和屋架必须有牢固的连接。最常用的做法是沿着柱高每隔500～600mm平行伸出两根$\phi6$钢筋砌入墙体水平灰缝中，圈梁与屋架和柱也要进行连接。具体做法如图10-26所示：

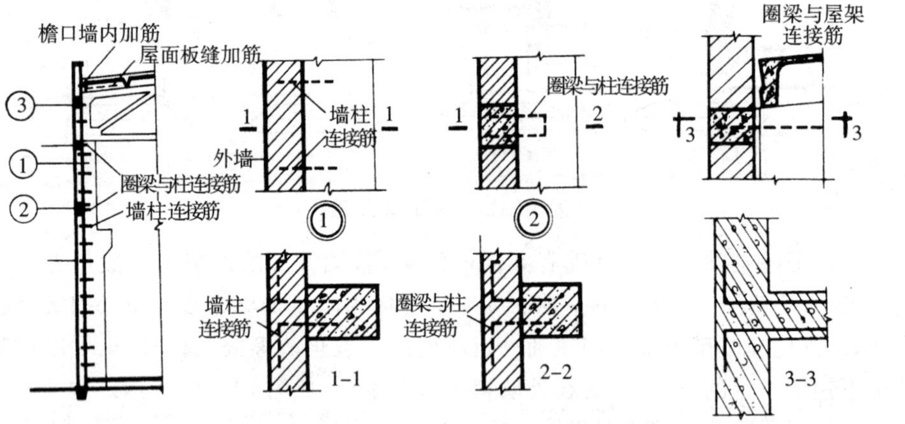

(a)砖墙与承重骨架连接剖面 (b)砖墙与柱的连接详图 (c)圈梁与柱子的连接详图 (d)圈梁与屋架的连接详图

图10-26 砖墙与柱和屋架的连接

在不同位置的砖墙与柱的连接举例如图10-27所示。

在地震区，厂房外墙容易受到地震的破坏，因此要尽量减轻外墙的重量，降低外墙重心，加强外墙与骨架结构的整体性，增强外墙的刚度和抗剪能力。同时要注意保证施工质量。增强刚度和抗剪能力的主要措施与民用建筑相类似，具体如下：

① 减轻墙体重量，采用轻质墙板，山墙尽量少开门窗；

② 尽量不做女儿墙，必须做时要限制女儿墙的高度，一般不超过500mm，否则须另设构造柱；

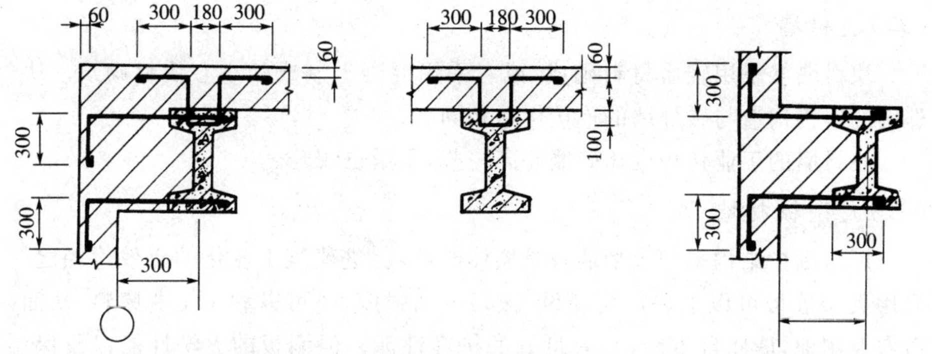

图 10-27 不同位置的砖墙与柱的连接

③ 加强墙与屋架、柱子、压顶的连接,适当增设圈梁并加固,如图 10-28 所示。

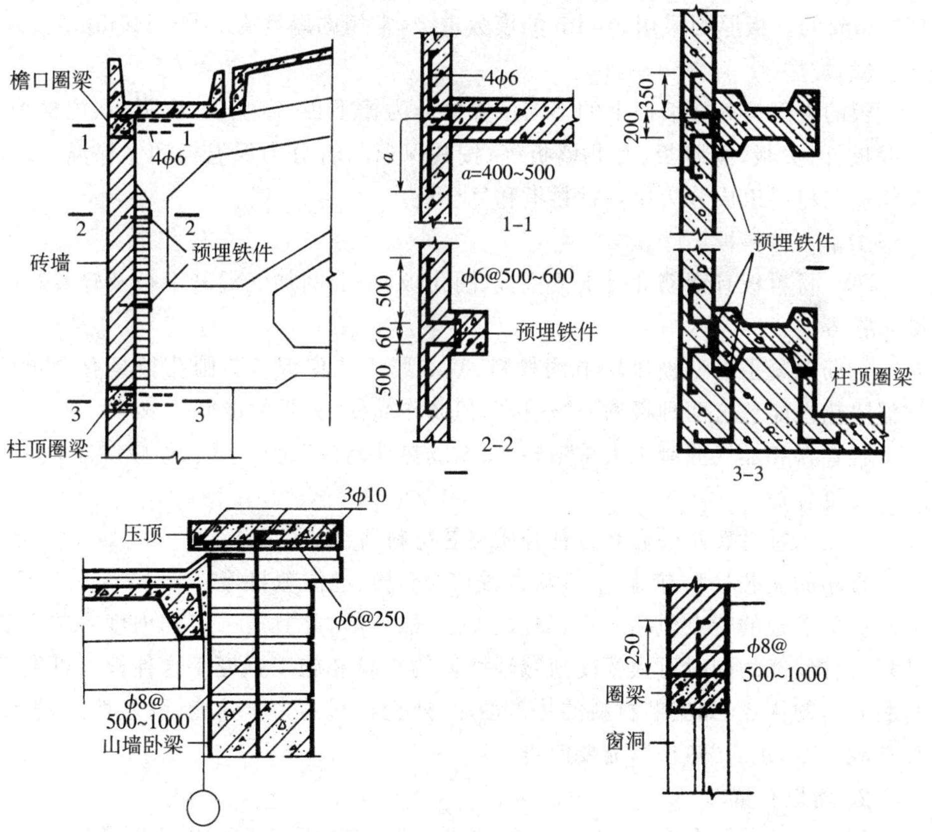

图 10-28 砖墙抗震连接

④ 将钢筋混凝土排架厂房的砖墙嵌砌于柱子之间,并用钢筋锚拉;

⑤ 在厂房纵横跨相交处或两个不同体量厂房的相交处设置防震缝,缝隙两侧应各设墙或分别设墙和柱。

(二)块材墙

块材墙多采用轻质材料砌成,或者采用混凝土制成的空心块材砌筑。块材外墙的连接构造与砖外墙的连接构造相同。

块材墙的工业化程度比砖墙要高一些,重量也较轻。

(三)大型板材墙

厂房围护结构采用大型墙板是墙体改革,促进建筑工业化的有效途径之一。采用大型墙板可以加快厂房建设,减轻劳动强度,还可以利用工业废料,从而少占农业用地,墙体自重轻,具有良好的抗震性能。但墙板的力学性能以及保温、隔热、防渗漏等性能应能满足不同的使用要求。

1. 墙板的规格和类型

(1)规格

我国现行的工业建筑墙板的规格为:长度方向采用扩大模数 3M 的倍数,板长分别为 4500、6000、12000mm 四种,板高多为 900、1200mm,但有时也用 1500、1800mm 的。板厚则采用 20mm 的模数进级,常用的厚度为 170~240mm。

(2)类型

板的类型按其在墙面上的不同位置可分为檐下板、窗上板、窗下板、窗框板、一般板、山尖板、勒脚板、女儿墙板等;按其保温与否分为保温板和非保温板;按其构造和材料组成分为单一材料板和复合板。

[想一想]

1. 块材墙和板材墙相对于砖墙有哪些优点?
2. 常用墙板的类型有哪些?工程中如何应用?

①单一材料板

单一材料板有钢筋混凝土槽型板、圆孔板、配筋的加气混凝土板及轻骨料混凝土板等。

钢筋混凝土槽型板比较节约材料,基本属于非保温板。圆孔板具有一定的保温隔热性能。这两种板均有“热桥”,但制作简便,力学性能好。

轻骨料和加气混凝土板重量轻,保温隔热性能好,比较坚固,但吸湿性大。

②复合板

采用承重骨架及外壳和各种轻质夹芯材料所组成的墙板。

常用的夹芯材料有:膨胀珍珠岩、蛭石、矿棉、泡沫塑料等。

此类墙板的特点包括防火、防水、保温、隔热等,并具有一定的强度。在保证墙板各种性能的同时可大幅度地减轻墙体的重量和施工强度。这种板虽可发挥材料各自的优点,如夹芯材料的热工性能、外壳材料的力学功能、耐候性能,但制作比较复杂,仍有“热桥”,需要改进。

2. 墙板布置

墙板布置分竖向布置、横向布置、混合布置,其中以横向布置应用最多。

(1)墙板横向布置

其特点是板型少,以柱距为板长,可省掉窗过梁和连系梁,可布置带形。这种布置有助于增加厂房刚度,连接构造简单可靠,缺点是遇到穿墙空洞时,墙板的布置较复杂,如图 10-29 所示。

(2)墙板竖向布置

竖向布置采用轻型薄板，墙板两端固定于水平的墙梁上，墙板布置比较自由，不受柱距的影响。但板长受侧窗高度的限制，板型较多。目前国内厂房高度尚未定型，墙板的固定必须设置连系梁，其构造复杂，竖向板缝多，容易渗漏雨水等，故此布置方式采用不多，如图 10－30 所示。

(3)墙板混合布置

混合布置是具有横向和竖向的优点，布置较为灵活，但板型较多，难以定型化，并且构造较为复杂，所以其应用也受限制，如图 10－31 所示。

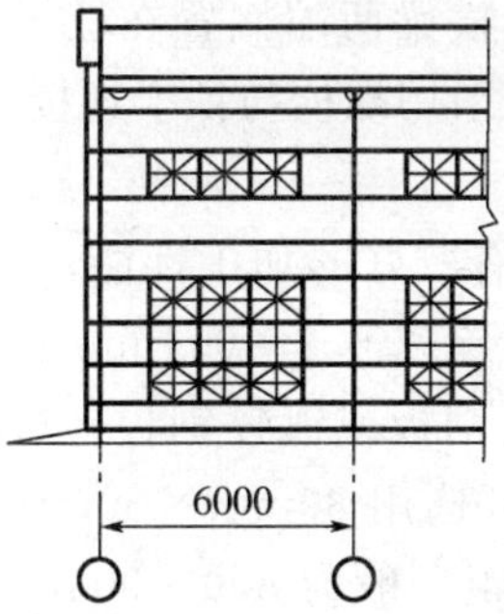

图 10－29　横向布置墙板

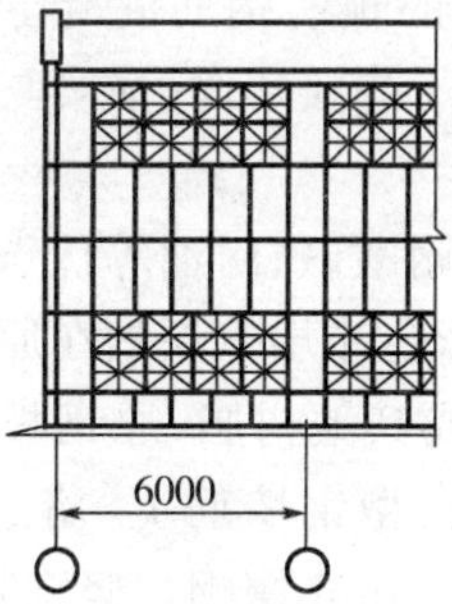

图 10－30　竖向布置墙板

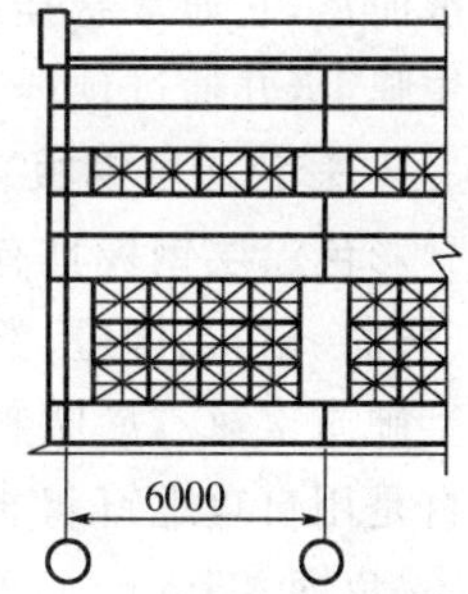

图 10－31　混合布置墙板

当遇到山墙墙板的布置，厂房的山墙上形成山尖形，从立面设计要求可做出多种处理方案，如图 10－32 所示。

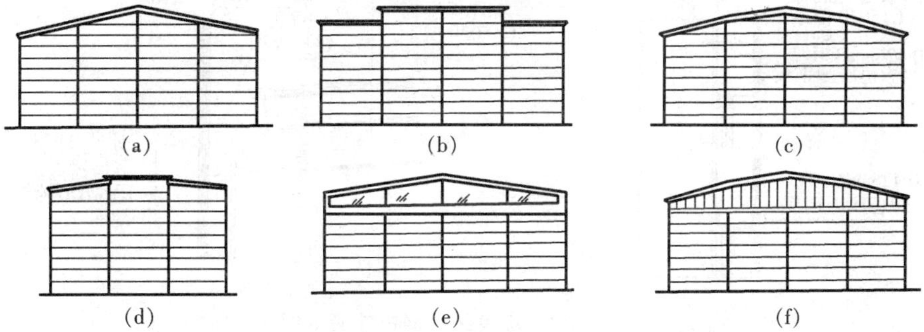

图 10－32　山墙墙板的布置

3. 墙板与柱的连接构造

单层厂房的墙板与排架柱的连接采用柔性连接和刚性连接两种方式。

(1)柔性连接

柔性连接是通过设置预埋铁件和其他辅助件使墙板和排架柱相连接。柱只承受墙板传来的水平荷载，而墙板的质量不传给柱子，是由基础梁或勒脚墙板承担。柔性连接适用于地基构成不均匀、沉降较大或有较大震动影响的厂房，目前承自重墙较多采用此种方式。

(2)刚性连接

是在柱子和墙板中分别设置预埋铁件，安装时用角钢或 $\phi 6$ 的钢筋焊接牢固。其优点是构造简单，施工方便，厂房的纵向刚度好。缺点是对不均匀沉降和振动较敏感，墙板板面要求平整，预埋件位置要求准确。刚性连接适用于地震设防烈度不大于7度的地区和地基构成均匀，振动影响不大的厂房。

(四)轻质板材墙

对不要求保温、隔热的热加工车间、防爆车间、仓库建筑的外墙，可采用轻质板材墙。按材料分有石棉水泥波瓦、镀锌铁皮波瓦、塑料波瓦、压型钢(铝)板、玻璃钢波瓦、彩色压型钢板复合板等。这类墙板仅起围护作用，除传递水平风荷载外，不承受其他荷载，其本身质量也由厂房骨架来承受。目前多采用的是波纹石棉水泥瓦，它通常悬挂在柱间的预制钢筋混凝土梁上。横梁两端搁置在柱子的钢牛腿上，并通过预埋件与柱子焊接牢固，横梁与瓦板可采用螺栓与铁卡连接。

1. 彩色涂层钢板

彩色涂层钢板具有绝缘、耐酸碱、耐油等优点，并具有较好的加工性能，可切段、弯曲、钻孔、铆边、卷边。彩色涂层钢板是在原钢板上涂以0.2～0.4mm轻质或半硬质聚氯乙烯塑料薄膜或其他树脂，原钢板有热轧钢板或镀锌钢板。这种板材是用自攻螺钉将板固定在型钢墙筋上，墙筋材料可选用30mm×30mm×3mm角钢、25mm×12mm×14mm槽钢。竖向墙筋间距一般为800～900mm，横向墙筋间距一般为400mm～500mm，竖向布板和横向布板均可。图10-33为彩色涂层钢板外墙示例。

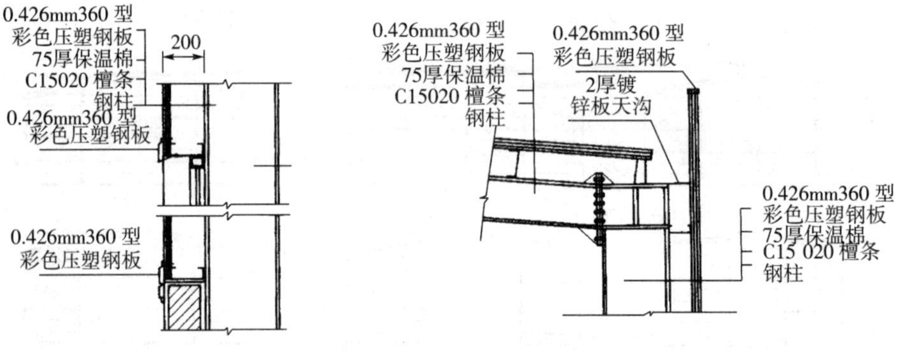

图10-33　彩色涂层钢板外墙示例

2. 彩色压型钢板复合墙板

彩色压型钢板复合墙板是以轻质保温材料为心层，经复合加工而成轻质保温墙板，有塑料复合墙板、复合隔热板和隔热夹心板等多种。彩色压型钢板复合墙板的特点为：质量轻、保温性能好、耐腐蚀、耐久、立面美观、加工速度快。复合板的安装是依靠吊件，将板挂在基体墙身的骨架上，用焊接法将吊件与骨架焊接牢固。其水平缝为搭接缝，垂直缝为企口缝。

[做一做]

请绘制墙板与柱的连接构造图。

二、门窗构造

(一)厂房侧窗

单层厂房的侧窗除应满足通风采光的要求外，还要满足工艺上的要求，如泄压、保温、防尘、隔热等。通常厂房采用单层窗，但在寒冷地区或要求保温的厂房则需要在一定高度范围设双层窗。

1. **侧窗的类型**

侧窗的类型按材料可分为木窗、钢窗和钢筋混凝土窗，其中钢窗的应用范围最为广泛。其构造形式如图 10-34 所示。

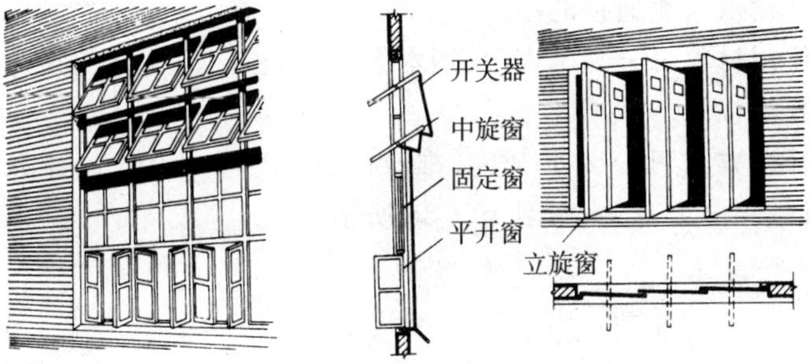

图 10-34　侧窗的类型及组合

按其常用的开关方式分为：

(1)中悬窗

开启角度大，通风良好，可采用机械或手动开关，但构造复杂，开关扇周边有缝隙易漏雨和不利于保温，但有利于泄压。

(2)平开窗

通风良好，构造简单，开关方便，但防雨较差，宜布置在外墙下部作进气口。

(3)固定窗

构造简单，节约材料，设在外墙的中部，主要用于采光。

(4)立转窗

窗扇根据风雨调节开扇角度，通风良好，主要用于热车间的进风口。

一般情况下根据厂房的通风要求，在外墙上将平开窗、固定窗、各式旋窗组合在一起。

2. **侧窗开关器**

由于厂房的侧窗高宽度都较大，因此常要借助于开关器来开关，开关器分为手动和电动两种，如图 10-35 所示为中悬窗手动开关器示意图。

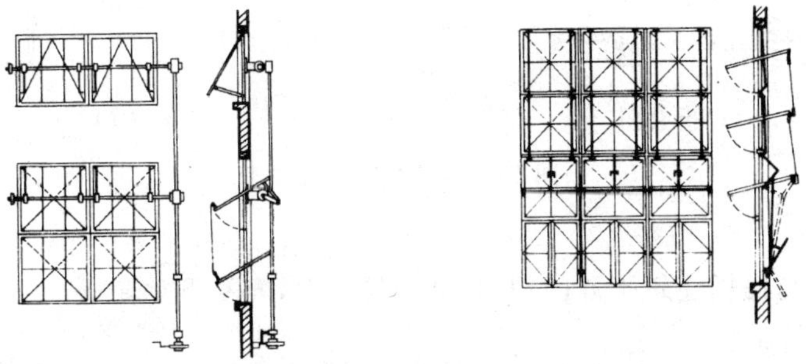

(a)蜗杆手动开关　　(b)撑臂式简易开关

图 10-35　侧窗开关器

(二)厂房大门

厂房大门主要用于生产运输以及人流通行。厂房门的设计要复合使用要求，做到适用、经济、耐久，尽量少占厂房面积。

1. 大门的类型

大门按用途可分为供运输通行的大门、防火门、保温门、防风沙门等。有时在大门上要开设供人流通行的小门。

[想一想]

单层工业厂房的门窗类型有哪些？

大门按使用材料可分为木大门、钢木大门、钢板门。当大门尺寸较大时一般采用钢木门或钢板门。

大门按开启方式可分为平开门、推拉门、折叠门、上翻门、升降门、卷帘门。可用人力、机械和电力开关，如图 10-36 所示。

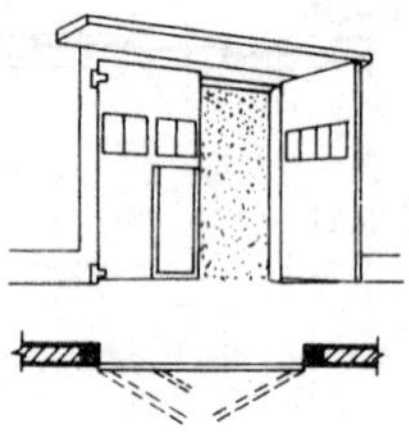

(a)平开门

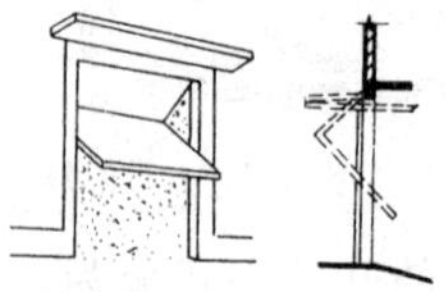

(b)上翻门

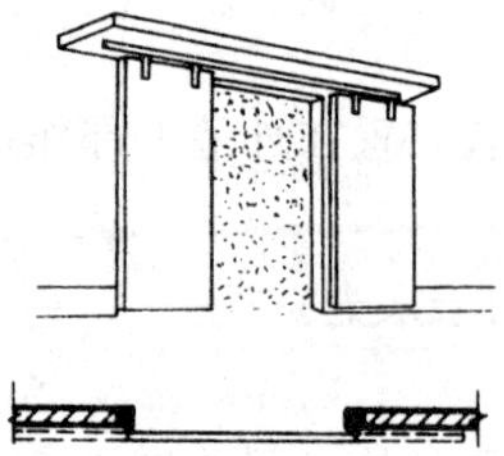

(c)推拉门

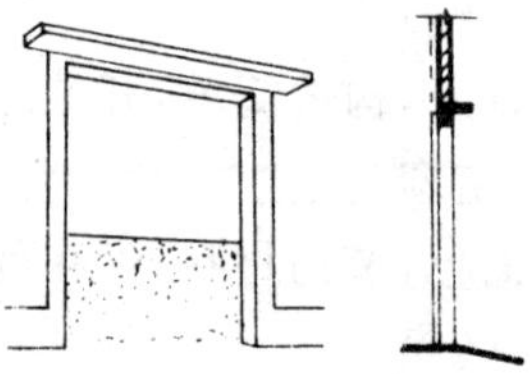

(d)提升门

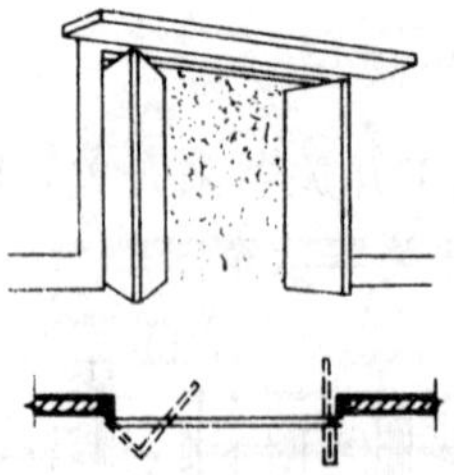

(e)折叠门

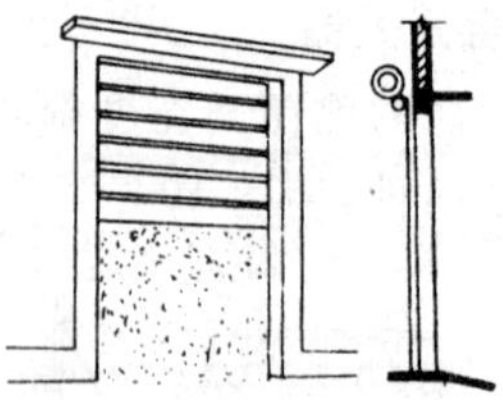

(f)卷帘门

图 10-36　大门开启方式

(1)平开门

特点是与民用建筑平开门相同，由于尺寸大，容易下垂变形。

(2)上翻门

开启时，门扇随水平轴沿着导轴上翻到门顶过梁下面，不占车间面积，可以避免碰坏门扇。

(3)推拉门

特点与民用建筑推拉门相同。

(4)升降门

开启时门扇沿着导轨上升，这种门不占使用空间，在门洞上部要留有足够的上升高度，开启方式可用手动或电动。

(5)折叠门

是由几个窄门相互连接，通过上下滑轮使门左右移动并折叠在一起，占用空间较少，开关方便，适用于比较大的门洞。

(6)卷帘门

门扇用冲压成的金属片连接而成，开启时将门圈在洞口过梁上部的卷筒上，开关有手动和电动两种，适用于不经常开启的大门，但造价较高，施工复杂。

上述各门可根据施工需要、车间工艺、技术经济条件来选用。

2. 门的尺寸

大门的尺寸应根据运输工具的类型、运输物件的外形尺寸等因素来考虑。一般门的尺寸应比满装物件的车辆宽出600～1000mm，高出400～600mm。

[问一问]

单层工业厂房的大门尺寸如何确定?

三、屋顶构造

单层厂房屋顶要承受生产的机械振动、高温、吊车的冲击荷载，以及外界气候的影响，因此不仅要求屋面具有足够的刚度、强度、耐久性，而且要解决好厂房的采光、通风，屋面的排水，保温隔热等，因此，屋顶上可设天窗并考虑保温隔热、排水构造。此外，由于屋顶面积大，重量大，排水防水等构造复杂，影响到整个厂房的造价，所以要根据实际情况选择既实用又经济的厂房屋顶方案。

(一)屋顶的类型

按屋面材料和构造做法可分为卷材屋面和非卷材屋面，非卷材屋面又可分为刚性防水屋面和构件自防水屋面，近几年又出现一些新型屋面防水做法。

按屋顶基层类型分为有檩体系和无檩体系，如图10-37所示。有檩体系施工方便，但吊装次数多、周期长。无檩体系施工速度快，虽然要求吊装能力强，可不考虑被吊装构件之间的重量差。

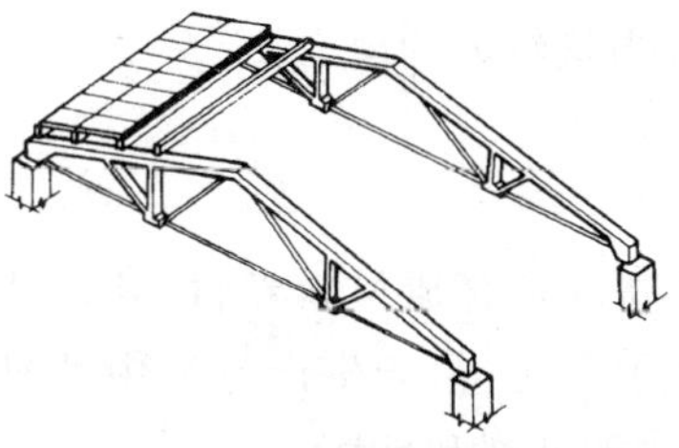

(a)有檩体系

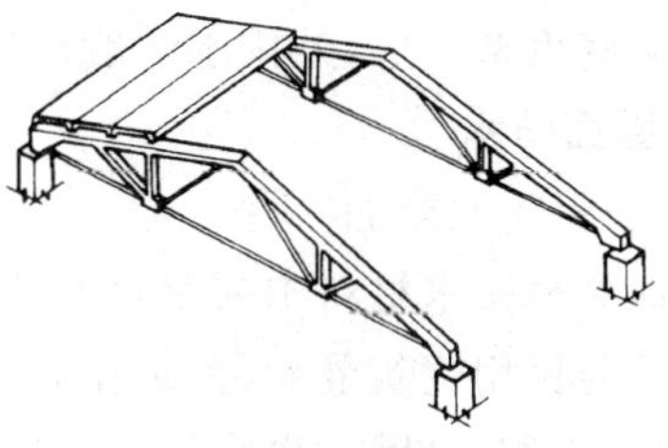

(b)无檩体系

图10-37　屋面基层结构类型

单层厂房常用的檩条及屋面板见图10-38所示。

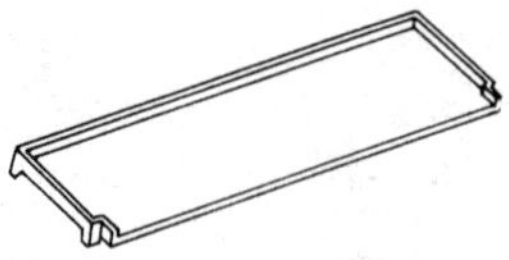

(a)F形板

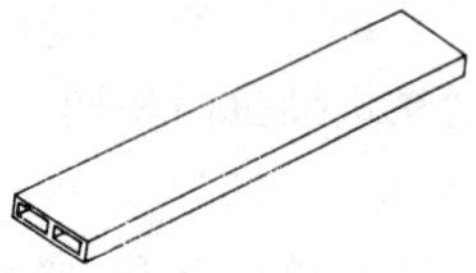

(b)预应力空心板

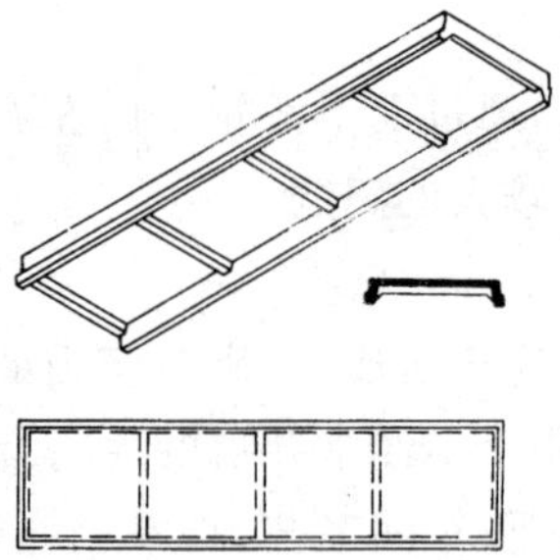

(c)肋形板

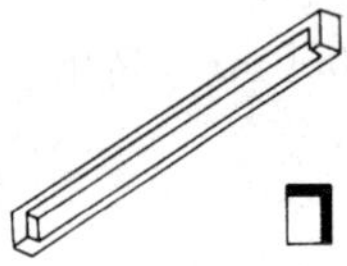

(d)L形檀条

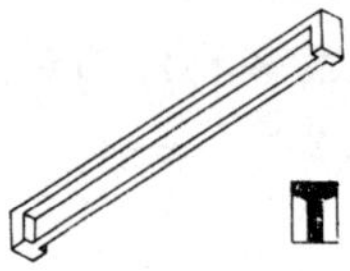

(e)T形檀条

图 10－38　钢筋混凝土檩条和大型屋面板

(二)屋面排水及防水构造

1. 排水方式

(1)无组织排水

无组织排水方式有檐口排水、缓长坡排水等，一般适用于降雨量不大的地区和屋面坡长较小、等级较低的厂房。还有一些特殊工艺的厂房，如铸造车间、炼钢车间在生产过程中会散发大量粉尘积于屋面，很容易被雨水冲入管道，造成阻塞和渗漏，因此，此类车间宜用无组织排水。

(2)有组织排水

有组织排水方式分为外排水和内排水。内排水主要用于严寒地区厂房和温热地区某些大型厂房，外排水一般适用于降雨量较大的地区。

2. 屋面防水

(1)卷材防水屋面

屋面卷材防水材料主要是油毡卷材及高分子合成材料卷材，其设计原则和构造做法与民用建筑卷材屋面相同。但对于厂房，由于生产过程中的机械振动较大，屋顶面积大，因此更容易造成屋面卷材的开裂和破坏。

(2)波形瓦防水屋面

波形瓦屋面可根据材料与构造自防水能力的不同分为石棉水泥瓦、镀锌铁皮瓦、压型钢板瓦及玻璃钢瓦等，它们都采用有檩方案，属于构件自防水屋面。

(3)钢筋混凝土构件自防水屋面

构件自防水屋面是利用具有良好密实性的屋面板，并在板缝处作局部防水处理而成的以材料自防水为主的屋面。

构件自防水屋面的优点是屋面的重量轻，减少屋面结构的材料用量，降低造价，简化施工，维修方便。缺点是容易风化、碳化出现裂缝而引起渗水。增强混凝土的密实性、抗裂性和抗渗性，或在板的表面涂刷涂料可以改善防水性能。

构件自防水屋面根据板缝处理的不同分为嵌缝式、贴缝式和搭缝式，具体构造如图 10－39 嵌缝式防水构造和图 10－40 贴缝式防水构造。

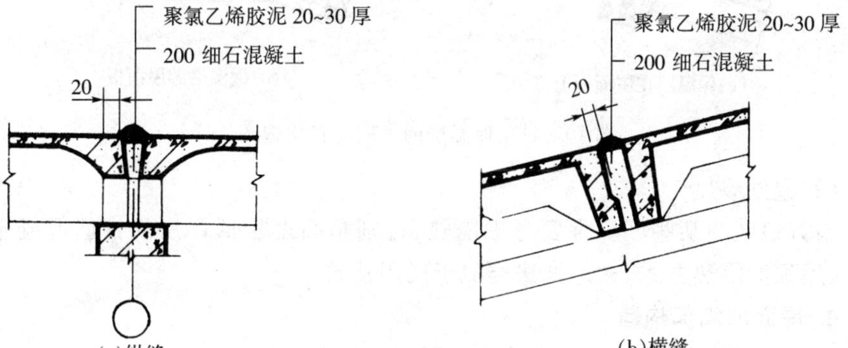

(a)纵缝　(b)横缝

图 10－39　嵌缝式防水构造

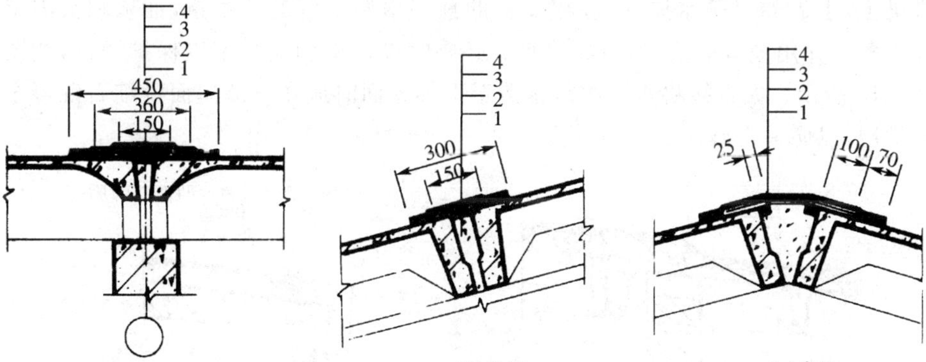

(a)横缝　(b)纵缝　(c)脊缝

图 10－40　贴缝式防水构造

3. 屋顶保温与隔热构造

(1)屋顶保温

屋顶保温与民用保温做法有所不同，根据保温层所处的位置可分为三种：保温层位于屋面板下部，主要应用于构件自防水屋面。保温层位于屋面板中间，将保温层夹在屋面板中间，制成保温、隔热、防火为一体的钢筋混凝土构件。特点是无现场湿作业，施工简便迅速，但板面容易裂缝和变形。保温层位于屋面板上部，常用于柔性防水屋面。上述各保温屋面具体构造如图 10－41 所示。

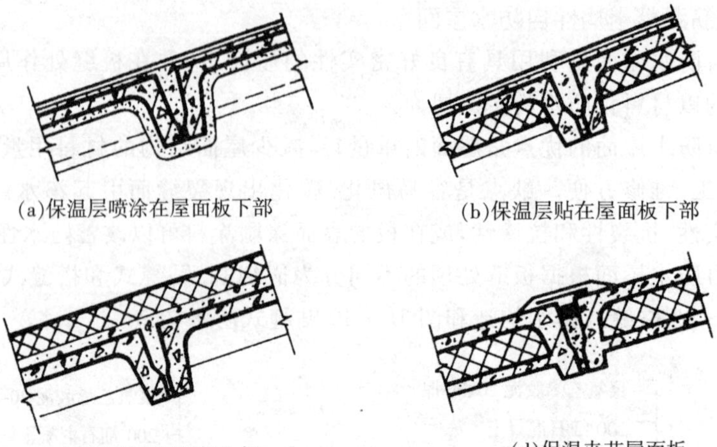

(a)保温层喷涂在屋面板下部　(b)保温层贴在屋面板下部

(c)保温层在屋面板上部　(d)保温夹芯屋面板

图 10－41　保温层的不同设置构造图

(2)屋顶隔热

南方地区的某些厂房常要考虑隔热,特别是高度较低厂房的钢筋混凝土屋顶上,屋顶的隔热方式、构造做法类似于民用建筑。

4. 屋面的细部构造

现以卷材防水屋面为例,简要介绍屋面的构造处理。

(1)挑檐

当厂房为无组织排水时,采用预制檐口板檐口。檐口板支承于屋架端部的挑梁上,上做卷材防水屋面,在檐口板的预埋木砖上钉通长木条,油毡端头固定在木条上并用油膏嵌槽,檐口作滴水。必要时设铁皮和支托架以保护檐口,如图 10－42 所示。如直接将水无组织排泄至下部屋面时应在下部屋面设细石混凝土防护层,以防冲击破坏。

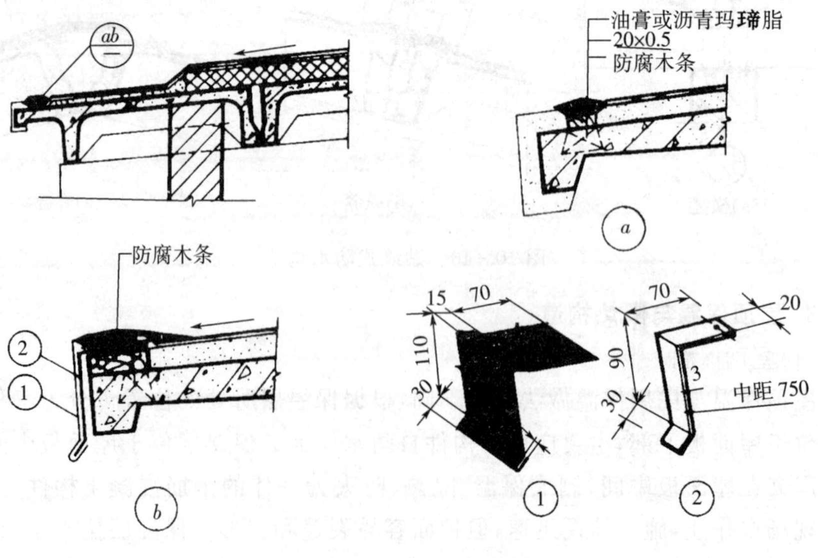

图 10－42　挑檐构造

(2)檐沟

檐沟沟底按分水线垫坡，坡度为0.5%～1%，沟内加铺一层油毡，油毡端头封固于檐沟板外壁上，雨水斗周围铺垫油毡或玻璃布两层，如图10-43。为了方便检修和清灰，檐沟外壁上可加设金属栏杆。雨水管出口处如有下部屋面应加固或另设滴水板。

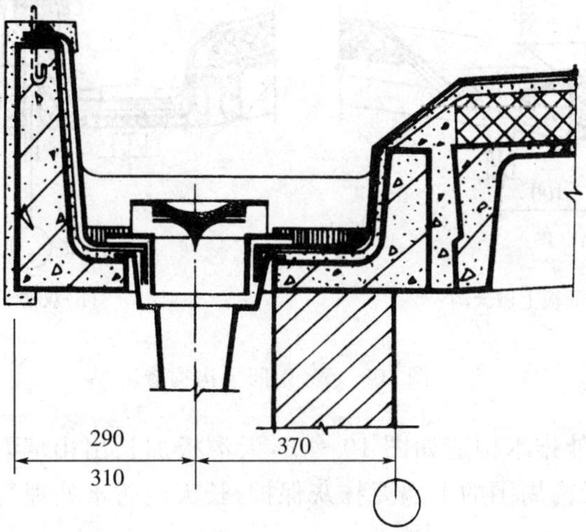

图10-43　檐沟构造

(3)天沟

女儿墙边天沟和中间天沟均支承于屋架端部或屋面板上。边天沟内排水多用天沟板或屋面上开孔使雨水管通入室内，如图10-44。边天沟外排水在女儿墙处设出水口，构造类似于民用建筑的女儿墙外排水做法。

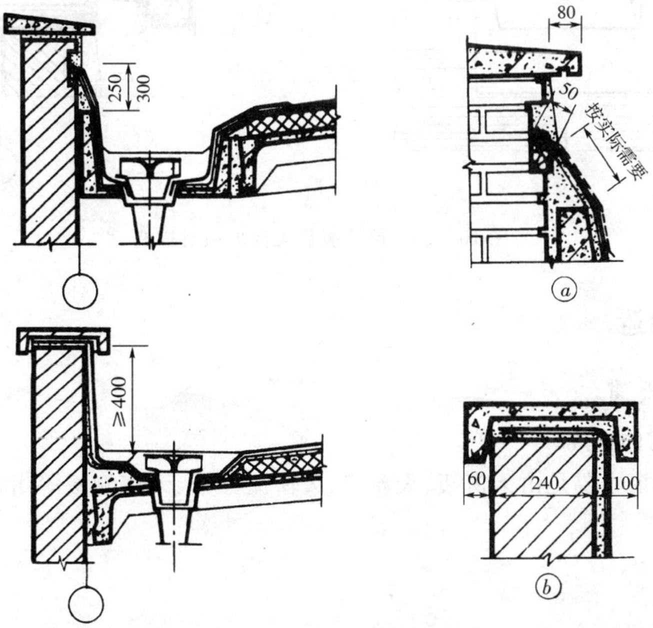

图10-44　女儿墙边天沟

[想一想]

1. 厂房屋顶的设计要求有哪些?

2. 屋面防水中自防水屋面有什么特点?

南方常用边天沟为单槽形板、中间天沟多为双槽形板,如图 10 - 45(b)。北方多用带预制孔洞的普通屋面板,天沟处不设或少设保温层,自然形成天沟,如图 10 - 45(a),并可使此处积雪融化,利于排水。

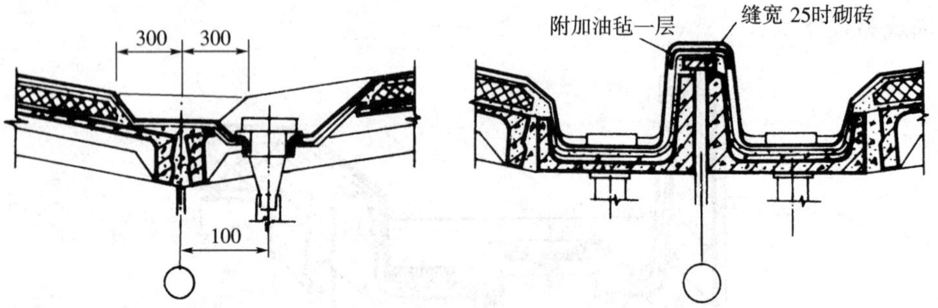

(a)在屋面板上做天沟　　(b)双槽形板天沟

图 10 - 45　中间天沟构造

长天沟山墙外排水构造如图 10 - 46,天沟板加长出山墙,在板端设雨水管,山墙设过梁,在天沟周围的上墙要抹灰保护,长天沟防水处理与檐沟相同。

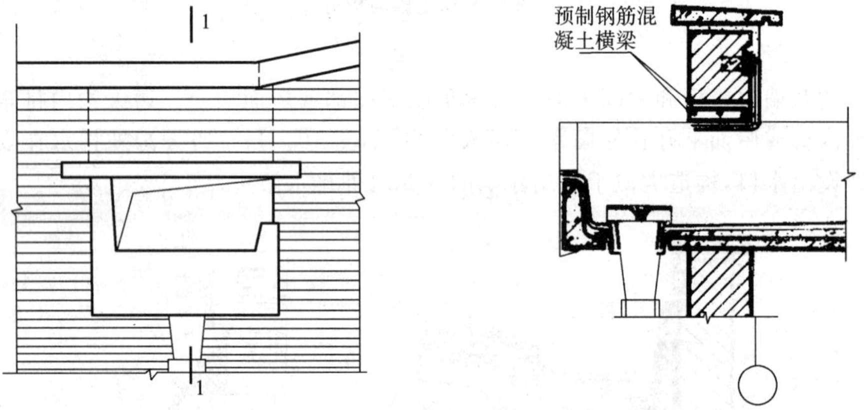

图 10 - 46　单槽板长天沟出山墙构造

四、天窗构造

(一)矩形天窗

1. 天窗的组成

矩形天窗主要是由天窗架、天窗扇、天窗屋面板、天窗侧板等组成,如图 10 - 47 所示。

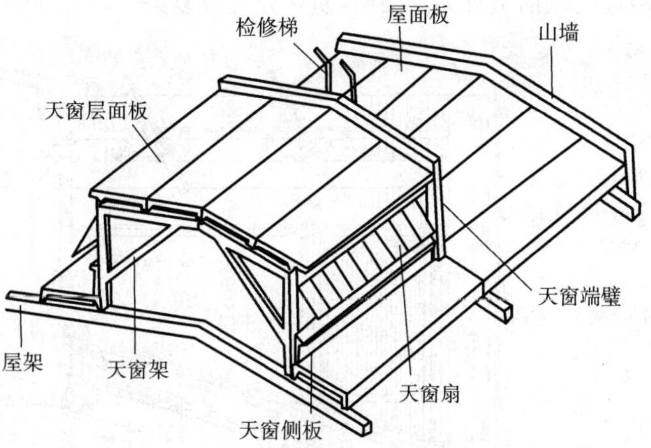

图 10－47　矩形天窗的组成

2. 矩形通风天窗的构造

(1)概述

矩形通风天窗是由矩形天窗和两侧的挡风板构成，除寒冷地区和保温厂房外，为利于排气，天窗一般不设窗扇，而在进风口处设挡雨片。挡风板的高度不超过天窗檐口的高度，挡风板下部和屋面板之间要留有 100～200mm 的间隙，以便排水和清灰。挡风板的端部要用端部板封闭以保持风向变化时仍可排气，端部板或挡风板上要设供清灰和检修用的小门如图 10－48 所示。

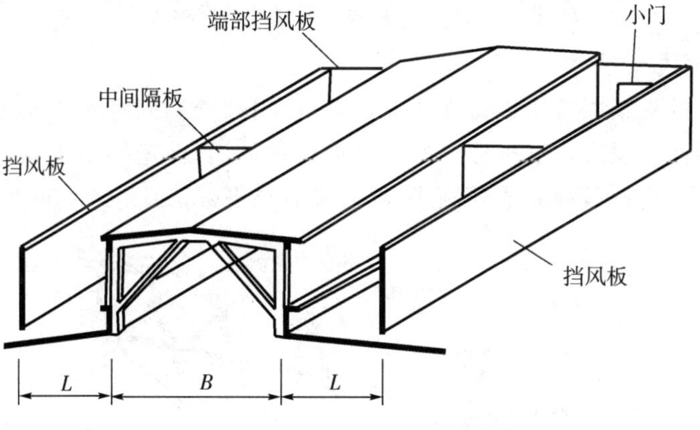

图 10－48　矩形通风天窗构造图

(2)挡风板形式与构造

挡风板形式有两种：一种是立柱式，一种是悬挑式。

① 立柱式

埋于屋架上弦的垂直钢板件伸出屋面，在钢板下部浇筑混凝土柱墩，上加盖板。将钢或钢筋混凝土立柱支承于柱墩上并和钢板件焊接。钢筋混凝土横向檩条或型钢焊于立柱上，在檩条上固定由石棉水泥瓦或玻璃钢瓦等制成的挡风板，立柱用水平支承件和天窗相连如图 10－49 所示。立柱挡风板受力合理，但挡风板与天窗的距离受屋面板排列的限制，防水处理较复杂。

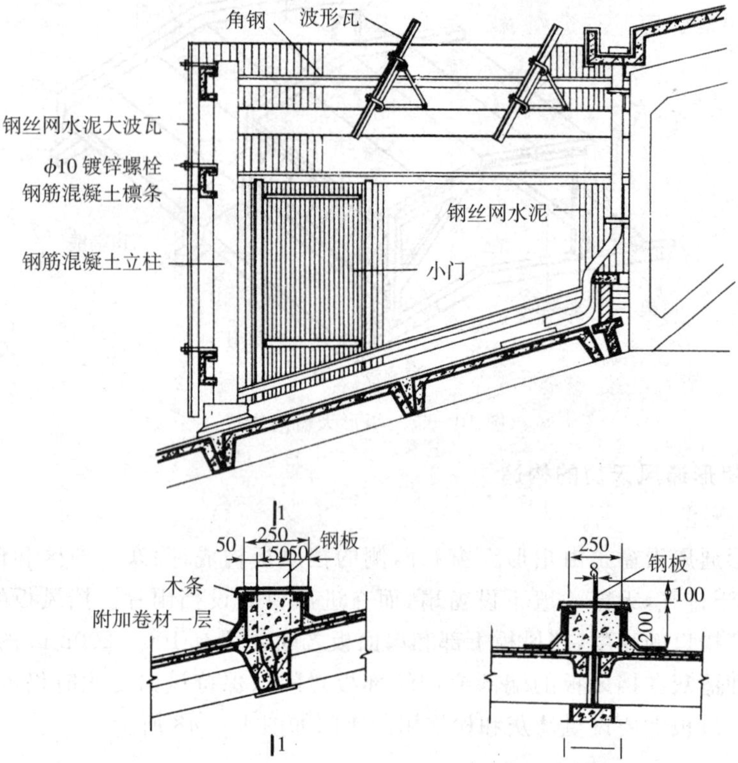

图 10-49　立柱式矩形通风天窗构造

② 悬挑式

[做一做]

画出立柱式挡风板固定在屋架上的构造图。

挡风板的支架固定于天窗支架上，挡风板用螺栓钩固定于支架的水平件上，挡风板与屋面板脱离。这种形式的挡风板布置灵活，但增加了天窗架的荷载，对抗震不利。如将挡风板制成外倾式，则通风效果更好，如图 10-50 所示。

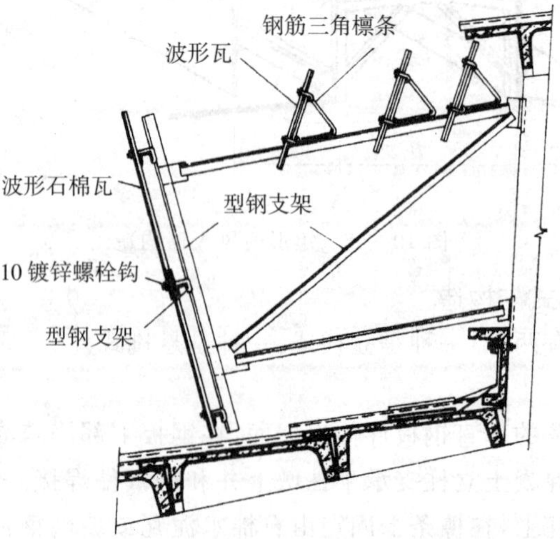

图 10-50　悬挑式挡风板构造

(二)井式天窗

1. 井式天窗的构造组成

井式天窗是在一个柱距内，将一定横向宽度的部分屋面板下沉铺在屋架下弦上，在屋面上形成凹陷的天窗，在井壁的三面或四面设置采光或排气窗口，同时要设置一定的挡雨和排水设施。井式天窗具有布置灵活、通风好、排气路线短，采光均匀等优点，如图 10-51 所示。

[想一想]

1. 井式天窗通常是由哪些构件组成？它们各有什么不同？

2. 工程上对天窗排水有几种处理方法？

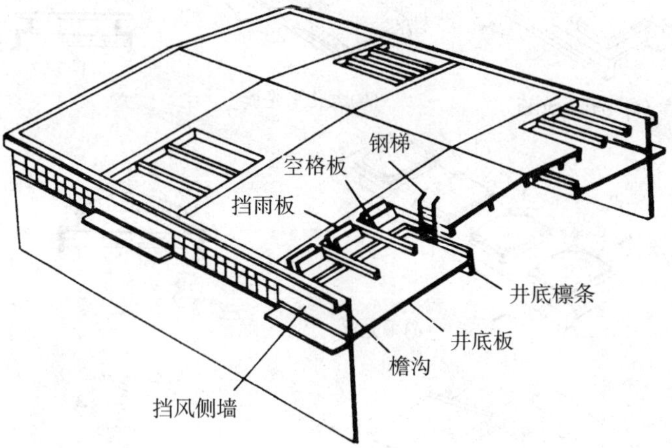

图 10-51 井式天窗的构造组成

2. 井式天窗的布置方式

井式天窗布置可分为单侧布置、两侧布置、跨中布置。

单侧或两侧布置的通风效果较好，排水清灰也较容易，因此多用于热车间。跨中布置能充分利用屋架的高度设置天窗，采光较好，但排水和清灰比较复杂，故多用于有通风采光要求，但余热、灰尘不太大的厂房，如图 10-52 所示。

[练一练]

试绘制一种井式天窗排水的构造图。

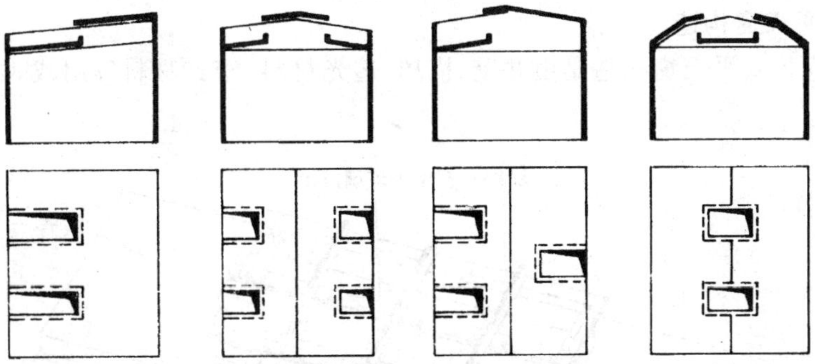

(a)单侧布置 (b)两侧对称布置 (c)两侧交错布置 (d)跨中布置

图 10-52 井式天窗布置形式

(三)平天窗

1. 平天窗的类型与特点

平天窗是根据需要设带有空洞的屋面板，在空洞上安装透光材料所形成的天窗。主要类型有采光板、采光罩和采光带，如图 10－53 所示。平天窗的优点是屋面荷载小、构造简单、施工方便，可根据需要灵活布置，但容易造成太阳直接热辐射和眩光，防雨、防雹较差，容易产生冷凝水和积灰，应在选材和构造上予以克服。平天窗适用于冷加工厂房，近年来发展较快。

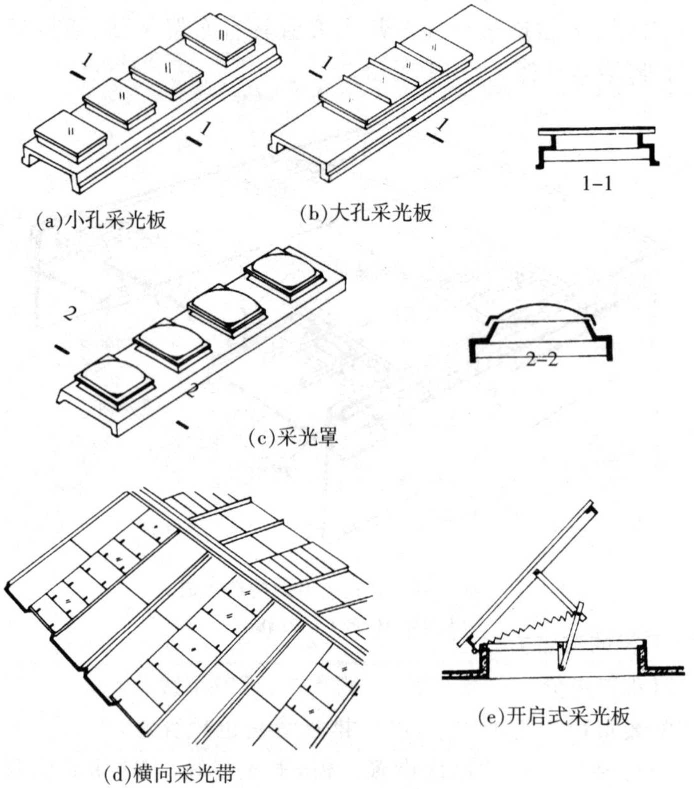

(a)小孔采光板 (b)大孔采光板

(c)采光罩

(d)横向采光带 (e)开启式采光板

图 10－53 平天窗的形式

2. 平天窗构造

采光板式平天窗构造是由井壁、横挡、透光材料、密封材料等组成，如图 10－54 所示。

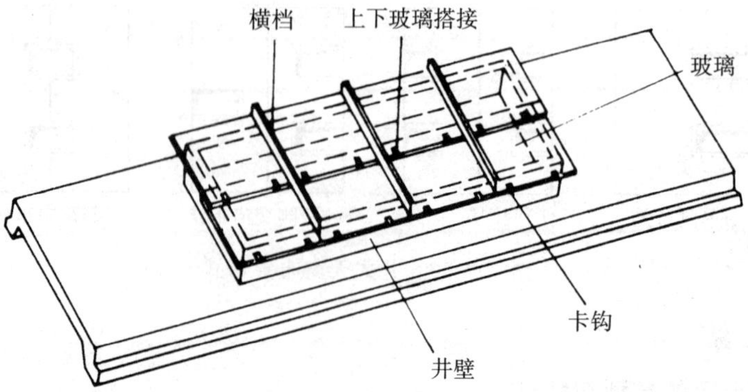

图 10－54 采光板的构造组成

【实践训练】

课目:单层工业厂房详图设计

(一)目的

掌握单层工业厂房局部详图的绘制方法。

(二)设计条件

(1)单层厂房设在学生所在地区市郊的平整地带,应考虑当地气候条件的影响及本地区较为常用的建筑构造做法。

(2)可参照教材有关构造做法及任务书所列构件资料进行设计,自行准备所在地某厂房的平面图及剖面图。

(三)需完成内容

(1)高低跨屋面详图:包括檐口、高低跨处的排水处理。

(2)天窗主要部位详图:天窗屋顶及排水方式,天窗侧板与天窗架、屋架的连接,标注出较详细的构造做法、材料及必要的尺寸标高等。

本章思考与实训

1. 什么是柱网? 确定柱网的原则是什么?
2. 影响厂房立面的主要因素是什么?
3. 如何确定厂房高度?
4. 平天窗有几种类型? 为防止平天窗漏雨,可以采取哪些密封措施?
5. 采光板式平天窗由哪些构配件组成?
6. 单层工业厂房天沟的细部构造如何处理? 其构造图如何?

参 考 文 献

1. 赵研．房屋建筑学．北京:高等教育出版社,2002
2. 闫培明．房屋建筑构造．北京:机械工业出版社,2007
3. 吴学清．建筑识图与构造．北京:化学工业出版社,2008
4. 朱永祥．地基与基础(第二版)．武汉:武汉理工大学出版社,2004
5. 魏明．建筑构造与识图．北京:机械工业出版社,2008
6. 王文仲．建筑识图构造．北京:高等教育出版社,2002
7. 李必瑜．建筑构造．北京:中国建筑工业出版社,2006
8. 瞿义勇．地基基础工程(上)．北京:中国建材出版社,2004
9. 邱忠良,蔡飞．建筑材料．北京:高等教育出版社,2000
10. 冯美宇．房屋建筑学．武汉:武汉理工大学出版社,2007
11. 钟芳林,侯元恒．建筑构造．北京:科学出版社,2004
12. 林晓东．民用建筑构造．南京:河海大学出版社,2003
13. 苏炜．房屋建筑设计与构造．武汉:武汉理工大学出版社,2004
14. 沈先荣．建筑构造．北京:中央广播电视大学出版社,2006
15. GB/T50104－2001. 房屋建筑制图统一标准．北京:中国计划出版社,2002
16. GB/T50104－2001. 建筑制图标准．北京:中国计划出版社,2002
17. GB/T50103－2001. 总图制图标准．北京:中国计划出版社,2002
18. GB50204－2002. 混凝土结构工程施工质量验收规范．北京:中国建筑工业出版社,2002
19. GB50202－2002. 建筑地基基础工程施工质量验收规范．北京:中国建筑工业出版社,2002
20. GB50208－2002. 地下防水工程质量验收规范．北京:中国建筑工业出版社,2002

编后语

按照出版社的统筹安排，由本编辑室策划、组编的一套高职高专土建类专业系列规划教材陆续面世了。

本套系列教材很荣幸地请安徽工程科技学院院长干洪教授作为顾问。干教授在担任安徽建筑工业学院副院长时曾是“安徽省高校土木工程系列规划教材”第一届编委会主任，与我社有过很好的合作。本套高职高专土建类专业系列教材从策划到编写，干教授全程关注，提出许多指导性意见。他认为编写者出版者都要为教材的使用者——学生着想，他希望我们把这一套教材做深、做透、做出特色、做出影响。

担任本套系列教材编委会主任的是合肥工业大学博士生导师柳炳康教授。他历任合肥工业大学建筑工程系主任、土木与建筑工程学院副院长，是国家一级注册结构工程师。从 1982 年起长期在教学第一线从事本科生及研究生的教学工作，主编多部土木工程专业教材，著述颇丰。柳教授为本套教材的编写和审定等做了大量而具体的工作，并在百忙中为本套教材作总序。

在这里，本编辑室还要感谢所有为这套教材的编写和出版付出智慧和汗水的人们：

安徽建工技师学院周元清副院长、江西现代职业技术学院建筑工程学院罗琳副院长和合肥共达职业技术学院齐明超等学校领导，以及诸位系主任、教研室负责人等非常重视这套教材的编写，亲自参加编委会会议并分别担任教材的主编。

江西赣江发展文化公司的纪伟鹏老师对本套教材的出版提出许多建设性的意见，也协助我们在江西省组建作者队伍，使本套教材的省际联合得以落实。

感谢社领导的大力支持和我社各个部门的密切配合，使得本套教材在组稿、编校、照排、出版和发行各个环节上得以顺利进行。

温家宝总理在视察常州信息职业技术学院时明确指出：职业学校的学生，要学习知识，还要学会本领，学会生存。我们编写出版这套教材时，也在一直思索着：如何能让学生真正学到一技之长，早日成为一个个有真本领的高级蓝领？也在努力把握着：本套教材如何在“服务于教学、服务于学生”和“培养实用人才”上面多下一番工夫？也在探索尝试着：本套教材在编排上、体例上、版式上做了一些创新处理，如何才能达到形式与内容的统一？

是不是能够达到以上这些目的，尚待时间和实践检验。我们恳请各位读者使用本套高职高专土建类专业系列规划教材时不啬指教，有意见和建议者请随时与我们联系（0551—2903467）。也欢迎其他相关院校的老师加入到本套教材的建设队伍中来。有意参编教材者，请将您的个人资料发至组稿编辑信箱（chenhm30@163.com）。

合肥工业大学出版社　第四编辑室

2009 年 1 月

基础课类

土木工程概论	曲恒绪	建筑力学	方从严
房屋建筑构造	朱永祥	工程力学	窦本洋
建设法规概论	董春南	建筑材料	吴自强
建筑工程测量	刘双银	土力学与地基基础	陶玲霞
建筑制图与识图(上下册)	徐友岳	建筑工程概预算	李　红
建筑制图与识图习题集	徐友岳	工程量清单计价	张雪武

建设工程监理专业

建设工程监理概论	陈月萍	建设工程进度控制	闫超君
建设工程质量控制	胡孝华	建设工程合同管理	董春南
建设工程投资控制	赵仁权		

建筑工程技术专业

建筑结构(上册)	肖玉德	建筑施工技术	张齐欣
建筑结构(下册)	周元清	建筑施工组织	黄文明
建筑钢结构	檀秋芬	建筑 CAD	齐明超
建筑设备	孙桂良	建筑施工设备	孙桂良

建筑装饰工程专业

建筑装饰构造	胡　敏	建筑装饰施工	周元清
建筑装饰材料	张齐欣	建筑装饰施工组织与管理	余　晖
住宅室内装饰设计	孙　杰	建筑装饰工程制图与识图	李文全

建筑设计技术专业

建筑・设计——平面构成	夏守军	建筑・设计——素描	余山枫
建筑・设计——色彩构成	王先华	建筑・设计——色彩	姜积会
建筑・设计——立体构成	陈晓耀	建筑・设计——手绘表现技法	杨兴胜

工程造价专业

工程造价计价与控制	范一鸣	装饰工程概预算	李　红
市政与园林工程概预算	崔怀祖		

工程管理专业

工程管理概论	俞　磊	建筑工程项目管理	李险峰